高等院校理工类公共基础课“十三五”规划教材

UNIVERSITY PHYSICS

大学物理（上）

（第二版）

主　编　陈义万

副主编　闵　锐　邓　罡　周挽平

参　编　徐国旺　裴　玲　龚姣丽

朱进容　胡　妮　成纯富

张金业　陈之宜　李文兵

華中科技大學出版社

http://www.hustp.com

中国·武汉

图书在版编目(CIP)数据

大学物理/陈义万主编.—2版.—武汉:华中科技大学出版社,2019.1 (2023.1重印)
ISBN 978-7-5680-3288-9

Ⅰ.①大… Ⅱ.①陈… Ⅲ.①物理学-高等学校-教材 Ⅳ.①O4

中国版本图书馆CIP数据核字(2017)第198118号

大学物理(第二版) 陈义万 主编
Daxue Wuli(Di-er Ban)

策划编辑:彭中军
责任编辑:史永霞
封面设计:孢 子
责任监印:朱 玢
出版发行:华中科技大学出版社(中国·武汉) 电话:(027)81321913
武汉市东湖新技术开发区华工科技园 邮编:430223
录 排:华中科技大学惠友文印中心
印 刷:武汉洪林印务有限公司
开 本:787mm×1092mm 1/16
印 张:34.75
字 数:900千字
版 次:2023年1月第2版第3次印刷
定 价:68.00元(含上、下册)

序　言

1. 物理学的研究对象

物理学的研究对象是物质的结构和规律。物质的结构，从微观到宏观，再到天体和宇宙，尺度之大，范围之广，涵盖了所有的物质形态。微观范畴，如原子的结构、原子核的结构、粒子如何构成原子核；宏观范畴，如凝聚态的结构、材料的性质；天体范畴，如银河系的构成、河外星系的结构等，都属于物理学研究的对象。除了研究各个层次的物质的结构，还要弄清物质的运动规律。就目前的科学水平，在微观，主要的物理理论是量子力学；在宏观，起支配作用的是经典物理学，也就是力学和电磁学；在宇宙的尺度，主要的理论是广义相对论。这些理论，在人类不断加深对自然界认识的基础上不断发展。

2. 三次工业革命与物理学的关系

第一次工业革命　发生于1760—1840年，主要的标志是蒸汽机的发明和使用。由于有了蒸汽机代替人力和畜力，生产效率得到极大提高。火车代替了小马车，蒸汽机驱动的纺织机械代替了手工纺织，社会的产品极大丰富，出现了主要用于交换的商品，人类进入一个大发展时期。而蒸汽机的原理就是物理学中热学的内容。

第二次工业革命　发生于1840—1950年，主要的标志是电的发明和使用。电作为动力，在火车、汽车、电梯等方面得到广泛使用，成为最广泛使用的动力；电作为信息传输载体，在有线和无线通信，如电话、电报、传真、互联网等方面，得到非常广泛的使用。物理学电磁场的理论就是电的理论基础。

第三次工业革命　也叫作信息革命、知识经济时代(1950年至今)，是指以电子技术、集成电路、计算机为核心的信息技术时代。这个时代，改变了资本和有形的物质作为工业主体的格局，信息和知识作为工业的主体，计算机在许多方面代替了人的脑力劳动，知识的地位大大提升。这个时代的核心是计算机，而计算机的核心部件是CPU。CPU的基本元件是PN结和三极管，它们都是在硅(锗)的基片上形成的。固体物理是CPU的理论基础。

不仅与三次工业革命有紧密的联系，即使在当代，物理学与新技术也密不可分。比如2007年的诺贝尔物理学奖巨磁阻效应，2009年的诺贝尔物理学奖光纤、CCD电荷耦合技术，2010年的石墨烯，这些物理学的成果，已经或者即将形成技术突破，极大地改变人类的生活。作为理工科的大学生，学习物理，了解物理学的新进展，是十分必要的。

3. 学习大学物理的作用

首先，大学物理作为公共基础课，与各个专业的后续课程都有关系。比如，机械类和土木类专业的同学，在后续要学习理论力学、材料力学、机械原理，都需要物理的力学作为基础；而检测类的专业，有不少课程与光学有关；电气信息类的同学，后续课程与电磁理论有关，都需要把大学物理作为基础；轻化类的同学，后续课程与热力学、量子力学有关。

其次，大学物理作为科学素养，是理工科同学必备的。人们在生活和工作中，不仅用到专业知识，更多的时候要与非专业的问题打交道，需要有物理的知识背景。比如，普遍使用的复印机，与电学有关；夏天雨后的彩虹，就是光的折射现象；检查身体的X光机、核磁共振仪与原子物理有关。对我们在日常生活中遇到的仪器设备,即使我们只要对它们稍作了解,就需要有大学物理知识。更不用说理工科的学生,在以后的工作中,要结合自己的专业,把物理的最新知识应用到专业中去。如前面提到的巨磁阻效应、石墨烯等等,可以预见在不久的将来会在技术上突破,只有及时地把这些物理上的进展,与自己的专业结合,才可能取得突出的成绩。

最后,也是就业的需要。学生进校后,学习的专业是确定的,而就业则带有偶然性。由于社会需求的变化,可能很多同学要跨专业就业,在另外一个专业领域,学生以前学习的非常专业化的知识这时候起不到多少作用。我们都知道,很多问题,最后都归为物理模型和数学方程,所以,大学物理为同学们提供了一个普遍的可以长期起作用的基础。

4. 学习大学物理的要求

第一,做好预习。预习对于集中注意力听课,做到当堂理解,培养自己的自学能力都有好处。

第二,适当地做笔记。把教师在课堂上讲的与教材不同的地方记下来,供课后复习参考。

第三,独立完成作业。作业不在多,在精练,要独立完成,真正培养自己独立解决问题的能力。

第四,适当阅读其他参考书。中外有很多优秀的大学物理教材和参考书,同学们要善于利用,在教师指导下,有选择性地阅读,扩大自己的知识面。

前　言

本套教材按照教育部高等学校大学物理课程教学指导委员会制定的基本要求编写，包括了所有规定的A部分的内容，也有选择性地包含了B部分的内容，可以供理工类本科和专科各类学生学习大学物理使用。

本书的编写有以下几个特点。

(1)注重书的历史厚重感。在讲解物理的重要知识时，简要地讲述它的背景和来龙去脉，让学生更好地把握科学的发展历程，而不至于感到物理知识是断裂的、片段的知识。

(2)穿插介绍近20多年来与人类生活密切相关的诺贝尔物理学奖，让学生及时接触、了解物理学的前沿领域的发展。

(3)考虑到一些对力学要求比较高的专业的需要，增加了分析力学基础一章。

在最后的3章，专门介绍了物理学与新技术：激光及其应用，纳米技术，非线性科学：混沌、分形、孤立子。这些内容虽然不在传统的大学物理教学范围内，但是，可以作为选讲内容或学生课外阅读材料。

(4)每一章和节的标题，以及每章中的重要定理都附有英语翻译。主要是考虑到目前大多数学生还没有机会学习物理的双语课程，通过此种形式，让学生尽早地接触英语中重要的物理名词。

本书还按照内容，分为几大篇，便于不同专业按照模块安排教学。

这些改进或者说特色，是我们对物理教学的一点尝试，效果如何，还要看实践的检验。也希望使用本书的教师和学生及时反馈修改意见。

本书的参编人员大多数为湖北工业大学教师，周挽平为湖北工业大学工程技术学院教师。

本书编写过程中，参考了国内外多种优秀教材及网络资料，在此对原作者一并致谢。

本书主编为陈义万，上册副主编为闵锐、邓罡、周挽平，下册副主编为胡妮、裴玲、朱进容。本书编写人员如下：周挽平(第1章、第3章、第10章、第11章、物理学诺贝尔奖介绍1)，邓罡(第2章、第4章、第18章、物理学诺贝尔奖介绍4)，陈义万(第5章，第6章，第23章，第25章，第29章，第30章，物理学诺贝尔奖介绍3、7)，徐国旺(第7章)，闵锐(第8章，第13章，第14章，物理学诺贝尔奖介绍6、8)，裴玲(第9章、第15章、第27章、物理学诺贝尔奖介绍2)，龚姣丽(第12章)，朱进容(第16章、第17章)，胡妮(第19章、第24章、第26章、物理学诺贝尔奖介绍5)，成纯富(第20章)，张金业(第21章)，陈之宜(第22章)，李文兵(第28章)。

目　　录

A篇　力　　学

B篇 电 磁 学

A篇 力　学

第1章　质点运动学
Chapter 1　Particle kinematics

宇宙世界是个万花筒,物质运动存在多种多样的运动形式,如机械运动、电磁运动、分子热运动等,其中最简单、最基本的就是机械运动,即一个物体相对于某个参照系发生位置的改变,如车辆的奔驰、天体的运动、"玉兔"号探月器在月球上漫步等,宇宙中一切物体不论大小都处于机械运动之中。

一个有形状和大小的物体的运动是复杂的。运动一般可分为平动、转动和振动三种运动形式。为了讨论问题的方便,本章只研究质点的平动问题,侧重描述一个物体的运动情况和物体的运动规律,不涉及引发物体运动状态改变的原因。首先介绍位置矢量、速度和加速度等描述质点运动的物理量,然后研究一种典型的曲线运动——圆周运动,重点讨论解决运动学中两类基本问题的方法。

1.1　质点的位置与位移
The location of the particle, The displacement

1. 质点和参照系

1)质点

任何物体都是具有大小和形状的,但是在某些情况下,物体的大小和形状对讨论它的运动无关紧要。例如,当研究地球绕太阳转动时,由于地球直径(约为 1.28×10^7 m),比地球与太阳的距离(约为 1.50×10^{11} m)小得多,地球上各点的运动相对于太阳来讲可视为相同,此时可以忽略地球的大小和形状;但当研究地球绕自身轴转动时则不能忽略。所以说,只要物体运动的路径比物体本身尺寸大得多的时候,就可以近似地把此物体看成只有质量而没有大小和形状的几何点,这个抽象化的点就叫作质点。由地球的例子可以看出:把物体当作质点是有条件的(即地球与太阳的平均距离比地球直径大得多);相对于地球自转则不能将地球当作质点。

2)参考系

宇宙万物,大至日、月、星、辰,小至原子内部的粒子都在不停地运动着。自然界一切物质没有绝对静止的,这就是运动的绝对性。但是对运动的描述却是相对的。例如:坐在运动着的火车上的乘客看同车厢的乘客是"静止"的,看车外地面上的人却向后运动;反过来,在车外路面上的人看见车内乘客随车前进,而看路边一同站着的人却是静止不动的。这是因为车内乘客是以"车厢"为标准进行观察的,而路面上的人是以地球为标准观察的,即当选取不同的标准物对同一运动进行描述,所得结论不同。因此,我们就把相对于不同的标准物所描述物体运动情况不同的现象叫作运动的相对性,而将被选为描述物体运动的标准物叫作参考系。参考系的选取以分析问题的方便为前提。如描述星际火箭的运动,开始发射时,可选地球为参考系,当它进入绕太阳运行的轨道时，则应以太阳为参考系才便于描述。在地球上运动的物体，常以地球或地面上静止的物体作为参考系。

在参考系选定后，为了定量地描述物体的位置随时间改变的变化趋势，还必须在参考系上选择一个坐标系。坐标系的选取多种多样，如直角坐标系、极坐标系、自然坐标系、球坐标系、柱坐标系。在大学物理学中常用前三种坐标系。

2. 位置矢量和位移

1)位置矢量

位置矢量是定量描述质点在某一时刻所在空间位置的物理量，简称位矢。如图 1-1 所示，设质点在某一时刻位于 P 点，从坐标系的原点 O 引向 P 点的有向线段 OP 称为该时刻质点的位置矢量，简称位矢，以 $\boldsymbol{r}$ 表示。它在 X、Y、Z 轴上的投影(或位置坐标)分别为 x、y、z，于是，位矢 $\boldsymbol{r}$ 的表达式为

$$\boldsymbol{r} = x\boldsymbol{i} + y\boldsymbol{j} + z\boldsymbol{k} \tag{1-1}$$

式中：$\boldsymbol{i}$、$\boldsymbol{j}$、$\boldsymbol{k}$ 分别为 X、Y、Z 轴上的单位矢量(大小为 1，方向沿各轴正向的矢量)。

显然，位置矢量的大小为

$$r = \sqrt{x^2 + y^2 + z^2}$$

其方向由它的三个方向余弦来确定。位矢的单位为米(m)。

2)运动学方程

质点在运动过程中，每一时刻均有一对应的位置矢量(或一组对应的位置坐标 x、y、z)。换言之，质点的位矢是时间的函数，即

$$\boldsymbol{r} = \boldsymbol{r}(t) \tag{1-2(a)}$$

其投影式为

$$\begin{cases} x = x(t) \\ y = y(t) \\ z = z(t) \end{cases} \tag{1-2(b)}$$

这样

$$\boldsymbol{r} = \boldsymbol{r}(t) = x(t)\boldsymbol{i} + y(t)\boldsymbol{j} + z(t)\boldsymbol{k} \tag{1-2(c)}$$

按机械运动的定义，函数式(1-2(a))描述了这个运动的过程，故称为质点的运动方程。知道了运动方程，就能确定任一时刻质点的位置，进而确定质点的运动。运动学的主要任务在于，根据问题的具体条件，建立并求解质点的运动方程。

如果消去式(1-2(b))中的参变量 t，则得到质点运动的轨迹方程。如果质点限制在平面内，则可在此平面上建立 XOY 坐标系，于是式(1-2(b))中的 $z(t)=0$，从中消去时间 t，得

$$y = y(x) \tag{1-3}$$

此即质点在 XOY 平面内运动的轨迹方程。

3)位移

位移是表示质点位置变化的物理量。

如图 1-1 所示，设时刻 t 质点经过 P 处，位矢为 $\boldsymbol{r}$，在时刻 $t+\Delta t$，质点经过 P'处，位矢为 $\boldsymbol{r}(t+\Delta t)$。在时间 Δt 内，质点位置的变化可用它的位移表示。由图 1-1 可知：

$$\Delta\boldsymbol{r} = \boldsymbol{r}(t + \Delta t) - \boldsymbol{r}(t) \tag{1-4}$$

位移是矢量，其大小为有向线段 $\Delta\boldsymbol{r}$ 的长度，其方向由始点指向末点。

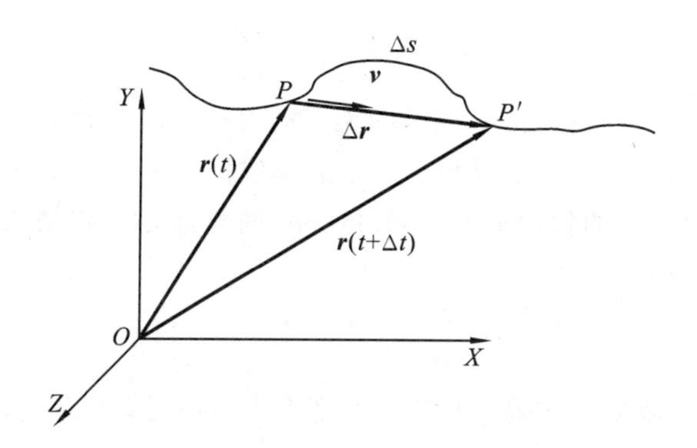

图 1-1　位置矢量图

必须指出，位移和路程不同。位移是矢量，是质点在一段时间内的位置变化，而不是质点所经历的实际路径；路程为标量，是指该段时间内质点所经历的实际路径的长度，以 Δs 表示（如图 1-1 中的弧长）。位移和路程除了矢量、标量不同外，总有 $\Delta s \geqslant |\Delta \boldsymbol{r}|$。只有质点在作单向直线运动时才有 $\Delta s = |\Delta \boldsymbol{r}|$。但是在 $\Delta t \to 0$ 的极限情况下，$\mathrm{d}s = |\mathrm{d}\boldsymbol{r}|$。其次，还要注意 Δr 与 $\Delta \boldsymbol{r}$ 的区别，一般以 Δr 代表 $|\boldsymbol{r}_2| - |\boldsymbol{r}_1|$，因此总有 $|\Delta \boldsymbol{r}| \geqslant \Delta r$，只有在 $\boldsymbol{r}_2$ 与 $\boldsymbol{r}_1$ 方向相同的情况下 $|\Delta \boldsymbol{r}|$ 与 Δr 才相等。

1.2　质点的速度　加速度
The speed of the particle, The acceleration

1. 速度

速度是表示质点位置变化快慢和变化方向的物理量。将质点的位移与完成位移所需的时间的比值称为质点在该段时间内的平均速度。

Speed is the particle’s velocity of the change in position and direction . the ratio of the displacement of the particle and the time required for the completion is called the average rate over the time.

平均速度用 $\overline{\boldsymbol{v}}$ 表示，即

$$\overline{\boldsymbol{v}} = \frac{\Delta \boldsymbol{r}}{\Delta t} = \frac{\boldsymbol{r}(t + \Delta t) - \boldsymbol{r}(t)}{\Delta t} \tag{1-5}$$

平均速度是矢量，其方向与 $\Delta \boldsymbol{r}$ 的方向相同。

质点所经历的路程与完成这段路程所需时间之比，称为质点在该段时间内的平均速率，以 $\overline{v}$ 表示。

$$\overline{v} = \frac{\Delta s}{\Delta t} \tag{1-6}$$

平均速率为标量。在一般的情况下，平均速度的大小并不等于平均速率。

平均速度只能反映一段时间内质点位置的平均变化情况，而不能反映质点在某一时刻（或某一位置）的瞬时变化情况。当 $\Delta t \to 0$ 时，平均速度的极限值才能精确地反映质点在某一时刻（或某一位置）的运动快慢及方向。这一极限值称为质点在该时刻的瞬时速度，或简称速度，以 $\boldsymbol{v}$ 表示，即

$$\boldsymbol{v} = \lim_{\Delta t \to 0} \frac{\Delta \boldsymbol{r}}{\Delta t} = \frac{\mathrm{d}\boldsymbol{r}}{\mathrm{d}t} \tag{1-7}$$

速度是矢量,其方向与 $\Delta\boldsymbol{r}$ 的极限方向一致,即为运动轨迹上该点的切线方向。从式(1-7)可以看出,速度是位置矢量对时间的一阶导数。速度的单位是米·秒$^{-1}$($\mathrm{m \cdot s^{-1}}$)。

反映质点运动瞬时快慢的物理量称为瞬时速率(简称速率),它是 $\Delta t \to 0$ 时平均速率的极限值,即

$$\bar{v} = \frac{\Delta s}{\Delta t} \xrightarrow{\Delta t \to 0} v = \frac{\mathrm{d}s}{\mathrm{d}t} \tag{1-8}$$

由于 $\Delta t \to 0$ 时 $|\mathrm{d}\boldsymbol{r}| = \mathrm{d}s$,故质点在某一时刻的速度大小与该时刻的瞬时速率相等。

2. 加速度

加速度是描述质点速度随时间变化快慢的物理量。

Acceleration is physical quantity describing particle velocity changes with time .

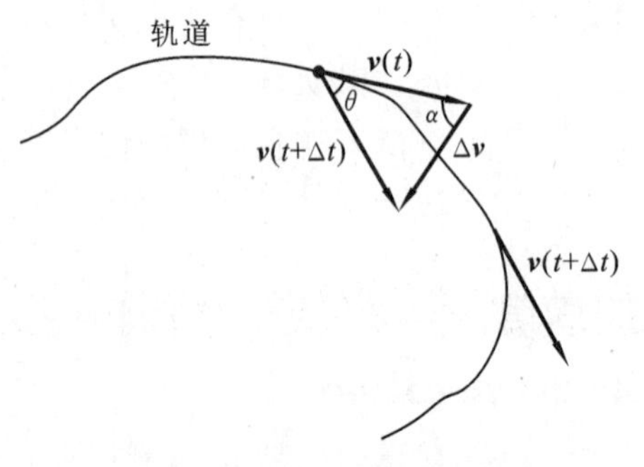

图 1-2　质点的速度增量

如图 1-2 所示,t 时刻质点的速度为 $\boldsymbol{v}(t)$,$t+\Delta t$ 时刻质点的速度为 $\boldsymbol{v}(t+\Delta t)$,则该质点的加速度为

$$\boldsymbol{a} = \lim_{\Delta t \to 0} \frac{\Delta \boldsymbol{v}}{\Delta t} = \lim_{\Delta t \to 0} \frac{\boldsymbol{v}(t+\Delta t) - \boldsymbol{v}(t)}{\Delta t} \xrightarrow{\Delta t \to 0} \boldsymbol{a}$$

$$= \frac{\mathrm{d}\boldsymbol{v}}{\mathrm{d}t} = \frac{\mathrm{d}^2 \boldsymbol{r}}{\mathrm{d}t^2} \tag{1-9}$$

由式(1-9)可以看出,质点的加速度等于速度对时间的一阶导数,或等于位置矢量对时间的二阶导数。换句话说,我们可以通过对速度或位矢求导来计算加速度。加速度的单位是米·秒$^{-2}$($\mathrm{m \cdot s^{-2}}$)。

3. 质点运动学的两类基本问题

质点运动学所要解决的问题一般分为两类:一类是已知质点的运动学方程,求质点在任意时刻的速度和加速度,在数学处理上需用导数运算,称为微分问题;另一类是已知质点的加速度及初始条件(即初始时刻的位矢及速度),求任意时刻的速度和位置矢量(或运动学方程),在数学上需用积分运算,称为积分问题。第一类问题前面已讨论过,下面以匀变速直线运动为例来讨论第二类问题。

例 1.1　设质点作匀变速直线运动,在 $t=0$ 时,其初始位置坐标和速度分别为 x_0 和 $\boldsymbol{v}_0$,求任意时刻质点的运动状态,也就是要求其坐标 x 和速度 $\boldsymbol{v}$ 随时间 t 变化的函数表达式。

分析:先将瞬时加速度的数学式改写,然后积分得

$$\boldsymbol{a} = \frac{\mathrm{d}\boldsymbol{v}}{\mathrm{d}t} \to \mathrm{d}\boldsymbol{v} = \boldsymbol{a}\mathrm{d}t \xrightarrow{\text{积分}} \int_{v_0}^{v} \mathrm{d}\boldsymbol{v} = \int_0^t \boldsymbol{a}\mathrm{d}t$$

即

$$\boldsymbol{v} - \boldsymbol{v}_0 = \boldsymbol{a}t \quad \text{或} \quad \boldsymbol{v} = \boldsymbol{a}t + \boldsymbol{v}_0 \tag{1-10}$$

式(1-10)就是确定质点在匀加速直线运动中速度的时间函数式。

根据瞬时速度的数学式,将式(1-10)改写并积分得

$$\boldsymbol{v} = \frac{\mathrm{d}x}{\mathrm{d}t} \to \mathrm{d}x = \boldsymbol{v}\mathrm{d}t \xrightarrow{\text{积分}} \int_{x_0}^{x} \mathrm{d}x = \int_0^t \boldsymbol{v}\mathrm{d}t$$

即

$$x - x_0 = \boldsymbol{v}_0 t + \frac{1}{2}\boldsymbol{a}t^2 \quad 或 \quad x = x_0 + \boldsymbol{v}_0 t + \frac{1}{2}\boldsymbol{a}t^2 \tag{1-11}$$

式(1-11)就是匀加速直线运动中确定质点位置的时间函数式，也就是质点的运动方程。

此外，如果把瞬时加速度的数学式改写成

$$\boldsymbol{a} = \frac{\mathrm{d}\boldsymbol{v}}{\mathrm{d}t} = \frac{\mathrm{d}\boldsymbol{v}}{\mathrm{d}x}\frac{\mathrm{d}x}{\mathrm{d}t} = \frac{\mathrm{d}\boldsymbol{v}}{\mathrm{d}x}\boldsymbol{v} \rightarrow \boldsymbol{v}\mathrm{d}\boldsymbol{v} = \boldsymbol{a}\mathrm{d}x$$

对两边取积分就得

$$\boldsymbol{v}^2 - \boldsymbol{v}_0^2 = 2\boldsymbol{a}(x - x_0) \tag{1-12}$$

式(1-12)就是质点作匀加速直线运动时，质点坐标和速度 $\boldsymbol{v}$ 之间的关系式。

我们把 $\boldsymbol{a} = \frac{\mathrm{d}\boldsymbol{v}}{\mathrm{d}t} = \frac{\mathrm{d}\boldsymbol{v}}{\mathrm{d}x}\frac{\mathrm{d}x}{\mathrm{d}t} = \frac{\mathrm{d}\boldsymbol{v}}{\mathrm{d}x}\boldsymbol{v} \rightarrow \boldsymbol{v}\mathrm{d}\boldsymbol{v} = \boldsymbol{a}\mathrm{d}x$ 称为加速度的微分式的变换式。

以上讨论以 x 方向运动为例，同理可求得 y、z 方向的各分量关系，这里不再赘述。下面讨论两个特例。

1)直线运动实例

(1)自由落体运动　物体自由下落，是近似于匀加速直线运动的一个实例。在自由下落过程中，若无空气阻力，则无论物体的大小、形状、质量等如何，在距地面上同一高度处，它们均有相同的加速度，若降落距离不太大，在降落过程中，加速度可当作常量，空气阻力、g 随高度变化忽略不计，这种理想的运动叫作自由落体运动。

自由落体运动中加速度 g 是常数，则为匀变速直线运动，以上讨论的公式均适用。因自由落体在开始时，$v_0=0$，且选坐标轴的正方向向下，将这些条件代入匀变速直线运动公式后有

$$v=gt, \quad y=\frac{1}{2}gt^2, \quad v^2=2gy$$

(2)竖直上抛运动　与自由落体运动相反，竖直上抛运动有向上的初速度，取向上为坐标轴正方向，且运动过程中加速度为重力加速度，方向始终向下，取负值。则由匀变速直线运动公式得

$$v_0\neq 0, \quad a=-g, \quad y_0=0$$

$$v=v_0-gt, \quad y=v_0t-\frac{1}{2}gt^2, \quad v^2=v_0^2-2gy$$

2)平面曲线运动实例

(1)运动叠加原理　从同高度的平抛运动与自由落体运动同时落地的实验事实，说明平抛运动中水平运动不影响竖直方向的运动，即平抛运动是竖直方向的自由落体运动和水平方向的匀速运动的叠加。进一步推广可知，一个运动可以看成几个各自独立进行的运动的叠加。

根据类似的无数客观事实，可得到这样一个结论：一个运动可以看成几个各自独立进行的运动的叠加。这个结论称为运动的叠加原理。

(2)抛体运动　选坐标系如图 1-3 所示，质点在平面内作抛体运动。则

$a_x=0, a_y=-g$　(水平方向为匀速，竖直方向为匀变速)

$t=0$ 时，有　$\begin{cases} x_0=0, v_{x0}=v_0\cos\theta \\ y_0=0, v_{y0}=v_0\sin\theta \end{cases}$

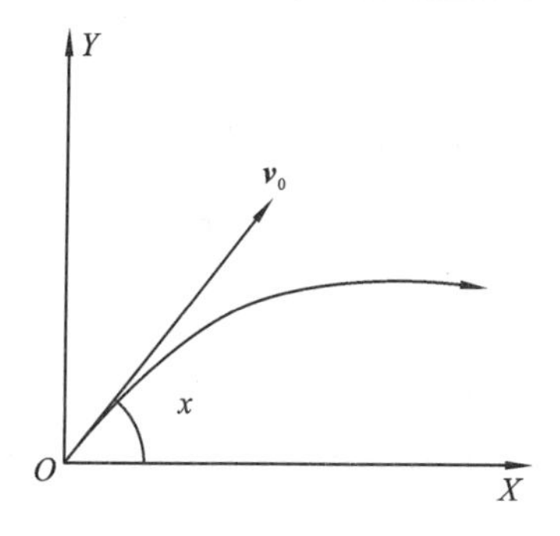

图 1-3　质点平面内抛体运动

根据匀变速直线运动公式得：

$$v_x = v_0\cos\theta, x = (v_0\cos\theta)t$$
$$v_y = v_0\sin\theta - gt, y = v_0\sin\theta t - \frac{1}{2}gt^2 \tag{1-13}$$

式(1-13)描述了抛体在任意时刻的速度和位置,称为抛体运动方程式。

由 x 和 y 的表达式消去时间 t 可得轨迹方程:

$$y = x\tan\theta - \frac{gx^2}{2v_0^2\cos^2\theta}$$

这是一个抛物线方程。

由抛体的运动方程式和轨迹方程可知,抛体的轨迹和在任一时刻的运动状态取决于 v_0 和 θ。在 v_0 一定的情况下,$\theta=\pi/2$,对应于上抛运动;$0<\theta<\pi/2$,对应于斜上抛运动;$\theta=0$,对应于平抛运动。

根据抛体运动方程(或轨迹方程)可得出体现抛体运动特征的三个重要物理量:射高 H、射程 R(落地点与抛出点在同一水平面上的水平距离)和飞行时间 T 分别为

$$\begin{cases} \text{射高 } H = \dfrac{v_0^2}{2g}\sin^2\theta \\ \text{射程 } R = \dfrac{v_0^2}{g}\sin 2\theta \\ \text{飞行时间 } T = \dfrac{2v_0\sin\theta}{g} \end{cases}$$

显然,以相同的速率而以不同的抛射角 θ 抛出时,其射程一般不同。容易证明,当 $\theta=45°$ 抛出时,抛体取得最大射程 $R=\dfrac{v_0^2}{g}$。

1.3　自然坐标系中的速度　加速度

Natural coordinate system of the speed, The acceleration

前面讲过,为了定量地描述物体的位置和位置随时间的变化关系,在参考系上还需要选择一个坐标系。下面介绍三种常用坐标系中的各物理量及其变化的表达式,重点介绍自然坐标系中的速度及加速度。

1. 直角坐标系(rectangular coordinate system)

1)位移

在直角坐标系中,位移可表示为

$$\Delta\boldsymbol{r} = (x_2 - x_1)\boldsymbol{i} + (y_2 - y_1)\boldsymbol{j} + (z_2 - z_1)\boldsymbol{k} = \Delta x\boldsymbol{i} + \Delta y\boldsymbol{j} + \Delta z\boldsymbol{k} \tag{1-14}$$

位移的大小:　　$|\Delta\boldsymbol{r}| = \sqrt{\Delta x^2 + \Delta y^2 + \Delta z^2}$

其方向由三个方向余弦确定,分别为

$$\cos\alpha = \frac{\Delta x}{|\Delta\boldsymbol{r}|}, \cos\beta = \frac{\Delta y}{|\Delta\boldsymbol{r}|}, \cos\gamma = \frac{\Delta z}{|\Delta\boldsymbol{r}|}$$

2)速度

由速度定义知,速度是位置矢量对时间的一阶导数,即

$$\boldsymbol{v} = \frac{d\boldsymbol{r}}{dt} = \frac{dx}{dt}\boldsymbol{i} + \frac{dy}{dt}\boldsymbol{j} + \frac{dz}{dt}\boldsymbol{k} \tag{1-15}$$

3)加速度

由加速度定义有

$$\boldsymbol{a}=\frac{\mathrm{d}\boldsymbol{v}}{\mathrm{d}t}=\frac{\mathrm{d}^2\boldsymbol{r}}{\mathrm{d}t^2}=\frac{\mathrm{d}v_x}{\mathrm{d}t}\boldsymbol{i}+\frac{\mathrm{d}v_y}{\mathrm{d}t}\boldsymbol{j}+\frac{\mathrm{d}v_z}{\mathrm{d}t}\boldsymbol{k}$$
$$=\frac{\mathrm{d}^2x}{\mathrm{d}t^2}\boldsymbol{i}+\frac{\mathrm{d}^2y}{\mathrm{d}t^2}\boldsymbol{j}+\frac{\mathrm{d}^2z}{\mathrm{d}t^2}\boldsymbol{k}=a_x\boldsymbol{i}+a_y\boldsymbol{j}+a_z\boldsymbol{k} \tag{1-16}$$

直角坐标系主要适用质点在三维空间内运动规律的描述。

2. 自然坐标系(natural coordinate system)

在有些情况下，质点相对参考系的运动轨迹是已知的，例如，以地面为参考系，火车(视为质点)的运动轨迹(铁路轨道)是已知的。这时可以轨迹上任一点 M 的切线和法线构成坐标系来研究平面曲线运动。这种坐标系称为自然坐标系，如图1-4所示。图中 $\boldsymbol{\tau}$、$\boldsymbol{n}$ 分别代表切线和法线方向的单位矢量。显然，随着质点位置的改变，$\boldsymbol{\tau}$ 及 $\boldsymbol{n}$ 的方向亦随之而变。因此，$\boldsymbol{\tau}$、$\boldsymbol{n}$ 与 $\boldsymbol{i}$、$\boldsymbol{j}$、$\boldsymbol{k}$ 不同，前者的方向在运动中是可变的，而后者则是固定的。自然坐标系主要适用于描述质点在平面内作曲线运动。

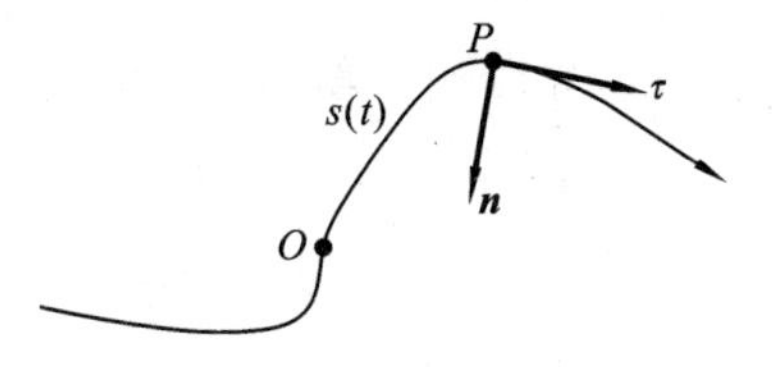

图 1-4　自然坐标系的建立

1)运动方程

如图1-4所示，在轨道上任选定一点 O 作为原点(或称为弧长起算点，原点不一定是 P 的初始位置)，沿轨道规定一个弧长正方向(轨道上箭头所示方向，不一定是 P 运动的方向)。则可用 O 至 P 的轨道弧长 s 来描述 P 的位置。当 P 随 t 变动位置时，s 是 t 的标量函数。

$$s=s(t) \tag{1-17}$$

这就是以自然坐标表示的质点运动学方程。

2)速度

在自然坐标系中，质点的速率[参见式(1-8)]可以通过对式(1-17)求导得到。于是，自然坐标系中的质点速度为

$$\boldsymbol{v}=v\boldsymbol{\tau}=\frac{\mathrm{d}s}{\mathrm{d}t}\boldsymbol{\tau} \tag{1-18}$$

3)加速度

对式(1-18)求导，得质点在自然坐标系中的加速度，即

$$\boldsymbol{a}=\frac{\mathrm{d}\boldsymbol{v}}{\mathrm{d}t}=\frac{\mathrm{d}v}{\mathrm{d}t}\boldsymbol{\tau}+v\frac{\mathrm{d}\boldsymbol{\tau}}{\mathrm{d}t}=\frac{\mathrm{d}^2s}{\mathrm{d}t^2}\boldsymbol{\tau}+\frac{v^2}{\rho}\boldsymbol{n} \tag{1-19}$$

容易证明

$$\mathrm{d}\boldsymbol{\tau}=\mathrm{d}\theta\boldsymbol{n}=\frac{\mathrm{d}s}{\rho}\boldsymbol{n}$$

对于平面内作曲线运动的质点，适合选用自然坐标系，如果质点作匀速圆周运动，则该质点只有法向加速度；如果质点作变速曲线运动，则该质点必然存在切向加速度及法向加速度。

3. 切向加速度

如图1-5所示，质点作半径为 r 的圆周运动，t 时刻，质点速度

$$\boldsymbol{v}=v\boldsymbol{e}_t \tag{1-20}$$

式(1-20)中，$v=|\boldsymbol{v}|$ 为速率。加速度为

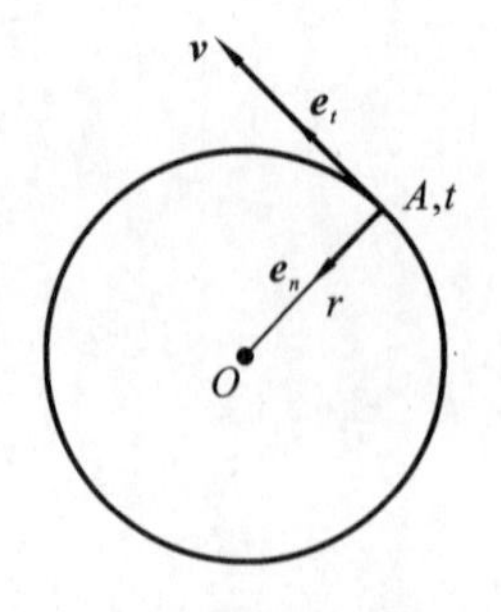

图 1-5　质点作半径为 r 的圆周运动

$$a=\frac{\mathrm{d}\boldsymbol{v}}{\mathrm{d}t}=\frac{\mathrm{d}v}{\mathrm{d}t}\boldsymbol{e}_t+v\frac{\mathrm{d}\boldsymbol{e}_t}{\mathrm{d}t}\tag{1-21}$$

式(1-21)中,第一项是由质点运动速率变化引起的,方向与 $\boldsymbol{e}_t$ 共线,称该项为切向加速度,记为

$$\boldsymbol{a}_t=\frac{\mathrm{d}v}{\mathrm{d}t}\boldsymbol{e}_t=a_t\boldsymbol{e}_t\tag{1-22}$$

式(1-22)中:

$$a_t=\frac{\mathrm{d}v}{\mathrm{d}t}\tag{1-23}$$

a_t 为加速度 $\boldsymbol{a}$ 的切向分量。

4. 法向加速度

式(1-19)中,第二项是由质点运动方向改变引起的。

如图 1-6 所示,质点由 A 点运动到 B 点,有

$$\begin{cases}\boldsymbol{v}\rightarrow\boldsymbol{v}'\\ \boldsymbol{e}_t\rightarrow\boldsymbol{e}'_t\\ \mathrm{d}s=AB\end{cases}$$

因为 $\boldsymbol{e}_t\perp OA$,$\boldsymbol{e}'_t\perp OB$,所以 $\boldsymbol{e}_t$、$\boldsymbol{e}'_t$ 的夹角为 $\mathrm{d}\theta$。

如图 1-7 所示,$\mathrm{d}\boldsymbol{e}_t=\boldsymbol{e}'_t-\boldsymbol{e}_t$。

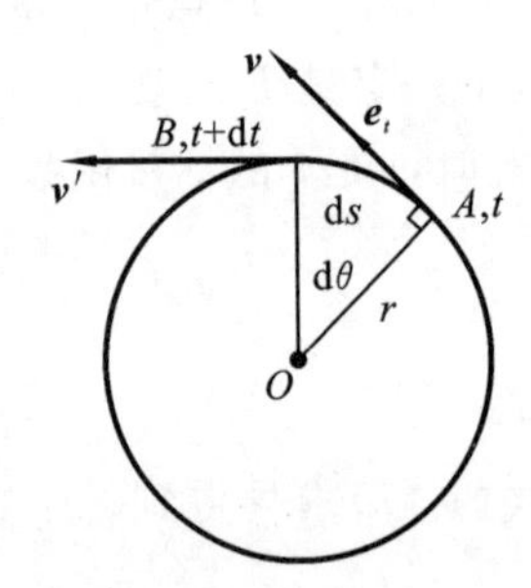

图 1-6　质点由 A 点运动到 B 点

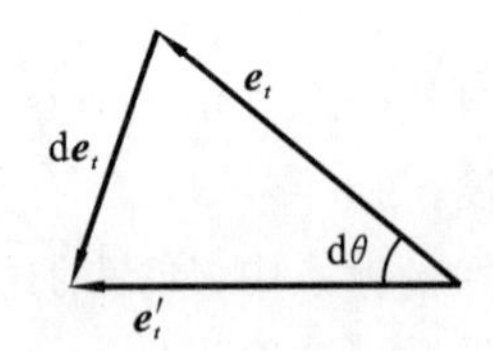

图 1-7　$\boldsymbol{e}_t$、$\boldsymbol{e}'_t$ 的夹角

当 $\mathrm{d}\theta\rightarrow0$ 时,有

$$|\mathrm{d}\boldsymbol{e}_t|=|\boldsymbol{e}_t|\mathrm{d}\theta=\mathrm{d}\theta$$

因为 $\mathrm{d}\boldsymbol{e}_t\perp\boldsymbol{e}_t$,所以 $\mathrm{d}\boldsymbol{e}_t$ 由 A 点指向圆心 O,可有

$$\mathrm{d}\boldsymbol{e}_t=\mathrm{d}\theta\boldsymbol{e}_n$$

式(1-21)中第二项为

$$v\frac{\mathrm{d}\boldsymbol{e}_t}{\mathrm{d}t}=v\frac{\mathrm{d}\theta}{\mathrm{d}t}\boldsymbol{e}_n=\frac{v}{r}\frac{\mathrm{d}s}{\mathrm{d}t}\boldsymbol{e}_n=\frac{v^2}{r}\boldsymbol{e}_n$$

该项为矢量,其方向沿半径指向圆心。称此项为法向加速度,记为

$$\boldsymbol{a}_n=\frac{v^2}{r}\boldsymbol{e}_n\tag{1-24}$$

在自然坐标系中,质点在曲线上的局部运动,可以看作是在该曲线的内切圆上的圆周运动,所以,在自然坐标系中,质点的加速度的表达式为

$$\boldsymbol{a}=\frac{\mathrm{d}^2s}{\mathrm{d}t^2}\boldsymbol{\tau}+\frac{v^2}{\rho}\boldsymbol{n}=a_t\boldsymbol{\tau}+a_n\boldsymbol{n}\tag{1-25}$$

加速度的大小及方向与切线方向的夹角为

$$\begin{cases}\text{大小} \quad a=\sqrt{a_t^2+a_n^2} \\ \text{方向} \quad \alpha=\arctan\dfrac{a_n}{a_t}\end{cases} \tag{1-26}$$

从以上讨论可以看出，切向加速度给出了速度大小随时间改变的变化率；而法向加速度则反映了速度方向随时间改变的变化率。

例 1.2 一气球以速率 v_0 从地面上升，由于风的影响，随着高度的上升，气球的水平速度按 $v_x=by$ 增大，其中 b 是正的常量，y 是从地面算起的高度，x 轴取水平向右的方向为正。

(1)计算气球的运动学方程；

(2)求气球水平飘移的距离与高度的关系；

(3)求气球沿轨道运动的切向加速度和轨道的曲率与高度的关系。

解 (1)取平面直角坐标系 XOY，令 $t=0$ 时气球位于坐标原点(地面)。

那么

$$y=v_0t$$

而

$$\frac{\mathrm{d}x}{\mathrm{d}t}=by=bv_0t \quad \text{或} \quad \mathrm{d}x=bv_0t\mathrm{d}t$$

对上式两边取定积分得：

$$x=\frac{bv_0t^2}{2} \tag{1-27}$$

气球的运动学方程为

$$\boldsymbol{r}=\frac{bv_0t^2}{2}\boldsymbol{i}+v_0t\boldsymbol{j}$$

(2)由式(1-27)消去 t 得到轨道方程：

$$x=\frac{b}{2v_0}y^2$$

(3)又因气球的运动速率为

$$v=\sqrt{v_x^2+v_y^2}=\sqrt{b^2v_0^2t^2+v_0^2}=\sqrt{b^2y^2+v_0^2}$$

所以气球的切向加速度为

$$a_t=\frac{\mathrm{d}v}{\mathrm{d}t}=\frac{b^2v_0y}{\sqrt{b^2y^2+v_0^2}}$$

而由 $a_n=\sqrt{a^2-a_t^2}$ 和 $a^2=a_x^2+a_y^2=\left(\frac{\mathrm{d}v_x}{\mathrm{d}t}\right)^2+\left(\frac{\mathrm{d}v_y}{\mathrm{d}t}\right)^2=b^2v_0^2$ 可算出：

$$a_n=\frac{bv_0^2}{\sqrt{b^2y^2+v_0^2}}$$

再用 $a_n=\dfrac{v^2}{\rho}$ 求得轨道曲率与高度的关系：

$$\rho=\frac{v^2}{a_n}=\frac{(b^2y^2+v_0^2)^{3/2}}{bv_0^2}$$

例 1.3 某质点位置矢量为 $\boldsymbol{r}=t\boldsymbol{i}+2t^2\boldsymbol{j}$，求：

(1) 任意时刻速度 $\boldsymbol{v}$，加速度 $\boldsymbol{a}$；

(2) 任意时刻切向加速度 a_t，法向加速度 a_n。

解 (1) 由速度 $\boldsymbol{v}=\dfrac{\mathrm{d}\boldsymbol{r}}{\mathrm{d}t}$，得

$$\boldsymbol{v}=\boldsymbol{i}+4t\boldsymbol{j}$$

又加速度 $\boldsymbol{a}=\dfrac{\mathrm{d}\boldsymbol{v}}{\mathrm{d}t}=4\boldsymbol{j}$

(2) 速率 $v=|\boldsymbol{v}|=\sqrt{1+16t^2}$

切向加速度
$$a_t=\frac{\mathrm{d}v}{\mathrm{d}t}=\frac{16t}{\sqrt{1+16t^2}}$$

由 $a^2=a_t^2+a_n^2$,得

$$a_n=\sqrt{a^2-a_t^2}=\frac{4}{\sqrt{1+16t^2}}$$

1.4 圆周运动中的角度量
The amount of angle in circular motion

从 1.1 节容易看出,在 $\mathrm{d}t$ 时间内,质点发生 $\mathrm{d}\theta$ 角位移时,它所通过的路程为

$$\mathrm{d}s=r\mathrm{d}\theta \tag{1-28(a)}$$

由质点的速度、切向及法向加速度(统称为线量)的定义得其大小分别为

$$\begin{cases} v=\dfrac{\mathrm{d}s}{\mathrm{d}t}=r\dfrac{\mathrm{d}\theta}{\mathrm{d}t}=r\omega \\ a_t=\dfrac{\mathrm{d}v}{\mathrm{d}t}=r\beta \\ a_n=\dfrac{v^2}{r}=r\omega^2 \end{cases} \tag{1-28(b)}$$

式(1-28(a))、式(1-28(b))说明,质点的路程、速度及切向和法向加速度均与半径 r 成正比。知道了角量,很容易算出相应的线量,反之亦然。

例 1.4 一质点运动方程为 $\boldsymbol{r}=10\cos 5t\boldsymbol{i}+10\sin 5t\boldsymbol{j}$ (SI),求:

(1)a_t 为多少?

(2)a_n 为多少?

解 (1)
$$\boldsymbol{v}=\frac{\mathrm{d}\boldsymbol{r}}{\mathrm{d}t}=-50\sin 5t\boldsymbol{i}+50\cos 5t\boldsymbol{j}$$

$$\boldsymbol{a}=-250\cos 5t\boldsymbol{i}-250\sin 5t\boldsymbol{j}$$

大小为
$$a=250\ \mathrm{m/s^2}$$

$$v=|\boldsymbol{v}|=\sqrt{(-50\sin 5t)^2+(50\cos 5t)^2}=50\ \mathrm{m/s}$$

$$a_t=\frac{\mathrm{d}v}{\mathrm{d}t}=0$$

(2)
$$a_n=\sqrt{a^2-a_t^2}=a=250\ \mathrm{m/s^2}$$

注意此方法中,由给定运动方程,先求出 $\boldsymbol{a}$、a_t 之后求 a_n,这样比用 $a_n=\dfrac{v^2}{r}$ 求 a_n 简单。

例 1.5 抛体运动中,抛射角为 θ,初速度为 $\boldsymbol{v}_0$,不计空气阻力:

(1)问运动中 $\boldsymbol{a}$ 变化否? $\boldsymbol{a}_t$、$\boldsymbol{a}_n$ 变化否?

(2)任意位置$|\boldsymbol{a}_t|$、a_n 为多少?

(3)抛射点、最高点、落地点$|\boldsymbol{a}_t|$、a_n 各为多少? 曲率半径为多少?

解 如图 1-8 所示取坐标,x 轴水平,y 轴竖直,O 为抛射点。

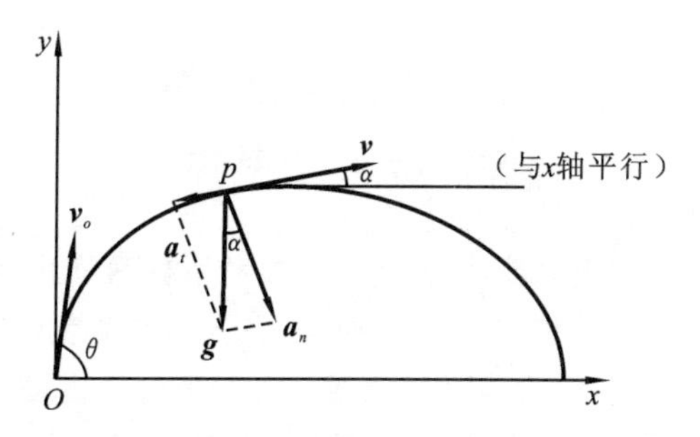

图 1-8　抛体运动示意图

(1)因为质点受重力恒力作用,有 $\boldsymbol{a}=\boldsymbol{g}$,故 $\boldsymbol{a}$ 不变。因为 $a_t=\dfrac{\mathrm{d}v}{\mathrm{d}t}$,而 v 改变,所以 a_t 变化。因为 $a_n=\sqrt{a^2-a_t^2}$,而 a 不变,a_t 变化,所以 a_n 变化。

(2)任意位置 P 处,质点的 a_t、a_n 为

$$\begin{cases}|\boldsymbol{a}_t|=g\sin\alpha\\ a_n=g\cos\alpha\end{cases}$$

(3)抛射点处,$\alpha=\theta$,$v=v_0$,有

$$\begin{cases}|\boldsymbol{a}_t|=g\sin\theta\\ a_n=g\cos\theta\\ r=\dfrac{v_0^2}{a_n}=\dfrac{v_0^2}{g\cos\theta}\end{cases}$$

在最高点,$\alpha=0$,$v=v_0\cos\theta$,有

$$\begin{cases}|\boldsymbol{a}_t|=0\\ a_n=g\\ r=\dfrac{v_0^2\cos^2\theta}{g}\end{cases}$$

因为落地点与出射点对称,

所以

$$\begin{cases}|\boldsymbol{a}_t|=g\sin\theta\\ a_n=g\cos\theta\\ r=\dfrac{v_0^2}{g\cos\theta}\end{cases}$$

例 1.6　一质点从静止($t=0$)出发,沿半径为 $R=3$ m 的圆周运动,切向加速度大小不变,为 $a_t=3\ \mathrm{m/s^2}$,在 t 时刻,其总加速度 $\boldsymbol{a}$ 恰与半径成 45°角,问 t 为多少?

解　依题意知,$\boldsymbol{a}_n$ 与 $\boldsymbol{a}$ 夹角为 45°,有

$$a_n=a_t \qquad ①$$

$$a_n=\frac{v^2}{R}=\frac{(a_t t)^2}{R} \qquad ②$$

由式②有

$$a_t=\frac{(a_t t)^2}{R}$$

得

$$t=\sqrt{\frac{R}{a_t}}=\sqrt{\frac{3}{3}}\ \mathrm{s}=1\ \mathrm{s}$$

1.5 相对运动

Relative motion

为了描述问题的方便,我们把固定在地球上的参考系称为静止参考系,质点相对于静止参考系的运动称为绝对运动,相应的位矢、速度、加速度分别称为绝对位矢、绝对速度、绝对加速度;将相对于地球运动的参考系称为运动参考系,质点相对于运动参考系的运动称为相对运动,相应的位矢、速度、加速度分别称为相对位矢、相对速度、相对加速度。

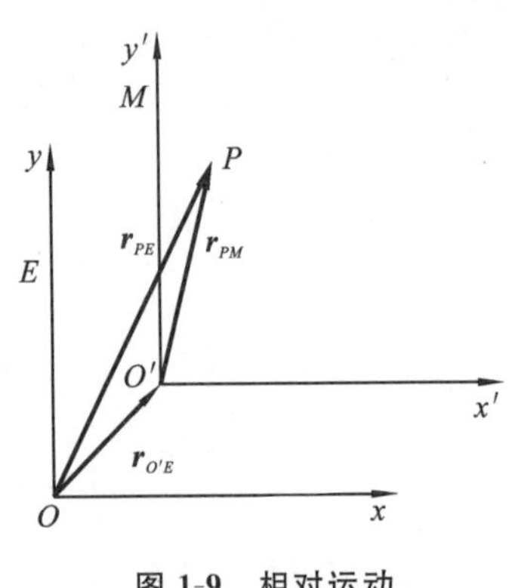

图 1-9　相对运动

如图 1-9 所示,设有参照系 E、M,其上固连有相应坐标系,两坐标系相应坐标轴平行,M 相对于 E 运动。质点 P 相对 E、M 的位矢分别为 $\boldsymbol{r}_{PE}$、$\boldsymbol{r}_{PM}$,相对位矢为

$$\boldsymbol{r}_{PE}=\boldsymbol{r}_{PM}+\boldsymbol{r}_{O'E} \tag{1-29}$$

由式(1-29)有

$$\Delta\boldsymbol{r}_{PE}=\Delta\boldsymbol{r}_{PM}+\Delta\boldsymbol{r}_{O'E}$$

将式(1-29)两边对时间求一阶导数有

$$\boldsymbol{v}_{PE}=\boldsymbol{v}_{PM}+\boldsymbol{v}_{O'E} \tag{1-30}$$

由式(1-30)对时间求一阶导数有

$$\boldsymbol{a}_{PE}=\boldsymbol{a}_{PM}+\boldsymbol{a}_{O'E} \tag{1-31}$$

例 1.7　某人骑自行车以速率 v 向西行使,北风以速率 v 吹来(对地面),问骑车者遇到风速及风向如何?

选择地为静系 E,人为动系 M。风为运动物体。绝对速度:$v_{PE}=v$,方向向南。牵连速度:$v_{ME}=v$,方向向西。

求相对速度 v_{PM} 为多少?方向如何?

解　如图 1-10 所示,因为

$$\boldsymbol{v}_{PE}=\boldsymbol{v}_{PM}+\boldsymbol{v}_{ME}$$

$$|\boldsymbol{v}_{ME}|=|\boldsymbol{v}_{PE}|=v$$

$$\angle\alpha=45^\circ$$

所以

$$v_{PM}=\sqrt{v_{ME}^2+v_{PE}^2}=\sqrt{2}v$$

$\boldsymbol{v}_{PM}$ 方向:来自西北或东偏南 45°。

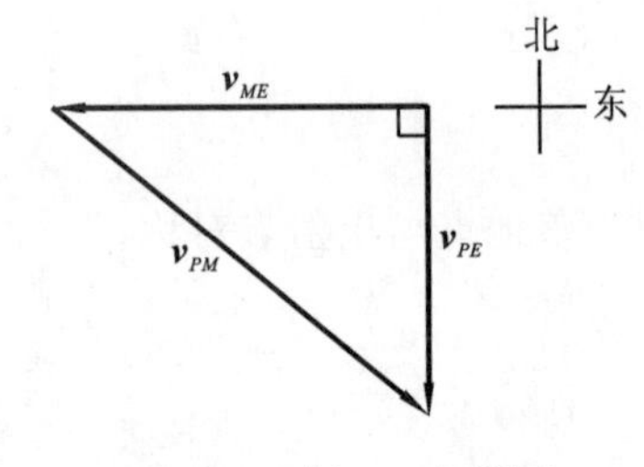

图 1-10　例 1.7 示意图

【思考题与习题】

1. 思考题

1-1　观察月球的运动,分别在月球、地球、太阳上描述月球的轨迹。

1-2　我们常常把相对于地球的加速度为零的参考系选为惯性系,判断以垂直盘面的中心轴做匀速圆周运动的圆盘是不是惯性系?

1-3　简要说明自然坐标系适用什么场合?分析切向加速度和法向加速度各起什么作用?

1-4　在公路转弯处,通常是外围一侧比内侧要高,形成一定坡度,并且车辆通过时一定要限速,分析说明其中的原因。

2. 选择题

1-5　一质点沿 x 轴作直线运动，其 v-t 曲线如图1-11所示，如 $t=0$ 时，质点位于坐标原点，则 $t=4.5$ s时，质点在 x 轴上的位置为(　　)。

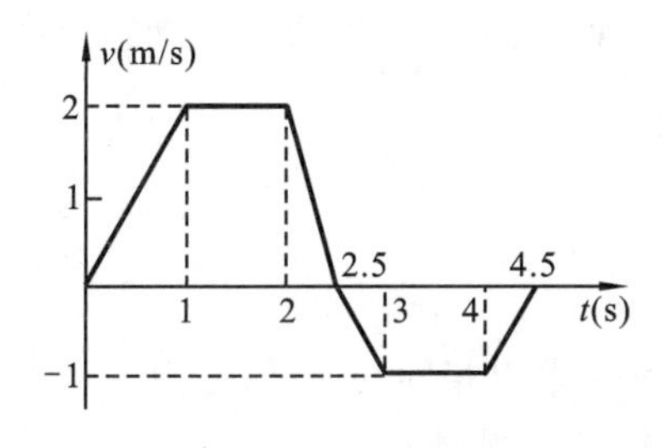

图1-11　题1-5图

(A)0　　(B)5 m　　(C)2 m　　(D)−2 m　　(E)−5 m

1-6　一质点在平面上运动，已知质点位置矢量的表达式为 $\boldsymbol{r}=at^2\boldsymbol{i}+bt^2\boldsymbol{j}$(其中 a、b 为常量)，则该质点作(　　)。

(A)匀速直线运动　(B)变速直线运动　(C) 抛物线运动　(D)一般曲线运动

1-7　一质点作直线运动，某时刻的瞬时速度为 $v=2$ m/s，瞬时加速度为 $a=-2$ m/s^2，则1 s后质点的速度(　　)。

(A)等于零　(B)等于−2 m/s　(C)等于2 m/s　(D)不能确定

1-8　质点作半径为 R 的变速圆周运动时，加速度大小为(v 表示任一时刻质点的速率)(　　)。

(A)$\mathrm{d}v/\mathrm{d}t$　　(B)v^2/R

(C)$\mathrm{d}v/\mathrm{d}t+v^2/R$　　(D)$[(\mathrm{d}v/\mathrm{d}t)^2+(v^4/R^2)]^{1/2}$

3. 填空题

1-9　悬挂在弹簧上的物体在竖直方向上振动，振动方程为 $y=A\sin\omega t$，其中 A、ω 均为常量，则

(1)物体的速度与时间的函数关系为____________________；

(2)物体的速度与坐标的函数关系为____________________。

1-10　在 x 轴上作变加速直线运动的质点，已知其初速度为 $\boldsymbol{v}_0$，初始位置为 x_0，加速度为 $\boldsymbol{a}=Ct^2$(其中 C 为常量)，则其速度与时间的关系 $\boldsymbol{v}=$____________，运动方程为 $x=$____________。

1-11　一质点的运动方程为 $x=2t$，$y=19-2t^2$，其中 x，y 以m为单位，则

(1)该质点的轨迹方程为____________________；

(2)$t=2$ 秒时的位置矢量 $\boldsymbol{r}=$____________________；

(3)$t=2$ 秒时的瞬时速度 $\boldsymbol{v}=$____________________。

1-12　一质点作半径为 $R=2$ m的圆周运动，其运动方程为 $S=3t^2$(SI)，则

(1)质点的速率 $v=$____________________；

(2)切向加速度 $a_t=$____________________；

(3)法向加速度 $a_t=$____________________；

(4)合加速度 $a=$____________________。

1.1 习题

1-13　一质点的运动学方程为 $x=2t, y=19-2t^2$，式中 t 以 s 为单位，x、y 以 m 为单位，问 t 为何值时，质点的位矢恰好与速度方向垂直？

1-14　一小球沿斜面向上运动，其运动方程为 $s=5+4t-t^2$(SI)，求小球运动到最高点的时刻。

1-15　一质点沿 x 轴方向运动，其运动方程为 $x=10-3t+t^2$(SI)，求：

(1)质点在 $t=2$ s 时刻的位移；

(2)质点前两秒内的路程。

1-16　将任意多个质点从某一点以相同的速度，在同一竖直面内沿不同方向同时抛出，证明在任一时刻这些质点均分布在某一圆周上。

1.2 习题

1-17　如图 1-12 所示，质点作匀速圆周运动，其半径为 R，从 A 点出发，经半圆到达 B 点，试求：(1)速度增量；(2) 位移大小；(3)路程。

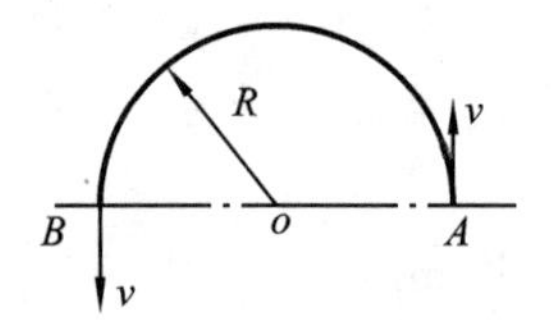

图 1-12　题 1-17 图

1-18　一质点沿 x 轴正方向运动，其加速度大小为 $a=kt$(SI)，式中 k 为常数，当 $t=0$ 时，初速度大小为 v_0，初始位置为 x_0，求：

(1)质点的速度；

(2)质点的运动方程；

(3)常数 k 的量纲。

1-19　一质点的运动学方程为 $x=2t, y=19-2t^2$(SI)，求：

(1)质点的速度和加速度；

(2)判断什么时间位矢恰好与速度方向垂直。

1-20　灯距地面高度为 h_1，一个人身高为 h_2，在灯下以匀速率 v 沿水平直线行走，如图 1-13 所示。则他的头顶在地上的影子 M 点沿地面移动的速度 $v_M=$__________。

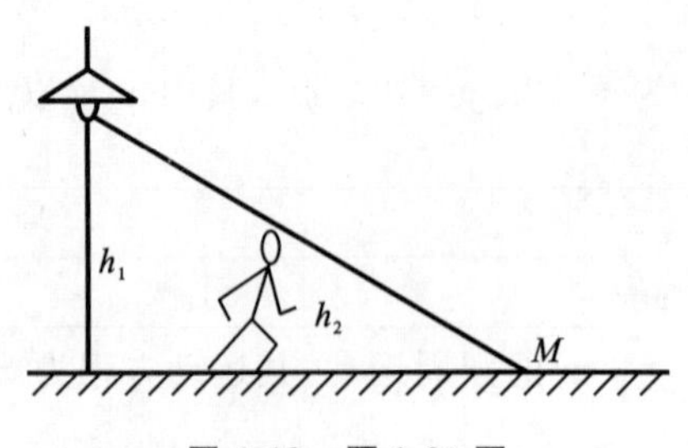

图 1-13　题 1-20 图

1.3 习题

1-21　质点沿半径为 R 的圆周作匀速运动，每转一圈需时间 t，在 $3t$ 时间间隔中，其平均速度大小与平均速率大小分别为(　　)。

(A)$2\pi R/t, 2\pi R/t$　(B)$0, 2\pi R/t$　(C)$0, 0$　(D)$2\pi R/t, 0$

1-22　质点作曲线运动，下列说法中正确的是(　　)。

(A)切向加速度必不为零

(B)法向加速度必不为零(拐点除外)

(C)由于速度沿切线方向，法向分速度必为零，因此法向加速度必为零

(D)如质点作匀速运动，其总加速度必为零

(E)如质点的加速度 $\boldsymbol{a}$ 为恒矢量，它一定作匀变速运动

1-23　一质点作斜抛运动，如忽略空气阻力，则当该质点的速度 $\boldsymbol{v}$ 与水平面的夹角为 θ 时，它的切向加速度大小为________，法向加速度大小为________。

1-24　设某质点作一维直线运动，其速率与坐标的关系为 $v=-kx$(k 为大于零的常数)，初始位置为 x_0，求任意时刻质点的坐标。

1.4 习题

1-25　下列说法正确的是(　　)。

(A)质点作圆周运动时的加速度方向指向圆心

(B)匀速圆周运动的加速度为恒量

(C)只有法向加速度的运动一定是圆周运动

(D)只有切向加速度的运动一定是直线运动

1-26　一质点沿半径为 R 的圆周按规律 $S=V_0t-bt^2/2$ 运动，其中 V_0、b 都是常数，则 t 时刻质点的总加速度矢量是多少？其大小为多少？

1-27　一质点作圆周运动，如图 1-14 所示，质点 P 在水平面内沿一半径为 $R=2$ m 的圆周轨道转动。转动的角速度 ω 与时间 t 的关系为 $\omega=kt^2$(k 为常量)，已知 $t=2$ s 时质点 P 的速度为 32 m/s。试求 $t=1$ s 时，质点 P 的速度与加速度的大小。

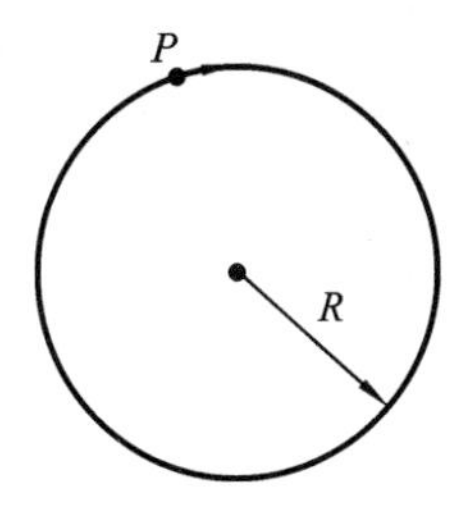

图 1-14　题 1-27 图

1-28　质量为 10 kg 的质点在水平面上作半径为 1m 的圆周运动，其角位置与时间的关系为 $\theta=t^3-6t$，问：

(1)$t=1$ s 时刻质点的切向加速度与合加速度之间的夹角是多少；

(2)此时刻质点的加速度大小是多少？

1.5 习题

1-29　某人以速率 v 骑自行车西行,觉得有北偏东 30°方向的风吹来,其速度大小与车速相同,问风速方向如何?

1-30　一船欲在 10 min 内横渡一宽为 900 m、流速为 2.0 m/s 的河流,问船应该以什么样的速度航行才能到达此目的地?

1-31　一人以 80 km/h 的速度在雨中行车,观察到雨点在侧窗上留下的痕迹与竖直线成 80°角,当车停下时,观察到雨点是竖直下落的,求:

(1)雨对地的速度;

(2)雨对行进中的车的速度。

1-32　河水自西向东流动,速度为 10 km/h,一轮船在水中航行,船相对于河水的航行方向为北偏西 30°,相对于河水的航速为 20 km/h,此时风向为正西方向,风速为 100 km/h,试求在船上观察到的烟筒冒出的炊烟的方向(假设炊烟离开烟筒后很快获得与风相同的速度)。

1-33　一人骑车东行,当车速为 5 m/s 时,人感觉到北风;当车速为 10 m/s 时,人感觉到东北风,求风速。

物理学诺贝尔奖介绍 1

1985 年　量子霍尔效应

美国物理学家霍尔于 1879 年在实验中发现，当电流垂直于外磁场通过导体时，在导体的垂直于磁场和电流方向的两个端面之间会出现电势差，这一现象便是霍尔效应。这个电势差也被叫作霍尔电势差。

霍尔器件通过检测磁场变化，转变为电信号输出，可用于监视和测量汽车各部件运行参数的变化。例如位置、位移、角度、角速度、转速等，并可将这些变量进行二次变换；可测量压力、质量、液位、流速、流量等。霍尔器件输出量直接与电控单元接口，可实现自动检测。如今的霍尔器件都可承受一定的振动，可在零下 40 摄氏度到零上 150 摄氏度范围内工作，全部密封，不受水油污染，完全能够适应汽车的恶劣工作环境。

迄今为止，已在现代汽车上广泛应用的霍尔器件有：在分电器上作信号传感器、ABS 系统中的速度传感器、汽车速度表和里程表、液体物理量检测器、各种用电负载的电流检测及工作状态诊断、发动机转速及曲轴角度传感器、各种开关，等等。

例如汽车点火系统，设计者将霍尔传感器放在分电器内取代机械断电器，用作点火脉冲发生器。这种霍尔式点火脉冲发生器随着转速变化的磁场在带电的半导体层内产生脉冲电压，控制电控单元(ECU)的初级电流。相对于机械断电器而言，霍尔式点火脉冲发生器无磨损免维护，能够适应恶劣的工作环境，还能精确地控制点火正时，能够较大幅度提高发动机的性能，具有明显的优势。

在霍尔效应发现约 100 年后，德国物理学家克利青(Klaus von Klitzing)等在研究极低温度和强磁场中的半导体时发现了量子霍尔效应，这是当代凝聚态物理学令人惊异的进展之一，克利青为此获得了 1985 年的诺贝尔物理学奖。之后，美籍华裔物理学家崔琦(Daniel Chee Tsui)和美国物理学家劳克林(Robert B. Laughlin)、施特默(Horst L. St rmer)在更强磁场下研究量子霍尔效应时发现了分数量子霍尔效应，这个发现使人们对量子现象的认识更进一步，他们为此获得了 1998 年的诺贝尔物理学奖。

复旦大学校友、斯坦福大学教授张首晟与母校合作开展了“量子自旋霍尔效应”的研究。“量子自旋霍尔效应”最先由张首晟教授预言，之后被实验证实。这一成果是美国《科学》杂志评出的 2007 年十大科学进展之一。如果这一效应在室温下工作，它可能导致新的低功率的“自旋电子学”计算设备的产生。工业上应用的高精度的电压和电流型传感器有很多就是根据霍尔效应制成的，误差精度能达到 0.1%以下。

由清华大学薛其坤院士领衔，清华大学、中科院物理所和斯坦福大学研究人员联合组成的团队在量子反常霍尔效应研究中取得重大突破，他们从实验中首次观测到量子反常霍尔效应，这是中国科学家从实验中独立观测到的一个重要物理现象，也是物理学领域基础研究的一项重要科学发现。

整数量子霍尔效应:量子化电导 e2/h 被观测到,为弹道输运(ballistic transport)这一重要概念提供了实验支持。

分数量子霍尔效应:劳赫林与 J·K·珍解释了它的起源。两人的工作揭示了涡旋(vortex)和准粒子(quasi-particle)在凝聚态物理学中的重要性。

整数量子霍尔效应的机制已经基本清楚,而仍有一些科学家,如冯·克利青和纽约州立大学石溪分校的 V·J·Goldman,还在做一些分数量子效应的研究。一些理论学家指出分数量子霍尔效应中的某些平台可以构成非阿贝尔态(Non-Abelian States),这可以成为搭建拓扑量子计算机的基础。

石墨烯中的量子霍尔效应与一般的量子霍尔行为大不相同,称为异常量子霍尔效应(Anomalous Quantum Hall Effect)。

此外,Hirsh、张守晟等提出自旋量子霍尔效应的概念,与之相关的实验正在吸引越来越多的关注。

美国科学家霍尔分别于 1879 年和 1880 年发现霍尔效应和反常霍尔效应。1980 年,德国科学家冯·克利青发现整数量子霍尔效应,终于实现了反常霍尔效应的量子化,这一发现是相关领域的重大突破,也是世界基础研究领域的一项重要科学发现。1982 年,美国科学家崔琦和施特默发现分数量子霍尔效应,这两项成果分别于 1985 年和 1998 年获得诺贝尔物理学奖。

由中国科学院物理研究所和清华大学物理系的科研人员组成的联合攻关团队,经过数年不懈探索和艰苦攻关,成功实现了“量子反常霍尔效应”。这是国际上该领域的一项重要科学突破,该物理效应从理论研究到实验观测的全过程,都是由我国科学家独立完成。

量子霍尔效应是整个凝聚态物理领域最重要、最基本的量子效应之一。它是一种典型的宏观量子效应,是微观电子世界的量子行为在宏观尺度上的一个完美体现。1980 年,德国科学家冯·克利青(Klaus von Klitzing)发现了“整数量子霍尔效应”,于 1985 年获得诺贝尔物理学奖。1982 年,美籍华裔物理学家崔琦(Daniel CheeTsui)、美国物理学家施特默(Horst L. Stormer)等发现“分数量子霍尔效应”,不久由美国物理学家劳弗林(Rober B. Laughlin)给出理论解释,三人共同获得 1998 年诺贝尔物理学奖。在量子霍尔效应家族里,至此仍未被发现的效应是“量子反常霍尔效应”——不需要外加磁场的量子霍尔效应。

“量子反常霍尔效应”是多年来该领域的一个非常困难的重大挑战,它与已知的量子霍尔效应具有完全不同的物理本质,是一种全新的量子效应;同时它的实现也更加困难,需要精准的材料设计、制备与调控。1988 年,美国物理学家霍尔丹(F. Duncan M. Haldane)提出可能存在不需要外磁场的量子霍尔效应,但是多年来一直未能找到能实现这一特殊量子效应的材料体系和具体物理途径。2010 年,中科院物理所方忠、戴希带领的团队与张首晟教授等合作,从理论与材料设计上取得了突破,他们提出 Cr 或 Fe 磁性离子掺杂的 Bi2Te3、Bi2Se3、Sb2Te3 族拓扑绝缘体中存在着特殊的 V. Vleck 铁磁交换机制,能形成稳定的铁磁绝缘体,是实现量子反常霍尔效应的最佳体系[Science,329,61(2010)]。他们的计算表明,这种磁性拓扑绝缘体多层膜在一定的厚度和磁交换强度下,即处在“量子反常霍尔效应”态。该理论与材料设计的突破引起了国际上的广泛兴趣,许多世界顶级实验室都争相投入到这场竞争中来,沿着这个思路寻找量子反常霍尔效应。

在磁性掺杂的拓扑绝缘体材料中实现“量子反常霍尔效应”,对材料生长和输运测量都提出了极高的要求:材料必须具有铁磁长程有序;铁磁交换作用必须足够强以引起能带反转,从而导致拓扑非平庸的带结构;同时体内的载流子浓度必须尽可能地低。中科院物理所何珂、吕力、马旭村、王立莉、方忠、戴希等组成的团队和清华大学物理系薛其坤、张首晟、王亚愚、陈曦、贾金锋等组成的团队合作攻关，在这场国际竞争中显示了雄厚的实力。他们克服了薄膜生长、磁性掺杂、门电压控制、低温输运测量等多道难关，一步一步实现了对拓扑绝缘体的电子结构、长程铁磁序以及能带拓扑结构的精密调控，利用分子束外延方法生长出了高质量的 Cr 掺杂 (Bi,Sb)2Te3 拓扑绝缘体磁性薄膜，并在极低温输运测量装置上成功地观测到了“量子反常霍尔效应”。该结果于 2013 年 3 月 14 日在 Science 上在线发表，清华大学和中科院物理所为共同第一作者单位。

该成果的获得是我国科学家长期积累、协同创新、集体攻关的一个成功典范。前期，团队成员已在拓扑绝缘体研究中取得过一系列的进展，研究成果曾入选 2010 年中国科学十大进展和中国高校十大科技进展，团队成员还获得了 2011 年“求是杰出科学家奖”、“求是杰出科技成就集体奖”和“中国科学院杰出科技成就奖”，以及 2012 年“全球华人物理学会亚洲成就奖”、“陈嘉庚科学奖”等荣誉。该工作得到了中国科学院、科技部、国家自然科学基金委员会和教育部等部门的资助。

与量子霍尔效应相关的发现之所以屡获学术大奖，是因为霍尔效应在应用技术中特别重要。人类日常生活中常用的很多电子器件都来自霍尔效应，仅汽车上广泛应用的霍尔器件就包括：信号传感器、ABS 系统中的速度传感器、汽车速度表和里程表、液体物理量检测器、各种用电负载的电流检测及工作状态诊断、发动机转速及曲轴角度传感器等。

例如用在汽车开关电路上的功率霍尔电路，具有抑制电磁干扰的作用。因为汽车的自动化程度越高，微电子电路越多，就越怕电磁干扰。而汽车上有许多灯具和电器件在开关时会产生浪涌电流，使机械式开关触点产生电弧，产生较大的电磁干扰信号。采用功率霍尔开关电路就可以减小这些现象。

此次中国科学家发现的量子反常霍尔效应也具有极高的应用前景。量子霍尔效应的产生需要用到非常强的磁场，因此至今没有广泛应用于个人电脑和便携式计算机上。因为要产生所需的磁场不但价格昂贵，而且体积大概要有衣柜那么大。而反常霍尔效应与普通的霍尔效应在本质上完全不同，因为这里不存在外磁场对电子的洛伦兹力而产生的运动轨道偏转，反常霍尔电导是由于材料本身的自发磁化而产生的。

如今中国科学家在实验上实现了零磁场中的量子霍尔效应，就有可能利用其无耗散的边缘态发展新一代的低能耗晶体管和电子学器件，从而解决电脑发热问题和摩尔定律的瓶颈问题。这些效应可能在未来电子器件中发挥特殊作用：无需高强磁场，就可以制备低能耗的高速电子器件，例如极低能耗的芯片，进而可能促成高容错的全拓扑量子计算机的诞生——这意味着个人电脑未来可能得以更新换代。

第2章　牛顿运动定律
Chapter 2　Newton's law of motion

在前一章中我们学习了用位置、速度和加速度等参数来描述物体运动的规律，关注的主要是物体是怎么运动的。那么到底物体为什么会这样运动呢？这是因为物体受到了力的作用。本章我们将研究运动和力之间的联系，这样一门学科称为动力学。动力学的核心内容就是牛顿三大定律，牛顿三大定律结合万有引力定律原则上可以解决一切力学问题。哈雷对牛顿(见图2-1)的工作称赞道："凡夫俗子第一次接近了神"，可见牛顿定律在科学技术中的地位是何等重要。

图2-1　牛顿(1643—1727)

2.1　牛顿第一定律
Newton's first law of motion

2.1.1　牛顿第一定律

物体的运动和受力之间到底是什么关系呢？长久以来，以亚里士多德为代表的科学家们认为任何物体不受力的时候的状态都是静止的，而力是维持物体运动的原因。这似乎是符合人们日常经验的。一本书在桌上放着，你必须要用力推它，才能让其持续运动；不推它，它就会停下来。

直到公元 1600 年以后，伽利略才对此提出不同意见。伽利略的结论是基于一个理想实验。前面的例子中为什么必须要推桌子上的书，书才能动呢？伽利略的解释是，推力是用来平衡物体受到的摩擦力的。根据经验，摩擦力越小，所需的推力也越小。这样，如果摩擦力为零，也就是在绝对光滑的平面上，就不需要推力物体也能维持匀速直线运动了。于是伽利略总结出如果物体不受力，它也可以保持原来的速度做匀速直线运动，速度并不需要力来维持。同时伽利略还指出，如果不施加推力，在摩擦力作用下物体会减速，这说明力可以改变物体的运动状态。

牛顿在伽利略和亚里士多德的基础上总结出了牛顿第一定律。牛顿第一定律的内容是：如果没有受到净外力，任何物体要么保持静止，要么保持匀速直线运动状态。

Every body continues in the state of rest or of uniform speed in a straight line as long as no net force acts on it.

2.1.2　惯性　惯性参考系

根据牛顿第一定律，物体有保持原来运动状态的趋势，这一特性是任何物体都具有的，通常称为惯性。牛顿第一定律也通常称为惯性定律。很多著作中提到牛顿第一定律说明惯性和质量成正比。然而需要注意的是，这个结论并不能由牛顿第一定律得出，而需要利用后面的牛顿第二定律才能得出。

实际上，我们会发现，牛顿第一定律并不是任何时候都成立的。比如，一辆静止的列车中的光滑桌面上有一个杯子，从坐在车上的乘客的角度来看，当汽车突然启动的时候，杯子会相对桌面滑动，但是此过程中杯子受到的合外力为 0。这说明牛顿第一定律和参考系的选择有关。通常我们称牛顿第一定律成立的参考系为惯性参考系。如果一个物体不受合外力作用或受到的合外力为 0，以这个物体为参考系的就是惯性参考系。实际生活中我们经常选择地球作为惯性参考系，尽管地球受到太阳引力的作用，但是由于其自转公转的加速度都不大，对于很多问题的分析没有影响，所以可以近似认为地球是惯性参考系。相对于惯性参考系静止或者做匀速直线运动的参考系都是惯性参考系。

2.2　牛顿第二定律
Newton's second law of motion

2.2.1　质量

最初人们认为质量是指物质的多少，但是实际上根据我们后面即将讲到的牛顿第二定律，更加准确地说，质量是指物体惯性的度量。通常在这样的定义下的质量称为惯性质量。这一结论可以通过实验来证明。给两个质量分别为 m_1 和 m_2 的物体相同大小的力，测量两个物体的加速度大小为 a_1 和 a_2。结果会发现，不管力是多少，下面的关系总是成立的：

$$\frac{m_1}{m_2}=\frac{a_2}{a_1} \tag{2-1}$$

上式表明，质量和加速度成反比。由于加速度表示物体速度即运动状态的改变，所以质量越大，加速度越小，运动状态变化越小或者说越难；质量越小，加速度越大，运动状态变化越大或者说越容易。因此,质量是和物体运动状态的改变成反比的。根据前一节的定义,惯性指的是物体保持原来运动状态的属性。因此,质量就应该和物体的惯性成正比。所以我们可以把质量定义为物体惯性的度量。

国际单位制下,质量的单位是千克,符号是 kg。自 1889 年以来,“千克”这一单位是由放在法国巴黎国际度量衡局(BIMP)的一个铂铱合金(90%的铂,10%的铱)圆柱原器所定义,它的高和直径都是约 39 mm。质量的单位千克是国际单位制的 7 个基本单位中唯一一个用实际物体定义的。但是,原器的质量会随着时间的流逝而变化。因此,科学家认为质量的单位也应该学习长度单位的定义方式,放弃原器,而采用标准常数来定义[①]。在 2009 年 10 月 21 日召开的第 24 届国际计量大会上,国际单位委员会决定淘汰千克原器,用基于普朗克常数的数值来定义“千克”。

有了质量的定义后,我们就可以轻易地区分质量和重量这两个名词了。质量是指物体惯性的多少,是物体的自身特性,不随环境变化而改变;而重量是指物体受重力的大小。在太空失重环境下,重量等于零,但是质量不等于零。

2.2.2 牛顿第二定律

回到上一小节的实验,根据式(2-1),可以得到:

$$m_1 a_1 = m_2 a_2 = F \tag{2-2}$$

如果写成矢量形式就是:

$$\boldsymbol{F} = m\boldsymbol{a} \tag{2-3}$$

或

$$\boldsymbol{a} = \frac{\boldsymbol{F}}{m} \tag{2-4}$$

这就是牛顿第二定律(Newton's second law of motion)。

在惯性参考系中,物体的加速度和所受到的合外力成正比,和质量成反比,加速度方向和合外力方向一致。

When viewed from an inertial reference frame, the acceleration of an object is directly proportional to the net force acting on it and inversely proportional to its mass. The direction of the acceleration is in the direction of the net force.

根据运动学的知识,我们可以将牛顿第二定律的表达式写成微分形式和分量形式,即

$$\begin{cases} \dfrac{\mathrm{d}^2 x}{\mathrm{d}t} = \dfrac{F_x}{m} \\ \dfrac{\mathrm{d}^2 y}{\mathrm{d}t} = \dfrac{F_y}{m} \\ \dfrac{\mathrm{d}^2 z}{\mathrm{d}t} = \dfrac{F_z}{m} \end{cases} \tag{2-4(a)}$$

2.2.3 力的定义 常见的力

如前所述,“力”这个物理量的准确定义就是来源于牛顿第二定律。根据式(2-3),力的定义为质量和加速度的乘积。牛顿第二定律不但定义了力,还定义了力的单位“牛顿”。1 牛顿

---

① 长度单位米最初也是使用一块铂铱合金定义的,后来改为借助真空中的光速来定义。

的定义为：如果一个1千克的物体的加速度是1米/秒^2，那么它受到的合外力是1牛顿。由此可见，牛顿第二定律远远不像中学中用来计算加速度和力那么简单肤浅。其真正的意义在于准确定义了力和质量。如果没有牛顿第二定律，可能到今天我们还不清楚力和质量到底是什么东西。

牛顿第二定律不但定义了力，还提供了一种普遍适用的质量测量方法。我们知道地球上能够用弹簧秤或天平测量物体质量是因为有重力的作用，但是在太空中，如果处于失重状态是无法用这种方法来测量物体质量的。在天宫1号的太空物理实验演示中，清晰地展示了在太空中用弹簧秤和单摆等方法无法测量物体的质量。此时，唯一可以使用的就是牛顿第二定律，通过测量物体的受力和加速度来测量物体的质量。天宫1号上就是用这种方法来测量宇航员体重的。

在日常生活和本书的力学内容中，常见的力有万有引力、弹性力、摩擦力、流体阻力等。

1. 万有引力

万有引力存在于任何物体之间。尽管我们无法考证牛顿是否被苹果砸中过，但是牛顿确实非常敏锐地洞察到了使苹果落地和使月球围绕地球转的力是同一个力。牛顿在此假设下通过计算提出了万有引力定律(Newton's Law of Universal Gravitation)：任何两个粒子之间都有相互吸引的力，该力的大小和它们质量成正比，和它们间距的平方成反比，方向在它们的连线上。

Every particle in the Universe attracts every other particle with a force that is directly proportional to the product of their masses and inversely proportional to the square of the distance between them.

$$F = G\frac{m_1 m_2}{r^2} \tag{2-5}$$

式中，G是万有引力常数，由英国人卡文迪许首次测量，根据2010年国际科学技术数据委员会(CODATA)的推荐值，$G=(6.67384\pm0.00080)\times10^{-11}\ \mathrm{m^3\cdot kg^{-1}\cdot s^{-2}}$。我们中国人在万有引力常数测量中做出过杰出贡献。

地球附近的引力就是重力：

$$F = mg \tag{2-6}$$

式中，g是重力加速度。在式(2.6)中，质量是和物体受到的引力成正比的，和我们之前讲到的质量有着完全不同的物理意义。为了区别两者，我们把这里的质量称为引力质量，它是物体受引力大小的度量。而前面的惯性质量是物体惯性的度量。两者对应的物理意义截然不同，但是种种事实表明两者应该在数值上是相等(或成正比)的。这是关系到整个自然科学基础的重要问题，也和爱因斯坦广义相对论的基本假设之一——等效原理密切相关。目前的实验表明，“惯性质量和引力质量数值上相等(或成正比)”这一结论在相对误差10^{-13}精度下依然成立。

2. 弹性力

物体发生形变后要恢复原来形状所产生的力叫做弹性力。弹簧的拉力、绳子的拉力、桌面的支持力等都属于弹性力。其中最具代表性的就是弹簧的弹性力。根据胡克定律，在弹性限度内，该力和弹簧的形变量成正比，力的方向和发生形变的方向相反。弹簧的弹力可以表示为$\boldsymbol{F}=-kx$，其中k为弹性系数，x为弹簧形变量。负号表示力的方向和发生形变的方向相反。

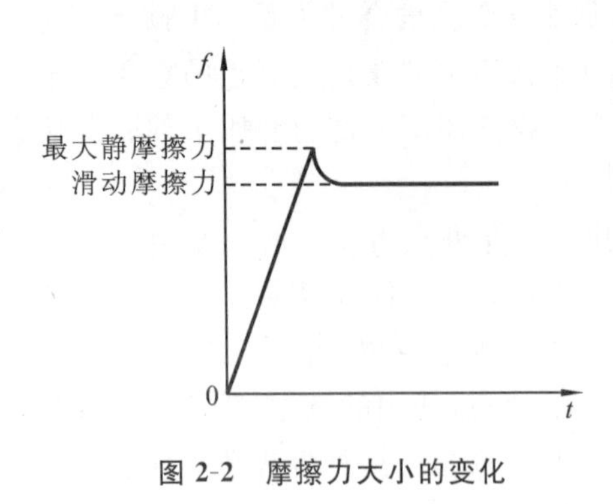

图 2-2　摩擦力大小的变化

3. 摩擦力

如果相互接触的物体之间有相对运动或相对运动趋势,由于接触面不光滑,就会在接触面上产生阻碍相对运动或相对运动趋势的力。这就是摩擦力,前者称为滑动摩擦力,后者称为静摩擦力。静摩擦力随外力变化而变化,当外力使两物体间将要发生相对滑动的时候静摩擦力最大,称为最大静摩擦力。滑动摩擦力比最大静摩擦力略小。一个物体在粗糙的平面上由静止开始运动的过程中,摩擦力的大小变化如图 2-2 所示。

4. 流体阻力

当固态物体穿过液体或气体(统称为流体)运动时,会受到流体的阻力。这个阻力与运动物体的速度方向相反,大小随速度改变而变化。实验表明,当物体速度不太大时,阻力主要由流体的黏滞性产生,阻力大小和物体相对流体运动的速率成正比,可以用如下公式描述:

$$\boldsymbol{F}=-b\boldsymbol{v}$$

其中,b 为常数。

当物体穿过流体的速率超过某个限度时(但一般仍低于声速),在物体之后会出现旋涡,这时物体受的阻力与它相对于流体速率的平方成正比。当物体相对于流体运动的速率超过空气中的声速的时候,物体受的阻力与它相对于流体的速率的三次方成正比。

需要注意的是,以上说的力是生活中或力学问题中常见的力,并不是按力的本质来分类的。实际上从本质上说,人类已知的自然界的基本相互作用力只有 4 种,分别是引力相互作用、电磁相互作用、强相互作用和弱相互作用。强、弱相互作用主要发生在原子核内部范围,而引力和电磁相互作用可以在任何距离下发生。前面讲的弹性力和摩擦力本质上属于电磁相互作用,是由原子分子之间的电磁力引起的。

2.3　牛顿第三定律
Newton's third law of motion

牛顿三大定律的前两个都是牛顿基于前人工作的基础上提出的,所以牛顿声称自己是“站在巨人的肩膀上”。只有牛顿第三定律是完全由牛顿独立提出的,这一规律也很符合人们日常生活的经验。

牛顿第三定律(Newton's third law of motion):作用力和反作用力大小相等方向相反。

When one object exerts a force on a second object, the second exerts an equal and opposite force on the first.

需要注意的是,在牛顿第三定律中,作用力和反作用力一定是同一种力。比如地球对苹果的力是引力,苹果对地球的力也一样是引力。另外,作用力和反作用力的施力物与受力物正好相反。以上两点是牛顿第三定律和力的平衡之间最大的不同。

牛顿第三定律是完全由牛顿独立提出的,因此也充分展示了牛顿的哲学思想——绝对时空观。牛顿第三定律实际上是假设了力的传递是不需要时间的。然而实际上力的传递速度是不可能大于光速的。因此,在高速运动状态下,牛顿第三定律会有明显偏差。但是对于日常生活来说，牛顿第三定律引起的误差可以忽略不计。

2.4　牛顿运动定律的应用
Applications of Newton's law of motion

牛顿运动定律将物体运动和受力联系起来，是经典力学的核心。在基础科学和工程技术领域，只要研究对象包含的物体不是很多，很多动力学问题都可以用牛顿定律来处理。处理这些问题的一般方法可以概括如下。

(1)确定研究对象，用隔离法分析受力情况，画出受力分析图。

(2)建立合适的坐标系，将力分解到各个坐标轴上。

(3)在每个坐标轴方向上列出牛顿运动定律方程。

(4)解方程，得出结果，并判断结果是否符合实际。

根据不同的实际问题，可以大致分为三类：知力求力、知运动求力、知力求运动。这三类问题主要表现在以上步骤中的(3)、(4)两步中列出的方程形式不同和求解方法不同。

2.4.1　知力求力

这类问题一般是已知一些物体的受力，求另外一些物体的受力或者加速度。这类问题直接按上面步骤求解即可，方程的求解几乎不需要使用微积分。

例 2.1　阿托伍德机。如图 2-3(a)所示的阿托伍德机中，忽略滑轮的质量和所有的摩擦力，绳子不可伸长，求两个物体的加速度的大小和绳子中的张力的大小。

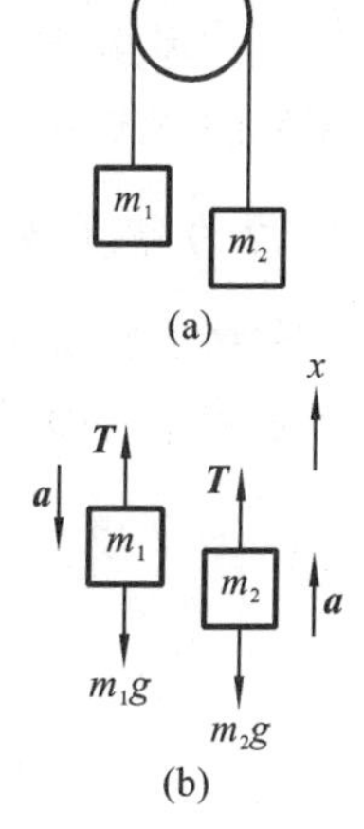

图 2-3　阿托伍德机

解　首先画出受力分析图，如图 2-3(b)所示。由于绳子不可伸长，所以两个物体具有大小相等的加速度。以竖直向上方向为 x 正方向建立坐标系，在该方向上列出牛顿定律表达式：

$$-m_1a=T-m_1g$$

$$m_2a=T-m_2g$$

由以上两式可以解出：

$$a=\frac{m_1-m_2}{m_1+m_2}g,\ T=\frac{2m_1m_2}{m_1+m_2}g$$

2.4.2　知运动求力

这类问题通常是知道物体的质量和运动方程 $\boldsymbol{r}=\boldsymbol{r}(t)$ 或速度 $\boldsymbol{v}=\boldsymbol{v}(t)$，求物体的受力。此时，可以通过微分求得物体的加速度，再通过牛顿第二定律计算受力，最后再通过分析计算其他问题。

例 2.2　质量为 m 的物体在 xOy 平面上按 $x=r\sin\omega t$，$y=r\cos\omega t$ 的规律运动，其中 r 和 ω 均为常量，求作用于物体上的力。

解　本题已知运动方程的分量形式，可以先通过求二阶导数得到加速度，然后通过牛顿第二定律求受力。

物体在 x 和 y 方向的加速度分别为

$$a_x=\frac{\mathrm{d}^2x}{\mathrm{d}t^2}=\frac{\mathrm{d}^2(r\sin\omega t)}{\mathrm{d}t^2}=-r\omega^2\sin\omega t$$

$$a_y=\frac{\mathrm{d}^2y}{\mathrm{d}t^2}=\frac{\mathrm{d}^2(r\cos\omega t)}{\mathrm{d}t^2}=-r\omega^2\cos\omega t$$

根据牛顿第二定律,物体在 x 和 y 方向分力为

$$F_x=ma_x=-mr\omega^2\sin\omega t$$

$$F_y=ma_y=-mr\omega^2\cos\omega t$$

其矢量表达形式为

$$\begin{aligned}\boldsymbol{F}&=F_x\boldsymbol{i}+F_y\boldsymbol{j}=-m\omega^2[(r\sin\omega t)\boldsymbol{i}+(r\cos\omega t)\boldsymbol{j}]\\&=-m\omega^2(x\boldsymbol{i}+y\boldsymbol{j})=-m\omega^2\boldsymbol{r}\end{aligned}$$

这表示该力大小为 mw^2r,方向始终指向坐标原点,该物体绕原点作匀速圆周运动。

实际上,在很多情况下,计算的结果并不需要通过矢量合成写成大小和角度的形式,只需要写成分量形式即可,因为分量表示方法也是矢量结果的表现形式之一。这种矢量的分量表示方法在后面章节计算做功的时候会显得尤其方便。

2.4.3 知力求运动

这类问题通常是已知物体受力情况和初始状态,需要求解物体的运动规律,即求解物体的速度或运动方程。一般来说这类问题需要通过微分方程,或者积分来求解。但是由于受力情况表现形式多样,导致方程求解比较困难。因此,这类问题一般相对比较复杂。本节我们仅对几种常见的情况进行讨论。

1. 力为常量或时间或速度的函数

这种情况在实际中是很常见的,空气阻力、液体黏滞阻力等都是和物体运动的速度有关,在整个过程中是随时间变化而变化的。这类问题的牛顿第二定律方程通常具有以下形式:

$$m\frac{\mathrm{d}v}{\mathrm{d}t}=C \tag{2-7(a)}$$

或

$$m\frac{\mathrm{d}v}{\mathrm{d}t}=F(t) \tag{2-7(b)}$$

或

$$m\frac{\mathrm{d}v}{\mathrm{d}t}=F(v) \tag{2-7(c)}$$

通常的处理方法是先通过分离变量使等式左右两边分别只含有变量 v 或变量 t,然后根据初始条件求定积分得出速度 $v(t)$,最后根据运动学的知识求 $x(t)$。

例 2.3 一带电粒子沿着 y 轴正方向以速度 $\boldsymbol{v}_0$ 运动。$t=0$ 时刻粒子正好经过原点,此时开始受到沿 x 轴正方向、随时间成正比增大的电力 $\boldsymbol{F}=f_0t\boldsymbol{i}$ 的作用,如图 2-4 所示,f_0 是已知的常量,粒子质量为 m,重力忽略不计。试求粒子的运动方程和轨迹方程。

解 本题中物体受力比较简单,粒子在 y 方向不受力,根据牛顿第一定律将保持匀速直线运动。粒子仅在 x 方向受力,因此可以在 x 方向列出牛顿定律方程,然后求解 x 方向的运动方程,即可得到粒子的运动规律。

首先,在 x 方向上根据牛顿第二定律,有

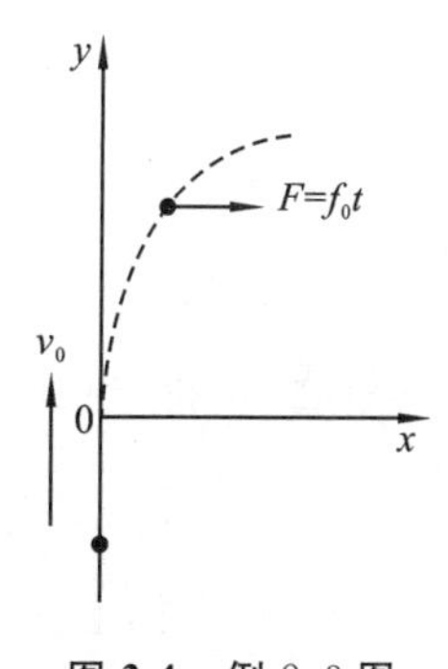

图 2-4　例 2.3 图

$$m\frac{dv_x}{dt}=f_0t$$

分离变量可得

$$dv_x=\frac{f_0t}{m}dt$$

由于 $t=0$ 时刻，x 方向速度 $v_{x0}=0$，所以，对上式两边取定积分

$$\int_0^{v_x}dv_x=\int_0^t\frac{f_0t}{m}dt$$

得

$$v_x=\frac{f_0t^2}{2m}$$

根据前一章运动学知识 $v_x=dx/dt$，代入上式可得

$$\frac{dx}{dt}=\frac{f_0t^2}{2m}$$

分离变量可得

$$dx=\frac{f_0t^2}{2m}dt$$

由于 $t=0$ 时刻，$x=0$，所以，对上式两边取定积分

$$\int_0^x dx=\int_0^t\frac{f_0t^2}{2m}dt$$

得

$$x(t)=\frac{f_0t^3}{6m}$$

所以，粒子的运动方程为

$$\begin{cases}x(t)=\dfrac{f_0t^3}{6m}\\y(t)=v_0t\end{cases}$$

两式消去 t，可以得到粒子运动的轨迹方程为

$$x-\frac{f_0y^3}{6mv_0^3}=0$$

例 2.4　质量为 m 的小船在平静的湖面上以速度 v_0 航行。由于特殊情况，小船突然关机。此时，水对小船的阻力和小船速度 v 之间的关系为 $F=-bv$（b 为常数）。求：船速 $v(t)$ 以及小船能滑行的最大距离。

解　本题只研究沿水平方向的运动，因此，根据牛顿第二定律，可以列出水平方向的方程

$$m\frac{dv}{dt}=-bv$$

对上式分离变量，并根据初始条件（$t=0$ 时，$v=v_0$），两边求定积分，可得

$$\int_{v_0}^{v}\frac{dv}{v}=\int_0^t-\frac{b}{m}dt$$

解之，可得船速为

$$v(t)=v_0e^{-bt/m}$$

根据前一章运动学知识 $v=dx/dt$，代入上式可得

$$\frac{\mathrm{d}x}{\mathrm{d}t}=v_0\mathrm{e}^{-bt/m}$$

对上式分离变量,并根据初始条件($t=0$ 时,$x=0$),两边求定积分,可得

$$\int_0^x \mathrm{d}x=\int_0^t v_0\mathrm{e}^{-bt/m}\mathrm{d}t$$

解之,可得滑行距离为

$$x=\frac{mv_0}{b}(1-\mathrm{e}^{-bt/m})$$

当 $t\to\infty$时,上式取极大值

$$x_{\max}=\frac{mv_0}{b}$$

这就是小船最大能滑行的距离。

从本题可以看出,理论上小船速度始终不等于零,永远不会停下来,但是运动的距离却是有限的,并不会运动到无穷远处。由于指数函数衰减很快,在实际中,一段时间后,小船速度尽管不等于零,但是已经非常小了,可认为已经停下来了。

2. 力为位置的函数

这种情况在实际中也是很常见的,比如弹簧产生的力。这类问题的牛顿第二定律方程通常具有以下形式:

$$m\frac{\mathrm{d}v}{\mathrm{d}t}=F(x) \tag{2-8}$$

由于此时方程两边有 3 个变量,因此,不能直接分离变量,利用关系式$\frac{\mathrm{d}v}{\mathrm{d}t}=\frac{\mathrm{d}v}{\mathrm{d}x}\frac{\mathrm{d}x}{\mathrm{d}t}=v\frac{\mathrm{d}v}{\mathrm{d}x}$代换可以减少一个变量,然后再分离变量,求积分。

例 2.5 如图 2-5 所示,一质量为 m 的小球连接在弹簧上沿 x 轴运动,弹簧无形变时,物体位于 $x=0$ 的位置,速度为 $\boldsymbol{v}_0$。弹簧对物体的作用力满足胡克定律 $f=-kx$(k 为常数)。求物体的速度和坐标的关系。

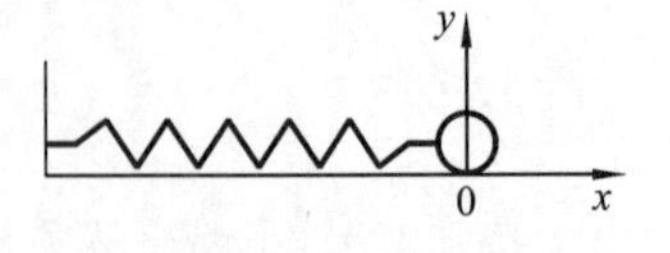

图 2-5 例 2.5 图

解 根据牛顿第二定律,可以得到物体在 x 方向的动力学方程

$$m\frac{\mathrm{d}v}{\mathrm{d}t}=-kx$$

将$\frac{\mathrm{d}v}{\mathrm{d}t}=\frac{\mathrm{d}v}{\mathrm{d}x}\frac{\mathrm{d}x}{\mathrm{d}t}=v\frac{\mathrm{d}v}{\mathrm{d}x}$代入上式,可得

$$mv\frac{\mathrm{d}v}{\mathrm{d}x}=-kx$$

分离变量可得

$$v\mathrm{d}v=-\frac{kx}{m}\mathrm{d}x$$

初始条件为 $x=0$ 时,$v=v_0$,对上式两边求定积分

$$\int_{v_0}^{v} v\mathrm{d}v=\int_0^x -\frac{kx}{m}\mathrm{d}x$$

解之,可得速度和坐标 x 的关系为

$$v^2-v_0^2=-\frac{k}{m}x^2$$

上式表明小球在 $x=0$ 处速率最大。

【思考题与习题】

1. 思考题

2-1　月球主要受到来自太阳和地球的引力。太阳对月球的引力大于地球对月球的引力，为什么月球没有离开地球飞向太阳？

2-2　在人造地球卫星上能否用天平来测量物体质量？为什么？如果要测量物体质量，可以用什么方法？

2-3　在拔河比赛中，根据牛顿第三定律，任何一个队通过绳子对对方的拉力都相等。那么是什么决定了拔河比赛的胜负呢？

2. 选择题

2-4　一个物体加速度为零，下列那种说法是一定错误的(　　)。

(A)物体仅受到一个力　　(B)物体不受力

(C)有几个力作用在物体上，但是相互抵销　　(D)物体处于静止

2-5　一只飞虫撞上了汽车的挡风玻璃，飞虫和汽车谁受到的力更大？(　　)

(A)飞虫　　(B)汽车　　(C)一样大　　(D)无法判断

2-6　上题中谁获得加速度更大？(　　)

(A)飞虫　　(B)汽车　　(C)一样大　　(D)无法判断

3. 填空题

2-7　如图 2-6 所示的系统，忽略所有摩擦和滑轮以及绳子的质量，物体 m_1 的加速度为________，绳子的张力为________。

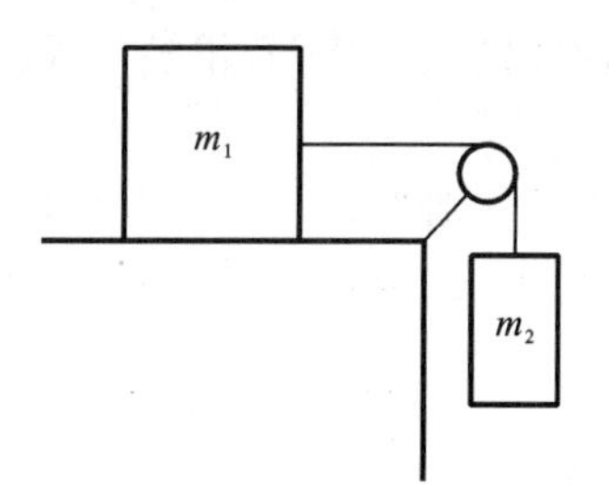

图 2-6　题 2-7 图

2-8　质量为 1 kg 的物体在力 $F=3t^3+2t^2$ 作用下，从静止开始运动，$t=1$ s 时，物体的速度大小为________。

2.1～2.3 习题

2-9　为了避免火车撞向人群，超人试图用力使火车停下来，假设火车质量为 3.6×10^5 kg，初始速度为 100 km/h，到人群距离 150 m。超人至少需要用多大的力才能是火车停下且无人

员受到伤害？比较下这个力和火车受到的重力。

2-10　如图 2-7 所示系统中，忽略所有摩擦和滑轮以及绳子的质量。物体 1 的重力为 75 N。求：(1)当物体 2 重力为 60 N 的时候，桌面对物体 1 的支持力大小；(2)当物体 2 重力为 80 N 的时候，桌面对物体 1 的支持力大小。

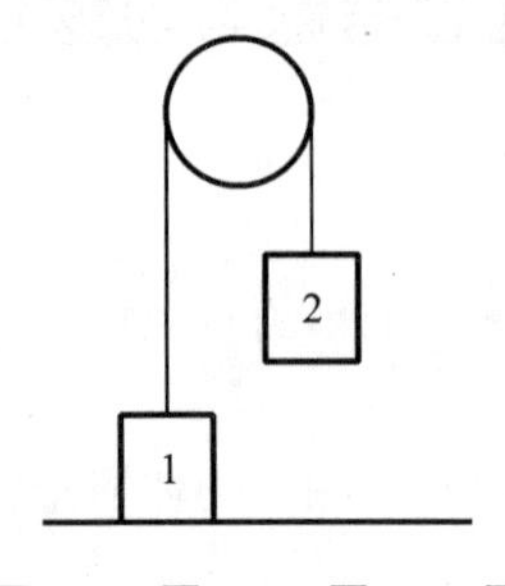

图 2-7　**题** 2-10、**题** 2-11 **图**

2.4 习题

2-11　如图 2-7 所示系统中，忽略所有摩擦和滑轮以及绳子的质量。物体 1 的重力为 75 N。求：(1)当物体 2 重力为 60 N 的时候，绳子的张力大小；(2)当物体 2 重力为 80 N 的时候，绳子的张力大小。

2-12　如图 2-8 所示系统中，忽略所有摩擦和滑轮以及绳子的质量，斜面固定在地面上。(1)如果 $m_1=m_2=1$ kg，求两物体的加速度和绳子的张力；(2)$m_1=1$ kg，要使系统保持静止，求 m_2 和绳子的张力。

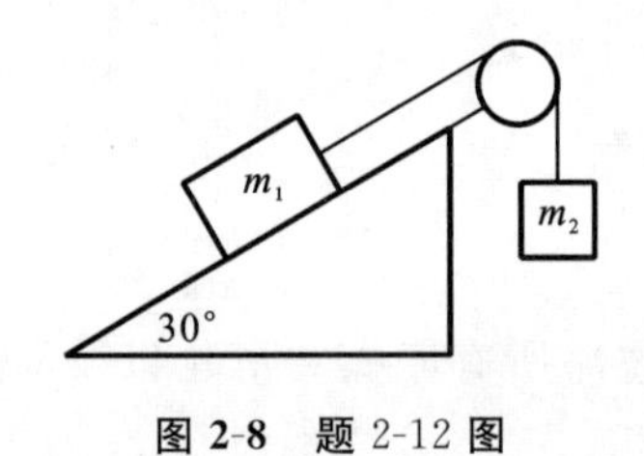

图 2-8　**题** 2-12 **图**

2-13　如图 2-9 所示系统中，忽略所有摩擦和滑轮以及绳子的质量。求两个物体的加速度和绳子的张力。

2-14　如图 2-10 所示，两个质量分别为 m_1 和 m_2 的物体被绳子拴在一起在水平面内作匀速圆周运动，频率为 f，绳子没有弯曲。求两段绳子中的张力。

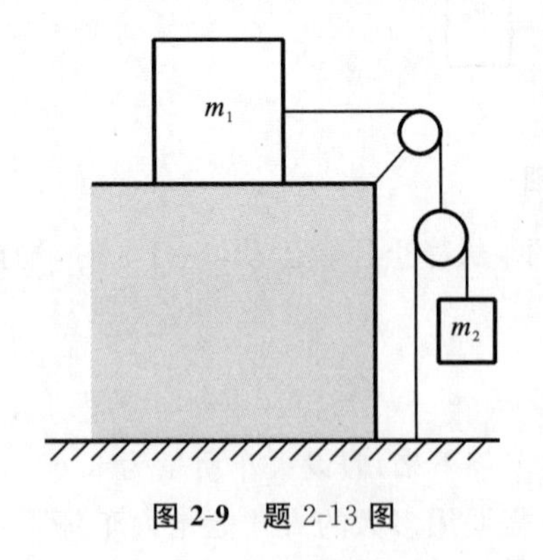

图 2-9　**题** 2-13 **图**

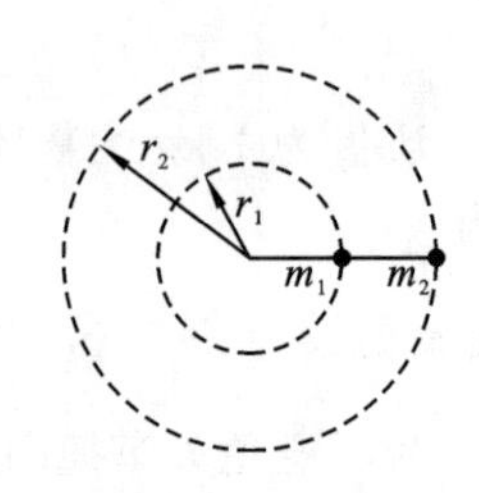

图 2-10　**题** 2-14 **图**

2-15　质量为 m 的物体初始速度为 v_0。假设物体仅受重力和阻力，阻力和速度的关系为 $F=-bv$。(1)如果初始速度方向竖直向下，求物体速度随时间变化的关系；(2)如果初始速度方向竖直向上，求物体速度随时间变化的关系。

2-16　船关闭发动机后在水的阻力下运动，刚关闭发动机时速度是 2.4 m/s，3 s 后速度减为原来的一半，假设阻力和速度关系为 $F=-bv$，求船在停下前能运动多远距离。

2-17　质量为 m 的质点沿半径为 R 的圆周按规律 $s=v_0t+0.5bt^2$ 运动，其中 s 是路程，t 是时间，v_0 和 b 均为常量，求 t 时刻作用于质点的切向力和法向力。

2-18　质量为 m 的质点停在 x_0 处，然后在合力 $F=-k/x^2$ 的作用下沿 x 轴运动，求质点在 x 处时的速度。

第3章　功　和　能
Chapter 3　Work and energy

人类社会生产生活离不开能量，它是现代社会的一个重要的议题。能量的形式多种多样，中学中我们就学习了动能、重力势能、内能、光能、电磁能、核能等。我们在利用能量的时候，本质上是将能量在不同形式之间转化，这种转化我们称为做功。比如水力发电机的原理，是将水流的机械能转化为电能的设备，我们称水流在做功。因此功与能是紧密联系的两个物理概念。本章主要研究的是与机械运动相关的机械能、机械功以及机械能守恒定律。

3.1　功
Work

3.1.1　恒力的功

我们在中学学习了恒力做功，如图 3-1 所示，质点在恒力 $\boldsymbol{F}$ 作用下发生位移 $\Delta\boldsymbol{r}$，我们称力做了功。这个定义与物体的机械运动有关，称为机械功，简称功。

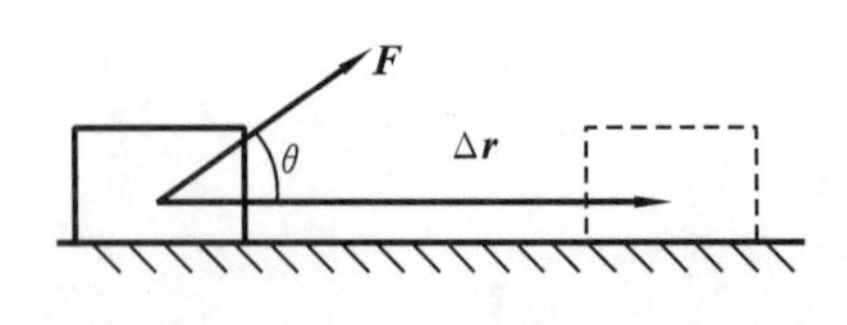

图 3-1　质点在力作用下发生位移

功的定义为力在位移方向的投影与位移大小的乘积。

$$W = F\,|\,\Delta\boldsymbol{r}\,|\cos\theta = \boldsymbol{F}\cdot\Delta\boldsymbol{r} \qquad (3\text{-}1(\mathrm{a}))$$

矢量代数定义：两个矢量大小与它们交角余弦的乘积为标积。因此恒力的功为 $\boldsymbol{F}$ 和 $\Delta\boldsymbol{r}$ 矢量的标积。功是标量，只有正负没有方向。由式(3-1(a))可知，当$\frac{\pi}{2}>\theta>0$ 时，力做正功；当 $\pi>\theta>\frac{\pi}{2}$时，力做负功；当 $\theta=\frac{\pi}{2}$时，力不做功。

直角坐标系中功可以用 $\boldsymbol{F}$ 与 $\Delta\boldsymbol{r}$ 的对应分量相乘再相加来计算：

$$W = \boldsymbol{F}\cdot\Delta\boldsymbol{r} = F_x\Delta x + F_y\Delta y + F_z\Delta z \qquad (3\text{-}1(\mathrm{b}))$$

3.1.2　变力做功

如果质点在变力 $\boldsymbol{F}$ 作用下由 A 点沿曲线运动到 B 点（如图 3-2 所示）。由于力的大小与方向都变化，恒力做功公式不再适用。我们必须将变力做功转化为恒力做功来处理。将质点的运动轨迹分成许多小段，每段足够小，可以近似看做直线运动并且力的大小和方向的变化可以忽略，因此该段上该力的做功可以用恒力的做功近似计算。将每段上的功相加就是总功。当然以上的处理只是这段过程功的近似值，但只要每段位移大小趋于 0，这个结果就是精确数值。数学上分段、求和、取极限就是微分和积分的过程。

定义：力 $\boldsymbol{F}$ 在无穷小的位移 $\mathrm{d}\boldsymbol{r}$ 上的做功称为元功

$$dW = F \mid d\boldsymbol{r} \mid \cos\theta = \boldsymbol{F} \cdot d\boldsymbol{r} = F_x dx + F_y dy + F_z dz \quad (3\text{-}2)$$

这个形式和恒力的做功相同。将各段位移元功相加就是积分过程。

$$W = \int_A^B \boldsymbol{F} \cdot d\boldsymbol{r} \qquad (3\text{-}3(\text{a}))$$

也可以写成直角坐标系中的形式：

$$W = \int_{x_A}^{x_B} F_x dx + \int_{y_A}^{y_B} F_y dy + \int_{z_A}^{z_B} F_z dz \qquad (3\text{-}3(\text{b}))$$

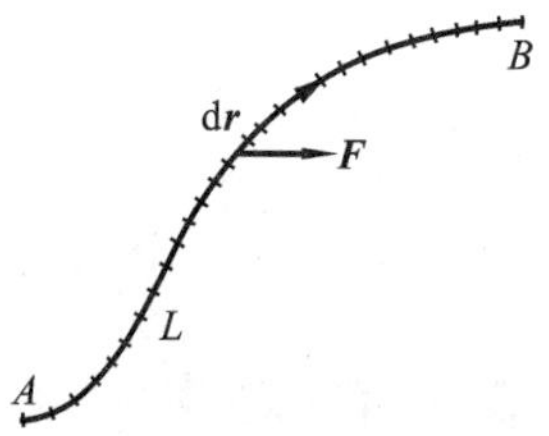

图 3-2　质点由 A 点运动到 B 点

变力做功等于力在各个方向的分量对坐标的积分。功的计算与力的变化和路径等过程有关，因此功是过程量。

3.1.3　合力的功

当质点同时受多个力 $\boldsymbol{F}_1, \boldsymbol{F}_2, \boldsymbol{F}_3 \cdots$ 的作用时，合力为 $\boldsymbol{F} = \boldsymbol{F}_1 + \boldsymbol{F}_2 + \boldsymbol{F}_3 + \cdots$

合力的功为

$$\begin{aligned} W &= \int_A^B \boldsymbol{F} \cdot d\boldsymbol{r} = \int_A^B \boldsymbol{F}_1 \cdot d\boldsymbol{r} + \int_A^B \boldsymbol{F}_2 \cdot d\boldsymbol{r} + \int_A^B \boldsymbol{F}_3 \cdot d\boldsymbol{r} + \cdots \\ &= W_1 + W_2 + W_3 + \cdots \end{aligned} \qquad (3\text{-}4)$$

合力的功 W 等于各分力的功 $W_1, W_2, W_3 \cdots$ 的代数和，功是可以相加的。功的单位是焦耳，简称焦(J)，1 J＝1 N·m。

例 3.1　如图 3-3(a)所示，定滑轮距地面的距离 d＝1 m。一绳索跨过定滑轮，系在一个物体上。物体放在水平地面上。若用恒定的 F＝5 N 的力拉动绳。当系在物体上的绳子与地面夹角由θ_1＝30°变为 θ_2＝37°时，力对物体做了多少功？忽略绳的质量和摩擦力。

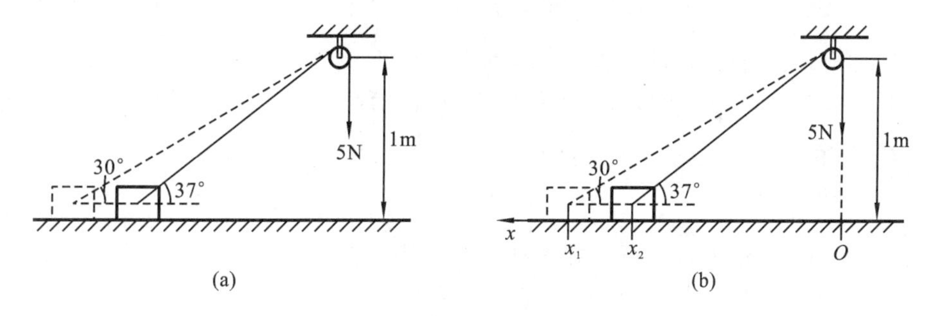

图 3-3　例 3.1 图

分析：忽略绳的质量和摩擦力，物体对绳的拉力等于绳对物体的拉力。但是由于拉动绳的过程中绳对物体的拉力方向是时刻改变的。因此这是个变力做功的问题。

解　如图 3-3(b)所示建立水平坐标系，取任意一小段位移 $d\boldsymbol{r} = dx\boldsymbol{i}$，计算元功：

$$dW = \boldsymbol{F} \cdot d\boldsymbol{r} = -F\cos\theta dx = -\frac{Fx\,dx}{\sqrt{1+x^2}}$$

其中 F＝5 N，负号是由于物体运动方向与 x 轴相反，$dx<0$。第三个等号利用了勾股定理计算出 $\cos\theta = \dfrac{x}{\sqrt{1+x^2}}$。

下一步是对元功积分，起点和终点对应的坐标可以利用几何关系得到。

$$W = \int_{x_1}^{x_2} \boldsymbol{F} \cdot d\boldsymbol{r} = -\int_{x_1}^{x_2} \frac{Fx\,dx}{\sqrt{1+x^2}} = F(\sqrt{1+x_1^2} - \sqrt{1+x_2^2})$$

$$= F\left(\frac{d}{\sin\theta_1} - \frac{d}{\sin\theta_2}\right) = 5\ \mathrm{N} \times \left(\frac{1\ \mathrm{m}}{0.5} - \frac{1\ \mathrm{m}}{0.6}\right) = 1.69\ \mathrm{J}$$

上式中的括号内正是这个过程中绳子的收缩长度。绳子拉物体做的功等于另一端拉绳子的力做的功。这正是体现了任何机械装置不省功的事实。

3.1.4 功率

在实际问题中,经常要衡量做功的快慢。所以必须引入功率的概念。单位时间内,力对质点做的功称为功率。如果力 $\boldsymbol{F}$ 在时间 $\mathrm{d}t$ 内做功为 $\mathrm{d}W=\boldsymbol{F}\cdot\mathrm{d}\boldsymbol{r}$,则功率为

$$P = \frac{\mathrm{d}W}{\mathrm{d}t} = \frac{\boldsymbol{F}\cdot\mathrm{d}\boldsymbol{r}}{\mathrm{d}t} = \boldsymbol{F}\cdot\boldsymbol{v} \tag{3-5}$$

功率为力与速度的标积。功的单位是瓦特,简称瓦(W),1 W=1 J/s。

3.2 动能定理

Kinetic energy theorem

3.2.1 质点的动能定理

1. 动能

在学习动能之前,我们了解一下动能发展的历史。

质点由于运动具有的能量称为动能。质量为 m、速率为 v 的质点的动能 E_k 为

$$E_k = \frac{1}{2}mv^2 \tag{3-6}$$

动能只与物体质量与速度(运动状态)有关,称为状态量,动能的单位也是焦耳。

由牛顿定律我们知道力可以改变物体速度,机械功可以改变质点的动能。下面来讨论质点的动能定理。

2. 质点的动能定理

如图 3-4 所示,质量为 m 的质点在合外力 $\boldsymbol{F}$ 作用下由 A 点运动到 B 点,质点在 A、B 点的速度分别为 $\boldsymbol{v}_A$、$\boldsymbol{v}_B$。当质点通过 $\mathrm{d}\boldsymbol{r}$ 时 $\boldsymbol{F}$ 做的元功为

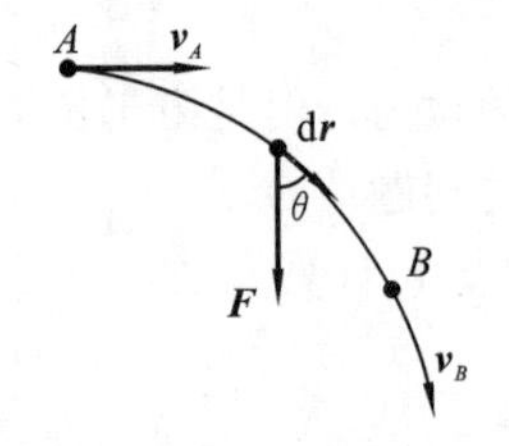

图 3-4 质点由 A 点运动到 B 点

$$\begin{aligned}\mathrm{d}W &= \boldsymbol{F}\cdot\mathrm{d}\boldsymbol{r} = F\,|\,\mathrm{d}\boldsymbol{r}\,|\cos\theta = F_t\mathrm{d}s \\ &= m\frac{\mathrm{d}v}{\mathrm{d}t}\mathrm{d}s = mv\mathrm{d}v \\ &= \mathrm{d}\left(\frac{mv^2}{2}\right)\end{aligned} \tag{3-7}$$

其中第 4 个等号利用牛顿第二定律 $F_t=m\dfrac{\mathrm{d}v}{\mathrm{d}t}$,$\mathrm{d}s$ 为位移 $\mathrm{d}\boldsymbol{r}$ 的长度,$v=\dfrac{\mathrm{d}s}{\mathrm{d}t}$为质点在该处的速率。

在 AB 路径上合外力的功为

$$W = \int_A^B \boldsymbol{F}\cdot\mathrm{d}\boldsymbol{r} = \int_{v_A}^{v_B}\mathrm{d}\left(\frac{mv^2}{2}\right) = \frac{mv_B^2}{2} - \frac{mv_A^2}{2}$$

或者写为

$$W = E_{kB} - E_{kA} \tag{3-8}$$

合外力做功可以改变质点的动能，这里功是动能变化的度量。在一段路程上，合外力对质点做的功等于质点的动能的增量。这就是质点的动能定理。

（Kinetic Energy Theorem：The net work done on the object equals the change in kinetic energy of the object）

3.2.2 质点系的动能定理

由两个以及两个以上的质点组成的系统叫质点系，简称为系统。系统内质点间的相互作用叫做内力，外界对系统内质点的作用叫做外力。

如图 3-5 所示，考虑最简单的 2 个质点组成的质点系，对每个质点利用质点的动能定理，由合力的功等于各分力的功的代数和，可以得到：

$$W_1 = W_{1外} + W_{1内} = \frac{mv_1^2}{2} - \frac{mv_{10}^2}{2}$$

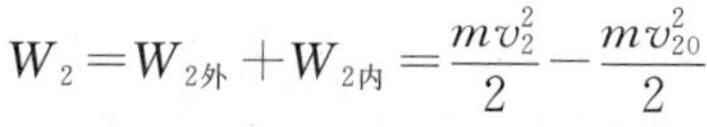

$$W_2 = W_{2外} + W_{2内} = \frac{mv_2^2}{2} - \frac{mv_{20}^2}{2}$$

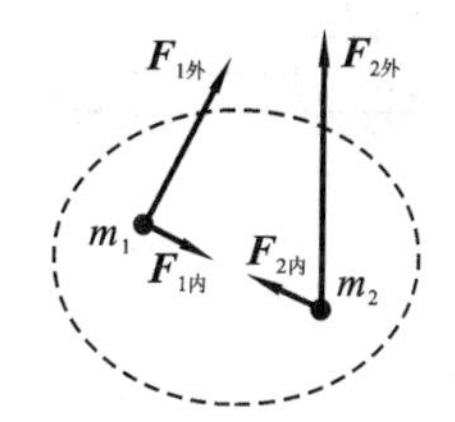

图 3-5 2个质点组成的质点系

其中，质点 m_1、m_2 受到的外力做的功分别为 $W_{1外}$、$W_{2外}$，内力做的功分别为 $W_{1内}$、$W_{2内}$。

将以上等式第二个等号两边分别对应相加可以写成

$$W_外 + W_内 = E_k - E_{k0} \tag{3-9}$$

等式左边 $W_外 = W_{1外} + W_{2外}$，$W_{1内} = W_{1内} + W_{2内}$ 为所有外力做功与所有内力做功。等式右边 $E_k = \frac{mv_1^2}{2} + \frac{mv_2^2}{2}$ 为系统末态总动能，$E_{k0} = \frac{mv_{10}^2}{2} + \frac{mv_{20}^2}{2}$ 为系统初态总动能。因此系统受外力与内力做功之和等于质点系总动能的增量。这个结论可以很容易推广为任意数量质点的系统，称为质点系的动能定理。（Kinetic energy theorem of mass point system：The work done by the external force and the internal force equal the change in kinetic energy of the system）

例 3.2 质量为 m 的质点系在一端固定的绳子上，在粗糙的水平面上作半径为 R 的圆周运动。当它运动一周时，由速度 v_0 减少为 $\frac{v_0}{2}$。求：(1)摩擦力做的功；(2)滑动摩擦系数；(3)静止前质点运动了多少圈。

解 该物体在水平面上运动时受重力、摩擦力与拉力作用。由于重力和拉力与运动方向垂直，只有摩擦力做功。可以用动能定理来求解该问题。

(1)根据动能定理，摩擦力做功为

$$W = \Delta E_k = \frac{mv^2}{2} - \frac{mv_0^2}{2} = \frac{m}{2}\left(\frac{v_0}{2}\right)^2 - \frac{mv_0^2}{2} = -\frac{3mv_0^2}{8}$$

W 为负值，表明摩擦力做负功。

(2)摩擦力方向与物体运动方向相反，因此运动一圈摩擦力做功：

$$W = \int_0^{2\pi R} f\cos\theta \mathrm{d}s = -\int_0^{2\pi R} mg\mu \mathrm{d}s = -2\pi Rmg\mu$$

利用(1)中的结论，可得

$$W = -2\pi Rmg\mu = -\frac{3mv_0^2}{8}$$

$$\mu=\frac{3v_0^2}{16\pi Rg}$$

(3)设一共运动 n 圈。利用动能定理有

$$W=-2\pi Rnmg\mu=0-\frac{mv_0^2}{2}$$

将(2)中得到的 μ 代入,可得

$$n=\frac{4}{3}$$

例 3.3 如图 3-6 所示,质量为 m_A、m_B 的 A、B 通过轻质绳连接。求当 A 由静止开始下降 h 时 A 的速度。忽略摩擦力。

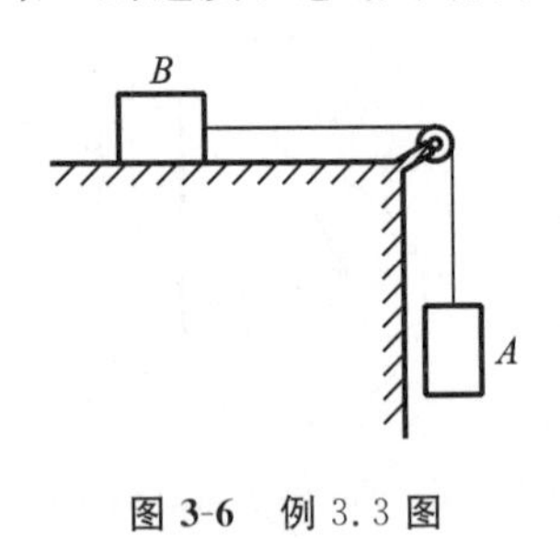

图 3-6 例 3.3 图

解 选 A、B 绳为系统。系统受的内力有绳对 A、B 的拉力,外力有 A、B 的重力,以及桌面对 B 的支持力。其中内力做功的代数和为零,外力只有 A 的重力做功。因此利用质点系的动能定理可得

$$W=m_Agh=\frac{1}{2}m_Av^2+\frac{1}{2}m_Bv^2-0$$

解得

$$v=\sqrt{\frac{2m_Agh}{m_A+m_B}}$$

3.3 势 能
Potential energy

3.3.1 保守力与非保守力

中学里我们学习过重力与弹力,知道它们可以引入势能的概念,但是摩擦力却不行。这是和它们做功的特点有关。

1. 重力做功

如图 3-7 所示,质量为 m 的质点在地球表面受到的重力为 $-mg\boldsymbol{k}$,当位移为 $\mathrm{d}\boldsymbol{r}$ 时,重力的元功为

$$\mathrm{d}W=-mg\boldsymbol{k}\cdot\mathrm{d}\boldsymbol{r}=-mg\,\mathrm{d}z$$

由 A 点运动到 B 点点。重力做的功为

$$W=\int_A^B\boldsymbol{F}\cdot\mathrm{d}\boldsymbol{r}=\int_{z_A}^{z_B}-mg\,\mathrm{d}z=mgz_A-mgz_B \tag{3-10}$$

其中,z_A、z_B 为 A、B 点的高度。重力做功只与初末高度有关,与路径是无关的。

2. 弹性力做功

如图 3-8 所示,劲度系数为 k 的弹簧一端固定,另一端与物体相连放置在水平面上。弹簧与 x 轴平行放置,当弹簧未发生形变时物体的位置为坐标原点。物体沿 x 轴运动,当它到达 P 点时,受到的弹性力为 $\boldsymbol{F}=-kx\boldsymbol{i}$。弹力的大小是变化的,因此这是变力做功的问题。当位移为 $\mathrm{d}\boldsymbol{r}=\mathrm{d}x\boldsymbol{i}$ 时,元功为 $\mathrm{d}W=-kx\mathrm{d}x$。

质点由 A 点运动到 B 时,弹性力做的功为

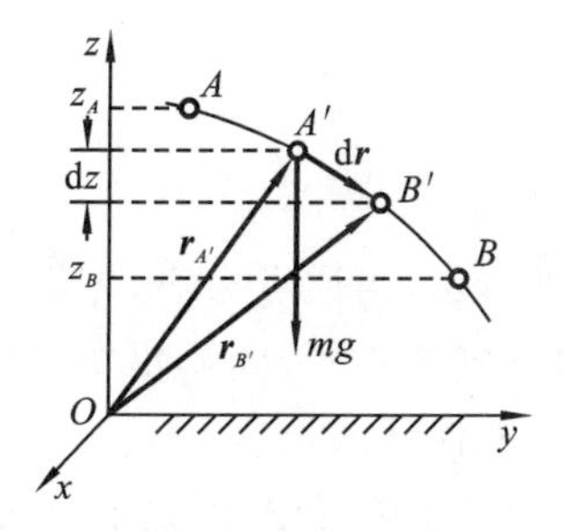

图 3-7 重力做功

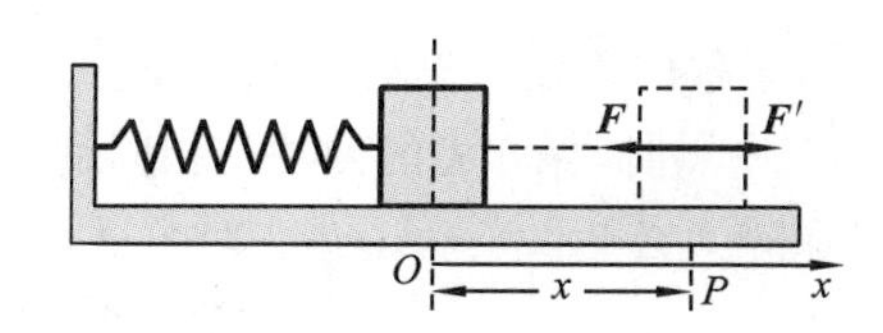

图 3-8 弹性力做功

$$W_{AB}=\int_{x_A}^{x_B}(-kx)\mathrm{d}x=\frac{kx_A^2}{2}-\frac{kx_B^2}{2} \tag{3-11}$$

其中，x_A、x_B 为物体初末位置，弹性力只与初末位置有关而与过程无关。

3. 万有引力做功

两质点间距为 r 时，m 受到 M 作用力的

$$\boldsymbol{F}=-\frac{GMm}{r^2}\hat{\boldsymbol{r}}$$

方向沿着两质点的连线方向，其中 $\hat{\boldsymbol{r}}$ 是方向由 M 指向 m 的单位矢量。如图 3-9 所示，取 M 的位置为原点，当 m 由 A 点沿路径 l 运动到 B 点时，引力的大小与方向都发生变化，这也是变力做功的问题。

当位移为 $\Delta\boldsymbol{l}$ 时，元功为

$$\mathrm{d}W=\boldsymbol{F}\cdot\Delta\boldsymbol{l}=-\frac{GMm}{r^2}\hat{\boldsymbol{r}}\cdot\Delta\boldsymbol{l}=-\frac{GMm}{r^2}\mathrm{d}r$$

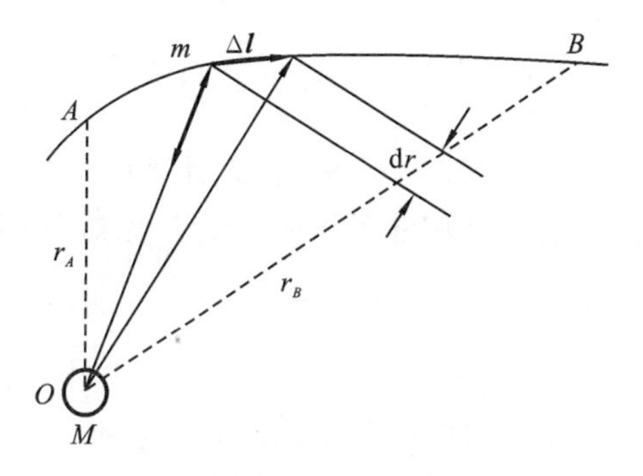

图 3-9 万有引力做功

万有引力做功为

$$W=-\int_{r_A}^{r_B}\frac{GMm}{r^2}\mathrm{d}r=\frac{GMm}{r_B}-\frac{GMm}{r_A}=\left(-\frac{GMm}{r_A}\right)-\left(-\frac{GMm}{r_B}\right) \tag{3-12}$$

其中，r_A、r_B 为 M、m 的初末间距。引力做功只与质点初末间距有关，与路径无关。

4. 保守力与非保守力

重力、弹力和万有引力做功的特点是：功的大小只与初末位置有关，与过程路径无关。这样的力称为保守力。很明显物体沿闭合路径 L 移动一周，保守力做功为零，即

$$\oint \boldsymbol{F}\cdot\mathrm{d}\vec{\boldsymbol{r}}=0 \tag{3-13}$$

(The work done by a conservative force on a particle moving through any closed path is zero.)

$\oint$ 为闭合曲线积分，表明做功路径为首尾相连的闭合曲线。除了重力、弹力和万有引力，我们后面学的静电场力也是保守力。

做功与过程路径有关的力称为非保守力。比较典型的非保守力是摩擦力，摩擦力的做功和路程有关。因此摩擦力为非保守力。除摩擦力外，流体阻力、磁力都是非保守力。沿闭合路径运动非保守力的做功

$$\oint \boldsymbol{F}\cdot\mathrm{d}\vec{\boldsymbol{r}}\neq 0 \tag{3-14}$$

式(3-13)和式(3-14)是判断一个力是否为保守力的判据。

3.3.2 势能

由于保守力做功只与初末位置有关而与路径无关,如图 3-10 所示,当质点由 A 点沿不同路径到 B 点时,保守力的做功是相同的。若物体沿 ACB 运动时保守力做正功,则沿 BDA 运动时保守力必然做负功。并且两个过程的做功大小相等。这样才能保证式(3-13)成立。这样当保守力存在时,好象有一种能量储存在位置中,通过改变位置能够提取或者储存能量。因此对保守力可以引入势能的概念。与位置有关的能量称为势能,用符号 E_p 表示。E_p 为位置的函数。对于非保守力是没有势能的概念的。

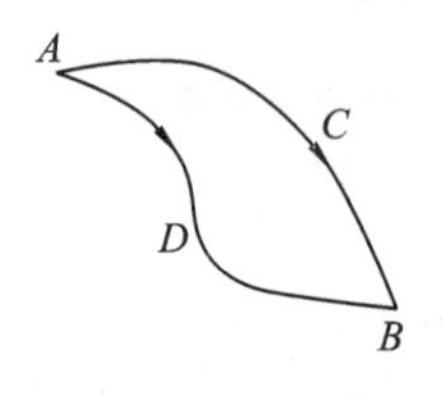

图 3-10　质点由 A 点沿不同路径到 B 点

从 A 点到 B 点,保守力的做功应该等于势能的减少量或增量的负值(The work done by a conservative force equals the negative of the change in the potential energy associated with that force)。

$$W_{AB} = \int_A^B \boldsymbol{F} \cdot \mathrm{d}\boldsymbol{r} = E_{PA} - E_{PB} = -\Delta E_P \tag{3-15}$$

式(3-15)说明利用势能差计算保守力做功比用力对位移的积分要方便。

如果知道某点或选某点(比如 B 点)为势能零点,势能大小可以利用式(3-15)计算

$$E_{PA} = W_{AB} = \int_A^{\text{势能零点}} \boldsymbol{F} \cdot \mathrm{d}\boldsymbol{r} \tag{3-16}$$

式(3-16)说明物体在 A 点的势能大小的意义:将质点由 A 点移动到势能零点保守力做的功。势能反映的是保守力做功的能力。

势能零点的选取是完全任意的,选择不同的势能零点,势能的大小也不同。往往是选择方便问题解决的地方。比如在匀速飞行中的飞机内重力做功的问题,选择飞机地板作为势能零点比较方便。但是研究飞机的升降时重力做功,选择地面作为势能零点就比较方便。由于势能大小和势能零点有关,所以单独提势能大小而不指明势能零点是没有意义的。

另外势能是系统共有的,不是某个质点的。比较容易混淆的就是引(重)力势能。当我们说某个物体具有重力势能时,实质上是说物体地球系统具有的重力势能。试想当我们把这个物体在太空中某点固定住,地球也会被它吸引获得动能,地球也具有引(重)力势能。

下面我们利用式(3-16)计算比较典型的保守力的势能。

1. 重力势能

质量为 m 的物体在高度 z 处的重力势能为

$$E_P = -\int_z^0 mg\,\mathrm{d}z = mgz \tag{3-17}$$

其中选 $z=0$ 处势能为零。物体在高 z 处重力势能的大小等于当物体由该点移动到势能为零的 $z=0$ 点时重力做的功。

2. 弹簧弹性势能

劲度系数为 k、形变为 x 的弹簧的弹性势能为

$$E_P = \int_x^0 (-kx)\,\mathrm{d}x = \frac{kx^2}{2} \tag{3-18}$$

其中选 $x=0$ 时,也就是无弹性形变时势能为零。

3. 万有引力势能

万有引力势能为

$$E_P=-\int_r^{\infty}\frac{GMm}{r^2}\mathrm{d}r=-\frac{GMm}{r} \tag{3-19}$$

其中选取 $r=\infty$ 为势能零点。

将重力势能、弹性势能和引力势能画在势能-坐标平面可以得到势能曲线,如图 3-11 所示。利用势能曲线可以简单直观地处理问题。

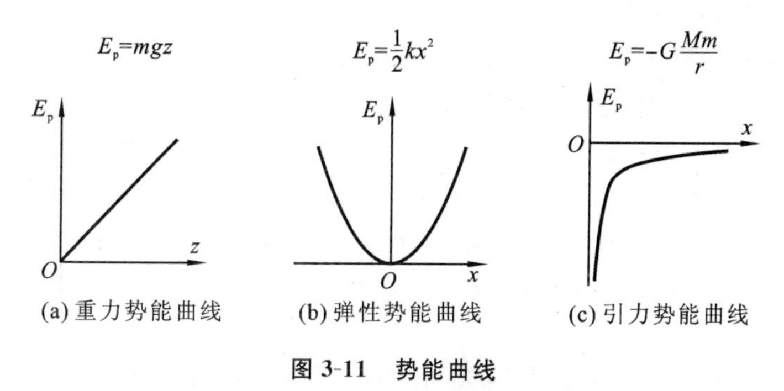

图 3-11 势能曲线

3.4 机械能守恒定律
The principle of conservation of mechanical energy

3.4.1 功能原理

对系统来说,我们可以把力分为外力与内力。根据是否为保守力,内力可分为保守内力与非保守内力。由质点系的动能定理可知系统的动能改变和这三种力所做的功都有关。

$$W_{外}+W_{非保内}+W_{保内}=E_k-E_{k0} \tag{3-20}$$

而保守内力做功等于势能增量的负值,即

$$W_{保内}=-\Delta E_P=E_{P0}-E_P$$

将式(3-15)代入式(3-20)整理等式两边可得

$$W_{外}+W_{非保内}=(E_k+E_p)-(E_{k0}+E_{p0})$$

$$W_{外}+W_{非保内}=E-E_0 \tag{3-21}$$

其中动能与势能之和称为机械能,$E=E_k+E_P$。式(3-21)表明外力与非保守内力对系统做的功等于系统机械能的增量,这个规律叫做功能原理。(Work—energy theorem: The net work done by the external force and the non—conservative internal force equal the change in mechanical energy of the system)

该式同动能定理、式(3-15)表明功是改变能量的量度,而能量反映的是做功的能力。功与能是紧密联系的物理概念。

3.4.2 机械能守恒定律

当外力与非保守内力对系统不做功或者做功的代数和为零时,式(3-21)可以写成

$$W_{外} + W_{非保内} = 0 = E - E_0 \tag{3-22}$$

可以得到

$$E = E_0 \tag{3-23}$$

系统的末态机械能等于初态机械能,这就是质点系的机械能守恒定律。(The principle of conservation of mechanical energy: If the net work done by the external force and the non-conservative internal force is zero,the total mechanical energy of the system is conserved.)

比较常见的机械能守恒的系统是只有保守内力做功的系统。我们在利用机械能守恒定律解决问题时,可以选取这样的系统。对于机械能守恒的系统,系统的动能和势能之和是常数,但是动能和势能是可以转化的。

如果一个系统机械能不守恒,它的能量一定是转移到系统外或者转化为其他形式的能量,比如热能、电磁能、化学能等。比如摩擦力做功时,一定是机械能转化为热能。进一步的实验表明:能量既不会凭空产生,也不会凭空消失,它只能从一种形式转化为另一种形式,或者从一个物体转移到另一个物体,在转移或转化过程中其总量保持不变。这就是能量守恒定律。(The principle of conservation of energy: Energy can never be created or destroyed. Energy may be transformed from one form to another,but the total energy of an isolated system is always constant)

例 3.4　如图 3-12 所示,雪橇从高 50 m 的山顶 A 点沿冰道由静止下滑,坡道 AB 长为 500 m。滑至 B 点后,又沿水平冰道继续滑行,滑行若干米后停止在 C 点。若 $\mu=0.050$,求雪橇沿水平冰道滑行的路程 s。

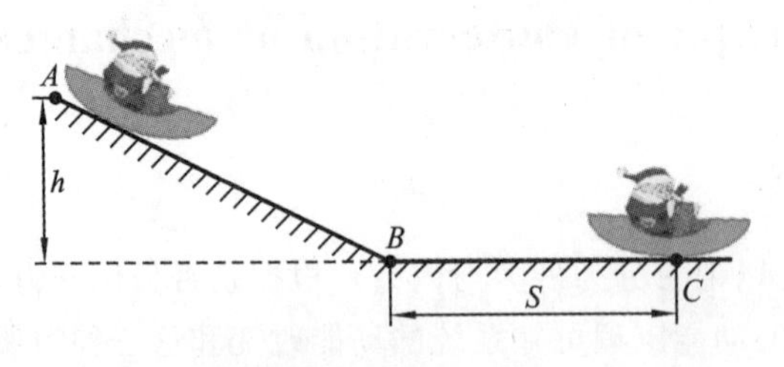

图 3-12　例 3.4 图

解　整个过程,雪橇受重力、摩擦力和支持力作用。选地球、雪橇为系统,重力、摩擦力做功,因此机械能不守恒。可以用功能原理求解。

选取 C 点为重力势能零点,雪橇由 A 点经 B 点运动到 C 点,系统机械能的增量为

$$\Delta E = 0 - mgh = -mgh$$

整个过程外力不做功,非保守内力只有摩擦力做功

$$W_f = -f's' - fs$$

其中水平地面上雪橇受的摩擦力 $f=mg\mu$,滑行距离为 s,AB 长为 $s'=500$ m,雪橇在斜面上受的摩擦力为

$$f' = mg\mu \frac{\sqrt{s'^2 - h^2}}{s'}$$

因此

$$W_f = \Delta E$$

$$-mg\mu(\sqrt{s'^2 - h^2} + s) = -mgh$$

$$s = \frac{h}{\mu} - \sqrt{s'^2 - h^2} = \frac{50\ \text{m}}{0.05} - 497.49\ \text{m} = 502.5\ \text{m}$$

例 3.5 利用地球半径 $R=6.37\times10^6$ m，地球表面的重力加速度 $g=9.81\ \mathrm{m\cdot s^{-2}}$，求第二宇宙速度。

解 取飞船与地球为一个系统。系统内无非保守内力，外力也可忽略，因此机械能守恒。取无穷远处为势能零点，地球质量为 M，飞船的质量为 m，以第二宇宙速度 $\boldsymbol{v}$ 飞离地球。它在地球表面处的机械能为

$$E=\frac{mv^2}{2}-\frac{GMm}{R}$$

此时飞船刚好能飞到无穷远处，飞船到达无穷远处时的速度一定为零。飞船到达无穷远处时系统的动能和引力势能为零，机械能为零。

由机械能守恒有

$$E=\frac{mv^2}{2}-\frac{GMm}{R}=0$$

$$\frac{mv^2}{2}=\frac{GMm}{R}$$

即飞船的初动能全部转化为引力势能。

可以得到 $$v=\sqrt{\frac{2GM}{R}}$$

利用地球表面的重力加速度 $g=\dfrac{GM}{R^2}=9.8\ \mathrm{m\cdot s^{-2}}$，以及 $R=6.37\times10^6$ m，则第二宇宙速度为

$$v=\sqrt{\frac{2GM}{R}}=\sqrt{2gR}=\sqrt{2\times9.81\ \mathrm{m\cdot s^{-2}}\times6.37\times10^6\ \mathrm{m}}=11.2\times10^3\ \mathrm{m\cdot s^{-1}}$$

【思考题与习题】

1. 思考题

3-1 有人说：“运动是做功的必要条件，但并不是充分条件。”这句话对么？试举例加以说明。

3-2 人通过挂在高处的定滑轮，用绳子将同一物体拉高 h 两次，一次是匀速拉动，另一次是变速拉动。若两次拉动过程中初末速度相等。此人两次做的功是否相同？

3-3 如果把装土豆的桶颤着转动，为什么总是较大的土豆往上冒出？

3-4 撑杆跳高运动员在完成撑杆跳高的过程中涉及几种能量变化？

2. 选择题

3-5 一个质点在恒力 $\boldsymbol{F}=-3\boldsymbol{i}-5\boldsymbol{j}+9\boldsymbol{k}$(SI)的作用下位移为 $\Delta\boldsymbol{r}=4\boldsymbol{i}-5\boldsymbol{j}+6\boldsymbol{k}$(SI)，则该力做的功为(　　)。

(A)−67 J　　(B)17 J　　(C)67 J　　(D)91 J

3-6 A、B 两木块质量分别为 m_A 和 m_B，且 $m_B=2\ m_A$，其速度分别为-2v 和 v，则两木块运动动能之比 E_{KA}/E_{KB} 为(　　)。

(A)1∶1　　(B)2∶1　　(C)1∶2　　(D)−1∶2

3-7 对功的概念有以下几种说法：

(1)保守力做正功时，系统内相应的势能减少；

(2)质点运动经一闭合路径，保守力对质点做的功为零；

(3)作用力和反作用力大小相等、方向相反，所以两者所做功的代数和必为零。

下列对上述说法判断正确的是(　　)。

(A)只有(2)是正确的 (B)只有(3)是正确的 (C)(1)(2)是正确的 (D)(2)(3)是正确的

3-8　考虑下列四个实例，你认为哪一个实例中物体和地球构成的系统的机械能不守恒(　　)。

(A)物体在拉力作用下沿光滑斜面匀速上升

(B)物体作圆锥摆运动

(C)抛出的铁饼作斜抛运动(不计空气阻力)

(D)物体在光滑斜面上自由滑下

3. 填空题

3-9　在图 3-13 中，沿着半径为 R 作圆周运动的质点，所受的几个力中有一个是恒力 $\boldsymbol{F}_0$，方向始终沿 x 轴正向，即 $\boldsymbol{F}_0=F_0\boldsymbol{i}$，当质点从 A 点沿逆时针方向走过 3 /4 圆周到达 B 点时，力 $\boldsymbol{F}_0$ 所做的功为 $W=$________。

3-10　一物体放在水平传送带上，物体与传送带间无相对滑动，当传送带作加速运动时，静摩擦力对物体做功为________(仅填“正”、“负”或“零”)。

3-11　如图 3-14 所示，一人造地球卫星绕地球作椭圆运动，近地点为 A，远地点为 B。A、B 两点距地心距离分别为 r_1、r_2。设卫星质量为 m，地球质量为 M，万有引力常量为 G。则卫星在 A、B 两点处的万有引力势能之差 $E_{PB}-E_{PA}=$________。

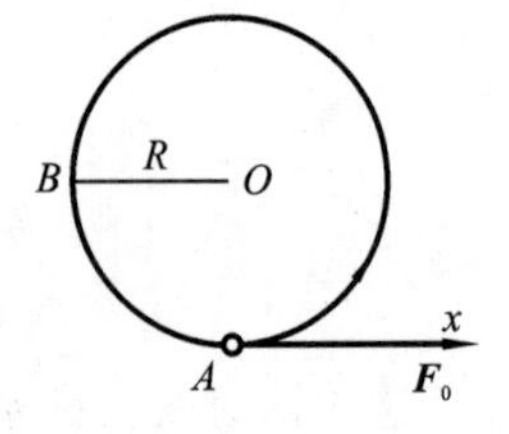

图 3-13　题 3-9 图

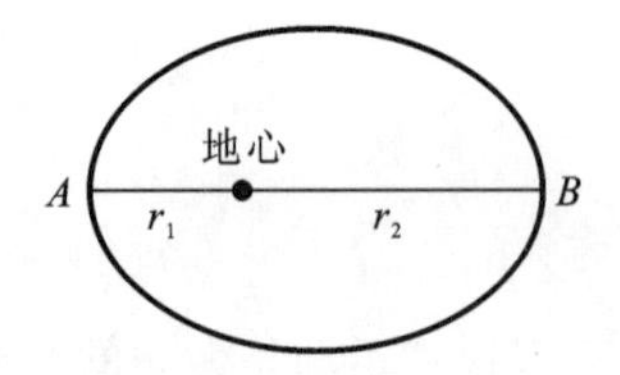

图 3-14　题 3-11 图

3-12　一质量为 m 的物体静止在倾斜角为 α 的斜面下端，后沿斜面向上缓慢地被拉动了 l 的距离，则合外力所做功为________。

3.1 习题

3-13　质量 $m=1$ kg 的物体，在坐标原点处从静止出发在水平面内沿 x 轴运动，其所受合力方向与运动方向相同，合力大小为 $F_x=12+8x$(SI)，那么，物体在开始运动的 3 m 内，合力所做的功为多少？

3-14　有一物体，在 0 到 10 m 内，受到如图 3-15 所示的变力 $\boldsymbol{F}$ 的作用。物体由静止开始沿 x 轴正向运动，力的方向始终为 x 轴的正方向。则 10 m 内变力 $\boldsymbol{F}$ 所做的功为多少？

3-15　如图 3-16 所示，一口井深 20 m，在井中提水。桶离开水面时 $m_0=10$ kg，但是每升高 1 m 漏水 0.24 kg。若桶匀速上升到井口，拉力做多少功？

3-16　如图 3-17 所示，一绳长 l，小球质量为 m 的单摆竖直悬挂，在水平力 $\boldsymbol{F}$ 作用下，小球由静止极其缓慢地移动，直到绳与竖直方向的夹角为 θ，求力 $\boldsymbol{F}$ 做的功。

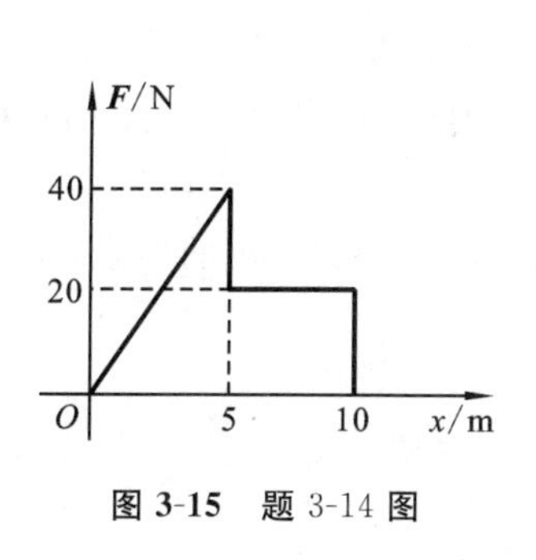

图 3-15 题 3-14 图

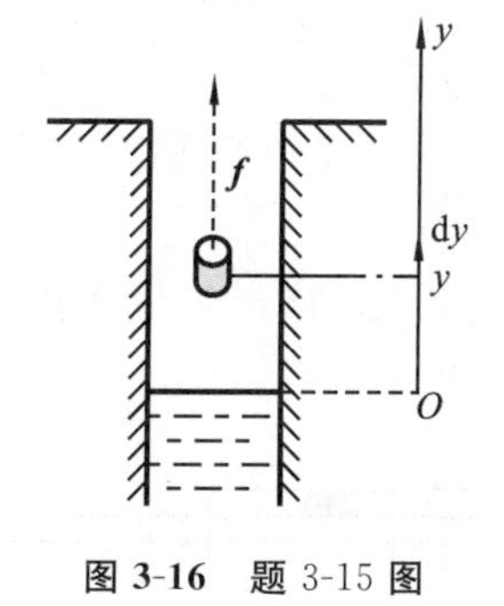

图 3-16 题 3-15 图

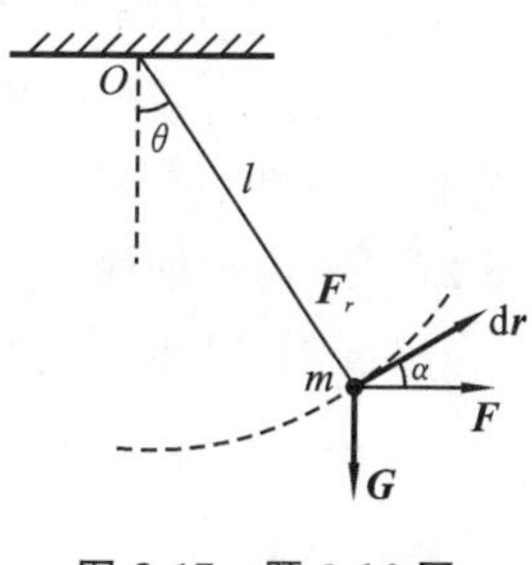

图 3-17 题 3-16 图

3-17 质量 $m=2$ kg 的质点在力 $\boldsymbol{F}=12t\boldsymbol{i}$(SI)的作用下，从静止出发沿 x 轴正向作直线运动，求前三秒内该力所做的功。

3.2 习题

3-18 汽车紧急刹车时，轮胎只有滑动没有滚动。用动能定理证明，质量为 m，初速为 v 的汽车刹车距离为 $\dfrac{v^2}{2g\mu}$(μ 为滑动摩擦系数)。

3-19 汽车进站关油门减速行驶，已知汽车质量为 m，车速按照 $v=v_0-at$ 减少，求 $0\sim\tau$ 时间阻力做的功。

3-20 质量为 2.0×10^{-3} kg 的子弹，其出口速率为 300 m · s^{-1}。设子弹在枪筒中前进时受到的力为 $F=400-\dfrac{8000x}{9}$ (N) 其中 x 为子弹在枪筒中前进的距离；开始时子弹在 $x_0=0$ m 处，求枪筒的长度。

3-21 质量为 m 的轮船在水中行驶，停机时的速度大小为 v_0，水的阻力为 $F=-bv$，求停机后轮船滑行距离 l 时水的阻力做的功。

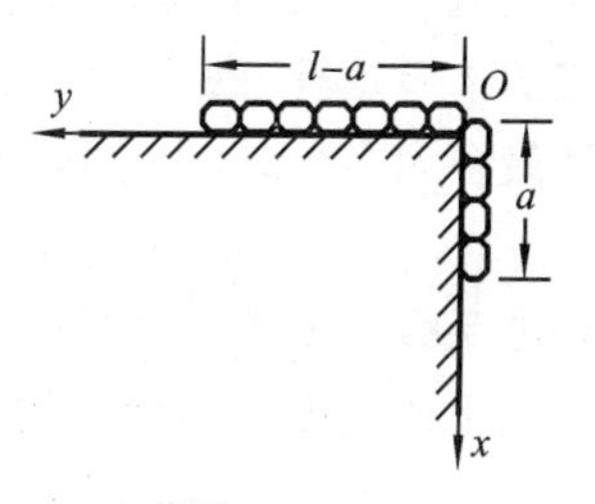

图 3-18 题 3-22 图

3-22 如图 3-18 所示，一链条总长为 l，质量为 m，放在桌面上，并使其部分下垂，下垂一段的长度为 a。设链条与桌面之间的滑动摩擦系数为 μ。令链条由静止开始运动，则：(1)当链条全部离开桌面的过程中，摩擦力对链条做了多少功？(2)链条正好离开桌面时的速率是多少？

3.3 习题

3-23 质量为 m 的物体以初速率 v_1 作竖直上抛运动，落回到抛出点的速率为 v_2，设运动过程中阻力大小不变。

求：(1)运动过程中阻力所做的功；

(2)物体上升的最大高度。

3-24 一质量为 m 的人造地球卫星，在环绕地球的圆形轨道上飞行，轨道半径为 r_0，地球质量为 M，万有引力常数为 G。

(1)求卫星的动能和万有引力势能之和；

(2)当轨道半径减小时，卫星的动能和万有引力势能是增大还是减小？

3-25 一个轻质弹簧，竖直悬挂，原长为 l，今将一质量为 m 的物体挂在弹簧下端，并用手托住物体使弹簧处于原长,然后缓慢地下放物体使其到达平衡位置为止,弹簧伸长 x_0。试通过计算,比较在此过程中,系统的重力势能的减少量和弹性势能的增量的大小。

3-26　将劲度系数分别为 k_1、k_2 的轻弹簧串联起来组成系统,要使该系统伸长 Δl 则至少应对它做多少功?

3-27　一均匀细棒长 l,质量为 M。在棒延长线距棒为 a 处有一质量为 m 的质点(见图3-19)。求 m 在 M 的引力场中的势能。

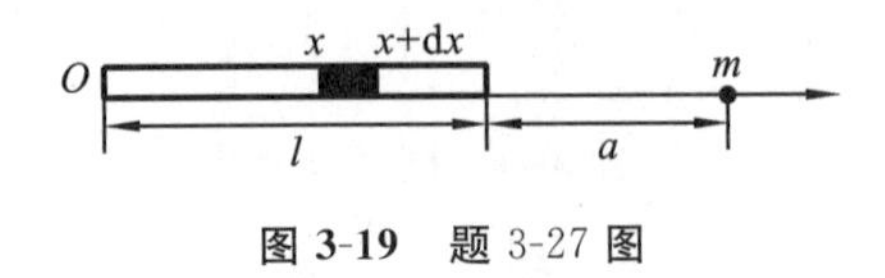

图 3-19　题 3-27 图

3.4 习题

3-28　一汽车的速率 $v_0=10$ m/s,行驶至一斜率为 0.01 的斜坡时,关掉发动机油门。设车与路面间的摩擦力为车重的 0.05 倍,求车能冲上斜坡多远。

3-29　一质量为 m 的陨石从距离地面高 h 处静止开始落向地面,忽略空气阻力,求:(1)陨石下落过程中,万有引力做的功;(2)陨石落地的速度大小为 v,求空气阻力做的功(地球半径为 R,质量为 M)。

3-30　如图 3-20 所示,天文观测台有一半径为 R 的半球形屋面,有一冰块 m 从光滑屋面的最高点由静止沿屋面滑下,若摩擦力忽略不计。求此冰块离开屋面的位置以及在该位置的速度。

3-31　拉普拉斯曾经猜测宇宙中存在质量和密度非常大的恒星。它的表面引力极强,甚至连光速运动的粒子都无法逃脱它的引力,它发出的光也会被它的引力拉回去。因此宇宙中最亮的星星是看不见的。试计算质量为 $M=2\times10^{30}$ kg(相当于一个太阳质量)的恒星当它的半径最多为多少时,光速运动的粒子无法逃脱。

3-32　如图 3-21 所示,与水平面成 α 角的光滑斜面上放一质量为 m 的物体,此物体系于一劲度系数为 k 的轻弹簧的一端,弹簧的另一端固定。设物体最初静止。今使物体获得一沿斜面向下的速度,设起始动能为 E_{K0},试求物体在弹簧的伸长达到 x 时的动能。

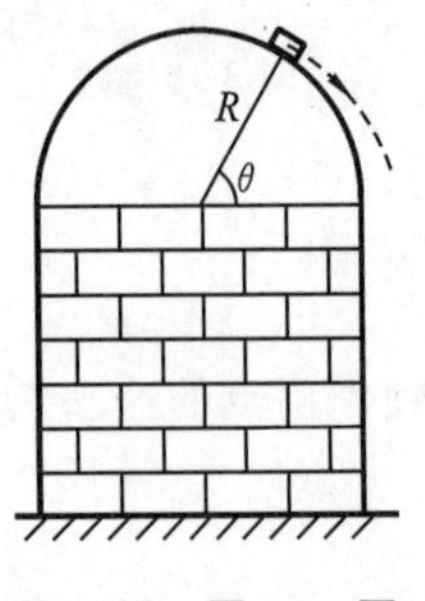

图 3-20　题 3-30 图

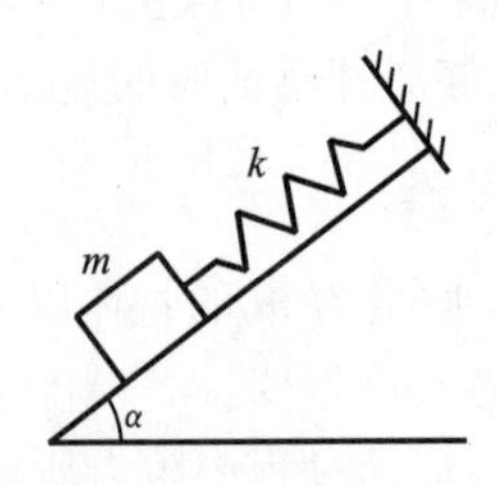

图 3-21　题 3-32 图

第4章 动量和冲量
Chapter 4 Momentum and impulse

桌球是很多人接触过的一种运动，如图4-1所示，尽管球之间碰撞的具体力学过程用牛顿定律分析相当复杂，但是有经验的人仍然可以通过预判和思考，快速选择合适的击球方向、位置和力度来控制球的走向。桌球运动中最基本的一条规律就是动量守恒定律。动量守恒定律比牛顿定律更基本、更普遍，即使在微观、高速、强引力这样的条件下仍然适用。动量守恒、能量守恒、质量守恒以及电荷守恒是自然界最基本的四大守恒规律。

图4-1 桌球

本章将首先学习动量、冲量和动量守恒定律，然后将其应用到分析碰撞以及飞行器运动等实际过程。此外，之前几章我们研究的对象通常是单个物体，而从本章开始，我们研究的对象将主要是多个物体组成的系统，因此，我们还将引入质心的概念来帮助我们处理此类问题。

4.1 动量 动量定理
Momentum, Impulse-momentum theorem

4.1.1 动量

速度是用来描述物体运动状态的重要参量，然而现实中我们会发现，具有相同速度的物体表现出来的现象通常是不一样的。比如，人被同样运动速度的蚊子和汽车撞上，后果肯定完全不同。这说明，单纯只靠速度这个参量，有时候不足以描述实际现象。我们需要一个物理量来描述具有不同质量的物体，以相同速度运动的时候，它们会表现出什么不同的现象，这个物理量就是动量(momentum)。

物体的动量大小等于物体的质量和它的运动速度大小的乘积,方向就是其速度的方向。用公式表示就是

$$\boldsymbol{p} = m\boldsymbol{v} \tag{4-1}$$

在国际单位制下,动量的单位是千克·米/秒(kg·m/s)。

4.1.2 动量和力的关系

日常经验告诉我们,动量越大的物体,要让它停下来,难度也越大。例如,同样速度行驶的大货车刹车会比小汽车更困难。与此类似,踢球的时候,如果想让球飞得更快,你必须用更大的力气去踢。这说明改变物体的动量需要对物体施加力的作用。牛顿在描述其著名的牛顿第二定律的时候指出,物体"运动量"的变化率等于它受到的合外力。牛顿所说的"运动量"也就是我们定义的动量。用公式表示就是

$$\boldsymbol{F} = \frac{\mathrm{d}(m\boldsymbol{v})}{\mathrm{d}t} = \frac{\mathrm{d}\boldsymbol{p}}{\mathrm{d}t} \tag{4-2}$$

上式也被称为力的操作性定义。

根据式(4-2),可以得到

$$\boldsymbol{F}\mathrm{d}t = \mathrm{d}\boldsymbol{p} \tag{4-3(a)}$$

两边同时取积分可得

$$\boldsymbol{I} = \int_{t_0}^{t} \boldsymbol{F}\mathrm{d}t = \int_{p_0}^{p} \mathrm{d}\boldsymbol{p} = \boldsymbol{p} - \boldsymbol{p}_0 = \Delta\boldsymbol{p} \tag{4-3(b)}$$

其中,$\boldsymbol{p}$ 和 $\boldsymbol{p}_0$ 分别是 t 和 t_0 两个时刻的动量,$\boldsymbol{I}$ 通常被定义为冲量(impulse)。冲量表示的是力在一段时间内累积的效果。式(4-3(b))所描述的规律通常称为动量定理(impulse-momentum theorem):质点在一段时间内动量的改变等于这段时间内受到的合外力的冲量。

(The change in the momentum of a particle is equal to the impulse of the net force acting on the particle.)

动量定理和牛顿第二定律本质上是一致的。

动量和冲量都是矢量,因此式(4-3(b))也可以写成分量形式,在三维直角坐标系中动量定理的分量形式为

$$\left.\begin{aligned} \int_{t_0}^{t} \boldsymbol{F}_x \mathrm{d}t &= m\boldsymbol{v}_x - m\boldsymbol{v}_{x0} \\ \int_{t_0}^{t} \boldsymbol{F}_y \mathrm{d}t &= m\boldsymbol{v}_y - m\boldsymbol{v}_{y0} \\ \int_{t_0}^{t} \boldsymbol{F}_z \mathrm{d}t &= m\boldsymbol{v}_z - m\boldsymbol{v}_{z0} \end{aligned}\right\} \tag{4-3(c)}$$

这就是说,质点在某一方向上受到的冲量等于该方向上动量的变化。

在实际问题中,尤其是碰撞、打击等过程,相互作用的时间短,作用时间内,力的变化复杂,这样的过程不容易用动量定理确定每时每刻的状况。但是对于这些过程,我们通常不需要关心力的具体变化,而只需要关心其平均效果。因此,可以定义平均作用力

$$\overline{\boldsymbol{F}} = \frac{\int_{t_0}^{t} \boldsymbol{F}\mathrm{d}t}{t - t_0} = \frac{\boldsymbol{p} - \boldsymbol{p}_0}{t - t_0} \tag{4-4}$$

根据式(4-4)可知,相同动量改变情况下,作用时间越长,平均作用力越小,这也就是缓冲系统的原理。汽车中的安全气囊(见图 4-2)可以在发生车祸的时候增加人体与驾驶室作用的时间,从而大大减小驾驶员受到的冲击力。易碎物体的包装盒内通常填充了泡沫、海绵或者小气囊,也是为了起到缓冲作用,减小运输过程中撞击造成的冲击力。同样,要让物体动量改变一定,而作用时间短,必须作用力更大,所以球杆、球棒通常采用硬质材料制作以减小作用时间,作用力很大。在足球运动中,踢点球的时候也不能犹豫,要迅速完成动作以使球飞行得更快,而运动员也使出更大的力。

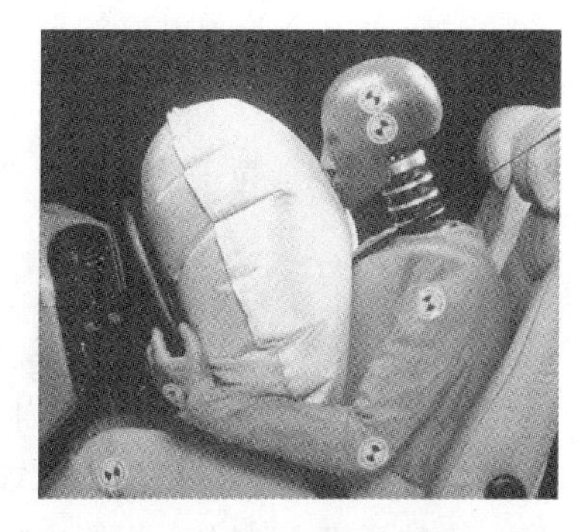

图 4-2　汽车的安全气囊

例 4.1　在一次汽车撞击测试(见图 4-3)中,汽车撞击障碍物前的速度是 $v_0=15.0\ \mathrm{m/s}$,汽车撞击障碍物后以 $v=2.60\ \mathrm{m/s}$ 的速度被弹回,撞击耗时 0.15 s,汽车的质量是 1500 kg,求撞击过程中汽车受到的平均作用力。

解　根据平均作用力的定义,汽车受的力为

$$\overline{F}=\frac{p-p_0}{t-t_0}=\frac{m(v-v_0)}{t-t_0}=\frac{1500\ \mathrm{kg}\times[2.60\ \mathrm{m/s}-(-15.0\ \mathrm{m/s})]}{0.15\ \mathrm{s}}=1.76\times10^5\ \mathrm{N}$$

所以撞击过程中汽车受到的平均作用力是 1.76×10^5 N。

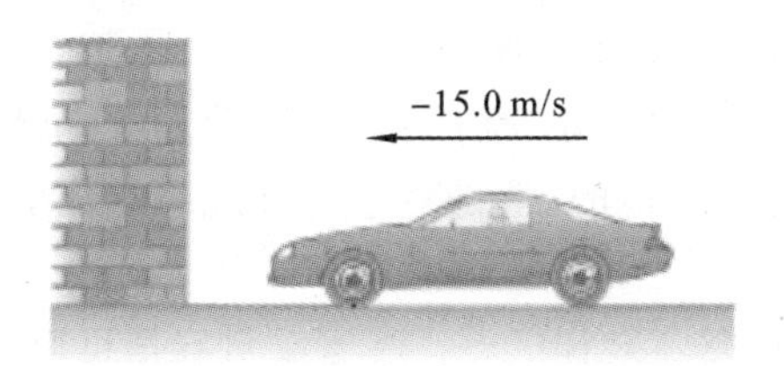

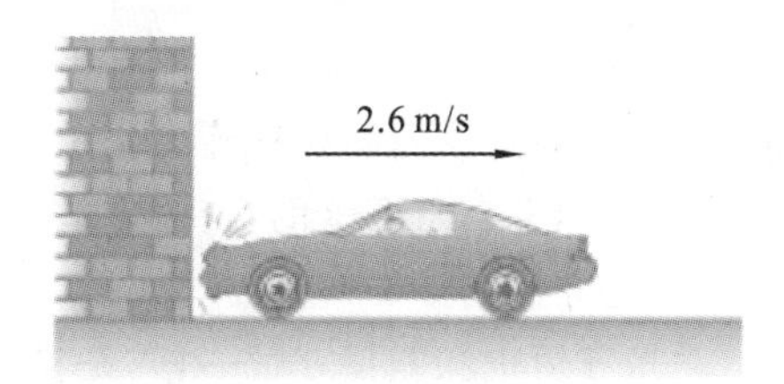

图 4-3　汽车撞击测试

动量定理不但适用于单个质点,也适用于由多个质点组成的体系,对于多个质点组成的系统而言,系统总动量的改变等于它受到的合外力的冲量。这说明,系统内部,质点之间的相互作用对整个系统总动量的改变是不起作用的。系统的动量定理的数学表述形式为

$$\boldsymbol{I}=\int_{t_0}^{t}\sum\boldsymbol{F}_{外i}\,\mathrm{d}t=\sum\boldsymbol{p}_i-\sum\boldsymbol{p}_{0i} \tag{4-5}$$

4.2　动量守恒
Conservation of momentum

动量这个物理量如此重要,不仅仅是因为它可以描述不同质量的物体以相同速度运动时运动状态的不同,更在于动量在某些情况下是守恒的。早在 17 世纪中叶,牛顿时代之前,人们就通过实验证明了,在两个物体碰撞的过程中,无论两个物体的质量是多少,无论碰撞前后速度如何变化,系统总动量的矢量和总是保持不变的,即

$$\boldsymbol{p}'_1+\boldsymbol{p}'_2=\boldsymbol{p}_1+\boldsymbol{p}_2 \tag{4-6}$$

在牛顿定律提出后,我们可以从理论上解释这一现象,并把这一现象扩展到多于两个物体组成的系统。

对于由 n 个粒子组成的系统,系统的总动量可以表示为所有粒子动量的矢量和,即

$$\boldsymbol{p} = \sum \boldsymbol{p}_i \tag{4-7}$$

其中,$\boldsymbol{p}_i$是第 i 个粒子的动量。然后,根据牛顿第二定律有

$$\sum \boldsymbol{F}_i = \frac{\mathrm{d}\boldsymbol{p}}{\mathrm{d}t} = \sum \frac{\mathrm{d}\boldsymbol{p}_i}{\mathrm{d}t} \tag{4-8}$$

其中,$\boldsymbol{F}_i$是第 i 个粒子受到的合力,这个力的来源有两部分:一部分是外力,即系统外部对系统内部的粒子的力;另一部分是内力,即系统内部粒子之间的相互作用力。然而,根据牛顿第三定律,内力总是成对出现的,比如第一个粒子对第二个粒子有一个作用力,第二个粒子一定对第一个粒子有一个大小相等方向相反的作用力,这样对所有内力求矢量和的时候,它们就会相互抵消。因此,对所有粒子受力的求和结果和对所有粒子受到外力的求和是相等的。

$$\sum \boldsymbol{F}_i = \sum \boldsymbol{F}_{外} = \frac{\mathrm{d}\boldsymbol{p}}{\mathrm{d}t} \tag{4-9}$$

从式(4-9)可以看出,如果系统受到的合外力等于 0,即 $\sum \boldsymbol{F}_{外} = \boldsymbol{0}$,那么 $\mathrm{d}\boldsymbol{p}/\mathrm{d}t = \boldsymbol{0}$,即动量不随时间改变而变化,动量是守恒的。这就是动量守恒定律(law of conservation of momentum):当系统受到的合外力等于零的时候,系统动量守恒。

(When the net external force on a system is zero, the total momentum remains constant.)

需要注意的是,动量守恒和机械能守恒是类似的。如果系统受到了某个外力,那么动量守恒就不能使用了,但是我们如果把施力物也纳入到系统中,动量守恒就可以使用了。例如,对于一个在重力作用下自由下落的石头,它的动量是不守恒的,但是对于它和地球组成的系统,动量可以认为是守恒的。

同样,动量守恒也和能量守恒一样,是自然界的基本规律之一。尽管动量守恒可以由牛顿定律导出,但是动量守恒比牛顿定律更具有普遍性。牛顿定律无法适用于微观的情况,但是动量守恒对原子、分子这样的微观粒子仍然适用。

动量守恒和能量守恒不一样的地方主要表现在动量守恒是一个矢量的守恒,因此我们可以将其分解到各个方向上。

$$\left.\begin{aligned} \sum \boldsymbol{p}_{ix} &= 常数 \\ \sum \boldsymbol{p}_{iy} &= 常数 \\ \sum \boldsymbol{p}_{iz} &= 常数 \end{aligned}\right\} \tag{4-10}$$

式(4-10)表明,只要在任何一个方向上合外力等于零,该方向上动量就是守恒的。因此,某些情况下即使整个系统受到的合外力不为零,但是在我们关注的方向上合外力等于零,动量守恒同样可以在这个方向上使用。另外,在现实的爆炸、碰撞等现象中,内力远大于外力时,也可以近似用动量守恒处理。

用动量守恒处理问题的一般方法如下。

(1)分析系统受力情况,看系统是否满足或者在某个方向上满足动量守恒的条件。

(2)建立坐标系,规定正方向,将系统中每个物体的动量分解到各个坐标轴上。

(3)在满足动量守恒条件的方向上列出动量守恒分量表达式。

(4)计算结果,判断结果是否合理。

图 4-4　例 4.2 示意图

例 4.2　一个体重为 60 kg 的弓箭手站在光滑的冰面上（如图 4-4 所示），他沿水平方向射出一支 0.5 kg 的箭，箭刚射出时，水平方向速度为 50 m/s。此时弓箭手的后退速度是多少？

解　此题中，箭射出时，系统受到的合外力等于箭的重力，并不等于 0，系统竖直方向动量不守恒。然而，在水平方向上，系统不受合外力，所以我们可以在水平方向上使用动量守恒定律。于是，在水平方向上根据动量守恒定律

$$0=m_1v_1+m_2v_2$$

于是有

$$v_1=-\frac{m_2v_2}{m_1}=-\frac{0.5\ \text{kg}}{60\ \text{kg}}\times 50\ \text{m/s}\approx -0.42\ \text{m/s}$$

负号表示弓箭手的运动方向和箭射出的方向相反。

4.3　碰　　撞
Collisions

在我们日常生活中，碰撞现象屡见不鲜，比如汽车相撞、桌球相撞、打桩等。在原子核内部结构的研究中，科学家通过研究原子核和其他基本粒子的碰撞来确定原子核的结构以及原子核内部粒子的相互作用力。由此可见，碰撞是一种很重要的现象。而动量守恒正是处理碰撞问题非常有用的一种手段。

实际中的碰撞过程非常复杂，本节主要研究两种最简单、最普遍的抽象模型。尽管只是一个简单的抽象模型，但是却非常具有代表性，可以解释很多现实中的现象。根据碰撞过程中机械能是否守恒可以将碰撞分为弹性碰撞和非弹性碰撞两种。在弹性碰撞中，碰撞前后机械能保持不变；而在非弹性碰撞中，机械能不守恒。

4.3.1　弹性碰撞

弹性碰撞过程中，机械能保持不变，因此碰撞前后，系统动能也保持不变。这是一种理想情况，实际碰撞中总会有能量损失。但是在很多情况下，这种能量损失非常小，可以忽略，因此整个过程仍然可以看成弹性碰撞。桌球、弹珠、原子和分子之间的碰撞等现象都是弹性碰撞的例子。

考虑如图 4-5 所示的模型，两个质量分别为 m_1 和 m_2 的小球发生一维弹性碰撞。碰撞前，两球的速度分别为 $\boldsymbol{v}_1$ 和 $\boldsymbol{v}_2$，碰撞后两球速度分别为 $\boldsymbol{v}'_1$ 和 $\boldsymbol{v}'_2$。根据动量守恒定律有

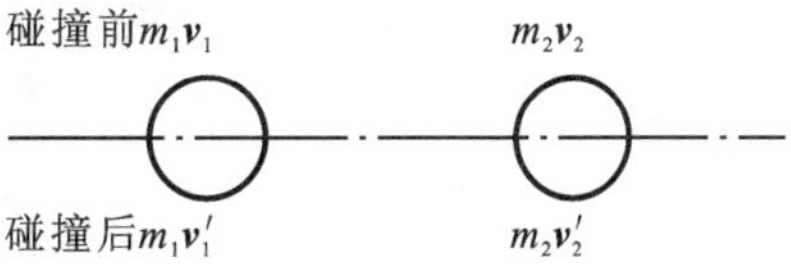

碰撞前 $m_1\boldsymbol{v}_1$　　$m_2\boldsymbol{v}_2$

碰撞后 $m_1\boldsymbol{v}'_1$　　$m_2\boldsymbol{v}'_2$

图 4-5　一维弹性碰撞

$$m_1\boldsymbol{v}_1+m_2\boldsymbol{v}_2=m_1\boldsymbol{v}'_1+m_2\boldsymbol{v}'_2 \tag{4-11}$$

由于碰撞是弹性碰撞，所以碰撞前后系统动能不变，即

$$\frac{1}{2}m_1\boldsymbol{v}_1^2+\frac{1}{2}m_2\boldsymbol{v}_2^2=\frac{1}{2}m_1\boldsymbol{v}'^2_1+\frac{1}{2}m_2\boldsymbol{v}'^2_2 \tag{4-12}$$

将式(4-12)稍微变形即可得到

$$m_1(\boldsymbol{v}_1^2 - \boldsymbol{v'}_1^2) = m_2(\boldsymbol{v'}_2^2 - \boldsymbol{v}_2^2) \tag{4-12(a)}$$

亦即

$$m_1(\boldsymbol{v}_1 - \boldsymbol{v'}_1)(\boldsymbol{v}_1 + \boldsymbol{v'}_1) = m_2(\boldsymbol{v'}_2 - \boldsymbol{v}_2)(\boldsymbol{v'}_2 + \boldsymbol{v}_2) \tag{4-12(b)}$$

将式(4-11)稍微变形即可得到

$$m_1(\boldsymbol{v}_1 - \boldsymbol{v'}_1) = m_2(\boldsymbol{v'}_2 - \boldsymbol{v}_2) \tag{4-11(a)}$$

将式(4-12(b))和式(4-11(a))两式相除可得

$$\boldsymbol{v}_1 - \boldsymbol{v}_2 = \boldsymbol{v'}_2 - \boldsymbol{v'}_1 = -(\boldsymbol{v'}_1 - \boldsymbol{v'}_2) \tag{4-13}$$

根据运动学的知识,$\boldsymbol{v}_1 - \boldsymbol{v}_2$ 和 $\boldsymbol{v'}_1 - \boldsymbol{v'}_2$ 分别对应的是碰撞前后两球的相对速度。因此式(4-13)表明,无论两球质量是多少,发生弹性碰撞前后两球相对速度大小不变,方向相反。这是弹性碰撞中非常重要的一个结论。

下面我们讨论几种特殊情况下的弹性碰撞。

1. $m_1 = m_2$,两球质量相等

此时,式(4-11(a))变为

$$\boldsymbol{v}_1 - \boldsymbol{v'}_1 = \boldsymbol{v'}_2 - \boldsymbol{v}_2 \tag{4-11(b)}$$

根据式(4-11(b))和式(4-13)可得出

$$\boldsymbol{v'}_1 = \boldsymbol{v}_2, \quad \boldsymbol{v'}_2 = \boldsymbol{v}_1 \tag{4-14}$$

这说明两个质量相等的小球发生弹性碰撞的时候,两者速度将发生交换。这种现象,在弹珠游戏、桌球运动以及原子和分子的碰撞现象中非常常见。

2. $v_2 = 0$,一个球静止

根据式(4-11(a))和式(4-13)可以解出

$$\boldsymbol{v'}_1 = \left(\frac{m_1 - m_2}{m_1 + m_2}\right)\boldsymbol{v}_1, \quad \boldsymbol{v'}_2 = \left(\frac{2m_1}{m_1 + m_2}\right)\boldsymbol{v}_1 \tag{4-15}$$

如果 $m_1 \gg m_2$,即重球运动,轻球静止,则

$$\boldsymbol{v'}_1 \approx \boldsymbol{v}_1, \quad \boldsymbol{v'}_2 \approx 2\boldsymbol{v}_1 \tag{4-16}$$

这表明,碰撞后重球速度几乎不变,轻球近似以 2 倍速度和重球同方向运动。

如果 $m_1 \ll m_2$,即轻球运动,重球静止,则

$$\boldsymbol{v'}_1 \approx -\boldsymbol{v}_1, \quad \boldsymbol{v'}_2 \approx 0 \tag{4-17}$$

这表明,碰撞后重球继续保持静止,轻球以原速度反弹,这与实际现象是一致的。在著名的卢瑟福散射实验中,观测到有的 α 粒子(氦核)反弹或者发生大角度散射,就是因为这些粒子和质量远大于自身的金原子核发生了碰撞。

以上两种现象的讨论中,重球的速度都几乎保持不变。这是因为系统中重球的质量大,因此惯性大,速度不容易被改变。由于动量守恒,尽管碰撞前后重球的动量会变化,但是其变化微乎其微,几乎可以忽略不计。

4.3.2 非弹性碰撞

非弹性碰撞中,机械能不守恒,仅动量守恒。损失的机械能转化为其他形式的能量,比如内能。在非弹性碰撞中,我们比较关心一种常见的现象,就是两个物体碰撞后,以共同的速度 $\boldsymbol{v}$ 运动,这种现象称为完全非弹性碰撞。根据动量守恒定律,有

$$m_1\boldsymbol{v}_1 + m_2\boldsymbol{v}_2 = (m_1 + m_2)\boldsymbol{v} \tag{4-18}$$

所以

$$\boldsymbol{v}=\frac{m_1\boldsymbol{v}_1+m_2\boldsymbol{v}_2}{m_1+m_2} \tag{4-19}$$

在完全非弹性碰撞中损失的机械能为

$$\Delta E=\frac{1}{2}m_1v_1^2+\frac{1}{2}m_2v_2^2-\frac{1}{2}(m_1+m_2)v^2=\frac{m_1m_2\,(v_1-v_2)^2}{2(m_1+m_2)} \tag{4-20}$$

例 4.3　子弹测速。子弹测速的系统和模型如图 4-6 所示。子弹的质量为 m_1，子弹速度 $\boldsymbol{v}_1$ 待测。让子弹射入质量为 m_2 的物块，然后和物块一起运动，摆动的最高高度为 h。求子弹的初始速度 $\boldsymbol{v}_1$。

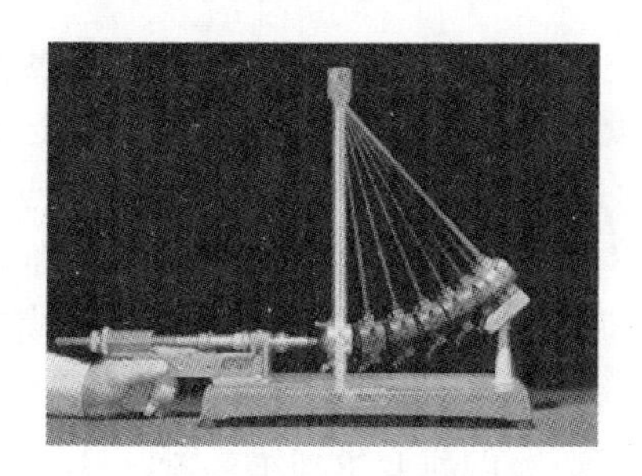

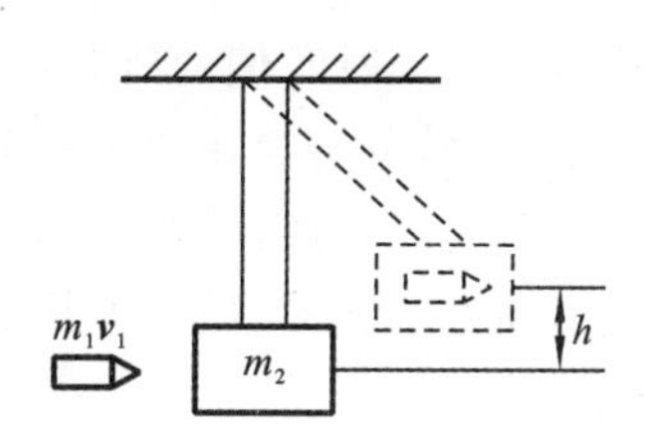

图 4-6　例 4.3 子弹测速模型

解　本题的过程可以分为两个阶段。第一阶段，子弹进入木块和木块一起以速度 $\boldsymbol{v}$ 开始运动。第二阶段，子弹和物块一起摆动，到最高点时，速度为 0。第一阶段过程中，动量守恒，机械能不守恒，于是有

$$m_1\boldsymbol{v}_1=(m_1+m_2)\boldsymbol{v} \tag{4-21}$$

第二阶段过程中，系统机械能守恒，动量不守恒，于是有

$$\frac{1}{2}(m_1+m_2)\boldsymbol{v}^2=(m_1+m_2)gh \tag{4-22}$$

根据式(4-21)和式(4-22)即可解出

$$\boldsymbol{v}_1=\frac{m_1+m_2}{m_1}\sqrt{2gh} \tag{4-23}$$

例 4.4　交通事故。在一个丁字路口，发生了一起交通事故。一辆质量为 m_1 速度为 $\boldsymbol{v}_1$ 的车沿东西向行驶，另一辆质量为 m_2 速度为 $\boldsymbol{v}_2$ 的车沿南北向行驶。两车在路口相撞，以共同速度 $\boldsymbol{v}$ 沿着东偏北 θ 角度方向冲向路边绿化带。求两车共同运动的速度 $\boldsymbol{v}$。

解　建立如图 4-7 所示的坐标系，在 x 和 y 方向分别使用动量守恒定律可得

$$m_1\boldsymbol{v}_1=(m_1+m_2)\boldsymbol{v}\cos\theta \tag{4-24}$$

$$m_2\boldsymbol{v}_2=(m_1+m_2)\boldsymbol{v}\sin\theta \tag{4-25}$$

式(4-24)和式(4-25)相除，可以得到两车一起运动的速度方向

$$\tan\theta=\frac{m_2\boldsymbol{v}_2}{m_1\boldsymbol{v}_1} \tag{4-26}$$

式(4-24)和式(4-25)两式平方求和可得：

$$[(m_1+m_2)\boldsymbol{v}]^2=(m_1\boldsymbol{v}_1)^2+(m_2\boldsymbol{v}_2)^2 \tag{4-27}$$

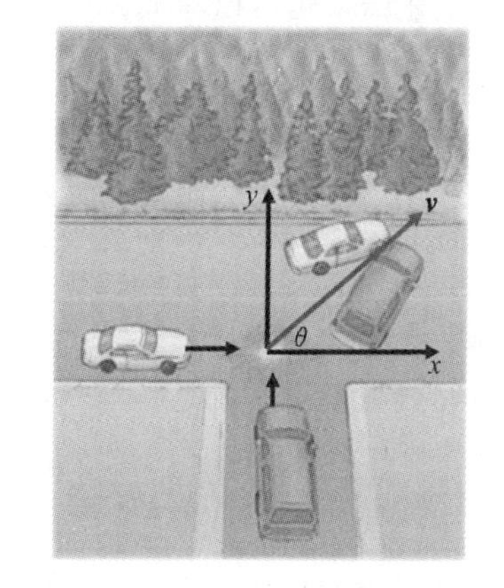

图 4-7　例 4.4 用图

即

$$v=\frac{\sqrt{(m_1\boldsymbol{v}_1)^2+(m_2\boldsymbol{v}_2)^2}}{m_1+m_2} \tag{4-28}$$

4.4 质　　心
Center of mass

4.4.1 质心

直到目前为止,我们都是把研究的对象看成一个质点。然而,实际的研究对象应该是一个物体或者是质点系。同时我们的研究对象既可以有平动,也可以有转动和其他运动。但是不管一个物体怎么运动,总会存在这么一个点,它的运动轨迹跟合外力作用在这个点的时候运动的轨迹是一样的。这个点通常被称为质量的中心,简称质心。任何系统的运动都可以看成质心的平动和相对质心的转动、振动等其他形式运动的合成。这就是我们用质点模型处理平动问题的理论依据。

对于三维空间中的一个由多个质点组成的系统,它的质心坐标定义为

$$x_{\mathrm{CM}}=\frac{\sum_i m_i x_i}{\sum_i m_i}=\frac{\sum_i m_i x_i}{M}$$

$$y_{\mathrm{CM}}=\frac{\sum_i m_i y_i}{\sum_i m_i}=\frac{\sum_i m_i y_i}{M} \tag{4-29(a)}$$

$$z_{\mathrm{CM}}=\frac{\sum_i m_i z_i}{\sum_i m_i}=\frac{\sum_i m_i z_i}{M}$$

其中:m_i是第 i 个质点的质量;

x_i、y_i和 z_i是第 i 个质点的坐标;

M 是系统总质量。

上述结果也可以写成矢量形式:

$$\boldsymbol{r}_{\mathrm{CM}}=\frac{\sum_i m_i \boldsymbol{r}_i}{M} \tag{4-29(b)}$$

对于由连续介质组成的系统,质心坐标可以写成

$$x_{\mathrm{CM}}=\frac{\int x\mathrm{d}m}{M},\quad y_{\mathrm{CM}}=\frac{\int y\mathrm{d}m}{M},\quad z_{\mathrm{CM}}=\frac{\int z\mathrm{d}m}{M} \tag{4-29(c)}$$

如果写成矢量形式就是

$$\boldsymbol{r}_{\mathrm{CM}}=\frac{\int \boldsymbol{r}\mathrm{d}m}{M} \tag{4-29(d)}$$

和质心类似的一个概念是重心。重心是指在研究系统受到的重力的时候,可以认为重力集中作用在物体上的某一个点,这对研究结果没有影响。实际上,在系统仅受重力时,重心就

是质心。但是在外太空这样的无重力环境下，重心就失去了意义，然而质心的概念仍然成立。因此，质心的概念要更加普遍、更加基本。

例 4.5　计算地球-太阳系统的质心。

解　取太阳中心为原点，根据式(4-29(a))，可得

$$x_{\mathrm{CM}}=\frac{0+m_{地}R_{地日}}{m_{地}+m_{日}}$$
$$=\frac{5.98\times10^{24}\times1.50\times10^{11}\ \mathrm{kg\cdot m}}{5.98\times10^{24}\ \mathrm{kg}+1.99\times10^{30}\ \mathrm{kg}}=450\ \mathrm{km}$$

即地球-太阳系统的质心在距离太阳中心 450 km 的地方。

太阳的半径大约是 700 000 km，所以地球-太阳系统的质心几乎和太阳的中心重合，这主要是因为太阳质量远大于地球质量。

对于质量分布均匀、外形对称的物体，比如球体、圆柱体、长方体等形状，质心一般就在物体的几何中心。但是对于质量分布不均匀或者形状不规则的物体，质心就不在其几何中心，甚至有可能在物体外部。

实际上，用实验的方法确定物体质心位置远比理论上计算容易。如图 4-8 所示，对于板状物体，可以用悬挂法确定其质心。将悬点选择在两个不同的位置，两次悬挂铅垂线方向的交点就是质心位置。

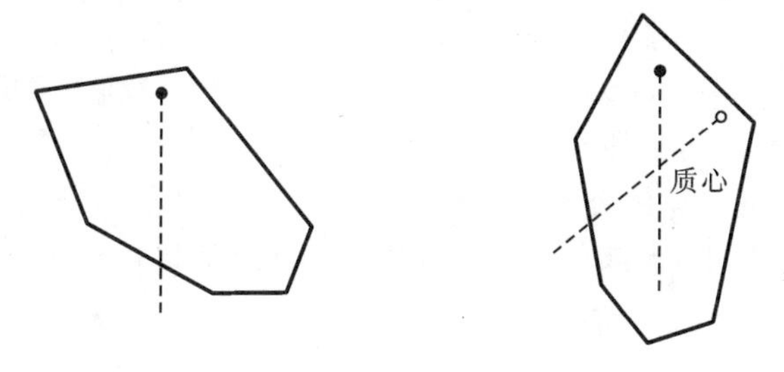

图 4-8　悬挂法确定板状物体质心

4.4.2　质心和物体的平动

前面一节讲到了，我们引入质心的概念是因为系统的运动可以用合外力以及质量都集中在质心这一点的质点的运动来描述。为什么可以这样做呢？这样做的理论依据是什么呢？

根据式(4-29(b))，可以得到：

$$M\boldsymbol{r}_{\mathrm{CM}}=\sum_i m_i\boldsymbol{r}_i \tag{4-30}$$

两边同时取对时间 t 的二阶导数，可以得到：

$$M\frac{\mathrm{d}^2\boldsymbol{r}_{\mathrm{CM}}}{\mathrm{d}t^2}=\sum_i m_i\frac{\mathrm{d}^2\boldsymbol{r}_i}{\mathrm{d}t^2} \tag{4-31}$$

即

$$M\boldsymbol{a}_{\mathrm{CM}}=\sum_i m_i\boldsymbol{a}_i \tag{4-32}$$

其中：$\boldsymbol{a}_{\mathrm{CM}}$为质心加速度；

　　$\boldsymbol{a}_i$为第 i 个质点的加速度。

根据牛顿第二定律，有

$$\sum_i m_i \boldsymbol{a}_i = \sum_i \boldsymbol{F}_i = \sum \boldsymbol{F}_{外} \tag{4-33}$$

所以

$$M\boldsymbol{a}_{\mathrm{CM}} = \sum \boldsymbol{F}_{外} \tag{4-34}$$

式(4-34)表明,系统受到的合外力等于系统的质量乘以质心的加速度。这就是系统的牛顿第二定律。这一规律表明,受到同样合外力的情况下,质量为 M 的系统的运动情况和质量为 M 处于质心位置的一个点的运动情况是一致的。这就是我们研究平动的时候,引入质心的概念并应用质点模型的理论依据。

在例 4.5 中我们得到地球-太阳系统的质心几乎和太阳中心重合。对于这个系统来说,可以说不受合外力,所以质心不应该有加速度。因此,地球和太阳的运动实际上是绕着它们共同质心的转动,而不是地球绕太阳转,否则质心就会有向心加速度。但是由于质心几乎和太阳中心重合,所以我们可以近似地认为是地球绕着太阳运动。如果恒星和绕其运动的行星质量相差不是那么大,那么质心就会相对远离恒星,两者的运动就表现为绕着两者质心的运动,而不是恒星不动,行星绕着恒星转,如图 4-9 所示,即恒星会明显受到行星的扰动,远看就像在晃动。行星质量越大,离恒星越近,这种扰动也越大。这就是为什么目前人类已经发现的太阳系外行星中,大部分都是和木星类似的大质量行星或离恒星很近的行星,但是这种行星是不利于类地生命生存的。

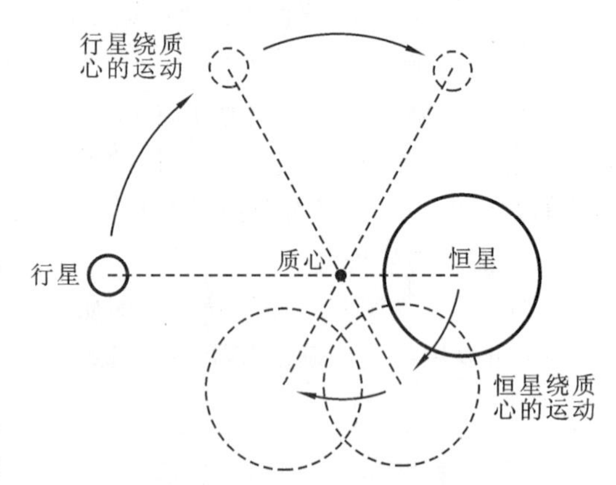

图 4-9　行星和恒星实际上是同时绕其质心转而不是行星绕着恒星转

4.5　变质量问题　火箭的推进器
Variable quality issues, Rocket propulsion

在乔治·克鲁尼和桑德拉·布洛克主演的著名电影《地心引力》中,如图 4-10 所示,多次出现了太空行走的镜头。他们通过背上的设备喷射等离子体使自身在太空中运动或改变运动的方向。与此类似,女主角在空间站中使用灭火器,却使得自己反向飞出去,差点撞伤。这些事情其实确实是符合物理事实的,在太空中也确实会发生这样的现象。这些现象背后的基本规律就是动量守恒和动量定理。本节我们就利用动量守恒和动量定理来讨论变质量系统和火箭推进的原理。

像火箭这样的系统中,主体的质量是在变化的。火箭通过喷射物质(等离子体)产生推进力,同时主体质量减少。我们可以考虑如图 4-11 所示的模型,火箭初始质量为 $m+\mathrm{d}m$,在无限小的 $\mathrm{d}t$ 时间内喷射的物质质量为 $\mathrm{d}m$,火箭受到合外力(包括引力、空气阻力等)为 $\boldsymbol{F}$。

系统动量变化为

$$\mathrm{d}\boldsymbol{p} = [m(\boldsymbol{v}+\mathrm{d}\boldsymbol{v}) + \boldsymbol{u}\mathrm{d}m] - (m+\mathrm{d}m)\boldsymbol{v} = (\boldsymbol{u}-\boldsymbol{v})\mathrm{d}m + m\mathrm{d}\boldsymbol{v} \tag{4-35}$$

根据动量定理,有

图 4-10　电影《地心引力》剧照

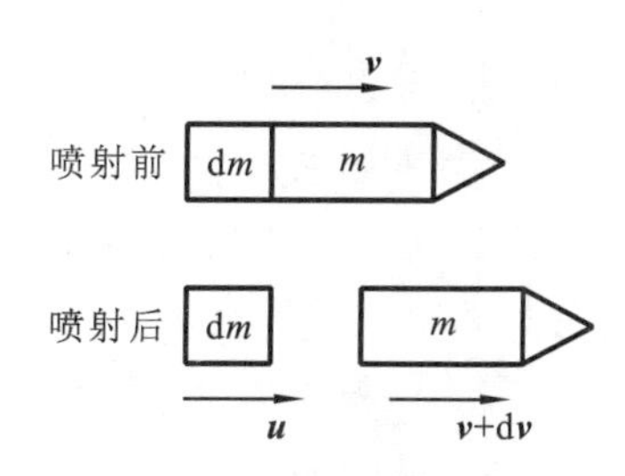

图 4-11　火箭推进模型

$$\boldsymbol{F}=\frac{\mathrm{d}\boldsymbol{p}}{\mathrm{d}t}=(\boldsymbol{u}-\boldsymbol{v})\frac{\mathrm{d}m}{\mathrm{d}t}+m\frac{\mathrm{d}\boldsymbol{v}}{\mathrm{d}t} \tag{4-36}$$

其中：$\boldsymbol{F}$ 为火箭受到的合外力，包括引力、空气阻力等；$\boldsymbol{u}-\boldsymbol{v}$ 实际上是喷射物质相对于火箭的速度，可以用 $\boldsymbol{v}_{相}$ 表示。

那么式(4-36)可以表示为

$$m\frac{\mathrm{d}\boldsymbol{v}}{\mathrm{d}t}=\boldsymbol{F}-\boldsymbol{v}_{相}\frac{\mathrm{d}m}{\mathrm{d}t} \tag{4-37}$$

式(4-37)左边就是喷射后火箭剩余部分受到的合力。右边第一项是重力和空气阻力等系统外部施加的力。右边第二项才是喷射的物质对剩余部分火箭的推进力，这个对于整个系统来说是内力，但是对于火箭剩余部分来说是外力。

当火箭或飞行器进入太空后，处于真空下的失重状态，所以 $F=0$。此时式(4-37)可以变为

$$m\frac{\mathrm{d}\boldsymbol{v}}{\mathrm{d}t}=-\boldsymbol{v}_{相}\frac{\mathrm{d}m}{\mathrm{d}t} \tag{4-38(a)}$$

即

$$\mathrm{d}\boldsymbol{v}=-\boldsymbol{v}_{相}\frac{\mathrm{d}m}{m} \tag{4-38(b)}$$

也就是说，速度变化的方向和喷射物质的方向相反。这就是为什么太空行走的时候可以通过向后喷射等离子体而使自己向前运动的原因。同样的道理，在电影《地心引力》中，女主角打开灭火器，自己就反向飞了出去。同时，从式(4-38(b))中可以看出，在太空中运动时，只有在需要改变运动方向和运动快慢的时候才需要喷气，如果仅仅只是维持某个速度运动是不需要喷气的，这是由牛顿第一定律所决定的。这也是为什么太空行走并不需要携带太多燃料，因为行走并不需要一直喷气。与此类似，飞行器和卫星也不需要携带很多燃料，因为它们进入轨道后就不需要靠喷射物质来运动了，仅仅在变轨的时候需要而已。

例 4.6　一个火箭以 190 kg/s 的速度喷射气体，喷出的气体相对火箭的速度是 2800 m/s。求火箭受到的推进力。

解　火箭受到的推进力大小为

$$F=-v_{相}\frac{\mathrm{d}m}{\mathrm{d}t}=-(-2800\ \mathrm{m/s})\times 190\ \mathrm{kg/s}=5.32\times 10^{5}\ \mathrm{N}$$

【思考题与习题】

1. 思考题

4-1　如果一个球自由下落和地面发生弹性碰撞,它将以原速度弹回,为什么?

4-2　一个非零的力,作用在一个物体上一段时间,这段时间内,该力的冲量可能是零吗?为什么?

4-3　为什么一根长杆的质心在长杆的中点,而你的手臂的质心却不在手臂中间?

2. 选择题

4-4　在一次完全非弹性碰撞中,如果碰撞后系统动能为零。下列哪一个条件是必需的?(　　)

(A)两个物体有大小相等方向相反的动量　(B)两个物体质量相等

(C)两个物体速度相同　(D)两个物体速度大小相等方向相反

4-5　如图 4-12 所示,一根密度均匀的球棒从质心处分为两截,哪一截质量更轻?(　　)

(A)左边的　(B)右边的　(C)两者质量一样　(D)无法确定

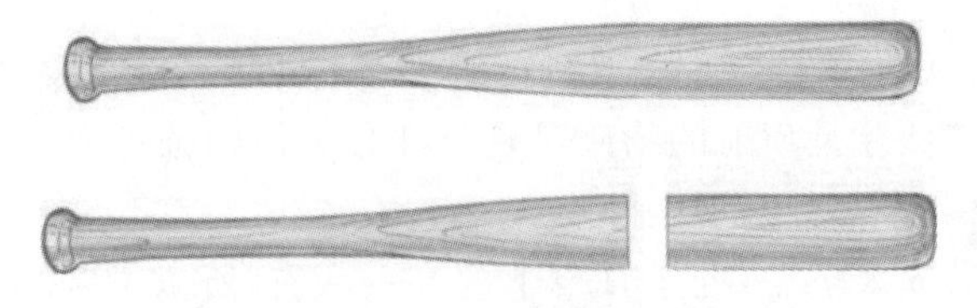

图 4-12　题 4-5 图

3. 填空题

4-6　质量为 m 的小球,沿水平方向以速率 v 与固定直壁发生弹性碰撞,设指向壁内方向为正方向,则由于此碰撞,小球动量的增量为________。

4-7　动能为 E_k 的物体 A 与静止的物体 B 碰撞,A 的质量是 B 的两倍,若碰撞为完全非弹性的,则碰撞后两物体总动能为________。

4.1 习题

4-8　如图 4-13 所示的圆锥摆,摆球质量为 m,速率为 v,圆半径为 R,当摆球运动半个圆周时,求摆球受到重力冲量的大小。

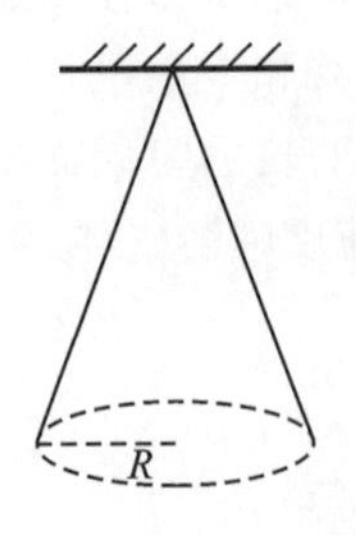

图 4-13　题 4-8 图

4-9　作用在质点上的力是 $\boldsymbol{F}=26\boldsymbol{i}+16t^2\boldsymbol{j}$，力 $\boldsymbol{F}$ 的单位是 N，时间 t 的单位是 s。求在该力作用下质点在 $t=1.0$ s 到 $t=2.0$ s 之间的动量变化。

4.2 习题

4-10　船上的小孩将一个 5.4 kg 包裹以 10 m/s 的速度扔出去。假设船开始是静止的，船的质量是 55 kg，小孩体重 26 kg。计算小孩刚扔出包裹的时候船的速度。

4-11　如图 4-14 所示，一个球以速度 14.75 m/s 和另一个质量相同的静止的球碰撞，碰撞后入射球运动方向与原方向偏离 45°，被撞的球运动方向偏离入射球原运动方向 30°。求碰撞后两球的速度大小。

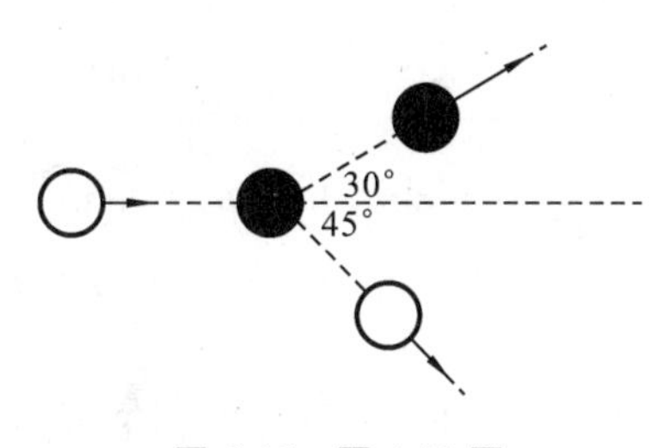

图 4-14　**题 4-11 图**

4.3 习题

4-12　质量为 1.01u 的质子以 3.6×10^4 m/s 的速度和静止的 He 核发生一维弹性碰撞，He 核质量为 4.00u。求碰撞后质子和 He 核的速度。

4-13　一个质量为 m 的球和另一个静止的球发生弹性碰撞，碰撞后以原来速度的 1/4 反弹回来。求第二个球的质量。

4-14　如图 4-15 所示，两个质量相等的球在坐标原点发生弹性碰撞。碰撞前，1 球沿 y 轴正方向运动，速度大小为 2.0 m/s；2 球沿 x 轴正方向运动，速度大小为 3.7 m/s。碰撞后 2 球沿 y 轴正方向运动。求两球的速度大小和 1 球的速度方向。

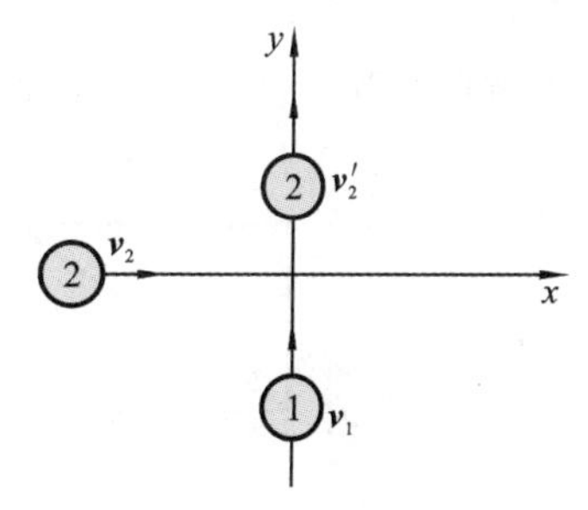

图 4-15　**题 4-14 图**

4.4 习题

4-15　以地球为坐标原点，求地球-月球系统的质心位置。

4-16　CO 分子中，C 原子（$m=12$u）和 O 原子（$m=16$u）的间距是 1.13×10^{-10} m。求 CO 分子质心到 C 原子的距离。

4.5 习题

4-17　一个两级火箭以 6.5×10^3 m/s 的速度飞离地球。此时火箭分离成质量相等的两部分，两部分相对速度是 2.8×10^3 m/s，分离后两个部分都在原来运动方向上直线运动。

（1）求两部分相对地球的速度；

（2）这次分离消耗了多少能量？

第5章　刚体力学基础
Chapter 5　Rigid body mechanics

我们在质点力学中，把物体简化为质点，只考虑物体的质量，而忽略物体的形状和大小。实际上，物体都是有大小、有形状的。比如，我们经常见到的铁块、石块，建筑工程中用的砖块，这些物体，在外力作用下形状和大小都不容易发生改变。我们把有质量、有大小、不易变形的物体称为刚体。刚体是一种比质点更接近实际物体的理想模型。刚体的运动分为平动、定轴转动、平面平行运动、定点转动，本章主要研究刚体的定轴转动。

5.1　刚体运动的描述
Description of rigid body motion

5.1.1　刚体的平动

当推动一个刚体在地面上作水平运动时，如果在刚体上作一个箭头，该箭头的方向相对于地面参考系不改变方向，我们把这种运动叫作平动，如图5-1所示。

图5-1　刚体的平动

由于刚体作平动时，刚体上每一点的运动情况相同，因此可以把刚体当作质点看待。

5.1.2　刚体的定轴转动

当刚体运动时，刚体上有一直线上的质点不运动，该直线叫作转轴，其他质点围绕该转轴作圆周运动，刚体的这种运动称为定轴转动。如柴油发动机上的飞轮的运动，我们推开旋转门时，门的运动，都是定轴转动。

设刚体平板绕过O点的轴转动，转过的角度为θ，如图5-2所示。

刚体角速度

$$\omega = \frac{\mathrm{d}\theta}{\mathrm{d}t} \tag{5-1}$$

方向用右手螺旋法则：用右手四指指向刚体转动方向，右手大拇指指向角速度ω方向。

角加速度

$$\beta = \frac{\mathrm{d}\omega}{\mathrm{d}t} = \frac{\mathrm{d}^2\theta}{\mathrm{d}t^2} \tag{5-2}$$

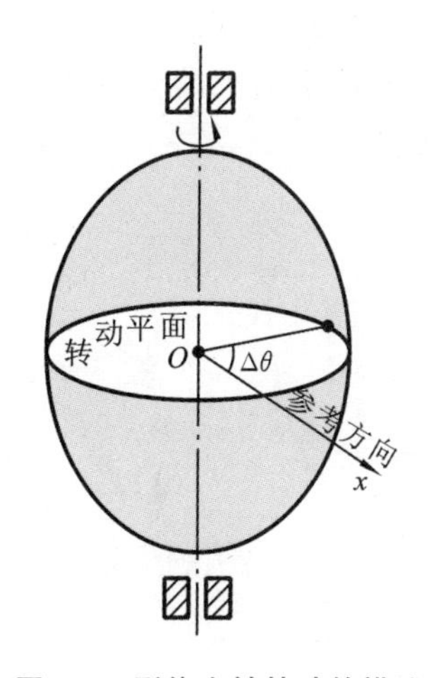

图 5-2　刚体定轴转动的描述

例 5.1　半径为 $r=1$ m 的飞轮作定轴转动，角度 $\theta=t^3+4t^2+2t-5$(SI)。试求：

(1)任意时刻飞轮转动的角速度和角加速度；

(2)飞轮边沿上一点，在 $t=1$ s 时，速度的大小和加速度的大小。

解　(1)由角速度公式 $\omega=\dfrac{d\theta}{dt}$

$$\omega=\frac{d}{dt}(t^3+4t^2+2t-5)$$
$$=3t^2+8t+2(\text{SI})$$

由角加速度公式　$\beta=\dfrac{d\omega}{dt}=\dfrac{d}{dt}(3t^2+8t+2)=6t+8(\text{SI})$

(2)飞轮边沿一点的速度大小 $v=\omega r$，在 $t=1$ s 时

$$\omega=3\times1+8\times1+2=13(\text{SI})$$
$$v=\omega r=13\times1=13\ \text{m}\cdot\text{s}^{-1}$$

在 $t=1$ s 时，边沿一点向心加速度

$$a_n=r\omega^2=1\times13^2=169\ \text{m}\cdot\text{s}^{-2}$$
$$\beta=6\times1+8=14(\text{SI})$$

切向加速度　$a_t=r\beta=1\times14=14\ \text{m}\cdot\text{s}^{-2}$

边沿一点加速度　$a=\sqrt{a_t^2+a_n^2}=\sqrt{169^2+14^2}=169.58\ \text{m}\cdot\text{s}^{-2}$

5.2　刚体定轴转动定律
Law of the rigid body, fixed axis rotation

5.2.1　力矩

当我们在开、关门时，会发现推门的位置不同，需要力的大小不同，说明让刚体作定轴转动，不仅与力的大小有关，也与轴到力的作用线的距离有关，如图 5-3 所示。

在垂直于转轴的平面 S 内，力 $\boldsymbol{F}$ 作用于刚体上的 P 点，从 O 到力 $\boldsymbol{F}$ 的作用线的垂直距离 h 称为力臂，力 $\boldsymbol{F}$ 与力臂 h 的乘积称为 $\boldsymbol{F}$ 对转轴的力矩，用 $\boldsymbol{M}$ 表示，即

$$\boldsymbol{M}=h\boldsymbol{F}\tag{5-3}$$

力矩的方向用右手螺旋法则规定：右手四指指向力矩效果(力矩使盘转动)方向，右手大拇指指向力矩方向。

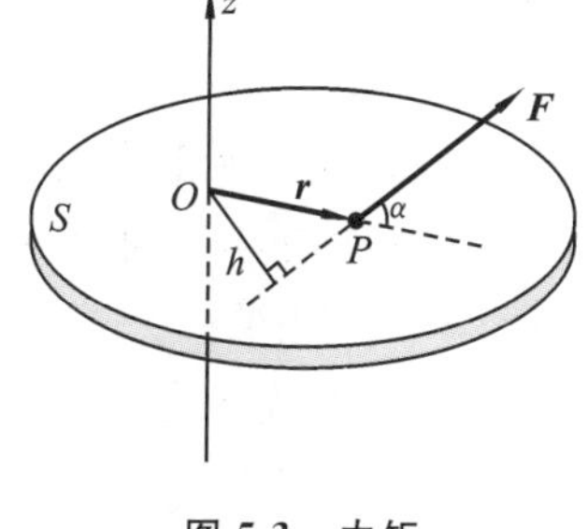

图 5-3　力矩

对空间中的某固定点 O，也可以定义力 $\boldsymbol{F}$ 对该点的力矩：

$$\boldsymbol{M}=\boldsymbol{r}\times\boldsymbol{F}\tag{5-4}$$

力矩大小：　$M=rF\sin\alpha$

力矩方向，用右手螺旋法则判定：让 $\boldsymbol{r}$ 穿过右手手心(不要求垂直穿过)，右手四指指向 $\boldsymbol{F}$ 方向，右手大拇指指向力矩 $\boldsymbol{M}$ 方向(与 $\boldsymbol{r}$ 和 $\boldsymbol{F}$ 构成的平面垂直)。

可以证明：力 $\boldsymbol{F}$ 对轴上 O 点的力矩 $\boldsymbol{M}$，在轴上的投影，等于力 $\boldsymbol{F}$ 对轴的力矩。

如果力 $\boldsymbol{F}$ 不在平面 S 内，可以把 $\boldsymbol{F}$ 分解为与轴平行的分量 $\boldsymbol{F}_{/\!/}$ 和在平面内的分量 $\boldsymbol{F}_{\perp}$，平行分量 $\boldsymbol{F}_{/\!/}$ 对平面 S 的绕轴旋转不起作用，力矩为零，如图 5-4 所示。

以后为方便起见，只考虑在 S 平面内的力。

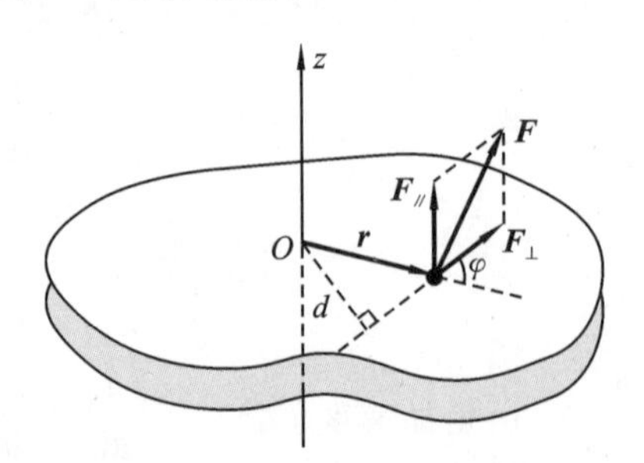

图 5-4　力 $\boldsymbol{F}$ 不在刚体的平面内的情况

5.2.2　刚体定轴转动定律

如图 5-5 所示，考虑旋转面 S 上第 i 个质点，第 i 个质点受的合外力为 $\boldsymbol{F}_i$，第 j 个质点对第 i 个质点的作用力为 $\boldsymbol{f}_{ij}$，则第 i 个质点所受合力的力矩为

$$\boldsymbol{M}_i = \boldsymbol{r}_i \times (\boldsymbol{F}_i + \sum_{j\neq i} \boldsymbol{f}_{ij}) \tag{5-5}$$

刚体受的总力矩：

$$\boldsymbol{M} = \sum_i \boldsymbol{M}_i = \sum_i \boldsymbol{r}_i \times (\boldsymbol{F}_i + \sum_{j\neq i} \boldsymbol{f}_{ij})$$

所以

$$\begin{aligned}\boldsymbol{M} &= \sum_i \boldsymbol{r}_i \times \boldsymbol{F}_i + \sum_{i\neq j} \boldsymbol{r}_i \times \boldsymbol{f}_{ij}\\ &= \sum_i \boldsymbol{r}_i \times \boldsymbol{F}_i + \frac{1}{2}\sum_{i\neq j} (\boldsymbol{r}_i \times \boldsymbol{f}_{ij} + \boldsymbol{r}_j \times \boldsymbol{f}_{ji})\end{aligned}$$

而

$$\begin{aligned}\boldsymbol{r}_i \times \boldsymbol{f}_{ij} + \boldsymbol{r}_j \times \boldsymbol{f}_{ji} &= \boldsymbol{r}_i \times \boldsymbol{f}_{ij} - \boldsymbol{r}_j \times \boldsymbol{f}_{ij}\\ &= (\boldsymbol{r}_i - \boldsymbol{r}_j) \times \boldsymbol{f}_{ij} = 0\end{aligned}$$

上式是因为 $\boldsymbol{r}_i - \boldsymbol{r}_j$ 与 $\boldsymbol{f}_{ij}$ 方向平行而得到的结果。所以

$$\boldsymbol{M} = \sum_i \boldsymbol{r}_i \times \boldsymbol{F}_i \tag{5-6}$$

也就是说，刚体所受力矩为各质点所受外力矩之矢量和，刚体内质点之间作用力(内力)对刚体转动不起作用，可以不予考虑。

由于 S 平面内的外力 $\boldsymbol{F}_i$ 也可分解为沿半径的分量 $\boldsymbol{F}_{i/\!/}$ 和沿切线的分量 $\boldsymbol{F}_{i\perp}$，$\boldsymbol{F}_{i/\!/}$ 对刚体的转动不起作用，只需考虑 $\boldsymbol{F}_{i\perp}$，如图 5-6 所示。

由牛顿第二定律

$$\boldsymbol{F}_{i\perp} = \Delta m_i \boldsymbol{a}_i \tag{5-7}$$

其中 Δm_i 是第 i 个质点的质量，$\boldsymbol{a}_i$ 是它的加速度。

由于 $\boldsymbol{a}_i = \beta \boldsymbol{r}_i$，代入式(5-7)，得

$$\boldsymbol{F}_{i\perp} = \Delta m_i \beta \boldsymbol{r}_i \tag{5-8}$$

式(5-8)两边乘以 $\boldsymbol{r}_i$，再对 i 求和：

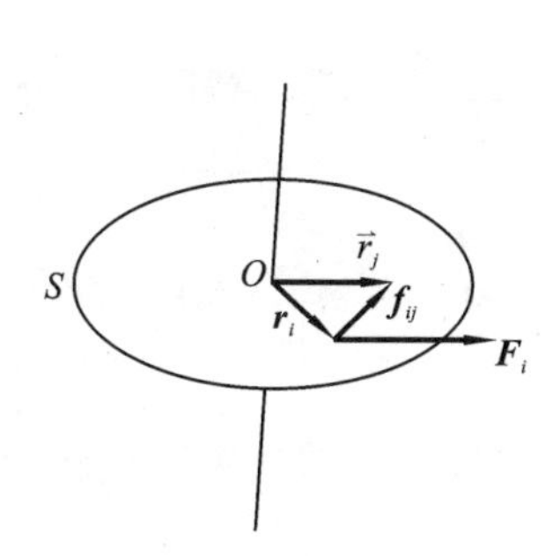

图 5-5　刚体定轴转动

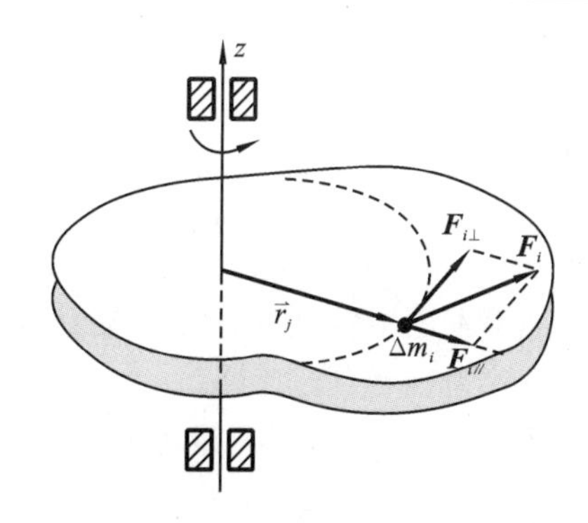

图 5-6　外力 F_i 分解

$$\sum_i \boldsymbol{F}_{i\perp}\boldsymbol{r}_i = \sum_i \Delta m_i \beta \boldsymbol{r}_i^2 \tag{5-9}$$

令转动惯量 $\boldsymbol{I} = \sum_i \Delta m_i \boldsymbol{r}_i^2$ ，得

$$\boldsymbol{M} = \boldsymbol{I}\beta \tag{5-10}$$

式(5-10)表明:刚体所受沿转轴方向的外力矩代数和,等于刚体绕该轴的转动惯量乘以刚体绕同一轴的角加速,这就是刚体绕定轴转动的转动定律,是刚体运动的基本定律,与质点运动中的牛顿第二定律地位相当。

(5. 10)shows that the algebraic sum of torque along the shaft of the rigid body is equal to product of the rigid body's inertia moment and the angular acceleration around the same axis . This is the law of rotation of rigid body around a fixed axis which is the basic law of rigid body motion ,and has the position of Newton's second law in particle motion .

5. 2. 3　刚体绕固定轴的转动惯量

上文在推导转动定律时,引进了刚体转动惯量:

$$\boldsymbol{I} = \sum_i \Delta m_i r_i^2 \tag{5-11}$$

它的含义是:刚体内各质点的质量 Δm_i 与该质点到转轴的垂直距离 $\boldsymbol{r}_i$ 的平方的积之和。对于连续分布的刚体,转动惯量可以写为积分的形式:

$$\boldsymbol{I} = \int \boldsymbol{r}^2 \mathrm{d}m \tag{5-12}$$

Its meaning is that the sum of product of quality of each particle of rigid body with the square of the distance of particle perpendicular to the axis .

For rigid of continuous distribution, inertia moment can be written as the integral of the form: $I=\int r^2 \mathrm{d}m$

从式(5-10)可以看出,刚体转动惯量是刚体绕固定轴旋转惯性的度量,但与质量不同之处在于:转动惯量 $\boldsymbol{I}$ 与轴的位置有关,与质量分布有关。不能在不指明转轴的情况下,说刚体的转动惯量是多少。

例 5. 2　一匀质细杆质量为 m,长为 l,计算:通过棒中心且与棒垂直的轴的转动惯量。

解　如图 5-7 所示建立坐标系。在距离原点 O 为 x 处取线元 $\mathrm{d}x$,其质量为$\frac{m}{l}\mathrm{d}x$,该质量元的转动惯量为

$$dI = \frac{m}{l}dxx^2$$

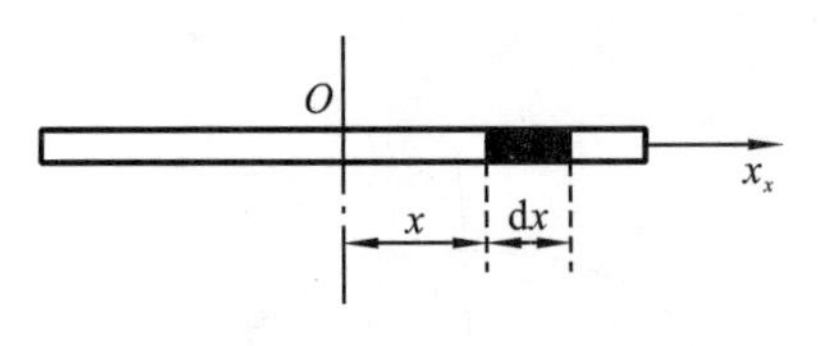

图 5-7　例 5.2 用图

则细杆的转动惯量为

$$I = \int_{-l/2}^{l/2} \frac{m}{l}dxx^2 = \frac{1}{12}ml^2$$

如果本题中转轴过杆的一端且与杆垂直,转动惯量是多少?请读者自行计算。

例 5.3　一薄圆盘质量为 m,半径为 R,转轴过圆盘中心且与盘面垂直,计算圆盘转动惯量。

解　圆盘单位面积质量(面密度)

$$\sigma = \frac{m}{\pi R^2}$$

如图 5-8 所示,取夹角为 $d\theta$ 的两条半径,以及半径分别为 r 和 $r+dr$ 的两段圆弧,它们所围成的阴影部分面积元 $ds = rdrd\theta$,其质量 $\sigma ds = \sigma rdrd\theta$。

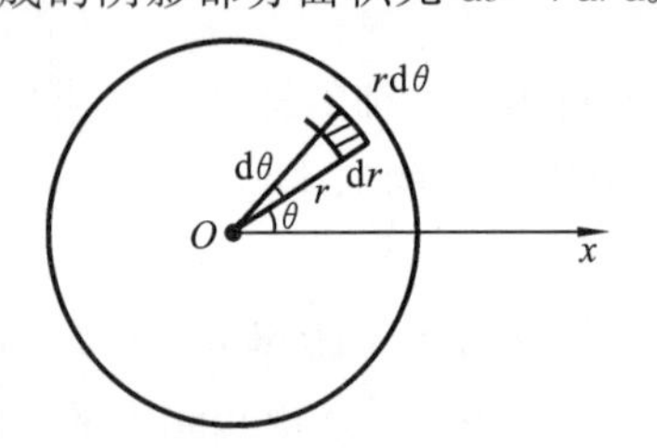

图 5-8　例 5.3 用图

该面积元绕轴的转动惯量为

$$dI = r^2 \sigma ds = \sigma r^3 drd\theta$$

圆盘的转动惯量为

$$I = \int \sigma r^3 drd\theta = \sigma \int_0^{2\pi} d\theta \int_0^R r^3 dr = \frac{1}{2}mR^2$$

如果本题中转轴在盘面内且过圆心,则转动惯量是多少?请读者自行计算。

几种常见刚体的转动惯量见表 5-1。

表 5-1　几种常见刚体的转动惯量

刚体形状	刚体的特征	转动惯量
	直杆,质量 m,长 l	$\frac{1}{12}ml^2$
	圆盘,质量 m,半径 R	$\frac{1}{2}mR^2$
	圆环,质量 m,半径 R	mR^2

续表

刚体形状	刚体的特征	转动惯量
	圆柱，质量 m，半径 R	$\frac{1}{2}mR^2$
b a	矩形薄板，质量 m，长 a，宽 b	$\frac{1}{12}m(a^2+b^2)$
	均匀球壳，质量 m，半径 R	$\frac{2}{3}mR^2$
	均匀球体，质量 m，半径 R	$\frac{2}{5}mR^2$

5.2.4　转动定律应用举例

例 5.4　质量为 M、半径为 R 的均质薄圆盘，可绕水平轴无摩擦转动，如图 5-9 所示，圆盘边缘绕一轻绳，绳的下端系一质量为 m 物体，求圆盘转动加速度。

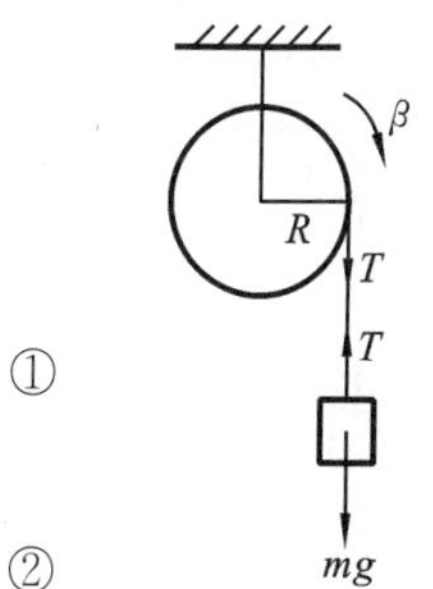

图 5-9　例 5.4 用图

解　先分析受力情况，如图 5-9 所示。

圆盘受的重力与轴支持力均通过轴，无力矩，图中不画出。

对物体 m 列方程：

$$mg - T = ma \qquad ①$$

对圆盘列方程：

$$TR = I\beta = \frac{1}{2}MR^2\beta \qquad ②$$

圆盘与绳无相对滑动条件：

$$R\beta = a \quad ③$$

联立①、②、③式：
$$a=\frac{mg}{\frac{1}{2}M+m}$$

$$\beta=\frac{a}{R}=\frac{mg}{(\frac{1}{2}M+m)R}$$

例 5.5 如图 5-10 所示，m_2 放置于一桌面上，且与桌面滑动摩擦系数为 μ，m_2 通过一质量为 m、半径为 r 的圆盘，用绳子连接一质量为 m_1 的物体，计算绳中张力，以及 m_1 下降的加速度。设圆盘与轴无摩擦，绳与圆盘无相对滑动。

解 分析各物体受力情况，如图 5-10 所示。

这里 m_1、m_2 为质点，用牛顿第二定律列方程：

$$m_1 g - T_1 = m_1 a \quad ①$$

$$T_2 - f = m_2 a \quad ②$$

$$f = \mu N, N = m_2 g \quad ③$$

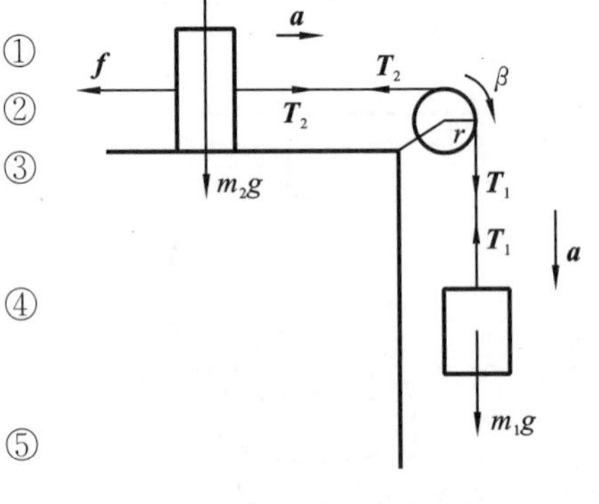

图 5-10 例 5.5 用图

圆盘 m 为刚体，用转动定律列方程：

$$T_1 r - T_2 r = \frac{1}{2}mr^2\beta \quad ④$$

条件：

$$a = r\beta \quad ⑤$$

联立方程①～⑤，解得：

$$a=\frac{(m_1-\mu m_2)g}{m_1+m_2+\frac{1}{2}m}$$

$$T_1=m_1 g-\frac{m_1(m_1-\mu m_2)g}{m_1+m_2+\frac{1}{2}m}$$

$$T_2=m_1 g-\frac{m_1(m_1-\mu m_2)g}{m_1+m_2+\frac{1}{2}m}-\frac{m(m_1-\mu m_2)g}{2(m_1+m_2+\frac{1}{2}m)}$$

例 5.6 如图 5-11 所示，绳子通过定滑轮 1、2 两端各连接一个物体，左边物体为 m，右边物体为 M，两定滑轮质量均为 m，半径均为 r，求物体 M 的加速度。设定滑轮的轴光滑，绳与滑轮无相对滑动。

解 分析受力情况，如图 5-11 所示。本题中有两个旋转轴，对每个旋转轴分别列方程：

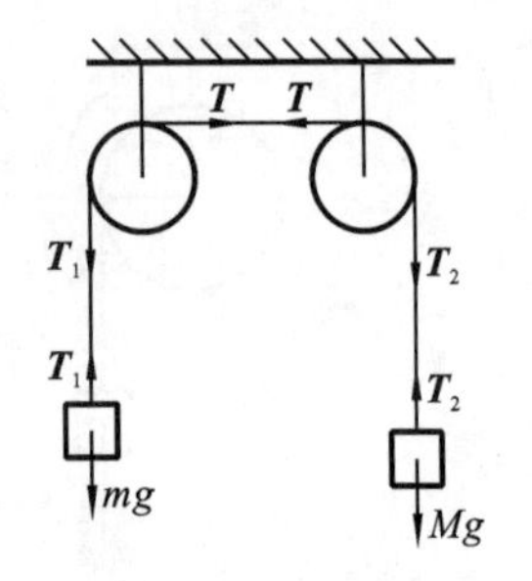

图 5-11 例 5.6 用图

$$T_1 - mg = ma \quad ①$$

$$Mg - T_2 = Ma \quad ②$$

$$Tr - T_1 r = \frac{1}{2}mr^2\beta \quad ③$$

$$T_2 r - Tr = \frac{1}{2}mr^2\beta \quad ④$$

$$a = r\beta \quad ⑤$$

联立①～⑤式，解得：

$$a=\frac{(M-m)g}{M+2m}$$

5.3　力矩的功　刚体的动能
Work of torque, The kinetic energy of rigid body

5.3.1　力矩的功

为便于叙述，在不失去正确性的前提下，下面只考虑力沿切线方向的作用。

力 $\boldsymbol{F}_i$ 作用在第 i 个质点上，作用点处距轴距离 r_i。如果刚体旋转 $\mathrm{d}\theta$，质点位移 $\mathrm{d}s_i = r_i \mathrm{d}\theta$，由功的定义：

$$\mathrm{d}A_i = F_i \mathrm{d}S_i = F_i r_i \mathrm{d}\theta = M_i \mathrm{d}\theta \tag{5-13}$$

对式(5-13)两边求和，则

$$\mathrm{d}A = \sum_i \mathrm{d}A_i = \sum_i M_i \mathrm{d}\theta = M\mathrm{d}\theta$$

于是：

$$\mathrm{d}A = M\mathrm{d}\theta \tag{5-14}$$

式(5-14)就是当刚体发生一个小角位移时，力矩 M 做的功，如图 5-12 所示。

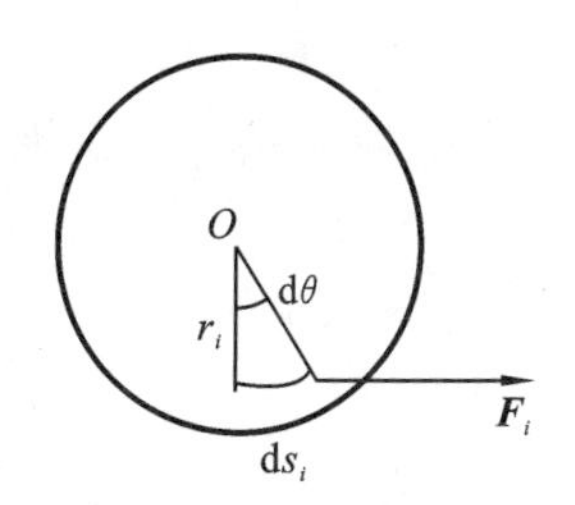

图 5-12　力矩做的功

5.3.2　刚体的转动功能

刚体以角速度 ω 旋转时，刚体中第 i 个质点的功能

$$\Delta E_{ki} = \frac{1}{2}\Delta m_i v_i^2 = \frac{1}{2}\Delta m_i\,(\omega r_i)^2$$

对其两边求和，得

$$E_k = \sum_i \Delta E_{ki} = \frac{1}{2}\sum_i \Delta m_i r_i^2 \omega^2 = \frac{1}{2} I\omega^2$$

于是，刚体转动动能为

$$E_k = \frac{1}{2} I\omega^2 \tag{5-15}$$

刚体转动动能形式上与质点平动动能很类似。

5.3.3　刚体转动动能定理

绕定轴转动的刚体转动惯量为 I，在力矩 M 作用下，由式(5-10)得

$$M = I\frac{\mathrm{d}\omega}{\mathrm{d}t}$$

由式(5-14)可得力矩做的功：

$$\mathrm{d}A = M\mathrm{d}\theta = I\frac{\mathrm{d}\omega}{\mathrm{d}t}\mathrm{d}\theta = I\frac{\mathrm{d}\theta}{\mathrm{d}t}\mathrm{d}\omega = I\omega\mathrm{d}\omega$$

于是

$$A = \int_{\omega_1}^{\omega_2} I\omega\mathrm{d}\omega = \frac{1}{2}I\omega_2^2 - \frac{1}{2}I\omega^2$$

即

$$A = \frac{1}{2}I\omega_2^2 - \frac{1}{2}I\omega^2 \tag{5-16}$$

式(5-16)为刚体转动的动能定理,与质点运动动能定理形式上类似。

与质点动力学类似,在保守力作用下,刚体也有机械能守恒定律,这里不再赘述。

5.4 质点的角动量及角动量定理
Angular momentum of a particle on the shaft, Augular momentum theorem

5.4.1 质点对固定点的角动量及角动量定理

一质点质量为 m,速度为 $\boldsymbol{v}$,相对于固定点 O 的位置矢量为 $\boldsymbol{r}$。

定义:该质点对 O 点角动量为

$$\boldsymbol{L} = \boldsymbol{r} \times m\boldsymbol{v} \tag{5-17}$$

角动量大小为

$$L = rmv\sin\theta \tag{5-18}$$

角动量方向,用右手螺旋法则规定:让 $\boldsymbol{r}$ 穿过右手手心,右手四指指向动量 $m\boldsymbol{v}$ 方向,右手大拇指指向 $\boldsymbol{L}$ 方向,$\boldsymbol{L}$ 垂直于 $\boldsymbol{r}$ 和 $m\boldsymbol{v}$ 构成的平面。

在式(5-17)两边对时间求导数,则

$$\frac{\mathrm{d}\boldsymbol{L}}{\mathrm{d}t} = \frac{\mathrm{d}}{\mathrm{d}t}(\boldsymbol{r} \times m\boldsymbol{v}) = \frac{\mathrm{d}\boldsymbol{r}}{\mathrm{d}t} \times m\boldsymbol{v} + \boldsymbol{r} \times \frac{\mathrm{d}}{\mathrm{d}t}(m\boldsymbol{v}) \tag{5-19}$$

由于

$$\frac{\mathrm{d}\boldsymbol{r}}{\mathrm{d}t} \times m\boldsymbol{v} = \boldsymbol{v} \times m\boldsymbol{v} = 0$$

由式(5-4)得

$$\boldsymbol{r} \times \frac{\mathrm{d}}{\mathrm{d}t}(m\boldsymbol{v}) = \boldsymbol{r} \times \boldsymbol{F} = \boldsymbol{M}$$

于是

$$\boldsymbol{M} = \frac{\mathrm{d}\boldsymbol{L}}{\mathrm{d}t} \tag{5-20}$$

质点所受的对固定点的力矩等于质点对该固定点的角动量对时间的导数,这就是质点绕固定点运动的角动量定理。

5.4.2 质点对轴的角动量及角动量定理

一质点在水平面内绕固定轴运动,如图 5-13 所示。

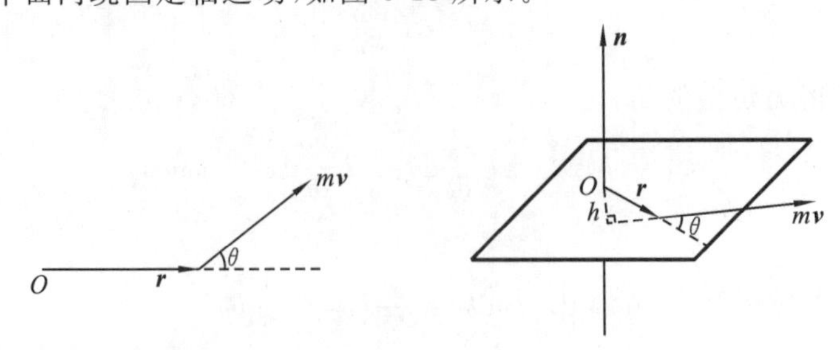

图 5-13　一质点在水平面内绕固定轴运动

定义:质点绕固定轴运动的角动量为

$$L=hmv$$

方向由右手螺旋法则确定：右手四指的绕向为质点绕轴运动方向，右手拇指指向该质点绕轴角动量方向，质点绕 O 点的角动量在轴方向的投影就是该质点绕轴的角动量(读者自行证明)。

力绕 O 点的力矩在轴方向的投影就是力对轴的力矩。

$$\boldsymbol{M}=\frac{\mathrm{d}\boldsymbol{L}}{\mathrm{d}t}$$

上式两边乘以轴向单位矢量 $\boldsymbol{n}$：

$$\boldsymbol{n}\cdot\boldsymbol{M}=\boldsymbol{n}\cdot\frac{\mathrm{d}\boldsymbol{L}}{\mathrm{d}t}=\frac{\mathrm{d}}{\mathrm{d}t}(\boldsymbol{n}\cdot\boldsymbol{L})\tag{5-21}$$

式(5-21)中 $\boldsymbol{n}\cdot\boldsymbol{M}$ 为力对轴的力矩，$\boldsymbol{n}\cdot\boldsymbol{L}$ 为质点绕轴的角动量，于是

$$\boldsymbol{M}=\frac{\mathrm{d}\boldsymbol{L}}{\mathrm{d}t}\tag{5-22}$$

这就是质点绕轴的角动量定理。

5.5　刚体对轴的角动量及角动量定理
Angular momentum of a rigid body on the shaft, Angular momentum theorem

考虑刚体中的第 i 个质点，由式(5-22)得

$$\boldsymbol{M}_i=\frac{\mathrm{d}}{\mathrm{d}t}\boldsymbol{L}_i=\frac{\mathrm{d}}{\mathrm{d}t}(r_i\Delta m_i\boldsymbol{v}_i)=\frac{\mathrm{d}}{\mathrm{d}t}(\Delta m_i\omega_i\boldsymbol{r}_i^2)$$

上式两边对 i 求和：

$$\sum_i\boldsymbol{M}_i=\frac{\mathrm{d}}{\mathrm{d}t}(\sum_i\Delta m_i\boldsymbol{r}_i^2)\omega=\boldsymbol{I}\frac{\mathrm{d}\omega}{\mathrm{d}t}=\frac{\mathrm{d}}{\mathrm{d}t}(\boldsymbol{I}\omega)$$

即

$$\boldsymbol{M}=\frac{\mathrm{d}}{\mathrm{d}t}(\boldsymbol{I}\omega)\tag{5-23}$$

式(5-23)中，$\boldsymbol{M}$ 是刚体对轴的力矩，$\boldsymbol{L}=\boldsymbol{I}\omega$ 是刚体绕轴的角动量。式(5-23)就是刚体的角动量定理。

如果刚体受外力矩 $M=0$，则

$$\frac{\mathrm{d}}{\mathrm{d}t}(\boldsymbol{I}\omega)=0$$

$\boldsymbol{I}\omega=$恒量，刚体角动量守恒。

刚体角动量守恒在现代导航技术中得到应用，所用装置叫作回转仪，见图 5-14。由于两个支撑圆环与旋转圆盘轴相互之间光滑，最外的圆环，无论绕三个垂直轴中任意一个转动，对高速转动的圆盘都不会施加力矩，圆盘角动量守恒，圆盘转轴指向一个固定方向，起导航作用。

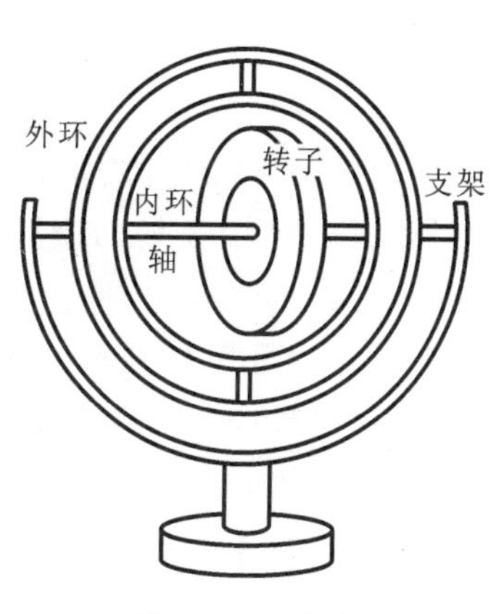

图 5-14　回转仪

在舞蹈演出中，舞蹈演员也会有意利用刚体角动量守恒来调节转速，当演员用脚尖站立光滑地面旋转时，地面的力矩可以忽略，演员转动的角动量守恒，如果演员把手和脚伸开，人体转动惯量变大，角速度变小；如果演员

把手和脚收拢,人体转动惯量变小,角速度变大。

例 5.7 一子弹质量为 m,以初速 v_0 射入一圆盘边缘并停留其中,求圆盘角速度。设圆盘质量为 M,半径为 R,并可绕轴自由转动,圆盘初始为静止状态。

解 把子弹和圆盘作为系统,在射入瞬间,无外力矩,角动量守恒,则

$$L_1=Rmv_0$$

$$L_2=(mR^2+\frac{1}{2}MR^2)\omega$$

因为

$$L_1=L_2$$

所以

$$\omega=\frac{mRv_0}{mR^2+\frac{1}{2}MR^2}=\frac{mv_0}{mR+\frac{1}{2}MR}$$

例 5.8 圆台质量为 M,半径为 R,可以绕轴自由转动。人的质量为 m,开始时相对圆台静止,并与圆台一起逆时针以 ω_0 转动,当人相对圆台逆时针以速率 u 跑动时,圆台转速如何?当 u 为多大时,圆台静止?

解 把人和圆台作为系统,外力对轴的力矩为零,系统角动量守恒。

设圆台在人跑动后的角速度为 ω,则

$$L_1=(mR^2+\frac{1}{2}MR^2)\omega_0$$

$$L_2=m(u+\omega R)R+\frac{1}{2}MR^2\omega$$

由 $L_1=L_2$,得:

$$\omega=\omega_0-\frac{mu}{mR+\frac{1}{2}MR}$$

令 $\omega=0$,得:

$$u=\frac{(mR+\frac{1}{2}MR)\omega_0}{m}$$

此时圆盘静止。

5.6 进　动

Precession

一飞轮的轴可以绕一端点自由旋转,如果让飞轮高速旋转后,从上往下看,飞轮会绕过端点的竖直轴作逆时针旋转,如图 5-15 所示,这种高速旋转的物体的轴在空中转动的现象,称为进动。

飞轮的角动量为 $\boldsymbol{L}$,在重力 mg 作用下,力矩为 $\boldsymbol{M}$,由角动量定理式(5-20),$\mathrm{d}\boldsymbol{L}=\boldsymbol{M}\mathrm{d}t$。

由于 $\mathrm{d}\boldsymbol{L}=\boldsymbol{M}\mathrm{d}t$,方向与 $\boldsymbol{L}$ 垂直,重力力矩 $\boldsymbol{M}$ 只改变角动量 $\boldsymbol{L}$ 方向,不改变 $\boldsymbol{L}$ 的大小,从而导致角动量 $\boldsymbol{L}$ 绕过 O 点竖直轴旋转(进动),如图 5-16 所示。由 $\mathrm{d}\boldsymbol{L}=\boldsymbol{L}\mathrm{d}\theta$,且 $\mathrm{d}\boldsymbol{L}=\boldsymbol{M}\mathrm{d}t$,所以

$$\boldsymbol{M}\mathrm{d}t=\boldsymbol{L}\mathrm{d}\theta,\quad \frac{\mathrm{d}\theta}{\mathrm{d}t}=\Omega=\frac{\boldsymbol{M}}{\boldsymbol{L}} \tag{5-24}$$

式中 Ω 是进动角速度。

另一个常见的进动现象是陀螺，当陀螺处于静止倾斜状态时，会很快倒下；当陀螺处于高速旋转而倾斜时，陀螺的轴会绕过顶点的竖直轴旋转而不会倒下，如图 5-17 所示。

图 5-15　进动

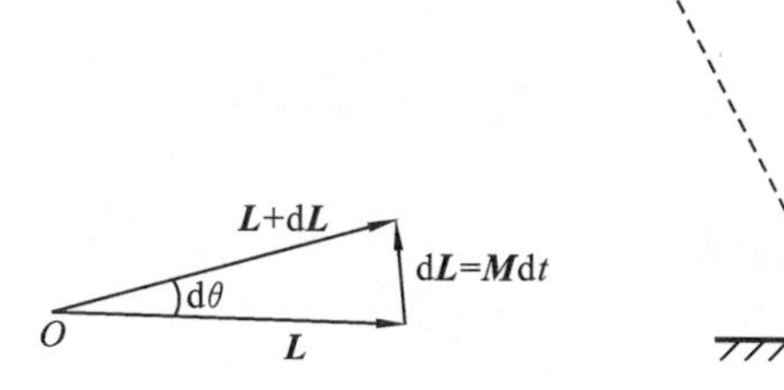

图 5-16　进动受力示意图

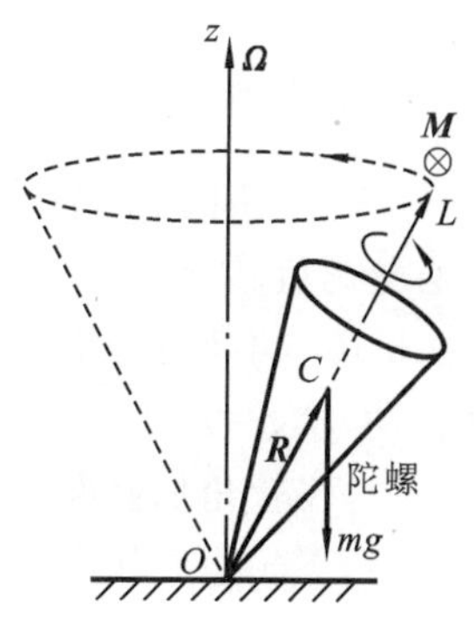

图 5-17　陀螺

还有一个利用进动现象的是人们常用的自行车，自行车如果处于静止会马上倒下；当自行车前进时，车轮有向左方的角动量，如果自行车在重力作用下有左(右)倾的趋势，由于进动，自行车只会向左(右)转弯而不倒下。

【思考题与习题】

1. 思考题

5-1　一刚体的质心围绕一固定点作圆周运动，半径为 R，刚体上的任意两点之间连线的方向不改变，说明刚体上任意一点的运动轨迹。

5-2　试证明：刚体绕通过刚体且相互平行的轴的角速度相同。

5-3　走钢丝的杂技演员，表演时为什么要拿一根长直棍？

5-4　一人端立于圆盘边缘，圆盘可绕中心轴自由转动，初始时，人与圆盘一起以 ω_0 角速度旋转，人沿半径走向圆盘中心或从圆盘中心向外运动，分析系统动能变化(提示：人向内，动能增加；人向外，动能减小)。

2. 选择题

5-5　一质量为 m、半径为 R 的圆环，如果要使它变为半径为 $\frac{R}{2}$、转动惯量不变的圆盘，则该圆盘质量为(　　)。

(A) $2m$　　(B) $4m$　　(C) $6m$　　(D) $8m$

5-6　半径为 R、质量为 m 的均匀薄圆盘，放置于粗糙水平桌面上，绕通过圆心且垂直于圆盘的轴转动，摩擦力对轴的力矩为(　　)。

(A) $\frac{2}{3}\mu mgR$　　(B) μmgR　　(C) $\frac{1}{2}\mu mgR$　　(D) 0

3. 填空题

5-7　均质杆长为 l，质量为 m，绕过一端的垂直轴转动，角速度为 ω，杆的动量为

________,杆的动能为________,杆对轴的角动量为________。

5-8 均质圆盘水平放置,可绕过盘心的铅直轴自由转动,圆盘对该轴的转动惯量为 I,转动角速度为 ω_0,现有一质量为 m 质点沿竖直方向落下并黏到盘上距轴 $\frac{R}{2}$ 处,它们的共同角速度为________。

5.1 习题

5-9 一离心分离机工作时,其上距转轴 1cm 处质点法向加速度 $a_n=3\times10^5\ \mathrm{m\cdot s^{-2}}$,试求离心分离机转速。

5-10 半径 $R=50$ cm 的飞轮,以角速度 $\omega=3t^2-2$(SI)绕通过中心且与飞轮面垂直的定轴转动,求 $t=2s$ 时:

(1)飞轮角加速度;

(2)飞轮边缘任意一质点的加速度。

5.2 习题

5-11 一矩形薄板,长为 a,宽为 b,质量为 m,计算该薄板绕过板中心,且与板面垂直的轴转动的转动惯量。

5-12 一均匀圆柱体,截面半径为 R,长为 L,质量为 m,转轴过圆柱体中心,且与圆柱体对称轴垂直,求圆柱体的转动惯量。

5-13 如图 5-18 所示,质量为 m、半径为 R 的定滑轮可绕中心轴自由转动,质量分别为 m_1、m_2 的两物体挂在绕过定滑轮的绳的两端。绳与滑轮无相对滑动,绳长不变,试求绳中张力及滑轮角加速度。

5-14 如图 5-19 所示,物体 m_1 置于一光滑斜面上,通过一质量为 m、半径为 R 的定滑轮,用绳与另一物体 m_2 相连,设 $m_2>m_1$,绳拉滑轮无相对滑动,计算绳中张力及 m_2 的加速度。

5-15 如图 5-20 所示,两个质量分别为 m_1、m_2 物体,分别系在两条绳上,这两条绳分别绕在半径为 r_1、r_2 并装于同一轴的两轮上,两轮质量均为 m,计算该鼓轮的角加速度。

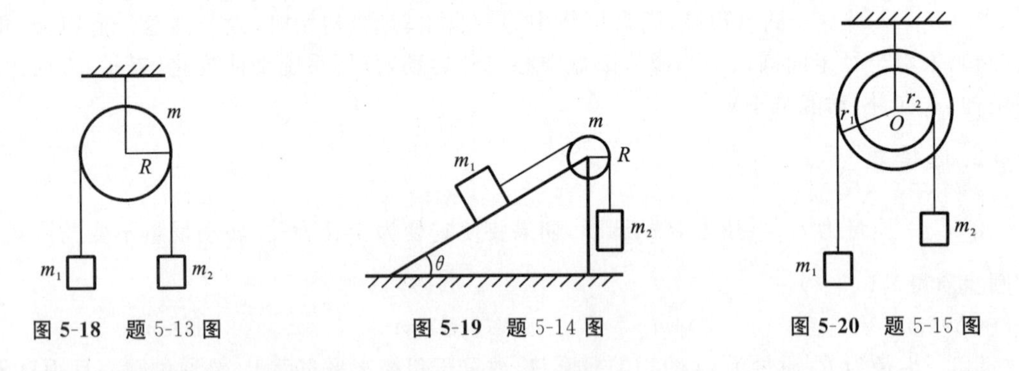

图 5-18 题 5-13 图　　图 5-19 题 5-14 图　　图 5-20 题 5-15 图

5-16 一薄圆盘,质量为 m,半径为 R,平放置于摩擦系数为 μ 的桌面上,圆盘初始转速为 ω_0,计算任意时刻圆盘角速度 ω。

5.3 习题

5-17 如图 5-21 所示,一直棒质量为 m,长为 l,可绕过棒一端的水平轴自由转动,现由水平静止开始释放 ,求棒到达转轴正下方时的角速度以及此时轴受到的拉力。

5-18 如图5-22所示，一直棒质量为m，长为l，可绕过棒一端的轴自由转动，现将棒自初始位置以ω_0的速度推动，问ω_0至少为多大时，该棒才能在竖直面内作圆周运动？

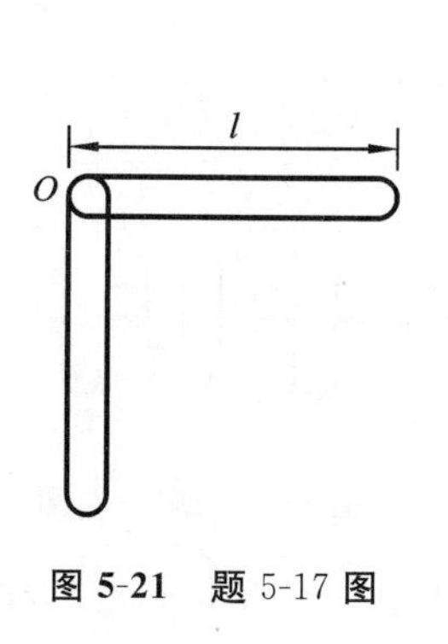

图5-21 题5-17图

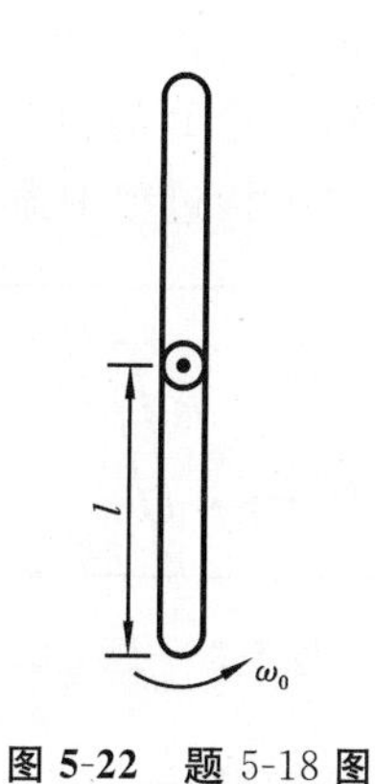

图5-22 题5-18图

5.4 习题

5-19 利用质点角动量定理证明开普勒第二定律：行星与太阳连线在相同时间内扫过相同面积。

5-20 在光滑桌面上，有一质量为m的小球（见图5-23），绕孔O作圆周运动，细绳过小孔O向下拉，小球初始速率为v_0，距孔的距离为r，当小球距孔的距离为$\frac{r}{2}$时，其速率为多少？该过程中拉力对小球做功多少？

5-21 如图5-24所示，在光滑水平面上，质量为M的小木块系在劲度系数为K的弹簧一端，弹簧另一段固定于O点，开始时，木块与弹簧静止在A点，且弹簧为原长l_0，一颗质量为m的子弹以初速$\boldsymbol{v}_0$射入并留在木块内，当到达B点时，弹簧长度为l，且$OB \perp OA$，求在B点处木块的速度。

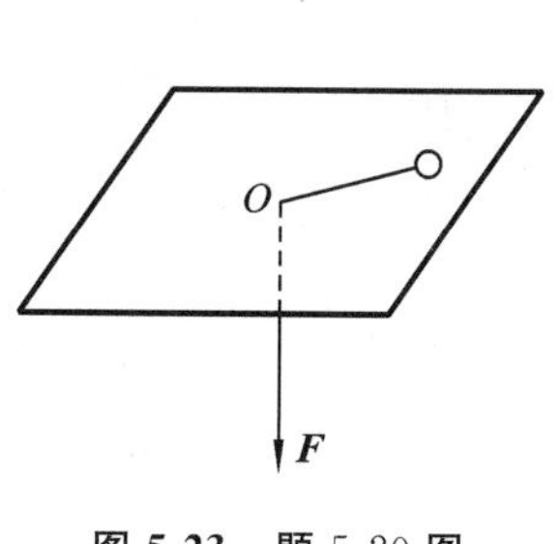

图5-23 题5-20图

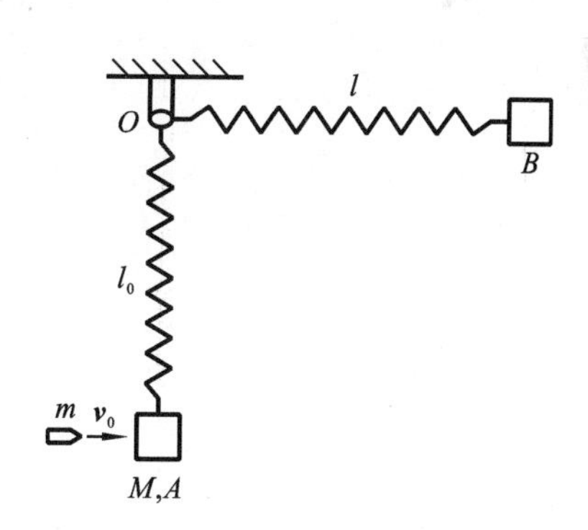

图5-24 题5-21图

5.5 习题

5-22 如图5-25所示，一质量为m_1、长为l的均匀细棒，静止放置在滑动摩擦系数为μ的水平桌面上，它可绕通过其端点O，且与桌面垂直的固定光滑轴转动，另有一水平运动，质量为m_2的小滑块，从侧面以$\boldsymbol{v}_1$速度垂直于棒的A端碰撞，且碰撞后m_2与棒A端黏在一起，求碰撞后从细棒开始运动到停止转动过程所需的时间，以及细棒转过的角度。

5-23　两轴杆支承两飞轮 A、B,飞轮 A 转动惯量 $J_1=4\ \mathrm{kg}\cdot\mathrm{m}^2$,轴杆可以由摩擦离合器 C 衔接或分开,如图 5-26 所示,开始时,离合器分开,A 轮以 10 rev/s 速度绕轴转动,B 轮静止不动,现让离合器衔接,最后 A、B 两轮角速度相同,为 $\omega=400$ rev/min,忽略其他摩擦。试求:

(1)飞轮 B 的转动惯量;

(2)衔接过程中损失的动能。

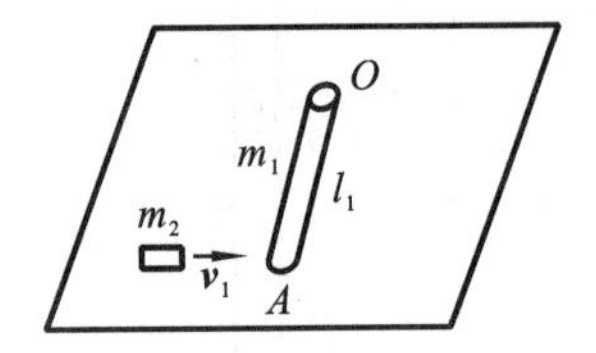

图 5-25　题 5-22 图

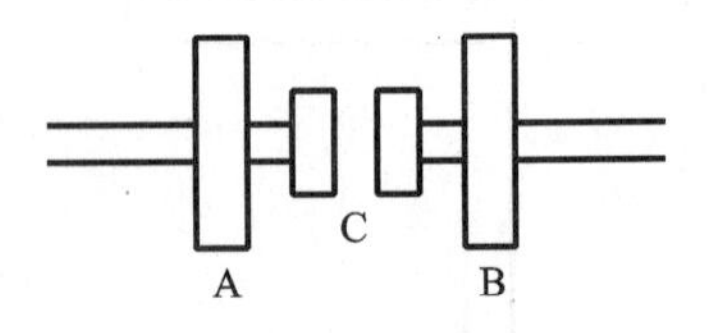

图 5-26　题 5-23 图

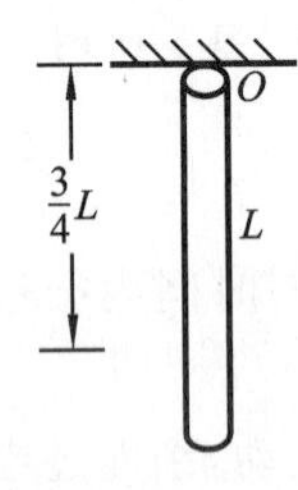

图 5-27　题 5-24 图

5-24　一均质细杆,长 $L=1$ m,可绕通过一端的水平光滑轴 O 在竖直面内自由转动,如图 5-27 所示,开始时杆静止于铅垂位置,今有一粒子弹以 $v=10$ m/s 速度射入杆中。设入射点离 O 点距离为 $\frac{3}{4}L$,子弹质量为杆质量的 $\frac{1}{9}$,试求:

(1)子弹与杆开始运动的角速度;

(2)杆摆动达到的最大角度。

第6章　分析力学基础

Chapter 6　Basis of analytical mechanics

1788年，拉格朗日写了一本《分析力学》，完全用教学分析的方法解决力学问题，而无需使用几何方法。1834年哈密顿提出了哈密顿正则方程，1843年哈密顿又提出了哈密顿原理，我们把由拉格朗日方程和哈密顿正则方程为主组成的内容称为分析力学。分析力学是对牛顿力学的发展和提高。本章介绍分析力学基础。

6.1　约束　广义坐标

Constraint, Generalized coordinates

6.1.1　约束的概念及分类

由 n 个质点构成质点体系，通常情况下，质点之间是有相互关联的，这些限制质点运动的条件叫约束，在三维空间中，n 个质点，共有 $3n$ 个坐标，如果有 k 个约束方程，那么只有 $3n-k$ 个坐标是独立的。以单个质点为例，如果质点受曲面约束：

$$f(x,y,z)=0 \tag{6-1}$$

则该质点只有2个独立坐标。

1. 稳定约束与不稳定约束

如果约束表达式中不含有时间，称为稳定约束，如式(6-1)；如果约束表达式中含有时间，如

$$f(x,y,z;t)=0 \tag{6-2}$$

则称之为不稳定约束。

例如：一质点约束在一抛物面上运动，约束方程为

$$z=2(x^2+y^2)$$

则该约束是稳定约束。如果质点固定在一轻杆下端，该轻杆上端沿一轨道匀速运动，约束方程为

$$(x-vt)^2+y^2+z^2=l^2 \tag{6-3}$$

这个约束是不稳定约束。

2. 不可解约束和可解约束

质点被约束的方程以等号形式表示，如：

$$f(x,y,z)=0 \text{ 或 } f(x,y,z;t)=0$$

这种约束称为不可解约束。

如果约束用不等号表示，如：

$$f(x,y,z) \leqslant C \text{ 或 } f(x,y,z;t) \leqslant C \tag{6-4}$$

这种约束称为可解约束。例如质点被限制在一曲面上而不能离开，就是不可解约束。而一质点由长为 l 的软绳固定于平面上 O 点运动，质点的约束方程为

$$x^2+y^2 \leqslant l^2$$

这种约束是可解约束。

3. 几何约束(完整约束)和运动约束(微分约束)

如果约束方程中只含有坐标和时间，如：

$$f(x,y,z)=0 \text{ 或 } f(x,y,z;t)=0 \tag{6-5}$$

这种约束称为几何约束(完整约束)。如果约束方程中包含有质点的速度，如：

$$f(x,y,z;\dot{x},\dot{y},\dot{z};t)=0 \tag{6-6}$$

这种约束则称为运动约束(微分约束)。

6.1.2 广义坐标

对于由 n 个质点构成的系统，如果有 k 个约束条件：

$$f_\alpha(x,y,z;t)=0 \quad (\alpha=1,2,\cdots,k) \tag{6-7}$$

该系统一共有 $3n-k$ 个独立坐标，一般来说，可以找到 $s=3n-k$ 个独立参量，把各个坐标表达成：

$$\begin{aligned} x_i &= x_i(q_1,q_2,\cdots,q_s;t) \\ y_i &= y_i(q_1,q_2,\cdots,q_s;t) \qquad (s \leqslant 3n-k) \\ z_i &= y_i(q_1,q_2,\cdots,q_s;t) \\ \boldsymbol{r}_i &= \boldsymbol{r}_i(q_1,q_2,\cdots,q_s;t) \end{aligned} \tag{6-8}$$

这里 s 个独立的参量 $q_1,q_2,\cdots,q_s$ 被称为拉格朗日广义坐标。

广义坐标既可能是通常意义上的三维坐标，也有可能是角度，甚至也可能是电场、极化强度等。比如一个小圆环被限制在半径为 R 的圆周上运动，如果选用角度 θ 来描述圆环的位置：

$$\begin{aligned} x &= R\cos\theta \\ y &= R\sin\theta \end{aligned} \tag{6-9}$$

这里 θ 就是描述小圆环的广义坐标。

6.2 虚功原理
The principle of virtual work

6.2.1 实位移与虚位移

设有一质点，其位置矢量为：

$$\boldsymbol{r}=x\boldsymbol{i}+y\boldsymbol{j}+z\boldsymbol{k} \tag{6-10}$$

质点在 $\mathrm{d}t$ 时间内发生位移 $\mathrm{d}\boldsymbol{r}=\mathrm{d}x\boldsymbol{i}+\mathrm{d}y\boldsymbol{j}+\mathrm{d}z\boldsymbol{k}$ 称为实位移。如果质点被限制在一曲面上，如图 6-1 所示，只要质点不离开该曲面，我们可以设想该质点在曲面上若干个方向上都可以发生很小的位移 $\delta\boldsymbol{r}$，这种想象中可能发生的位移称为虚位移，以后只考虑等时变分，因此对时间变分 $\delta t=0$。

为了说明实位移与虚位移的区别，比较质点在约束 $f(x,y,z;t)=0$ 上的运动。图 6-2 中虚位移 $\delta\boldsymbol{r}$ 沿约束曲面的切线方向，而实位移是 $\mathrm{d}\boldsymbol{r}$。

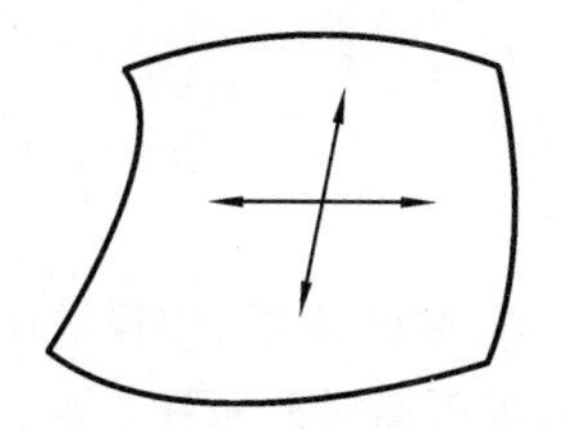
图 6-1　质点被限制在一曲面上

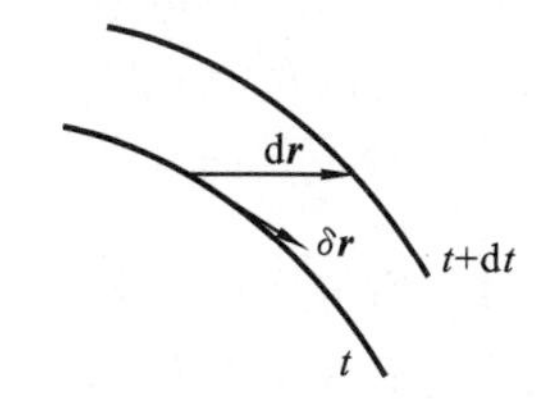

图 6-2　实位移与虚位移的区别

6.2.2　理想约束

作用在质点上的主动力 $\boldsymbol{F}$ 和约束反作用力 $\boldsymbol{R}$ 在质点发生虚位移 $\delta\boldsymbol{r}$ 时做的功称为虚功，用 δW 表示，如果作用于一力学体系上的所有约束力在任意虚位移中所做的虚功之和为零，即：

$$\delta W=\sum_i \boldsymbol{R}_i\cdot\delta\boldsymbol{r}_i=0 \tag{6-11}$$

这种约束称为理想约束。

对于约束于光滑曲面、光滑曲线、一端固定的刚性杆的情形，由于约束力 $\boldsymbol{R}_i$ 与虚位移垂直，$\boldsymbol{R}_i\cdot\delta\boldsymbol{r}_i=0$。

对于由一轻型刚性杆连接的两质点，两端质点位置矢量为 $\boldsymbol{r}_i$、$\boldsymbol{r}_j$，相距为 l，则约束方程为

$$(\boldsymbol{r}_i-\boldsymbol{r}_j)^2=l^2 \tag{6-12}$$

由式(6-12)得

$$2(\boldsymbol{r}_i-\boldsymbol{r}_j)\cdot\delta(\boldsymbol{r}_i-\boldsymbol{r}_j)=\delta l^2=0 \tag{6-13}$$

约束反作用力 $\boldsymbol{R}_i$ 与 $\boldsymbol{R}_j$ 是一对作用与反作用力，有

$$\boldsymbol{R}_i=-\boldsymbol{R}_j$$

虚功

$$\delta W=\boldsymbol{R}_i\cdot\delta\boldsymbol{r}_i+\boldsymbol{R}_j\cdot\delta\boldsymbol{r}_j=\boldsymbol{R}_i\cdot\delta\boldsymbol{r}_i-\boldsymbol{R}_i\cdot\delta\boldsymbol{r}_j=\boldsymbol{R}_i\cdot(\delta\boldsymbol{r}_i-\delta\boldsymbol{r}_j)=\boldsymbol{R}_i\cdot\delta(\boldsymbol{r}_i-\boldsymbol{r}_j) \tag{6-14}$$

约束力 $\boldsymbol{R}_i$ 沿杆的方向，与 $\boldsymbol{r}_i-\boldsymbol{r}_j$ 平行，由式(6-13)可知，$\boldsymbol{R}_i$ 与 $\delta(\boldsymbol{r}_i-\boldsymbol{r}_j)$ 方向垂直，即

$$\boldsymbol{R}_i\cdot\delta(\boldsymbol{r}_i-\boldsymbol{r}_j)=0$$

也就是 $\delta W=0$。

6.2.3　虚功原理

在只考虑理想约束条件下，质点在外力与约束反作用力的作用下，处于平衡：

$$\boldsymbol{F}_i+\boldsymbol{R}_i=0 \tag{6-15}$$

式 (6-15)两边点乘虚位移 $\delta\boldsymbol{r}_i$，并对所有质点求和，得

$$\sum_i(\boldsymbol{F}_i+\boldsymbol{R}_i)\cdot\delta\boldsymbol{r}_i=0 \tag{6-16}$$

引用式(6-11)，得

$$\sum_i \boldsymbol{F}_i\cdot\delta\boldsymbol{r}_i=0 \tag{6-17}$$

式(6-17)表明：力学系统平衡的条件是，作用在所有质点上的外力所做的虚功之和为零。这是 1717 年由伯努利首先发现的，叫虚功原理。

(6.17) shows that: condition of mechanical system in equilibrium is that the virtual work the external forces acting on the particles is zero . This is firstly discovered in 1717 by Bernoulli, called the principle of virtual work.

式(6-17)可以写为分量形式：

$$\sum_i (F_{ix}\delta x_i + F_{iy}\delta y_i + F_{iz}\delta z_i) = 0 \tag{6-18}$$

例 6.1 均匀杆 OA 重 P_1，能在竖直平面内绕固定轴 O 转动，在杆 A 端，用铰链连接另外一重 P_2、长为 l_2 的均匀杆 AB。在杆 AB 的 B 端施一水平力 $\boldsymbol{F}$，求平衡时此两杆与水平方向夹角 α、β。

解 要描述该杆系统，需要两个独立参数 α、β。建立 xOy 坐标系如图 6-3 所示。

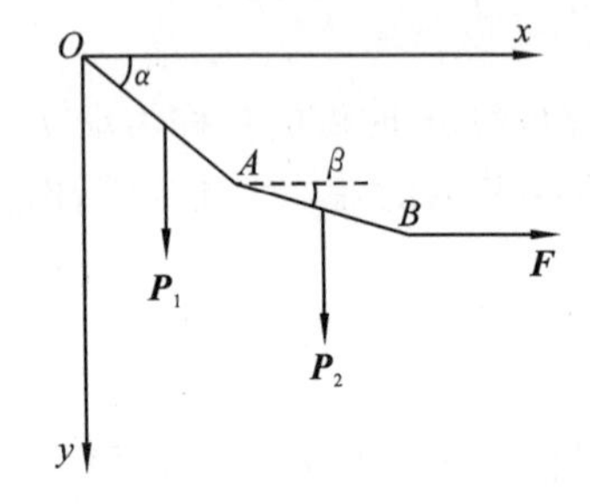

图 6-3 例 6.1 用图

设 OA 杆中心坐标为 (x_1, y_1)，AB 杆中心坐标为 (x_2, y_2)，由虚功原理，得

$$p_1\delta y_1 + p_2\delta y_2 + F\delta x_B = 0 \quad ①$$

$$y_1 = \frac{l_1}{2}\sin\alpha \quad ②$$

$$y_2 = l_1\sin\alpha + \frac{l_2}{2}\sin\beta \quad ③$$

$$x_B = l_1\cos\alpha + l_2\cos\beta \quad ④$$

把②、③、④式代入①式：

$$p_1\delta\left(\frac{l_1}{2}\sin\alpha\right) + p_2\delta\left(l_1\sin\alpha + \frac{l_2}{2}\sin\beta\right) + F\delta(l_1\cos\alpha + l_2\cos\beta) = 0$$

于是：

$$p_1\cdot\frac{l_1}{2}\cos\alpha\cdot\delta\alpha + p_2\left(l_1\cos\alpha\cdot\delta\alpha + \frac{l_2}{2}\cos\beta\cdot\delta\beta\right) - F(l_1\sin\alpha\cdot\delta\alpha + l_2\sin\beta\cdot\delta\beta) = 0$$

即：

$$\left(p_1\cdot\frac{l_1}{2}\cos\alpha + p_2 l_1\cos\alpha - Fl_1\sin\alpha\right)\delta\alpha + \left(p_2\cdot\frac{l_2}{2}\cos\beta - Fl_2\sin\beta\right)\delta\beta = 0 \quad ⑤$$

⑤式中 $\delta\alpha$、$\delta\beta$ 是相互独立的，要等式成立，其系数需为零。

$$p_1\cdot\frac{l_1}{2}\cos\alpha + p_2 l_1\cos\alpha - Fl_1\sin\alpha = 0 \quad ⑥$$

$$p_2\cdot\frac{l_2}{2}\cos\beta - Fl_2\sin\beta = 0 \quad ⑦$$

由⑥、⑦式得：

$$\text{tg}\alpha = \frac{\frac{p_1}{2} + p_2}{F} = \frac{p_1 + 2p_2}{2F}$$

$$\text{tg}\beta = \frac{p_2}{2F}$$

例 6.2 如图 6-4 所示，均质杆长为 a，质量为 m，上端 A 点靠在铅直光滑墙壁上，欲使杆在任意位置都平衡，求杆下端 B 点所在约束的形状。

解 设坐标 $C(x_c, y_c)$，$B(x, y)$，且有关系：

$$x = a\sin\theta \quad ①$$

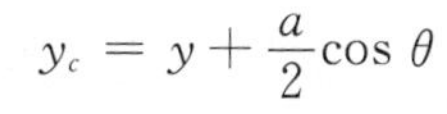

$$y_c = y + \frac{a}{2}\cos\theta \qquad ②$$

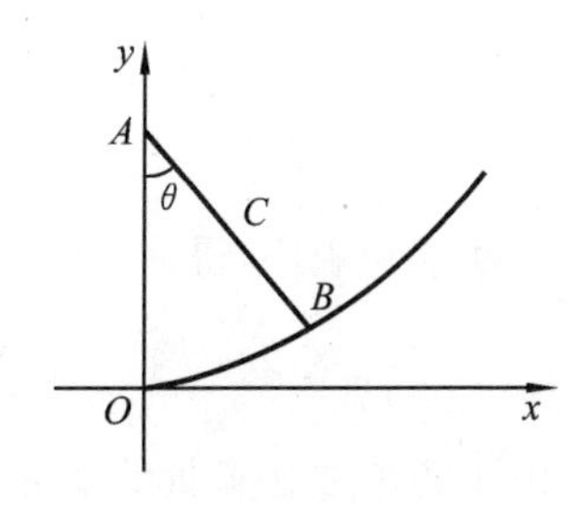

图 6-4　例 6.2 用图

主动力　　$\boldsymbol{F} = -mg\boldsymbol{e}_y$

$$\boldsymbol{r}_c = x_c\boldsymbol{e}_x + y_c\boldsymbol{e}_y$$

由虚功原理：　$\delta\boldsymbol{F}\cdot\delta\boldsymbol{r}_c = 0$

$\therefore -mg\boldsymbol{e}_y\cdot(\delta x_c\boldsymbol{e}_x + \delta y_c\boldsymbol{e}_y) = 0$

$\therefore -mg\cdot\delta y_c = 0\quad \therefore y_c = \text{const}$

初始处 $y_c = \frac{a}{2}$，代入②式中：

$$y = \frac{a}{2} - \frac{a}{2}\cos\theta \qquad ③$$

联立①、③式，消去 θ，得：

$$\left(\frac{x}{a}\right)^2 + \left(\frac{y - \frac{a}{2}}{\frac{a}{2}}\right)^2 = 1$$

6.3　拉格朗日方程

Lagrange equation

6.3.1　达朗贝尔原理

设由 n 个质点构成的力学体系，任意质点运动方程为

$$\boldsymbol{F}_i + \boldsymbol{R}_i = m_i\ddot{\boldsymbol{r}}_i \tag{6-19}$$

改写为

$$\boldsymbol{F}_i - m_i\ddot{\boldsymbol{r}}_i + \boldsymbol{R}_i = 0 \tag{6-20}$$

式(6-20)表示，第 i 个质点在主动力 $\boldsymbol{F}_i$、约束反作用力 $\boldsymbol{R}_i$、惯性力 $-m_i\ddot{\boldsymbol{r}}_i$ 共同作用下，达到平衡，两边点乘 $\delta\boldsymbol{r}_i$ 并求和，得：

$$\sum_i(\boldsymbol{F}_i - m_i\ddot{\boldsymbol{r}}_i + \boldsymbol{R}_i)\cdot\delta\boldsymbol{r}_i = 0 \tag{6-21}$$

由理想约束式(6-17)，得：

$$\sum_i(\boldsymbol{F}_i - m_i\ddot{\boldsymbol{r}}_i)\cdot\delta\boldsymbol{r}_i = 0 \tag{6-22}$$

这就是达朗贝尔原理。

6.3.2　拉格朗日方程

由 $\boldsymbol{r}_i = \boldsymbol{r}_i(q_1,\cdots,q_s;t)$ 全微分，有

$$\mathrm{d}\boldsymbol{r}_i = \sum_{\alpha=1}^{s}\frac{\partial\boldsymbol{r}_i}{\partial q_\alpha}\mathrm{d}q_\alpha + \frac{\partial\boldsymbol{r}_i}{\partial t}\mathrm{d}t$$

取虚位移 $\delta\boldsymbol{r}_i$，虚位移不经历时间变化，$\delta t = 0$。

因此：

$$\delta\boldsymbol{r}_i = \sum_{\alpha=1}^{s}\frac{\partial\boldsymbol{r}_i}{\partial q_\alpha}\delta q_\alpha \quad (\alpha = 1,2,\cdots,s) \tag{6-23}$$

把上式代入式(6-22),得:

$$\sum_i (\boldsymbol{F}_i - m_i \ddot{\boldsymbol{r}}_i) \cdot \sum_\alpha \frac{\partial \boldsymbol{r}_i}{\partial q_\alpha}\delta q_\alpha = 0$$

调换求和顺序,得:

$$\sum_\alpha \left[\sum_i (\boldsymbol{F}_i - m_i \ddot{\boldsymbol{r}}_i) \cdot \frac{\partial \boldsymbol{r}_i}{\partial q_\alpha}\right]\delta q_\alpha = 0 \tag{6-24}$$

由于各个独立参量的变分 δq_α 相互独立,由式(6-24)得到:

$$\sum_i (\boldsymbol{F}_i - m_i \ddot{\boldsymbol{r}}_i) \cdot \frac{\partial \boldsymbol{r}_i}{\partial q_\alpha} = 0 \tag{6-25}$$

定义广义力:
$$Q_\alpha = \sum_i \boldsymbol{F}_i \cdot \frac{\partial \boldsymbol{r}_i}{\partial q_\alpha}$$

由式(6-25)得:

$$\sum_i m_i \ddot{\boldsymbol{r}}_i \cdot \frac{\partial \boldsymbol{r}_i}{\partial q_\alpha} = Q_\alpha \tag{6-26}$$

上式左边写为:

$$\frac{\mathrm{d}}{\mathrm{d}t}\left(\sum_i m_i \dot{\boldsymbol{r}}_i \cdot \frac{\partial \boldsymbol{r}_i}{\partial q_\alpha}\right) - \sum_i \left(m_i \dot{\boldsymbol{r}}_i \cdot \frac{\partial \dot{\boldsymbol{r}}_i}{\partial q_\alpha}\right) \tag{6-27}$$

$$\dot{\boldsymbol{r}}_i = \sum_\alpha \frac{\partial \boldsymbol{r}_i}{\partial q_\alpha}\dot{q}_\alpha + \frac{\partial \boldsymbol{r}_i}{\partial t} \tag{6-28}$$

由于 $\boldsymbol{r}_i = \boldsymbol{r}_i(q_1, q_2, \cdots, q_s; t)$ 不是 $\dot{q}_\alpha$ 的函数,由式(6-28)两边求导,得:

$$\frac{\partial \dot{\boldsymbol{r}}_i}{\partial \dot{q}_\alpha} = \frac{\partial \boldsymbol{r}_i}{\partial q_\alpha} \tag{6-29}$$

把式(6-29)代入式(6-27),然后代入式(6-26),得:

$$\frac{\mathrm{d}}{\mathrm{d}t}\left(\sum_i m_i \dot{\boldsymbol{r}}_i \cdot \frac{\partial \dot{\boldsymbol{r}}_i}{\partial \dot{q}_\alpha}\right) - \sum_i \left(m_i \dot{\boldsymbol{r}}_i \cdot \frac{\partial \dot{\boldsymbol{r}}_i}{\partial q_\alpha}\right) = Q_\alpha \tag{6-30}$$

动能:$T = \sum_i \frac{1}{2} m_i \dot{\boldsymbol{r}}_i^2$,则式(6-30)可写为

$$\frac{\mathrm{d}}{\mathrm{d}t}\left(\frac{\partial T}{\partial \dot{q}_\alpha}\right) - \frac{\partial T}{\partial q_\alpha} = Q_\alpha \tag{6-31}$$

这就是拉格朗日方程,是分析力学中的主要方程之一。

其中 $Q_\alpha = \sum_i \boldsymbol{F}_i \cdot \frac{\partial \boldsymbol{r}_i}{\partial q_\alpha}$ 称为广义力,$\frac{\partial T}{\partial \dot{q}_\alpha}$是广义动量,即 $p_\alpha = \frac{\partial T}{\partial \dot{q}_\alpha}$。

6.3.3 保守系的拉格朗日方程

如果力学系统处于保守力场中,质点受的外力是保守力,在保守力场中,保守力 $\boldsymbol{F}$ 与势能 V 之间关系:

$$\boldsymbol{F}_i = -\nabla_i V$$

$$\boldsymbol{F}_{ix} = -\frac{\partial V_i}{\partial x}, \quad \boldsymbol{F}_{iy} = -\frac{\partial V_i}{\partial y}, \quad \boldsymbol{F}_{iz} = -\frac{\partial V_i}{\partial z} \quad (i = 1, 2, \cdots, n)$$

广义力
$$Q_\alpha = \sum_i \boldsymbol{F}_i \cdot \frac{\partial \boldsymbol{r}_i}{\partial q_\alpha} = \sum_i \left(F_{ix}\frac{\partial x_i}{\partial q_\alpha} + \boldsymbol{F}_{iy}\frac{\partial y_i}{\partial q_\alpha} + \boldsymbol{F}_{iz}\frac{\partial z_i}{\partial q_\alpha}\right)$$

$$=-\sum_i\left(\frac{\partial V}{\partial x_i}\frac{\partial x_i}{\partial q_\alpha}+\frac{\partial V}{\partial y_i}\frac{\partial y_i}{\partial q_\alpha}+\frac{\partial V}{\partial z_i}\frac{\partial z_i}{\partial q_\alpha}\right)$$

$$=-\frac{\partial V}{\partial q_\alpha}$$

一般来说，质点势能 V 中不包含广义速度 $\dot{q}_\alpha$，$\frac{\partial V}{\partial \dot{q}_\alpha}=0$，如果令 $L=T-V$，则

$$\frac{\partial L}{\partial \dot{q}_\alpha}=\frac{\partial T}{\partial \dot{q}_\alpha}$$

于是，式(6-31)可改为：

$$\frac{\mathrm{d}}{\mathrm{d}t}\left(\frac{\partial L}{\partial \dot{q}_\alpha}\right)-\frac{\partial T}{\partial q_\alpha}=-\frac{\partial V}{\partial q_\alpha}$$

即：

$$\frac{\mathrm{d}}{\mathrm{d}t}\left(\frac{\partial L}{\partial \dot{q}_\alpha}\right)-\frac{\partial L}{\partial q_\alpha}=0 \tag{6-32}$$

上式被称为保守力系拉格朗日方程，有时简称为拉格朗日方程。L 称为拉格朗日函数。

例 6.3　如图 6-5 所示，质量为 $2m$ 质点 A 和质量为 m 质点 B，由长为 l 无质量杆相连，A 被限制在水平 x 轴上运动，B 限制在 y 轴上运动，写出 A、B 之间的约束关系。并用达朗贝尔原理求运动方程。

解　设 A 的横坐标为 x，B 的纵坐标为 y，杆与 X 轴夹角为 θ，则

$$x=l\cos\theta \quad ①$$

$$y=l\sin\theta \quad ②$$

A、B 约束方程为：$x^2+y^2=l^2$，杆只有一个独立坐标，由达朗贝尔方程式(6-22)，得

$$\sum_i(F_{ix}\delta x_i+F_{iy}\delta y_i-m_i\ddot{x}_i\delta x_i-m_i\ddot{y}_i\delta y_i)=0$$

于是得：

$$\mathrm{mg}\delta y-m\ddot{y}\delta y-2m\ddot{x}\delta x=0 \quad ③$$

由①、②式得：$\delta x=-l\sin\theta\delta\theta$，$\delta y=l\cos\theta\delta\theta$，代入③式得：

$$\mathrm{mg}l\cos\theta\delta\theta-m\ddot{y}l\cos\theta\delta\theta+2m\ddot{x}l\sin\theta\delta\theta=0$$

$$\therefore\quad 2\ddot{x}l\sin\theta-\ddot{y}l\cos\theta+gl\cos\theta=0$$

即：

$$2\ddot{x}y-x\ddot{y}+gx=0$$

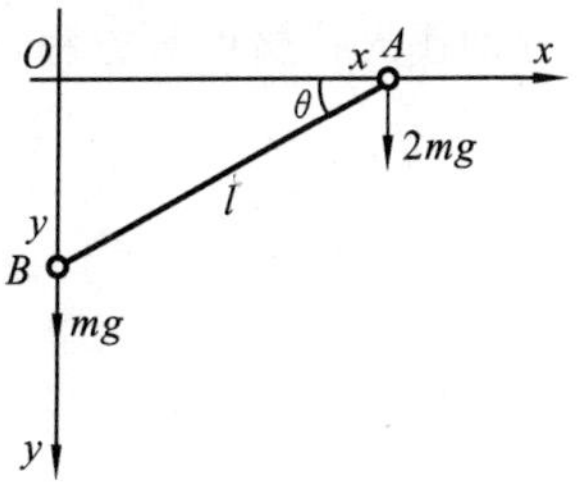

图 6-5　例 6.3 用图

例 6.4　设质量为 m 的质点受重力作用，被约束在半顶角为 α 的圆锥面内运动，以 r、θ 为广义坐标。用拉格朗日方程求此质点运动的微分方程。

解　作质点所在处剖面图，如图 6-6 所示。

由图 6-6 可得：

$$z=\mathrm{ctg}\alpha\cdot r \quad ①$$

由图 6-7 得：

$$s=\frac{r}{\sin\alpha} \quad ②$$

质点运动速度 $\boldsymbol{v}=v_\theta\boldsymbol{e}_\theta+v_s\boldsymbol{e}_s$

$$=r\dot{\theta}\boldsymbol{e}_\theta+\dot{s}\boldsymbol{e}_s$$

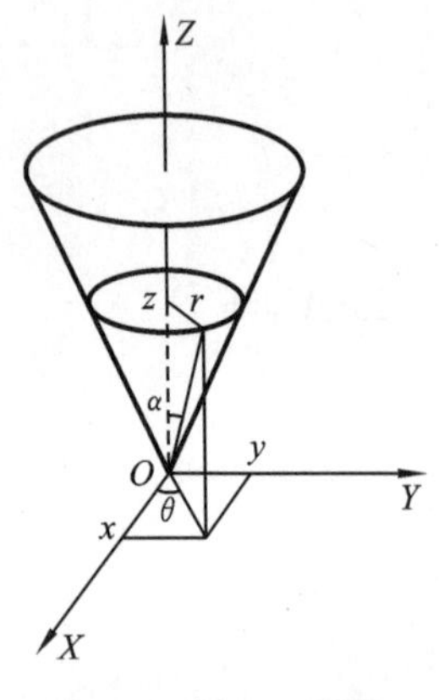

图 6-6　例 6.4 用图 1

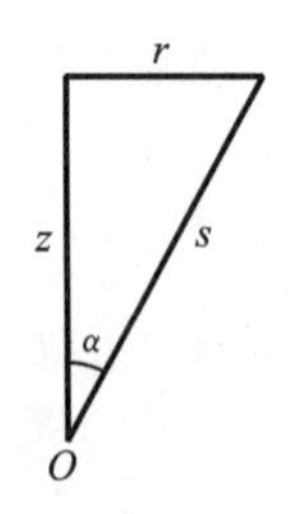

图 6-7　例 6.4 用图 2

质点动能：$$T=\frac{1}{2}m(v_\theta^2+v_s^2)=\frac{1}{2}m(r^2\dot{\theta}^2+\frac{\dot{r}^2}{\sin^2\alpha})$$

质点势能：$$V=mgz=mgr\cot\alpha$$

拉格朗日函数 $$L=T-V=\frac{1}{2}m(r^2\dot{\theta}^2+\frac{\dot{r}^2}{\sin^2\alpha})-mgr\cot\alpha$$

$$\frac{\partial L}{\partial\dot{r}}=\frac{m\dot{r}}{\sin^2\alpha},\frac{\mathrm{d}}{\mathrm{d}t}(\frac{\partial L}{\partial\dot{r}})=\frac{m\ddot{r}}{\sin^2\alpha}$$

$$\frac{\partial L}{\partial r}=mr\dot{\theta}^2-mg\,\mathrm{ctg}\alpha$$

$$\frac{\partial L}{\partial\dot{\theta}}=mr^2\dot{\theta}$$

分别代入拉格朗日方程，得：

$$\ddot{r}-\sin^2\alpha r\dot{\theta}^2+g\sin\alpha\cos\alpha=0$$

$$\frac{\mathrm{d}}{\mathrm{d}t}(mr^2\dot{\theta})=0,\quad r^2\dot{\theta}=\text{常数}$$

6.4　哈密顿正则方程
Hamilton canonical equation

6.4.1　勒让德变换

在进行数学运算时，常常需改变自变量，从而使函数形式也发生改变，这被称为勒让德变换。

设有函数 $f=f(x,y)$，自变量为 x、y，则

$$\mathrm{d}f=\frac{\partial f}{\partial x}\mathrm{d}x+\frac{\partial f}{\partial y}\mathrm{d}y$$

令 $u=\frac{\partial f}{\partial x}$，$v=\frac{\partial f}{\partial y}$，则：

$$\mathrm{d}f=u\mathrm{d}x+v\mathrm{d}y \tag{6-33}$$

由于 f 是 x、y 的函数，于是

$$u=u(x,y)$$

$$v=v(x,y)$$

从而得到

$$x=x(u,y)$$
$$v=v(u,y)$$

下面进行试探，把自变量变为 u、y。

设 $g=-f+ux$，两边求微分：

$$\begin{aligned}\mathrm{d}g &= -\mathrm{d}f+u\mathrm{d}x+x\mathrm{d}u \\ &= -u\mathrm{d}x-v\mathrm{d}y+u\mathrm{d}x+x\mathrm{d}u \\ &= x\mathrm{d}u-v\mathrm{d}y\end{aligned} \tag{6-34}$$

从上式中可知：

$$x=\frac{\partial g}{\partial u},v=-\frac{\partial g}{\partial y}$$

从式(6-34)可知，通过勒让德变换 $g=-f+ux$，成功地把自变量 x、y 变为 u、y。

6.4.2　哈密顿正则方程

在拉格朗日函数中：

$$L=L(q_1,q_2,\cdots,q_s;\dot{q}_1,\dot{q}_2\cdots,\dot{q}_s;t)$$

q_α 是自变量，为了物理上的方便，希望引进广义动量

$$p_\alpha=\frac{\partial L}{\partial \dot{q}_\alpha}=\frac{\partial T}{\partial \dot{q}_\alpha}$$

引进新函数 H：

$$H=-L+\sum_\alpha p_\alpha \dot{q}_\alpha \tag{6-35}$$

两边求微分：

$$\mathrm{d}H=-\mathrm{d}L+\sum_\alpha(p_\alpha\mathrm{d}\dot{q}_\alpha+\dot{q}_\alpha\mathrm{d}p_\alpha) \tag{6-36}$$

又

$$\mathrm{d}L=\sum_\alpha\left(\frac{\partial L}{\partial q_\alpha}\mathrm{d}q_\alpha+\frac{\partial L}{\partial \dot{q}_\alpha}\mathrm{d}\dot{q}_\alpha\right)+\frac{\partial L}{\partial t}\mathrm{d}t$$

因为

$$\frac{\partial L}{\partial \dot{q}_\alpha}=p_\alpha,\quad \frac{\partial L}{\partial q_\alpha}=\dot{p}_\alpha$$

代入上式得：

$$\mathrm{d}L=\sum_\alpha(\dot{p}_\alpha\mathrm{d}q_\alpha+p_\alpha\mathrm{d}\dot{q}_\alpha)+\frac{\partial L}{\partial t}\mathrm{d}t \tag{6-37}$$

把式(6-37)代入式(6-36)中，得：

$$\begin{aligned}\mathrm{d}H &= -\sum_\alpha(\dot{p}_\alpha\mathrm{d}q_\alpha+p_\alpha\mathrm{d}\dot{q}_\alpha)+\sum_\alpha(p_\alpha\mathrm{d}\dot{q}_\alpha+\dot{q}_\alpha\mathrm{d}p_\alpha)-\frac{\partial L}{\partial t}\mathrm{d}t \\ &= \sum_\alpha(-\dot{p}_\alpha\mathrm{d}q_\alpha+\dot{q}_\alpha\mathrm{d}p_\alpha)-\frac{\partial L}{\partial t}\mathrm{d}t\end{aligned} \tag{6-38}$$

而

$$\mathrm{d}H=\sum_\alpha\left(\frac{\partial H}{\partial q_\alpha}\mathrm{d}q_\alpha+\frac{\partial H}{\partial p_\alpha}\mathrm{d}p_\alpha\right)+\frac{\partial H}{\partial t}\mathrm{d}t \tag{6-39}$$

$\mathrm{d}q_\alpha$、$\mathrm{d}p_\alpha$、$\mathrm{d}t$ 均相互独立，对比式(6-38)和式(6-39)：

$$\dot{q}_\alpha = \frac{\partial H}{\partial p_\alpha}$$

$$\dot{p}_\alpha = -\frac{\partial H}{\partial q_\alpha}(\alpha = 1,2,\cdots,s) \tag{6-40}$$

式(6-40)叫做哈密顿正则方程,H 称为哈密顿函数。

该正则方程把拉格朗日函数中的 $\dot{q}_\alpha$ 用 p_α 替换,不仅使方程比拉格朗日方程式(6-32)对称,形式上也更为简洁。

例 6.5　已知电磁场中带电粒子的拉格朗日函数:

$$L = \frac{1}{2}mv^2 - e\varphi + e\boldsymbol{A}\cdot\boldsymbol{v}$$

这里 $\boldsymbol{v}$ 为电荷 e 的速度,φ 是电势,$\boldsymbol{A}$ 是磁场矢势。

$$\boldsymbol{B} = \nabla\times\boldsymbol{A}$$

写出粒子哈密顿函数。

解　由

$$L=\frac{1}{2}m(v_x^2+v_y^2+v_z^2)-e\varphi+e(A_xv_x+A_yv_y+A_zv_z)$$

得:

$$p_x=\frac{\partial L}{\partial v_x}=mv_x+eA_x$$

$$p_y=\frac{\partial L}{\partial v_y}=mv_y+eA_y$$

$$p_z=\frac{\partial L}{\partial v_z}=mv_z+eA_z$$

运算中,φ 不是 $\boldsymbol{v}$ 的函数。

于是广义动量

$$\boldsymbol{p} = p_x\boldsymbol{i} + p_y\boldsymbol{j} + p_z\boldsymbol{k} = m\boldsymbol{v} + e\boldsymbol{A}$$

得到:

$$m\boldsymbol{v} = \boldsymbol{p} - e\boldsymbol{A}$$

所以

$$H = \boldsymbol{p}\cdot\boldsymbol{v} - L = \boldsymbol{p}\cdot\frac{1}{m}(\boldsymbol{p}-e\boldsymbol{A}) - \frac{1}{2m}(\boldsymbol{p}-e\boldsymbol{A})^2 + e\varphi - e\boldsymbol{A}\cdot\frac{\boldsymbol{p}-e\boldsymbol{A}}{m}$$

$$= \frac{(\boldsymbol{p}-e\boldsymbol{A})^2}{2m} + e\varphi$$

例 6.6　高速运动粒子的动能

$$T = m_0c^2\left(\frac{1}{\sqrt{1-\beta^2}} - 1\right)$$

势能 $V=e\varphi$,其拉格朗日函数规定为:

$$L = m_0c^2(1-\sqrt{1-\beta^2}) - V$$

求粒子哈密顿函数 H。

解

$$\boldsymbol{p} = \frac{\partial L}{\partial \boldsymbol{v}} = \frac{m_0\boldsymbol{v}}{\sqrt{1-\beta^2}}$$

$$H = \boldsymbol{p}\cdot\boldsymbol{v} - L = \frac{m_0c^2\beta^2}{\sqrt{1-\beta^2}} - m_0c^2(1-\sqrt{1-\beta^2}) + V$$

$$=m_0c^2\left(\frac{1}{\sqrt{1-\beta^2}}-1\right)+V=mc^2-m_0c^2+V$$

$$=\sqrt{p^2c^2+m_0^2c^4}-m_0c^2+V$$

例 6.7　开普勒问题是质点受万有引力的问题，其动能为

$$T=\frac{1}{2}m(\dot{r}^2+r^2\dot{\theta}^2)$$

势能为

$$V=-\frac{\mu m}{r}$$

写出开普勒问题的哈密顿正则方程。

解　拉格朗日函数

$$\begin{aligned}L&=T-V\\&=\frac{1}{2}m(\dot{r}^2+r^2\dot{\theta}^2)+\frac{\mu m}{r}\end{aligned}$$

广义动量为

$$p_r=\frac{\partial L}{\partial \dot{r}}=m\dot{r},\ p_\theta=\frac{\partial L}{\partial \dot{\theta}}=mr^2\dot{\theta}$$

所以：

$$\dot{r}=\frac{p_r}{m},\ \dot{\theta}=\frac{p_\theta}{mr^2}$$

哈密顿函数：

$$\begin{aligned}H&=\sum_\alpha p_\alpha\dot{q}_\alpha-L\\&=p_r\dot{r}+p_\theta\dot{\theta}-L\\&=p_r\frac{p_r}{m}+p_\theta\frac{p_\theta}{mr^2}-\frac{1}{2}m\left[\frac{p_r^2}{m^2}+r^2\frac{p_\theta^2}{m^2r^4}\right]-\frac{\mu m}{r}\\&=\frac{p_r^2}{2m}+\frac{p_\theta^2}{2mr^2}-\frac{\mu m}{r}\end{aligned}$$

由正则方程：

$$\dot{r}=\frac{\partial H}{\partial p_r}=\frac{p_r}{m}$$

$$\dot{p}_r=-\frac{\partial H}{\partial r}=\frac{p_\theta^2}{mr^3}-\frac{\mu m}{r^2}$$

$$\dot{\theta}=\frac{\partial H}{\partial p_\theta}=\frac{p_\theta}{mr^2}$$

$$\dot{p}_\theta=-\frac{\partial H}{\partial \theta}=0$$

6.5　泊松括号与泊松定理
Poisson bracket and Poisson's theorem

6.5.1　泊松括号的定义和性质

设函数 $f(p,q,t)$ 是 p、q、t 的函数，则：

$$\frac{\mathrm{d}f}{\mathrm{d}t}=\sum_\alpha\left(\frac{\partial f}{\partial q_\alpha}\dot{q}_\alpha+\frac{\partial f}{\partial p_\alpha}\dot{p}_\alpha\right)+\frac{\partial f}{\partial t}\tag{6-41}$$

引用哈密顿正则方程式(6-40)，上式变为：

$$\frac{\mathrm{d}f}{\mathrm{d}t}=\sum_{\alpha}\left(\frac{\partial f}{\partial q_{\alpha}}\cdot\frac{\partial H}{\partial p_{\alpha}}-\frac{\partial f}{\partial p_{\alpha}}\cdot\frac{\partial H}{\partial q_{\alpha}}\right)+\frac{\partial f}{\partial t} \tag{6-42}$$

定义泊松括号：

$$[f,H]=\sum_{\alpha}\left(\frac{\partial f}{\partial q_{\alpha}}\cdot\frac{\partial H}{\partial p_{\alpha}}-\frac{\partial f}{\partial p_{\alpha}}\cdot\frac{\partial H}{\partial q_{\alpha}}\right) \tag{6-43}$$

式(6-42)可以写为：

$$\frac{\mathrm{d}f}{\mathrm{d}t}=[f,H]+\frac{\partial f}{\partial t} \tag{6-44}$$

一般情况下，定义泊松括号：

$$[u,v]=\sum_{\alpha}\left(\frac{\partial u}{\partial q_{\alpha}}\cdot\frac{\partial v}{\partial p_{\alpha}}-\frac{\partial u}{\partial p_{\alpha}}\cdot\frac{\partial v}{\partial q_{\alpha}}\right) \tag{6-45}$$

6.5.2 泊松括号的性质

(1)反对称性：

$$[u,v]=-[v,u] \tag{6-46}$$

(2)求导性质：

$$\frac{\partial}{\partial x}[u,v]=\left[\frac{\partial u}{\partial x},v\right]+\left[u,\frac{\partial u}{\partial x}\right] \tag{6-47}$$

(3)分配律：

$$[u,v+w]=[u,v]+[u,w] \tag{6-48}$$

(4)结合律：

$$[u,vw]=v[u,w]+[u,v]w \tag{6-49}$$

(5)涉及广义坐标和广义动量的泊松括号：

$$[q_{\alpha},q_{\beta}]=0,[p_{\alpha},p_{\beta}]=0,[q_{\alpha},p_{\beta}]=\delta_{\alpha\beta} \tag{6-50}$$

$$[q_{\alpha},f]=\frac{\partial f}{\partial p_{\alpha}},[p_{\alpha},f]=-\frac{\partial f}{\partial q_{\alpha}} \tag{6-51}$$

(6)泊松恒等式，又称雅可比恒等式：

$$[u,(v,w)]+[v,(w,u)]+[w,(u,v)]=0 \tag{6-52}$$

(7)泊松括号相对于正则变换的不变性：

$$[u,v]_{pq}=[u,v]_{PQ} \tag{6-53}$$

性质(1)～(5)比较直接，读者可自行证明。

性质(6)、(7)的证明稍难，读者可参考其他书籍。

6.5.3 泊松定理

泊松定理指出：如果 $u(p,q,t)$ 和 $v(p,q,t)$ 是某系统的两个运动积分(恒量)，则由它们组成的泊松括号$[u,v]$也是运动积分(恒量)。

证明：由于 u,v 是系统的运动积分(恒量)，则有

$$\frac{\mathrm{d}u}{\mathrm{d}t}=[u,H]+\frac{\partial u}{\partial t}=0$$

$$\frac{\mathrm{d}v}{\mathrm{d}t}=[v,H]+\frac{\partial v}{\partial t}=0$$

于是：

$$\frac{\partial u}{\partial t} = -[u,H] \tag{6-54}$$

$$\frac{\partial u}{\partial t} = -[v,H] \tag{6-55}$$

又

$$\begin{aligned}\frac{\mathrm{d}}{\mathrm{d}t}[u,v] &= \frac{\partial}{\partial t}[u,v] + [(u,v),H] \\ &= [\frac{\partial u}{\partial t},v] + [u,\frac{\partial v}{\partial t}] + [(u,v),H]\end{aligned} \tag{6-56}$$

把式(6-54)和式(6-55)代入式(6-56)中，得：

$$\begin{aligned}\frac{\mathrm{d}}{\mathrm{d}t}[u,v] &= -[(u,H),v] - [u,(v,H)] - [H,(u,v)] \\ &= [v,(u,H)] + [u,(H,v)] + [H,(v,u)] \\ &= 0\end{aligned} \tag{6-57}$$

泊松定理成立。

从泊松定理可知，如果已知一个系统的两个运动积分 u,v，则其泊松括号$[u,v]$也是该系统的两个运动积分。但很多时候要注意，$[u,v]$有可能不是一个新的独立的运动积分。

6.6　哈密顿原理
The Hamilton principle

6.6.1　变分法简介

1. 泛函

如果在某个区域内，x 取确定的值，y 也有与之相应确定的值，那么 y 称为 x 的函数，写为 $y=y(x)$。如果某变量 J 不是取决于 x，而是取决于 x 的函数形式，即 $J=J[y(x)]$，我们称 J 为 $y(x)$的泛函，简单来说，泛函是函数的函数。

例如，一小球沿光滑曲线 $y=y(x)$，在竖直面内由 A 点自由运动到 B 点，所需时间显然与路径有关，记为 $t=t[y(x)]$。如图 6-8 所示。

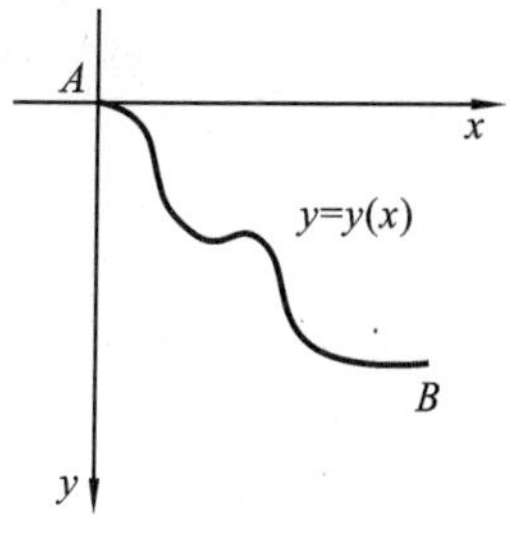

图 6-8　小球沿光滑曲线运动

2. 泛函的变分

函数 $y(x)$称为泛函 $J[y(x)]$的宗量。设有距离相近的两条曲线 $y(x)$、$y_1(x)$，宗量的变分是指自变量 x 固定时两个函数的差：

$$\delta y = y(x) - y_1(x) \tag{6-58}$$

这种自变量不变的变分称为等时变分，本章只讨论等时变分，而且只讨论不动边界问题，即在起点、终点，所有宗量函数取相同的值，即：

$$\delta y\,|_{x_1} = \delta y\,|_{x_2} = 0 \tag{6-59}$$

泛函变分指变分 δy 引起的变化，即

$$\delta J = J[y(x)+\delta y] - J[y(x)] \tag{6-60}$$

3. 变分的运算规则

变分的运算规则与微分运算规则基本相同,具体如下:

$$\delta(J_1+J_2)=\delta J_1+\delta J_2 \tag{6-61}$$

$$\delta(J_1J_2)=J_2\delta J_1+J_1\delta J_2 \tag{6-62}$$

$$\delta\left(\frac{J_1}{J_2}\right)=\frac{J_2\delta J_1-J_1\delta J_2}{J_2^2} \tag{6-63}$$

对于等时变分,变分与微分可以变换顺序:

$$\delta(\mathrm{d}y)=\mathrm{d}(\delta y),\delta\left(\frac{\mathrm{d}y}{\mathrm{d}x}\right)=\frac{\mathrm{d}(\delta y)}{\mathrm{d}x} \tag{6-64}$$

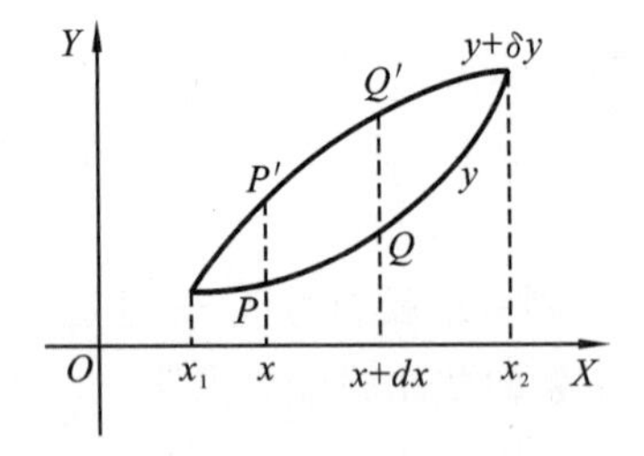

图 6-9　等时变分的规则证明

式(6-61)、式(6-62)、式(6-63)是显而易见的规则。对于等时变分的规则,证明如下:

宗量 y 从 P 到 Q' 可能有两条路径,如图 6-9 所示。

$$P\to Q\to Q':\mathrm{d}y+\delta(y+\mathrm{d}y)$$

$$P\to P'\to Q':\delta y+\mathrm{d}(y+\delta y)$$

最后都达到 Q' 点,两个式子应该相等:

$$\mathrm{d}y+\delta(y+\mathrm{d}y)=\delta y+\mathrm{d}(y+\delta y)$$

于是　$\delta(\mathrm{d}y)=\mathrm{d}(\delta y)$

4. 泛函取极值条件

我们知道函数 $y(x)$ 在某点 x_0 处取极值的条件是:$y(x)$ 的一阶导数 $y'(x)|_{x_0}=0$,类似的有泛函极值定理:泛函 $J[y(x)]$ 在 $y_0(x)$ 取极值的必要条件是 $J[y(x)]$ 在 $y_0(x)$ 处的一阶变分为零,即

$$\delta J\,|_{y=y_0(x)}=0 \tag{6-65}$$

证明:取函数 $y_0(x,\alpha)$,α 是一小量。当 $\alpha=0$ 时,$y_0(x,0)=y_0(x)$。

把 $y_0(x,\alpha)$ 对 α 进行泰勒展开:

$$y_0(x,\alpha)=y_0(x,0)+\left(\frac{\partial y_0}{\partial\alpha}\right)_{\alpha=0}\alpha \tag{6-66}$$

令 $\left(\frac{\partial y_0}{\partial\alpha}\right)_{\alpha=0}=\eta(x)$,则:

$$y_0(x,\alpha)=y_0(x)+\alpha\eta(x) \tag{6-67}$$

泛函 $J=J[y_0(x,\alpha)]=J[y_0(x)+\alpha\eta(x)]$,可以把 J 看做是 α 的函数,J 在 $y_0(x)$ 处取极值的条件是:

$$\left(\frac{\partial J}{\partial\alpha}\right)_{\alpha=0}=0 \tag{6-68}$$

由于

$$\begin{aligned}\delta J\,|_{y=y_0}&=J[y_0(x)+\delta y]-J[y_0(x)]\\&=J[y_0(x)+\alpha\eta(x)]-J[y_0(x)]\\&=\left(\frac{\partial J}{\partial\alpha}\right)_{\alpha=0}\cdot\eta(x)\alpha\end{aligned} \tag{6-69}$$

由式(6-68)的极值条件,得:

$$\delta J\,|_{y=y_{y_0}}=0 \tag{6-70}$$

5. 欧拉方程

设有泛函

$$J=\int_{x_1}^{x_2} f(y(x),\dot{y}(x),x)\mathrm{d}x \tag{6-71}$$

此泛函取极值的条件，由式(6-70)得：

$$\begin{aligned}\delta J &= \delta\int_{x_1}^{x_2} f(y(x),\dot{y}(x),x)\mathrm{d}x\\ &= \int_{x_1}^{x_2}\left(\frac{\partial f}{\partial y}\delta y+\frac{\partial f}{\partial \dot{y}}\delta\dot{y}\right)\mathrm{d}x=0\end{aligned} \tag{6-72}$$

由于

$$\begin{aligned}\int_{x_1}^{x_2}\frac{\partial \mathrm{f}}{\partial \dot{y}}\delta\dot{y}\,\mathrm{d}x &= \int_{x_1}^{x_2}\frac{\partial f}{\partial \dot{y}}\frac{\mathrm{d}}{\mathrm{d}x}(\delta y)\mathrm{d}x\\ &= \int_{x_1}^{x_2}\frac{\mathrm{d}}{\mathrm{d}x}\left(\frac{\partial f}{\partial \dot{y}}\delta y\right)\mathrm{d}x-\int_{x_1}^{x_2}\frac{\mathrm{d}}{\mathrm{d}x}\left(\frac{\partial f}{\partial \dot{y}}\right)\delta y\,\mathrm{d}x\\ &= \left(\frac{\partial f}{\partial \dot{y}}\delta y\right)\Big|_{x_1}^{x_2}-\int_{x_1}^{x_2}\frac{\mathrm{d}}{\mathrm{d}x}\left(\frac{\partial f}{\partial \dot{y}}\right)\delta y\,\mathrm{d}x\\ &= -\int_{x_1}^{x_2}\frac{\mathrm{d}}{\mathrm{d}x}\left(\frac{\partial f}{\partial \dot{y}}\right)\delta y\,\mathrm{d}x\end{aligned} \tag{6-73}$$

把式(6-73)代入式(6-72)：

$$\delta J=\int_{x_1}^{x_2}\left(\frac{\partial f}{\partial y}-\frac{\mathrm{d}}{\mathrm{d}x}\left(\frac{\partial f}{\partial \dot{y}}\right)\right)\delta y\,\mathrm{d}x=0$$

由于 δy 取值的任意性，有结果：

$$\frac{\mathrm{d}}{\mathrm{d}x}\left(\frac{\partial f}{\partial \dot{y}}\right)-\frac{\partial f}{\partial y}=0 \tag{6-74}$$

这是泛函 $J=\int_{x_1}^{x_2} f(y(x),\dot{y}(x),x)\mathrm{d}x$ 取极值时对函数 f 的约束，称为欧拉方程。

6.6.2　哈密顿原理

体系从时刻 t_1 到 t_2 的所有路径中，将保证下列积分是运动路径的一个极值。

$$S=\int_{t_1}^{t_2} L\mathrm{d}t \tag{6-75}$$

也就是说，系统从时刻 t_1 到 t_2 的所有路径中，将实际上是沿式(6-75)取极值的路径移动。这就是哈密顿原理。

S 称为哈密顿作用量，L 称为主函数。

That is to say, all the paths from time t_1 to t_2, will actually be along (6.75) mobile extremum path. This is the Hamilton principle.

S is called the Hamiltonian action, L is called the main function.

如果用变分的形式表达，则实际路径是下式保证的路径：

$$S=\delta\int_{t_1}^{t_2} L\mathrm{d}t=0 \tag{6-76}$$

如果式(6-76)中的 L 取为拉格朗日函数 $L=T-V$，由于 $L=L(q_\alpha,\dot{q}_\alpha;t)$，重复欧拉方程式

(6-74)的推导过程很容易得出拉格朗日方程：

$$\frac{\mathrm{d}}{\mathrm{d}t}\left(\frac{\partial L}{\partial \dot{q}_\alpha}\right)-\frac{\partial L}{\partial q_\alpha}=0$$

例 6.8　两端固定的均匀链条在重力场中处于平行状态时链条的形状称为悬链线，求悬链线方程。如图 6-10 所示。

解　链条起点为 A，终点为 B，A 点坐标为(0,0)，B 点坐标为 $B(a,b)$，最低点纵坐标为 h。设链条线密度为 ρ。

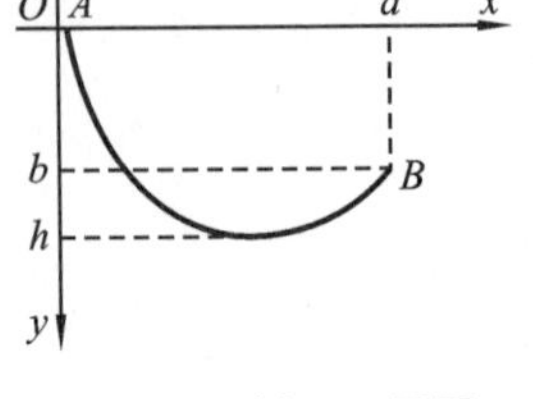

图 6-10　例 6.8 用图

势能 $V=-\int_A^B \rho g\,\mathrm{d}s\cdot y=-\rho g\int_A^B y\sqrt{1+\dot{y}^2}\,\mathrm{d}x$

平衡时的条件为势能取极值：$\delta V=0$

这里 $f=y\sqrt{1+\dot{y}^2}$，由欧拉方程式(6-74)得：

$$\frac{\mathrm{d}}{\mathrm{d}x}\left(\frac{\dot{y}y}{\sqrt{1+\dot{y}^2}}\right)-\sqrt{1+\dot{y}^2}=\frac{y\ddot{y}}{\sqrt{(1+\dot{y}^2)^3}}-\frac{1}{\sqrt{1+\dot{y}^2}}=0$$

所以：　$$y\ddot{y}-(1+\dot{y}^2)=0$$

$$\frac{\mathrm{d}x}{y\ddot{y}}=\frac{\mathrm{d}x}{1+\dot{y}^2},\frac{\mathrm{d}x}{y}=\frac{\ddot{y}\mathrm{d}x}{1+\dot{y}^2},\frac{\dot{y}\mathrm{d}x}{y}=\frac{\dot{y}\ddot{y}\mathrm{d}x}{1+y^2}$$

即：　$$\frac{2\mathrm{d}y}{y}=\frac{\mathrm{d}\dot{y}^2}{1+\dot{y}^2}$$

由此得：　$$y^2=c_1^2(1+\dot{y}^2)$$

最终得：　$$y=c_1\cosh\left(\frac{x+c_2}{c_1}\right)$$

悬链线是双曲余弦曲线。

例 6.9　由哈密顿原理推出哈密顿正则方程。

解　由式(6-35)得：

$$H=-L+\sum_\alpha p_\alpha\dot{q}_\alpha$$

$$L=\sum_\alpha p_\alpha\dot{q}_\alpha-H$$

由哈密顿原理式(6-75)，得 $\delta\int_{t_1}^{t_2}L\mathrm{d}t=0$，因此：

$$\delta\int_{t_1}^{t_2}\left(\sum_\alpha p_\alpha\dot{q}_\alpha-H\right)\mathrm{d}t=0 \quad ①$$

于是：

$$\int_{t_1}^{t_2}\left[\sum_\alpha(p_\alpha\delta\dot{q}_\alpha+\dot{q}_\alpha\delta p_\alpha)-\sum_\alpha\left(\frac{\partial H}{\partial q_\alpha}\delta q_\alpha+\frac{\partial H}{\partial p_\alpha}\delta p_\alpha\right)\right]\mathrm{d}t=0 \quad ②$$

这里是等时变分：$\delta t=0$

又　$$\int_{t_1}^{t_2}\sum_\alpha p_\alpha\delta\dot{q}_\alpha\mathrm{d}t=\int_{t_1}^{t_2}\sum_\alpha\left[\frac{\mathrm{d}}{\mathrm{d}t}(p_\alpha\delta q_\alpha)-\dot{p}_\alpha\delta q_\alpha\right]\mathrm{d}t$$

$$=\sum_\alpha p_\alpha\delta q_\alpha\Big|_{t_1}^{t_2}-\int_{t_1}^{t_2}\sum_\alpha\dot{p}_\alpha\delta q_\alpha\mathrm{d}t=-\int_{t_1}^{t_2}\sum_\alpha\dot{p}_\alpha\delta q_\alpha\mathrm{d}t \quad ③$$

③式中 $\sum_\alpha p_\alpha\delta q_\alpha\Big|_{t_1}^{t_2}=0$，因为起点和终点是固定的。

③式代入②式中：

$$\int_{t_1}^{t_2}\sum_\alpha\left[-\left(\dot{p}_\alpha+\frac{\partial H}{\partial q_\alpha}\right)\delta q_\alpha+\left(\dot{q}_\alpha-\frac{\partial H}{\partial p_\alpha}\right)\delta p_\alpha\right]\mathrm{d}t=0 \quad ④$$

由于 δq_α、δp_α 是相互独立的，得到：

$$\dot{q}_\alpha = \frac{\partial H}{\partial p_\alpha}$$

$$\dot{p}_\alpha = -\frac{\partial H}{\partial q_\alpha} \qquad ⑤$$

关于本例题中 δq_α、δp_α 是否为独立的问题的讨论，请参考沈惠川、李书民编著的《经典力学》，中国科学技术大学出版社，2006 年，278～279 页。

6.7 正则变换
Canonical transformation

6.7.1 正则变换条件

在前面 6.4.2 节中，我们使用勒让德变换式(6-35)：$H=-L+\sum\limits_\alpha p_\alpha \dot{q}_\alpha$，把广义坐标从 q_α，$\dot{q}_\alpha$ 变为 q_α，p_α，同时把拉格朗日函数 L 变为哈密顿函数 H。

我们现在希望，通过坐标变换：

$$Q_\alpha = Q_\alpha(q,p,t)$$

$$P_\alpha = P_\alpha(q,p,t) \qquad (6\text{-}77)$$

把哈密顿函数 H 变为另外一个正则函数 K，K 满足正则方程：

$$\dot{Q}_\alpha = \frac{\partial K}{\partial P_\alpha}$$

$$\dot{P}_\alpha = -\frac{\partial K}{\partial Q_\alpha} \qquad (6\text{-}78)$$

而广义坐标由 q_α、p_α 变为 Q_α、P_α，且函数表示为

$$K = K(Q_\alpha, P_\alpha, t) \quad (\alpha = 1,\cdots,s) \qquad (6\text{-}79)$$

我们把满足式(6-78)的变换式(6-77)称为正则变换。

下面我们来构造正则变换，已知哈密顿原理：

$$\delta\int_{t_1}^{t_2} L\mathrm{d}t = 0$$

即：

$$\delta\int_{t_1}^{t_2}(\sum_\alpha p_\alpha \dot{q}_\alpha - H)\mathrm{d}t = 0 \qquad (6\text{-}80)$$

如果构造一个函数 $K(Q,P,t)$，使式(6-80)左边被积函数与对应函数之差为一个任意函数 F 的全导数：

$$[(\sum_\alpha p_\alpha \dot{q}_\alpha - H) - (\sum_\alpha P_\alpha \dot{Q}_\alpha - K(Q,P,t)] = \frac{\mathrm{d}F}{\mathrm{d}t} \qquad (6\text{-}81)$$

上式等号两边对时间 t 求积分并求变分：

$$\delta\int_{t_1}^{t_2}(\sum_\alpha p_\alpha \dot{q}_\alpha - H)\mathrm{d}t - \delta\int_{t_1}^{t_2}(\sum_\alpha P_\alpha \dot{Q}_\alpha - K(Q,P,t))\mathrm{d}t = \delta\int_{t_1}^{t_2}\frac{\mathrm{d}F}{\mathrm{d}t}\mathrm{d}t \qquad (6\text{-}82)$$

由式(6-80)得：

$$-\delta\int_{t_1}^{t_2}(\sum_\alpha P_\alpha \dot{Q}_\alpha - K)\mathrm{d}t = \delta F\ |_{t_1}^{t_2} \qquad (6\text{-}83)$$

由于我们考虑两端为固定点的变分，$\delta q_\alpha|_{t_1}^{t_2} = \delta p_\alpha|_{t_1}^{t_2} = 0$，$F$ 是 P_α、Q_α 的函数，而 P_α、Q_α 是

p_α、q_α 的函数,故式(6-83)右端为零,于是

$$\delta\int_{t_1}^{t_2}(\sum_\alpha P_\alpha\dot{Q}_\alpha - K)\mathrm{d}t = 0 \tag{6-84}$$

由于新的坐标 P_α、Q_α 和函数 K 满足哈密顿原理式(6-84),重复例 6.9 中用哈密顿原理推导哈密顿正则方程的过程,容易得到:

$$\dot{Q}_\alpha = \frac{\partial K}{\partial P_\alpha}$$

$$\dot{P}_\alpha = -\frac{\partial K}{\partial Q_\alpha} \tag{6-85}$$

因此达到本节开始提到的目的,我们把式(6-81)叫做正则变换条件。

6.7.2 正则变换生成函数

前文中式(6-81)中的 F 是正则变换生成函数,或者称为母函数,根据独立变量的选择方式,有 4 种形式的生成函数:

$$F_1(q,Q,t),\quad F_2(q,P,t),\quad F_3(p,Q,t),\quad F_4(p,P,t)$$

下面只讨论 $F_1(q,Q,t)$ 的构造。

由式(6-81)得:

$$\sum_\alpha p_\alpha\dot{q}_\alpha - H = \sum_\alpha P_\alpha\dot{Q}_\alpha - K + \frac{\mathrm{d}F_1(q,Q,t)}{\mathrm{d}t} \tag{6-86}$$

把 $\dfrac{\mathrm{d}F_1(q,Q,t)}{\mathrm{d}t}$ 展开:

$$\frac{\mathrm{d}F_1}{\mathrm{d}t} = \sum_\alpha(\frac{\partial F_1}{\partial q_\alpha}\dot{q}_\alpha + \frac{\partial F_1}{\partial Q_\alpha}\dot{Q}_\alpha) + \frac{\partial F_1}{\partial t} \tag{6-87}$$

把式(6-87)代入式(6-86)中并整理,得:

$$\sum_\alpha(p_\alpha - \frac{\partial F_1}{\partial q_\alpha})\dot{q}_\alpha - \sum_\alpha(P_\alpha + \frac{\partial F_1}{\partial Q_\alpha})\dot{Q}_\alpha + K - H - \frac{\partial F_1}{\partial t} = 0 \tag{6-88}$$

由于在式(6-88)中,$\dot{q}_\alpha$ 与 $\dot{Q}_\alpha$ 是相互独立的坐标,为了恒等式成立,必须:

$$p_\alpha = \frac{\partial F_1}{\partial q_\alpha} \tag{6-89}$$

$$P_\alpha = -\frac{\partial F_1}{\partial Q_\alpha} \tag{6-90}$$

$$K = H + \frac{\partial F_1}{\partial t} \tag{6-91}$$

由式(6-90) 得到 $P_\alpha = P_\alpha(q,Q,t)$,可以解出 $q=q(Q,P,t)$,代入式(6-89)中,可以得到 $p=p(Q,P,t)$,也就得到了坐标变换式(6-77),而式(6-91)中 $K=H+\dfrac{\partial F_1}{\partial t}$ 可转化为 $K=K(Q,P,t)$,这样就完成了正则变换。

6.8 刘维尔定理

Liouville theorem

在研究由 n 个粒子构成的体系时,如果有 k 个约束,则共有 $s=3n-k$ 个独立坐标,该体系

用 $2s$ 个独立变量 q_α、p_α($\alpha=1,2,\cdots,s$)来描述粒子系统的运动。

相空间：由 2s 个独立变量 q_α、p_α 表示的抽象空间状态。

状态：由 q_α、p_α 确定的相空间的点。

相体积元：$\mathrm{d}\tau=\mathrm{d}q_1\cdots\mathrm{d}q_s\mathrm{d}p_1\cdots\mathrm{d}p_s$ 构成的微元。

设体积元 $\mathrm{d}\tau$ 中有 $\mathrm{d}N$ 个状态点：

$$\mathrm{d}N=\rho\mathrm{d}\tau \tag{6-92}$$

态密度

$$\rho=\rho(q_1,\cdots,q_s,p_1,\cdots,p_s;t) \tag{6-93}$$

显然，ρ 随时间的变化率为：

$$\frac{\mathrm{d}\rho}{\mathrm{d}t}=\sum_\alpha\left(\frac{\partial\rho}{\partial q_\alpha}\dot{q}_\alpha+\frac{\partial\rho}{\partial p_\alpha}\dot{p}_\alpha\right)+\frac{\partial\rho}{\partial t} \tag{6-94}$$

下面用相空间来表示状态的数量变化。

图 6-11 中在 q 处状态数以 $\dot{q}$ 速率注入，在 p 处状态数以 $\dot{p}$ 速率注入，单位时间内流入状态数为

$$\rho\dot{q}\mathrm{d}p+\rho\dot{p}\mathrm{d}q \tag{6-95}$$

流出的状态数为

$$(\rho\dot{q})\mid_{q+\mathrm{d}q}\mathrm{d}p+(\rho\dot{p})\mid_{p+\mathrm{d}p}\mathrm{d}q=\left[\rho\dot{q}+\frac{\partial}{\partial q}(\rho\dot{q})\mathrm{d}q\right]\mathrm{d}p+\left[\rho\dot{p}+\frac{\partial}{\partial p}(\rho\dot{p})\mathrm{d}p\right]\mathrm{d}q \tag{6-96}$$

于是图 6-11 中状态数净流入的状态数为

$$-\frac{\partial}{\partial q}(\rho\dot{q})\mathrm{d}q\mathrm{d}p-\frac{\partial}{\partial p}(\rho\dot{p})\mathrm{d}q\mathrm{d}p \tag{6-97}$$

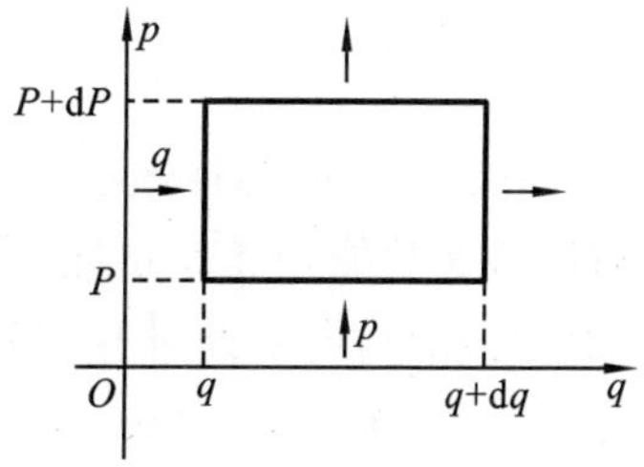

而相体积中的状态数为 $\rho\mathrm{d}q\mathrm{d}p$。

状态数应该守恒，因此有：

$$\frac{\partial\rho}{\partial t}\mathrm{d}p\mathrm{d}q=\left[-\frac{\partial}{\partial q}(\rho\dot{q})-\frac{\partial}{\partial p}(\rho\dot{p})\right]\mathrm{d}q\mathrm{d}p \tag{6-98}$$

也就是：

$$\frac{\partial\rho}{\partial t}=-\left(\frac{\partial\rho}{\partial q}\dot{q}+\rho\frac{\partial\dot{q}}{\partial q}+\frac{\partial\rho}{\partial p}\dot{p}+\rho\frac{\partial\dot{p}}{\partial p}\right) \tag{6-99}$$

图 6-11　用相空间来表示状态的数量变化

由哈密顿正则方程得式(6-40)：

$$\frac{\partial\dot{q}_\alpha}{\partial q_\alpha}=-\frac{\partial\dot{p}_\alpha}{\partial p_\alpha}=\frac{\partial^2 H}{\partial q_\alpha\partial p_\alpha} \tag{6-100}$$

把式(6-99)中 q、p 加上角标 α 并求和，并把式(6-100)代入式(6-99)，得：

$$\frac{\partial\rho}{\partial t}=-\sum_\alpha\left(\frac{\partial\rho}{\partial q_\alpha}\dot{q}_\alpha+\frac{\partial\rho}{\partial p_\alpha}\dot{p}_\alpha\right) \tag{6-101}$$

ρ 对 t 的全导数

$$\frac{\mathrm{d}\rho}{\mathrm{d}t}=\frac{\partial\rho}{\partial t}+\sum_\alpha\left(\frac{\partial\rho}{\partial q_\alpha}\dot{q}_\alpha+\frac{\partial\rho}{\partial p_\alpha}\dot{p}_\alpha\right)=0 \tag{6-102}$$

这个结果就是刘维尔定理。它表示在保守力学系统中，相空间状态密度 ρ 在运动中保持不变。

This result is Liouville's theorem. It is said in the conservative mechanical system, the phase space density remained unchanged in motion.

由式(6-44)得：

$$\frac{\mathrm{d}\rho}{\mathrm{d}t}=\frac{\partial\rho}{\partial t}+[\rho,H] \tag{6-103}$$

当系统达到平衡时,ρ 不是时间显函数,$\frac{\partial\rho}{\partial t}=0$,此时有

$$[\rho,H]=0 \tag{6-104}$$

刘维尔定理在统计物理中会得到应用。

【思考题与习题】

6-1　已知:半径为 a 的轮子不转动,其轮缘绕有细绳;绳下有一质量为 m 的质点,质点摆到垂直位置时细绳长为 l,质点摆到任意位置时细绳与铅直线之间的夹角为 θ,如图 6-12 所示,用拉格朗日方程求:系统的运动微分方程。

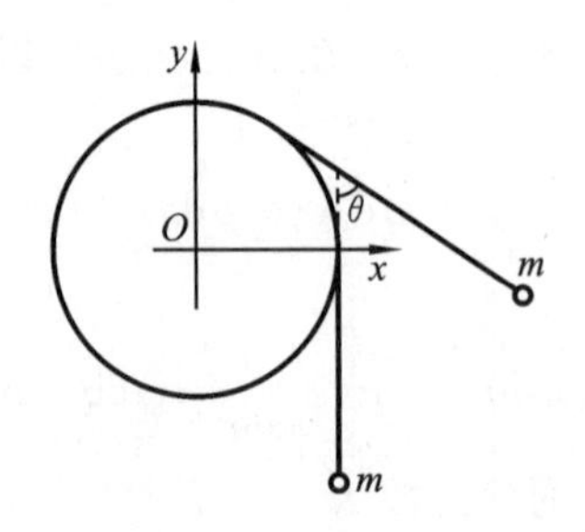

图 6-12　题 6-1 图

6-2　已知:弹性系数为 k 的轻质弹簧,上端固定,下端悬有一质量为 m、长为 $2l$ 的匀质杆。弹簧只能在竖直方向运动,匀质杆只能在竖直平面内摆动,以弹簧处于平衡状态时的位置为坐标原点,向上方向为 x 轴正向,匀质杆与竖直向下直线之间的夹角为 θ。求:

(1)系统的 H 函数;

(2)正则方程。

物理学诺贝尔奖介绍 2

1987 年　高温超导

1987 年，瑞典皇家科学院诺贝尔奖评审委员会宣布，瑞士 IBM 研究实验室的德国物理学家柏诺兹(J. Georg Bednorz，1950—)与瑞士物理学家缪勒(K. Alexander Müller，1927—)荣获诺贝尔物理奖，以表彰他们在发现陶瓷材料中的超导电性所作的重大突破。

德国物理学家柏诺兹

(J. Georg Bednorz，1950—)

瑞士物理学家缪勒

(K. Alexander Müller，1927—)

缪勒 1927 年 4 月 20 日出生于瑞士的巴塞尔(Basle)。19 岁曾在瑞士军队中接受军事训练，然后进入苏黎世瑞士联邦工业学院。在他入学之前正值第一颗原子弹爆炸，因此一年级时许多同学都对核物理发生了兴趣。舒勒(P. Scherrer)教授的生动讲课，大大提高了学生对核物理的兴趣，吸引他把终生投入了物理学。他曾一度想读电机工程，但物理实验老师说服了他。后来，量子物理大师泡利使他最后下决心从事物理学研究。他的大学毕业论文是在布什(G. Busch)指导下做的，内容是研究灰锡的霍耳效应。在取得学士学位之后，他曾到联邦工业学院的工业研究部工作过一年，然后回到布什名下做博士论文，内容是顺磁共振(EPR)。在这项工作中他第一次注意到合成的 SrTiO3。1958 年缪勒在瑞士联邦工业大学获得博士学位后，来到日内瓦巴特尔(Battelle)研究所工作，后来成了核磁共振组的主任，在这里进行了化合物分析，特别是研究了石墨和碱金属石墨的辐射破坏。1963 年缪勒到国际商用机器公司(IBM)的苏黎世研究实验室，继续从事物理学研究，担任 IBM 苏黎世研究实验室物理部主任。他的兴趣主要放在 SrTiO3 和有关的钙钛矿化合物，这项研究涉及各种掺杂的过渡金属离子及其化合物的变色特性、铁电性和软模特性、后来还特别涉及机构性相变的临界现象和多重临界现象。

柏诺兹 1950 年 5 月 16 日出生于德国威斯特瓦的诺因基星。他曾在明斯特学化学，后又学矿物学和晶体学，这些基础知识在后来超导电性的研究中发挥了很好的作用，为柏诺兹研制陶瓷超导材料打下了扎实的基础。1972 年柏诺兹向瑞士政府申请，到 IBM 公司设在瑞士里希利肯的苏黎世研究实验室实习两个月，从此他和这个实验室建立了长期的联系。1976 年 2

月 6 日,柏诺兹从明斯特大学毕业,移居瑞士苏黎世。1977 年在明斯特大学又呆了一年之后,柏诺兹来到了瑞士联邦工业大学的固体物理实验室,并在格兰尼奇(Granicher)和缪勒的指导下作博士论文。柏诺兹的博士论文是关于 $SrTiO_3$ 的,他完成了钙钛矿型固体溶液的晶体生成工作,研究其机构、介质性和铁电性。1982 年加入 IBM,从 1983 年开始和缪勒合作。缪勒对这位年轻人的深邃洞察力、和蔼友善、工作能力和顽强毅力留下了深刻印象。

高临界温度超导电性的探索是凝聚态物理学的一个重要课题。自从发现超导电性以来,人们逐渐认识到超导技术有广泛应用的潜在价值,世界各国花了很大力气开展这方面的工作。但是超导转变温度太低,离不开昂贵的液氦设备。所以,从卡末林-昂内斯的时代起,人们就努力探索提高超导转变临界温度 T_c 的途径。然而,由于超导现象比较复杂,理论尚欠完善,所以,在探索高 T_c 超导体的漫长历程中,人们基本上是靠实验和经验摸索前进。

为了寻找更适于应用的超导材料,几十年来,物理学家广泛搜查各种元素的低温特性。除了汞、锡和铅以外,又发现铟、铊和镓也有超导特性,这些材料都是金属,而且具有柔软易熔的共同性质,后来迈斯纳把试验扩展到坚硬难熔的金属元素,又发现了钽、铌、钛和钍等金属具有超导特性。当磁冷却法应用于低温后,在极低温区(1K 以下)又找到了许多金属元素和合金有超导迹象。如今甚至已经知道上千种物质的超导特性,可是,它们的转变温度都在液氦温度附近或在 1K 以下。

德国物理学家阿瑟曼(G. Ascherman)在 1941 年首次发现超脱液氦区的超导材料是氮化铌(NbN),其临界温度可达 15 K,这一发现重新激起了人们的热情。

1953 年,美国物理学家哈迪(G. F. Hardy)和休姆(J. Hulm)开辟了另一条新路,他们找到了四种 A-15 结构或β钨结构的超导体,其中钒三硅(V_3Si)的;临界温度最高,达 17.1K。所谓 A-15 结构是一种结晶学符号,它代表的化学组成一般为 A_3B 的形式,其中铌(Nb)、钒(V)等过渡元素为 A 组元,第Ⅲ或第 IV 主族的元素或其它过渡元素为 B 组元。

贝尔实验室的马赛阿斯(B. T. Matthais)沿着这一线索坚持了长期的探索。他和他的同事围绕 A-15 结构进行了大量实验,总结出了一些经验规律,收集了大量数据。并于 1954 年找到了铌三锡(Nb_3S),T_c 为 18.3 K。1967 年备制了组成非常复杂的铌铝锗合金,T_c 为 20.5K;1973 年进一步获得铌三锗薄膜,T_c 提高为 23.2K。照这样的速度发展下去,人们大概可以指望到 1990 年将超导临界温度提高至 30 K 附近的液氖区。

令人遗憾的是,他们持续的努力没有取得进一步成果。1973 年以后的 13 年,临界温度一直停滞不前。

世界上还有许多物理学家研究其他类型的超导体,诸如有机超导体,低电子密度超导体、超晶体超导体、非晶态超导体等等,其中金属氧化物超导体吸引了许多人的注意。

金属氧化物也是马赛阿斯研究的项目。1967 年他和伦梅卡(J. P. Remeika)等人共同发现了 Rb_xWO_3 的超导特性。随即休姆等人在 1968 年发现 TiO 的超导特性,不过 T_c 都在 10 K 以下。1973 年约翰斯通(D. C. Johnston)发现 $Li_{1+x}Ti_{2-x}O_4$ 的 T_c 达 13.7 K。

令人不解的是,金属氧化物一般都是非导体,可是某些组成却可以在低温下变成超导体,这个事实确是对现有的物理学理论的挑战。人们只有在经验的基础上摸索前进。

没有想到,正是这一条朦胧不清的道路引导了缪勒和柏诺兹对高 T_c 超导体的研究作出了突破性的进展。

从 1983 年起,缪勒和柏诺兹合作,探索金属氧化物中高 T_c 超导电性的可能性。从 BCS 理论可以作出这样的推测:在含有强的电-声耦合作用的系统中,有可能找到高 T_c 超导材料。

他们认为，氧化物符合这一条件。于是就选择了含有镍和铜的氧化物作为研究对象。在这方面他们进行了三年的研究，取得了很多经验。

其实，这方面的工作早在 70 年代就已经有人在做。他们的突破在于从金属氧化物中找到钡镧铜氧的化合物，这是一种多成份混合的氧化物。

1985 年，几位法国科学家——米歇尔(Michel)、欧-拉柯(Er-Rakho)和拉威(Raveau)发表了一篇关于混合钙钛矿型 BaLa4Cu5O13.4 材料的论文，介绍这种材料在室温以上具有金属导电性。正好这时缪勒和柏诺兹因实验遇到挫折需要停下来研究文献资料。有一天柏诺兹看到了这篇论文，很受启发，立即和缪勒一起，尝试进行重复备制这种化合物，并且同时通过改变 BaxLa5-xCu5O5(3-y)中的 Ba 浓度来不断改变 Cu2＋/Cu3＋之比，以探讨其超导电性，终于在 1986 年 1 月 27 日取得了重要成果，使得起始转变温度可移至 35 K。

1986 年 4 月，柏诺兹和缪勒向德国的《物理学杂志》投寄题为："Ba-La-Cu-O 系统中可能的高 Tc 超导电性"。他们只是说可能有，一方面是因为尚未对抗磁性进行观测，另一方面也是出于谨慎。在此之前曾有过多次教训，不止一次地有人宣布"发现"了高 Tc 超导体，后来都证明是某种假象所误。

不久，日本东京大学的几位学者根据 IBM 配方备制了类似的样品，证实 Ba-La-Cu-O 化合物具有完全抗磁性。缪勒和柏诺兹随即也发表了他们的磁性实验结果，不过论文到 1987 年才问世。

一场国际性的角逐在 1987 年初展开了，柏诺兹和缪勒的发现引起了全球性的"超导热"。下图就是柏诺兹和缪勒在诺贝尔奖获奖演说词中的一张示意图。

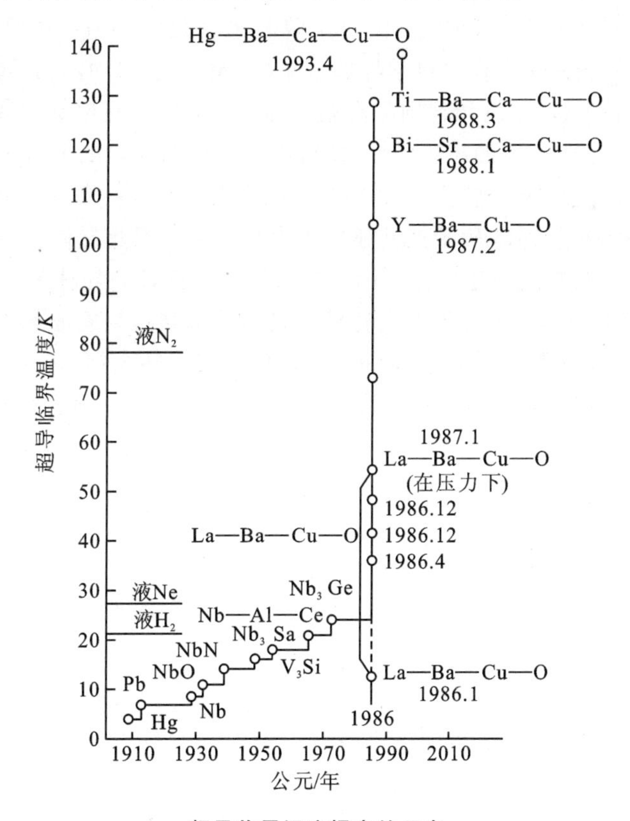

超导临界温度提高的历史

我国中国科学院作为国家在科学技术方面的最高学术机构和全国自然科学与高新技术的综合研究与发展中心,自成立之初,在中央的支持下,中国科学院迅速凝聚了一批海内外优秀科学家,组建了高水平的研究机构,在"向科学进军"中发挥了先导和主力军作用。改革开放以来,率先打开与西方国家科技合作的大门,率先实行所长负责制、开放实验室,率先设立面向全国的科学基金。创办了联想集团等一大批高新技术企业,推动科研成果转化为现实生产力,发挥了改革先行者的作用。在新的历史时期,面对知识经济时代的机遇和挑战,提出建设国家创新体系的构想,实施知识创新工程,凝练科技创新目标,调整重大科技布局,创新科研组织模式,建立现代院所制度,自主创新能力大幅增强,提升了中国在国际科技界的影响力。从"两弹一星"到载人航天和探月工程关键核心科技问题的攻克,为国家安全和航天事业发展做出了重大贡献。从成功研制第一台计算机、曙光超级计算机、龙芯系列通用芯片,到单精度千万亿次超级计算系统,在我国计算机技术自主创新中发挥了骨干作用。从发出中国第一个电子邮件,到建立中国互联网信息中心、中国网通与无线传感试验网,成为网络科技和网络产业的开拓者。从顺丁橡胶工业生产新技术,到煤制乙二醇技术、甲醇制烯烃技术、煤合成油技术及工业化应用,不断开辟我国化学工业的新方向和生长点。从陆相成油理论,到海相成油的探索,为我国摘掉贫油帽子、大规模开发油气田提供了科学理论支持。从自主研制的氯霉素、青霉素,到原创的青蒿素合成、丹参多酚酸盐、盐酸安妥沙星,在我国药物自主创新方面走在了前列。从在世界上首次完成人工合成牛胰岛素,到首次证明诱导多能干细胞、人类基因测序,在生命科学领域取得了重要原创成果。从北京正负电子对撞机,到建成上海大光源等一批大科学装置,打造了多学科创新的重要平台。

当然,在"超导热"这一波热潮中,中国科学院赵忠贤院士作为我国高温超导研究的领军人,从1976年起,就带领团队在世界科学界数十年的"超导竞赛"中不为浮躁所动,瞄准科学前沿,在坚守中不断创新突破,始终领跑国际高温超导材料研究。在钇钡铜氧中发现了起始温度高于100K、中点温度为92.8K的超导转变,使得超导体低温环境的创造由原本昂贵的液氦替代为便宜而好用的液氮,这项工作于1989年获得国家自然科学一等奖。2008年,又发现了转变温度40K以上的铁基超导体,确定铁基超导体为新一类高温超导体。赵忠贤带领团队接着又发现了系列50K以上的铁基超导体,并创造了55K的铁基超导体临界转变温度的世界纪录。2014年初,时隔24年,赵忠贤等再次凭借高温超导研究问鼎象征着中国基础研究原始创新能力的国家自然科学一等奖。此前,这一奖项已经连续空缺3年。美国《科学》杂志评论说:"中国如洪流般不断涌现的研究结果标志着在凝聚态物理领域,中国已经成为一个强国。"

B篇　电　磁　学

第7章 静 电 场
Chapter 7 Electrostatic field

人类对电的认识很早,公元前585年,希腊哲学家泰勒斯已记载了用木块摩擦过的琥珀能够吸引轻小物体;中国西汉末年已有“碡瑁(玳瑁)吸偌(细小物体之意)”的记载;1747年富兰克林提出:在正常条件下电是以一定的量存在于所有物质中的一种元素;电跟流体一样,摩擦的作用可以使它从一物体转移到另一物体。1785年,库仑通过扭秤实验,测定了两个静止点电荷的相互作用力与它们之间的距离二次方成反比;1820年奥斯特发现了电流的磁效应,使人们认识到了电与磁之间的联系。1831年,法拉第发现了电磁感应现象,将人类关于电、磁之间联系的认识推到了一个新的阶段。1865年麦克斯韦提出了感生电场和位移电流假说,建立了完整的电磁场理论基础——麦克斯韦方程组,并预言了电磁波的存在、计算出电磁波在真空中的传播速度等于光在真空中的传播速度。1887年赫兹从实验上证实了电磁波的存在。

7.1 电荷 库仑定律
Charge Coulomb's law

7.1.1 电荷

用丝绸摩擦过的玻璃棒和用毛皮摩擦过的橡胶棒都能吸引轻小物体(如羽毛、纸屑等),物体具有了这种吸引轻小物体的性质,我们就说它带了电(或电荷),带电荷的物体称为带电体。电荷有两种,美国科学家富兰克林将其命名为“正电荷”与“负电荷”。用丝绸摩擦过的玻璃棒所带电荷为正电荷,用毛皮摩擦过的橡胶棒所带电荷为负电荷。同种电荷相互排斥,异种电荷相互吸引。

物体所带电荷的多少称为电荷量(或电量),电荷量用q或Q表示,其单位为库仑(C),简称为库。如果物体所带正电荷量大于负电荷量,则称物体带正电;如果物体所带负电荷量大于正电荷量,则称物体带负电;如果物体所带正、负电荷量相等,则称物体不带电,物体呈电中性。一个物体所带总电量为其所带正负电量的代数和。

实验证明,在自然界中带电体所带电量总是一个基本单元的整数倍,电荷的这一特性称为电荷的量子性。实验测得基本单元的电量$e=1.60217733\times10^{-19}$C,其近似值为

$$e=1.602\times10^{-19}\text{C}$$

由于e的量值非常小,在宏观现象中不易观察到电荷的量子性,因此,常将电荷Q看成是可以连续变化的物理量。近代物理从理论上预言基本粒子由若干种夸克或反夸克组成,每个夸克或反夸克可能带$\pm\frac{1}{3}e$或$\pm\frac{2}{3}e$的电量,但至今尚未观察到孤立的夸克或反夸克。

实验证明,电荷的电量与其运动状态无关,即在不同的参考系中观察,带电体的电量是不

变的,电荷的这一性质称为电荷的相对论不变性。

大量事实表明:在一个与外界没有电荷交换的系统内所发生的过程中,系统中正、负电荷的代数和保持不变,这一规律称为电荷守恒定律,它是自然界的基本守恒定律之一,不仅适用于宏观过程,而且也适用于微观过程。

7.1.2 库仑定律

带电体之间的相互作用十分复杂,它不仅与带电体所带电荷量、形状、体积以及带电体之间的相对位置有关,而且还与带电体的电荷分布、带电体周围介质的性质有关。我们首先讨论真空中点电荷之间的相互作用。所谓点电荷,就是其大小、形状对所研究问题的影响可以忽略的带电体。

1785 年,法国物理学家库仑通过实验总结出一条规律:真空中两点电荷之间的相互作用力与两点电荷所带电荷量的乘积成正比,与两点电荷之间距离的平方成反比,作用力的方向沿着两点电荷的连线方向。这一结论称为库仑定律。当两个点电荷带同种电荷时,他们之间是排斥力;带异种电荷时,他们之间是吸引力。其数学表达式为

$$\boldsymbol{F} = k\frac{q_1 q_2}{r^2}\boldsymbol{e}_r$$

式中:q_1、q_2分别为两点电荷的电量;

r为两点电荷间的距离;

$\boldsymbol{e}_r$ 表示由施力电荷指向受力电荷的单位矢量;

k为比例系数,其值和单位取决于所用的单位制,当选用 SI 单位制时

$$k=8.9880\times10^9\ \mathrm{N\cdot m^2\cdot C^{-2}}\approx9.00\times10^9\ \mathrm{N\cdot m^2\cdot C^{-2}}$$

“库仑”是一个很大的电量单位,所以比例系数k的值很大,例如两个带电量分别为 1C、相距为 1m 的带电粒子,其间的作用力的大小为

$$F=k\frac{q_1 q_2}{r^2}=9\times10^9\ \mathrm{N}$$

这个作用力非常巨大,相当于 1.5×10^7 个成年人的重量。

为了使后面将要导出的更为常用的公式中不含无理数“π”,令

$$k=\frac{1}{4\pi\varepsilon_0}$$

则库仑定律可写成

$$\boldsymbol{F} = \frac{1}{4\pi\varepsilon_0}\frac{q_1 q_2}{r^2}\boldsymbol{e}_r = \frac{1}{4\pi\varepsilon_0}\frac{q_1 q_2}{r^3}\boldsymbol{r} \tag{7-1}$$

式中:ε_0 是新引进的另一基本物理量,称为真空中的电容率(也称为真空中的介电常数),其量值为

$$\varepsilon_0=8.85418782\times10^{-12}\ \mathrm{F/m}\approx8.85\times10^{-12}\ \mathrm{F/m}$$

静止电荷之间的相互作用力称为静电力(或库仑力)。库仑定律只适用于计算两个点电荷间的静电力,对于一般的带电体不能简单地应用此定律。如果要计算两带电体间的静电力,应先将带电体分解成若干个可视为点电荷的电荷元,利用式(7-1)求出带电体 1 上各电荷元与带电体 2 上各电荷元间的静电力,再利用叠加原理求出两带电体间的静电力。

实验表明,两点电荷之间的距离在 $10^{-17}\sim10^7$ m 时,库仑定律仍然成立。

例 7.1 若一个电子与一个质子间的距离为r,试求它们之间的静电力与万有引力之比。

解 由库仑定律可知,它们之间的静电力大小为

$$F_e = \frac{1}{4\pi\varepsilon_0}\frac{q_1 q_2}{r^2} = \frac{1}{4\pi\varepsilon_0}\frac{e^2}{r^2}$$

由万有引力定律可知,它们之间的万有引力大小为

$$F_g = G\frac{m_p m_e}{r^2} = \frac{1}{4\pi\varepsilon_0}\frac{e^2}{r^2}$$

静电力与万有引力之比为

$$\frac{F_e}{F_g} = \frac{1}{4\pi\varepsilon_0 G m_p m_e}\frac{e^2}{} = \frac{9.0\times10^9}{6.7\times10^{-11}}\frac{(1.6\times10^{-19})^2}{(1.7\times10^{-27})\times(9.1\times10^{-31})} \approx 2.2\times10^{39}$$

由此可见,两带电粒子间的静电力比万有引力大得多,所以在研究带电粒子的相互作用时,万有引力通常可以忽略不计。

7.2 静电场 电场强度
Electrostatic field Electric field strength

7.2.1 静电场

由上节可知,在真空中相距一段距离的两个电荷之间有相互作用力。那么两个电荷之间的相互作用是通过什么中间媒介来传递的呢?历史上曾有两种对立的学说:一种认为两电荷之间的相互作用不需要通过中间媒介而直接作用,也不需要时间而即时作用,即所谓“超距作用”;另一种认为电荷间的相互作用需要通过中间媒介,作用力的传递也需要一定的时间。

实验表明,任何带电体的周围空间都存在一种“特殊”的物质,即使在真空中也是如此,这种物质称为电场,它是由电荷所激发的。相对于观察者静止的电荷所产生的电场称为静电场。电场的基本特性之一是对处于其中的电荷会产生力的作用。电荷间就是通过电场相互作用的。电场是一种客观存在的特殊物质,它与其他实物物质一样具有质量、能量、动量。

7.2.2 电场强度

设有一电量为 Q 的点电荷,它在周围空间会产生电场,为了研究在它周围空间中的某一点 P 点的电场性质,引入一试验电荷 q_0,要求试验电荷的体积很小(视为点电荷),试验电荷的电量也很小,当它放到电场中时,不影响原电场的分布。若实验测得试验电荷 q_0 在 P 点所受到的静电场力为 $\boldsymbol{F}$,由库仑定律可知,静电场力 $\boldsymbol{F}$ 不仅与场源电荷的电量 Q 和场点 P 相对场源电荷 Q 的位置 $\boldsymbol{r}$ 有关,而且与试验电荷 q_0 有关,因此静电场力 $\boldsymbol{F}$ 并不能反映场点处电场本身的性质。然而,静电场力 $\boldsymbol{F}$ 与试验电荷 q_0 的比值是一个确定的矢量,它只与场源电荷的电量和场点的位置有关,与试验电荷无关,它反映了场点处电场本身的性质,我们将这个矢量定义为电场强度(简称为场强),用 $\boldsymbol{E}$ 表示,即

$$\boldsymbol{E} = \frac{\boldsymbol{F}}{q_0} \tag{7-2}$$

由式(7-2)可知,电场中某点的电场强度 $\boldsymbol{E}$ 的大小等于单位电荷在该点受力的大小,其方向为正电荷在该点受力的方向。

一般来说,$\boldsymbol{E}$ 是空间坐标的函数,若 $\boldsymbol{E}$ 的大小和方向均与空间坐标无关,这样的电场称为均匀电场(或称匀强电场),否则称为非均匀电场(或称非匀强电场)。电场强度的单位为

$\mathrm{N \cdot C^{-1}}$或$\mathrm{V \cdot m^{-1}}$。

7.2.3 几种带电体的场强

1. 点电荷的场强

点电荷是最简单的带电体,任何复杂的带电体都可视为大量点电荷的集合,因此点电荷的场强是最基本的场强。

设场源电荷的电量为Q,将试验电荷q_0置于距场点P距离为r远处,由场强的定义和库仑定律可得P点处的场强为

$$\boldsymbol{E}=\frac{\boldsymbol{F}}{q_0}=\frac{1}{4\pi\varepsilon_0}\frac{Qq_0}{r^2}\boldsymbol{e}_r/q_0=\frac{1}{4\pi\varepsilon_0}\frac{Q}{r^2}\boldsymbol{e}_r=\frac{1}{4\pi\varepsilon_0}\frac{Q}{r^3}\boldsymbol{r} \tag{7-3}$$

式中,$\boldsymbol{e}_r$是由点电荷Q指向场点P的单位矢量。由式(7-3)可以看出,点电荷产生的场强大小与场源电荷电量成正比,与场源电荷至场点的距离成反比;场强的方向不仅与场点的位置有关,还与场源电荷Q的正、负有关。$Q>0$,$\boldsymbol{E}$与$\boldsymbol{e}_r$同向,由Q指向P;$Q<0$,$\boldsymbol{E}$与$\boldsymbol{e}_r$反向,由P指向Q。

2. 场强叠加原理

两个或两个以上点电荷的集合称为点电荷系。

设某一点电荷系由$q_1\cdots,q_i\cdots,q_N$组成,将试验电荷置于上述点电荷系所产生的静电场中,则试验电荷所受电场力为

$$\boldsymbol{F}=\boldsymbol{F}_1+\cdots+\boldsymbol{F}_i+\cdots+\boldsymbol{F}_N$$

式中,$\boldsymbol{F}_i$代表第i个点电荷单独存在时所产生的电场对试验电荷的电场力。根据电场强度的定义可得点电荷系所产生的场强为

$$\boldsymbol{E}=\frac{\boldsymbol{F}}{q_0}=\frac{\boldsymbol{F}_1}{q_0}+\cdots+\frac{\boldsymbol{F}_i}{q_0}+\cdots+\frac{\boldsymbol{F}_N}{q_0}=\boldsymbol{E}_1+\cdots+\boldsymbol{E}_i+\cdots+\boldsymbol{E}_N=\sum\boldsymbol{E}_i \tag{7-4}$$

式(7-4)表明,点电荷系的场强等于每个点电荷单独存在时在该点所产生的电场强度的矢量和,这一结论称为场强叠加原理,它是分析和计算点电荷系场强的基础。

将式(7-3)与式(7-4)结合,可得点电荷系场强计算的另一公式

$$\boldsymbol{E}=\frac{1}{4\pi\varepsilon_0}\sum\frac{q_i}{r_i^2}\boldsymbol{e}_{ri}=\sum\frac{q_i\boldsymbol{r}_i}{4\pi\varepsilon_0 r_i^3} \tag{7-5}$$

式中:r_i表示点电荷q_i至场点P的距离;

$\boldsymbol{e}_{ri}$表示q_i到P的方向上的单位矢量;

$\boldsymbol{r}_i$表示点电荷q_i到P点的位矢。

3. 电荷连续分布的带电体的场强

若电场由电荷连续分布的带电体所产生,在求解空间各点场强分布时,设想将带电体划分成许多微小的电荷元,每个电荷元都可视为点电荷,其中任一电荷元在场点P处产生的电场强度为

$$\mathrm{d}\boldsymbol{E}=\frac{1}{4\pi\varepsilon_0}\frac{\mathrm{d}q}{r^2}\boldsymbol{e}_r$$

带电体在场点P处产生的电场强度为

$$\boldsymbol{E} = \int \mathrm{d}\boldsymbol{E} = \int \frac{1}{4\pi\varepsilon_0} \frac{\mathrm{d}q}{r^2} \boldsymbol{e}_r \tag{7-6}$$

上式为矢量积分，在具体计算时，一般需要先求出它在各坐标轴方向上的投影式，然后再分别求积分。

电荷连续分布有三种典型情况：第一种是沿线状物（如细棒）分布，称为线电荷，其电荷线密度（单位长度上所分布的电荷）用 λ 表示；第二种是沿曲面分布，称为面电荷，其电荷面密度（单位面积上所分布的电荷）用 σ 表示；第三种是沿整个物体分布，称为体电荷，其电荷体密度（单位体积上所分布的电荷）用 ρ 表示。式(7-6)中的 $\mathrm{d}q$ 可根据不同的电荷分布写成

$$\mathrm{d}q = \begin{cases} \lambda \mathrm{d}L & \text{（线分布）} \\ \sigma \mathrm{d}S & \text{（面分布）} \\ \rho \mathrm{d}V & \text{（体分布）} \end{cases}$$

这时式(7-4)的积分应分别为线、面、体积分。

例 7.2 两个等量异号的点电荷 $+q$ 和 $-q$，相距 l，如果要计算场强的各场点相对这一对电荷的距离 r 比 l 大得多($r \gg l$)，这样一对点电荷称为电偶极子。定义

$$\boldsymbol{p} = q\boldsymbol{l}$$

为电偶极子的电偶极矩，$\boldsymbol{l}$ 的方向规定为由负电荷指向正电荷。试求电偶极子中垂线上一点 P 的电场强度。

解 设电偶极子轴线的中点 O 到 P 点的距离为 r，如图 7-1 所示。在场点 P 产生的电场强度大小为

$$E_+ = E_- = \frac{1}{4\pi\varepsilon_0} \frac{q}{r^2 + (l/2)^2}$$

P 点的合场强大小为

$$E = E_+ \cos\alpha + E_- \cos\alpha = 2E_+ \cos\alpha$$

因为 $\cos\alpha = \dfrac{l/2}{[r^2 + (l/2)^2]^{1/2}}$，所以

$$E = \frac{1}{4\pi\varepsilon_0} \frac{ql}{[r^2 + (l/2)^2]^{3/2}}$$

由于 $r \gg l$，因此

$$E = \frac{1}{4\pi\varepsilon_0} \frac{p}{r^3}$$

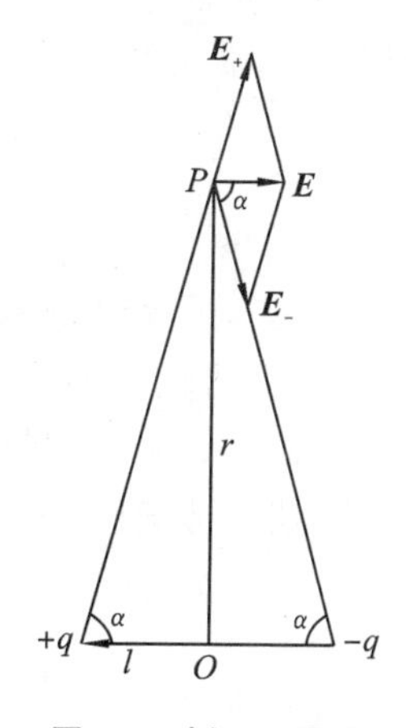

图 7-1 例 7.2 用图

考虑到 $\boldsymbol{E}$ 的方向与电偶极子的电偶极矩 $\boldsymbol{p}$ 的方向相反，所以

$$\boldsymbol{E} = -\frac{1}{4\pi\varepsilon_0} \frac{\boldsymbol{p}}{r^3}$$

例 7.3 设有一均匀带电直线段，长为 L，带电量为 q，线外一点 P 到直线的垂直距离为 a，如图 7-2 所示。试求 P 点的电场强度。

解 取 P 点到直线的垂足 O 为原点，如图 7-2 所示。在带电直线段上距原点为 y 处，取线元 $\mathrm{d}y$，其带电量为 $\mathrm{d}q = \lambda \mathrm{d}y$，其中 $\lambda = \dfrac{q}{L}$ 为电荷线密度。设 $\mathrm{d}y$ 到 P 点的距离为 r，则电荷元 $\mathrm{d}q$ 在 P 点产生的电场强度 $\mathrm{d}\boldsymbol{E}$ 的大小为

$$\mathrm{d}E = \frac{1}{4\pi\varepsilon_0} \frac{\lambda \mathrm{d}y}{r^2}$$

$\mathrm{d}E$ 的方向如图所示，它与 Y 轴的夹角为 θ，$\mathrm{d}\boldsymbol{E}$ 在 x、y 轴上分量为

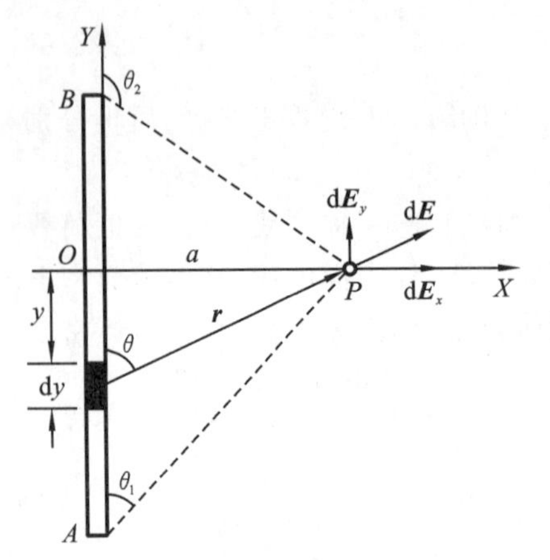

图 7-2 例 7.3 用图

$$\mathrm{d}E_x = \mathrm{d}E\sin\theta = \frac{\lambda\sin\theta}{4\pi\varepsilon_0 r^2}\mathrm{d}y \qquad ①$$

$$\mathrm{d}E_y = \mathrm{d}E\cos\theta = \frac{\lambda\cos\theta}{4\pi\varepsilon_0 r^2}\mathrm{d}y \qquad ②$$

①、②式右边均有三个变量(θ,y,r),需利用题目所给已知条件,消去其中两个变量。由图可知 $y=-a\cot\theta, a=r\sin\theta$,所以 $\mathrm{d}y=a\csc^2\theta\mathrm{d}\theta$,则

$$\mathrm{d}E_x = \frac{\lambda}{4\pi\varepsilon_0 a}\sin\theta\mathrm{d}\theta$$

$$\mathrm{d}E_y = \frac{\lambda}{4\pi\varepsilon_0 a}\cos\theta\mathrm{d}\theta$$

对以上两式分别积分得

$$E_x = \int \mathrm{d}E_x = \int_{\theta_1}^{\theta_2}\frac{\lambda\sin\theta}{4\pi\varepsilon_0 a}\mathrm{d}\theta = \frac{\lambda}{4\pi\varepsilon_0 a}(\cos\theta_1 - \cos\theta_2)$$

$$E_y = \int \mathrm{d}E_y = \int_{\theta_1}^{\theta_2}\frac{\lambda\cos\theta}{4\pi\varepsilon_0 a}\mathrm{d}\theta = \frac{\lambda}{4\pi\varepsilon_0 a}(\sin\theta_2 - \sin\theta_1)$$

故 P 点场强为

$$\boldsymbol{E} = \frac{\lambda}{4\pi\varepsilon_0 a}[(\cos\theta_1 - \cos\theta_2)\boldsymbol{i} + (\sin\theta_2 - \sin\theta_1)\boldsymbol{j}]$$

当细棒向两端延伸,致使棒长远大于 P 点至棒的距离时,可认为棒为“无限长”,这时 $\theta_1\to 0$,$\theta_2\to\pi$,则

$$\boldsymbol{E} = E_x\boldsymbol{i} = \frac{\lambda}{2\pi\varepsilon_0 a}\boldsymbol{i}$$

即“无限长”均匀带电细棒外一点的场强大小与棒上的电荷线密度成正比,与该点至棒的距离 a 成反比;其方向与棒垂直。

例 7.4 已知一均匀带电的圆环半径为 R,所带电量为 q,试求该圆环轴线上的场强。

解 取坐标轴 OX,如图 7-3 所示,在圆环上任取一电荷元 $\mathrm{d}q$,它在 P 点处产生的场强为

$$\mathrm{d}\boldsymbol{E} = \frac{\mathrm{d}q}{4\pi\varepsilon_0 r^2}\boldsymbol{e}_r$$

设 $\mathrm{d}\boldsymbol{E}$ 沿平行和垂直于轴线的两个分量为 $\mathrm{d}\boldsymbol{E}_{\parallel}$ 和 $\mathrm{d}\boldsymbol{E}_{\perp}$。由于圆环上电荷分布关于轴线对称,所以圆环上全部电荷的 $\mathrm{d}\boldsymbol{E}_{\perp}$ 分量的矢量和为零,即 $E_{\perp} = \int \mathrm{d}E_{\perp} = 0$,因此 P 点的场强沿轴线方向,且大小为

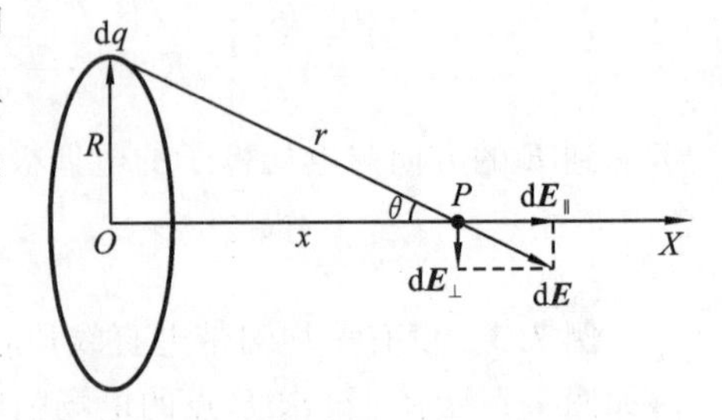

图 7-3 例 7.4 用图

$$E = \int_q \mathrm{d}E_{\parallel}$$

由于

$$\mathrm{d}E_{\parallel} = \mathrm{d}E\cos\theta = \frac{\mathrm{d}q}{4\pi\varepsilon_0 r^2}\cos\theta$$

其中 θ 为 $\mathrm{d}\boldsymbol{E}$ 与 X 轴的夹角,所以

$$E = \int \mathrm{d}E_{\parallel} = \int_q \frac{\mathrm{d}q}{4\pi\varepsilon_0 r^2}\cos\theta = \frac{q\cos\theta}{4\pi\varepsilon_0 r^2}$$

由于 $\cos\theta=\frac{x}{r}$，而 $r=\sqrt{R^2+x^2}$，所以

$$E=\frac{qx}{4\pi\varepsilon_0(R^2+x^2)^{3/2}}$$

场强的方向沿 X 轴正向。

若 P 点位于环心(即 $x=0$)处，则其场强 $E=0$；若 P 点离环心无限远(即 $x\gg R$)，则其场强 $E=\frac{q}{4\pi\varepsilon_0 x^2}$。这说明，远离环心处的电场相当于一个位于环心的点电荷 q 产生的电场。

例 7.5 如图 7-4 所示，一半径为 R 的均匀带电的圆盘。其电荷面密度为 σ，求过盘心且垂直盘面的轴线上的场强。

解 过盘心建立 X 轴如图 7-4 所示，由于电荷关于 O 点对称，因而可取半径为 r，宽为 $\mathrm{d}r$ 的环带作电荷元，其电量 $\mathrm{d}q=\sigma 2\pi r\mathrm{d}r$，利用例 7.4 的结果可得，环带电荷元在 P 点产生的场强，其方向沿 X 轴正向，其大小为

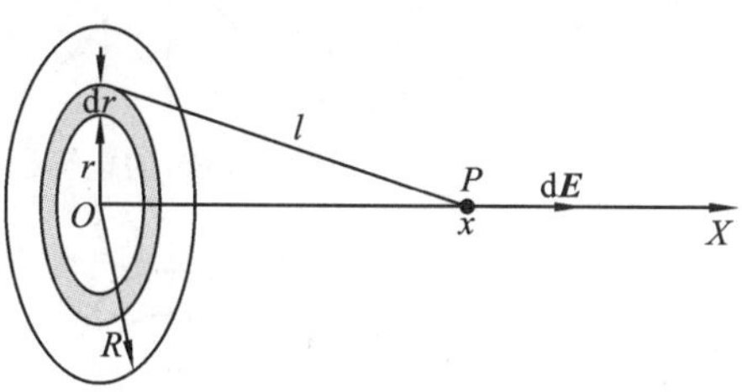

$$\mathrm{d}\boldsymbol{E}=\frac{x\mathrm{d}q}{4\pi\varepsilon_0(r^2+x^2)^{3/2}}=\frac{\sigma x r\mathrm{d}r}{2\varepsilon_0(r^2+x^2)^{3/2}}$$

图 7-4 例 7.5 用图

整个圆盘在 P 点产生的场强大小为

$$E=\int\mathrm{d}E=\int_0^R\frac{\sigma x r\mathrm{d}r}{2\varepsilon_0(r^2+x^2)^{3/2}}=\frac{\sigma}{2\varepsilon_0}\left[1-\frac{x}{(R^2+x^2)^{1/2}}\right]$$

其方向沿 X 轴正向。

若 $R\gg x$，则可将圆盘看成是“无限大”平面，这时

$$\boldsymbol{E}=\frac{\sigma}{2\varepsilon_0}\boldsymbol{i}$$

上式表明，“无限大”均匀带电平面附近的电场为一均匀电场，其大小为$\frac{\sigma}{2\varepsilon_0}$，其方向垂直于带电平面。

7.3 电场线 电场强度通量

Electric field lines Electric field intensity flux

7.3.1 电场线

为了形象地描述电场中场强的分布，可在电场中作一系列曲线，使曲线上每一点的切线方向与该点的场强方向一致，这些曲线称为电场线(又称电力线)，简称 $\boldsymbol{E}$ 线。如图 7-5 所示。

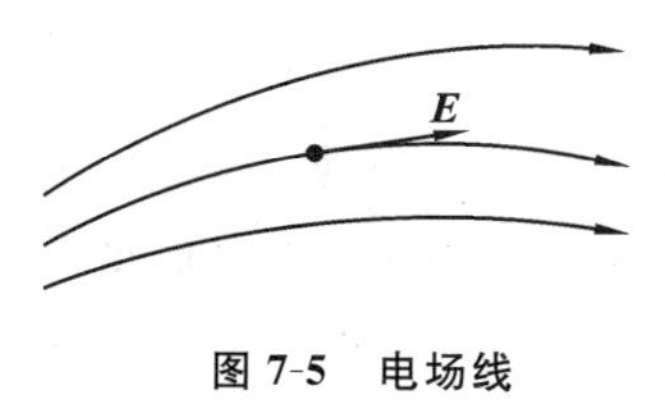

图 7-5 电场线

为了让电场线不仅能表示出各点场强的方向，而且还能表示出各点场强的大小，我们规定：电场中任一点场强的大小等于在该点附近垂直通过单位面积的电场线数，即

$$E=\frac{\mathrm{d}N}{\mathrm{d}S_n}$$

式中：$\mathrm{d}S_n$ 为垂直于电场线方向的面积元；

$\mathrm{d}N$ 为通过该面积的电场线数。

这就是说,从几何意义上讲,某点的场强与该点附近的电场线密度值相等。由此可见,电场线稠密处场强大,电场线稀疏处场强小。均匀电场的电场线是一些方向一致、距离相等的平行直线;非均匀电场的电场线是一系列间距不等的曲线。

图 7-6 所示为几种带电体的电场线,从图中可以看出,静电场的电场线具有如下特点。

(1)电场线是不闭合的,它始于正电荷,终止于负电荷,在无电荷处不会中断。

(2)任何两条电场线都不会相交,因为电场中任何一点处的场强只有一个确定的方向。

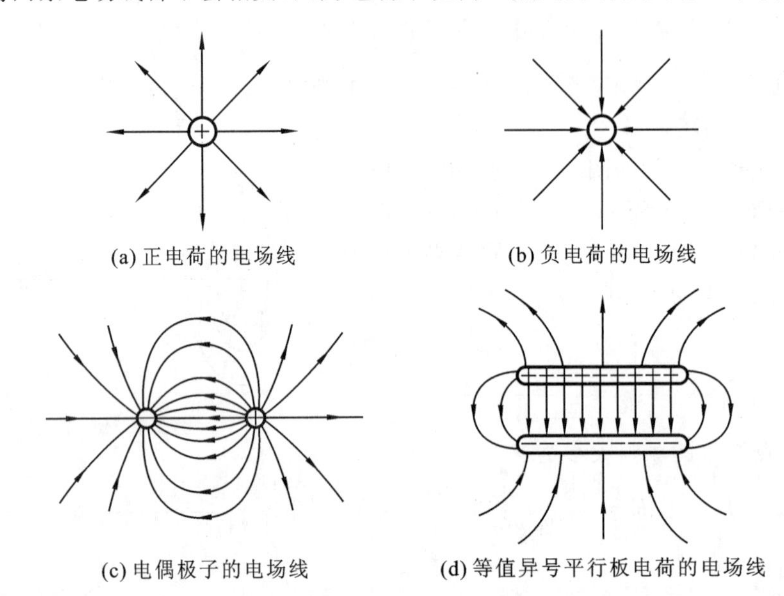

(a) 正电荷的电场线　(b) 负电荷的电场线

(c) 电偶极子的电场线　(d) 等值异号平行板电荷的电场线

图 7-6　几种带电体(电荷)的电场线

7.3.2　电场强度通量

通过电场中某一个面的电场线数称为通过该面的电场强度通量,简称为电通量或 $\boldsymbol{E}$ 通量,用符号 Φ_e 表示。

设在均匀电场中,有一面积为 S 的平面垂直于电场强度 $\boldsymbol{E}$,如图 7-7(a)所示。由 $\boldsymbol{E}$ 通量的概念和电场强度的几何意义可知,通过该平面的 $\boldsymbol{E}$ 通量为

$$\Phi_e = ES_n = ES$$

若平面 S 与场强 $\boldsymbol{E}$ 不垂直时,其法线单位矢量与场强 $\boldsymbol{E}$ 成 θ 角,如图 7-7(b)所示。则通过这一平面的电通量为

$$\Phi_e = ES_n = ES\cos\theta$$

若场强是非均匀的,且 S 为一曲面,如图 7-7(c)所示,这时可将曲面划分为许许多多个可视为平面的面积元,各面元内的 $\boldsymbol{E}$ 可看成是均匀的,于是通过面积元的电通量为

$$\mathrm{d}\Phi_e = E\mathrm{d}S\cos\theta = \boldsymbol{E}\cdot\mathrm{d}\boldsymbol{S}$$

式中,θ 表示 $\mathrm{d}S$ 的法线方向与场强 $\boldsymbol{E}$ 的夹角。为了表述简便,我们引入面积元矢量的概念,规定其大小为面积元的面积 $\mathrm{d}S$,其方向为面积元的法线方向,即 $\boldsymbol{dS} = \mathrm{d}S\boldsymbol{e}_n$(式中,$\boldsymbol{e}_n$ 为面积元法线方向的单位矢量),于是,上式可写成

$$\mathrm{d}\Phi_e = \boldsymbol{E}\cdot\mathrm{d}\boldsymbol{S}$$

通过曲面 S 的电通量为

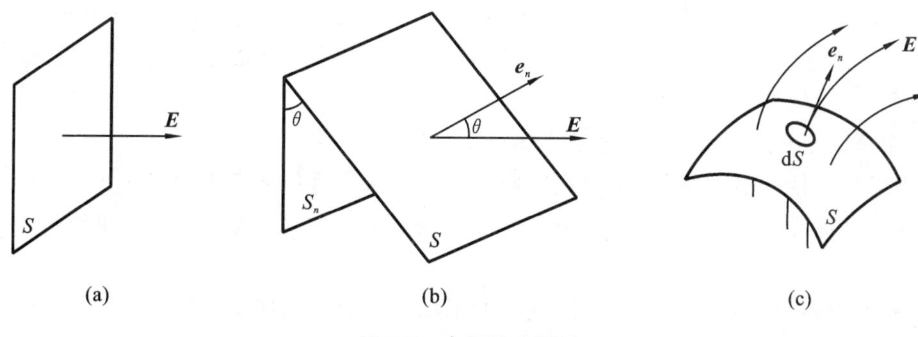

图 7-7 电场强度通量

$$\Phi_e=\iint_S \mathrm{d}\Phi_e=\iint_S E\,\mathrm{d}S\cos\theta=\iint_S \boldsymbol{E}\cdot\mathrm{d}\boldsymbol{S}$$

如果 S 为闭合曲面,则上式可表示为

$$\Phi_e=\oint\!\!\!\oint_S \boldsymbol{E}\cdot\mathrm{d}\boldsymbol{S}$$

$\boldsymbol{E}$ 通量为标量,其值可正、可负,也可为零,具体情况由面积元方向与场强的夹角 θ 决定。当 $\theta<\frac{\pi}{2}$时,$\boldsymbol{E}$ 通量为正;$\theta>\frac{\pi}{2}$时,$\boldsymbol{E}$ 通量为负;$\theta=\frac{\pi}{2}$时,$\boldsymbol{E}$ 通量为零。对于封闭曲面,一般规定由内向外的方向为面积元法线方向,因此,当电场线由闭合曲面内部穿出时,$\boldsymbol{E}$ 通量为正;当电场线由闭合曲面外部穿入时,$\boldsymbol{E}$ 通量为负。

7.4 电场强度的高斯定理
Gauss theorem of electric field strength

7.4.1 高斯定理

高斯定理是电磁学的基本定理之一,它给出了静电场中穿过任一闭合曲面 S 的电通量与该闭合曲面内包围的电量值之间的关系。高斯定理可表述为:

真空中的静电场中,穿过任一闭合曲面的电通量,在数值上等于该闭合曲面内包围的电量的代数和除以 ε_0,即

$$\Phi_e=\oint\!\!\!\oint_S \boldsymbol{E}\cdot\mathrm{d}\boldsymbol{S}=\frac{\sum q_i}{\varepsilon_0}$$

In the electrostatic field in vacuum ,the electric flux through one of the closed surface , is numerically equal to the algebraic sum of charge surrounded by surface ,and divided by ε_0.

如果闭合曲面所包围的电荷是连续分布的,则上式可写成

$$\Phi_e=\oint\!\!\!\oint_S \boldsymbol{E}\cdot\mathrm{d}\boldsymbol{S}=\frac{1}{\varepsilon_0}\iiint_V \rho\,\mathrm{d}V$$

式中:ρ 表示体电荷密度;

$\iiint_V$ 表示对整个带电体积分。

定理中的闭合曲面常称为"高斯面"。

高斯定理表明,闭合曲面内包围的电荷越多,则从中发出的电场线就越多。当高斯面包围

的电荷为正时,$\Phi_e>0$,电场线由正电荷发出,向外穿出高斯面;当高斯面包围的电荷为负时,$\Phi_e<0$,电场线由外向内穿入高斯面,终止于高斯面内的负电荷。这说明,静电场是有源场,其源头在正电荷处,源尾位于负电荷处。

在应用高斯定理时,要特别注意以下几点。

(1)高斯面上任一点的场强,是由高斯面内外的所有电荷共同产生的。

(2)通过高斯面的电通量,仅由高斯面内电荷电量的代数和决定,与高斯面外是否有电荷无关。

(3)高斯定理不仅适用于静电场,对变化的电场及一般带电体也适用。

7.4.2 高斯定理的证明

下面分两种情况对高斯定理做简要证明。

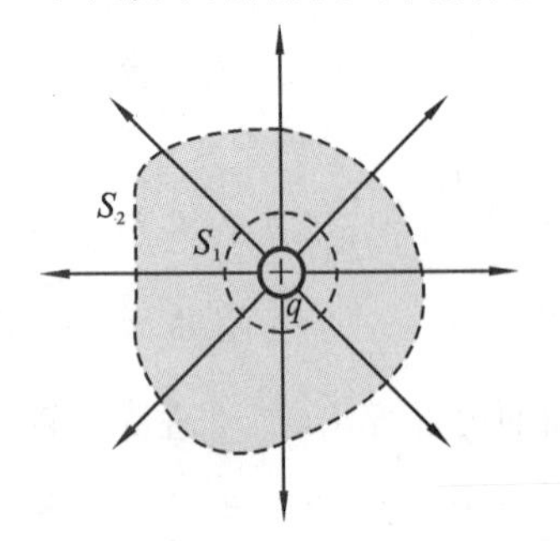

图 7-8 穿过闭合曲面的电通量

1. 闭合曲面内包围一个点电荷 q

以 q 为球心,R 为半径作球面 S_1,如图 7-8 所示,则穿过此球面的电通量为

$$\Phi_e=\oint\!\!\!\oint_{S_1}\boldsymbol{E}\cdot\mathrm{d}\boldsymbol{S}=\oint\!\!\!\oint_{S_1}\frac{q}{4\pi\varepsilon_0 r^2}\mathrm{d}S=\frac{q}{\varepsilon_0}$$

取闭合曲面为任意封闭曲面 S_2,如图 7-8 所示。由于电场线在无电荷处不会中断,所以通过 S_2 的电通量为

$$\Phi_e=\oint\!\!\!\oint_{S_2}\boldsymbol{E}\cdot\mathrm{d}\boldsymbol{S}=\oint\!\!\!\oint_{S_1}\boldsymbol{E}\cdot\mathrm{d}\boldsymbol{S}=\frac{q}{\varepsilon_0} \qquad ①$$

2. 闭合曲面内含有 n 个点电荷,闭合曲面外有 k 个点电荷

根据场强叠加原理,闭合曲面上的场强为

$$\boldsymbol{E}=\boldsymbol{E}_1+\cdots+\boldsymbol{E}_n+\cdots+\boldsymbol{E}_{n+k}$$

式中,$\boldsymbol{E}_1,\cdots,\boldsymbol{E}_n,\cdots,\boldsymbol{E}_{n+k}$ 分别为点电荷 $q_1,\cdots,q_n,\cdots,q_{n+k}$ 单独存在时在曲面上产生的场强。因此,通过曲面的电通量为

$$\begin{aligned}\Phi_e&=\oint\!\!\!\oint_S\boldsymbol{E}\cdot\mathrm{d}\boldsymbol{S}=\oint\!\!\!\oint_S\boldsymbol{E}_1\cdot\mathrm{d}\boldsymbol{S}+\cdots+\oint\!\!\!\oint_S\boldsymbol{E}_n\cdot\mathrm{d}\boldsymbol{S}+\cdots+\oint\!\!\!\oint_S\boldsymbol{E}_{n+k}\cdot\mathrm{d}\boldsymbol{S}\\&=\Phi_{e1}+\cdots+\Phi_{en}+\Phi_{e(n+1)}+\cdots+\Phi_{e(n+k)}\end{aligned} \qquad ②$$

式中,$\Phi_{e1},\cdots,\Phi_{en},\cdots,\Phi_{e(n+k)}$ 分别为相应点电荷单独存在时的场强对 S 的电通量。由电场线的特点(起于正电荷,止于负电荷)可知,面外电荷的电场线穿出、穿入高斯面的数目相等,其和为零,即

$$\Phi_{e(n+1)}=\Phi_{e(n+2)}=\cdots=\Phi_{e(n+k)}=0$$

将其代入式②,并注意到①式 $\Phi_{ei}=\dfrac{q_i}{\varepsilon_0}$,则

$$\Phi_e=\oint\!\!\!\oint_S\boldsymbol{E}\cdot\mathrm{d}\boldsymbol{S}=\Phi_{e1}+\cdots+\Phi_{en}=\frac{q_1}{\varepsilon_0}+\cdots+\frac{q_n}{\varepsilon_0}=\sum\frac{q_i}{\varepsilon_0}$$

7.4.3 高斯定理的应用

当已知电荷的分布,且电荷的分布具有某种对称性时,可用高斯定理求场强的分布。

利用高斯定理求场强的分布,大致可分以下三步进行。

(1)分析电荷(或场强)分布是否具有对称性。只有具有对称性分布的场强才能用高斯定理求解。

(2)选择适当的高斯面。选择高斯面时应注意：

①高斯面必须经过场点；

②高斯面上的场强或者处处相等，或者部分相等。场强部分相等时，该部分的场强应与对应面的法线平行。

(3)应用高斯定理求解。

例 7.6 已知一半径为 R 的均匀带电球面，带电量为 q，试求该带电球面的场强分布。

解 本题电荷分布具有球面对称性，可用高斯定理求解。

以球心为中心，r 为半径作一球面(高斯面)S，如图 7-9 所示。由于高斯面 S 上各点的场强大小相等，且各点的场强方向均与该点的面积元矢量 $d\boldsymbol{S}$ 平行，于是，通过高斯面的电通量为

$$\Phi_e = \oint\!\!\!\oint_S \boldsymbol{E} \cdot \mathrm{d}\boldsymbol{S} = E\oint\!\!\!\oint_S \mathrm{d}S = 4\pi r^2 E$$

由高斯定理得

$$\Phi_e = 4\pi r^2 E = \begin{cases} 0(r < R) \\ \dfrac{q}{\varepsilon_0}(r > R) \end{cases}$$

故均匀带电球面的场强大小为

$$E = \begin{cases} 0(r < R) \\ \dfrac{q}{4\pi\varepsilon_0 r^2}(r > R) \end{cases}$$

上式说明，均匀带电球面内的场强处处为零；球面外的场强相当于球面上的电荷集中于球心时所产生的场强，E-r 关系如图 7-9(b)所示。

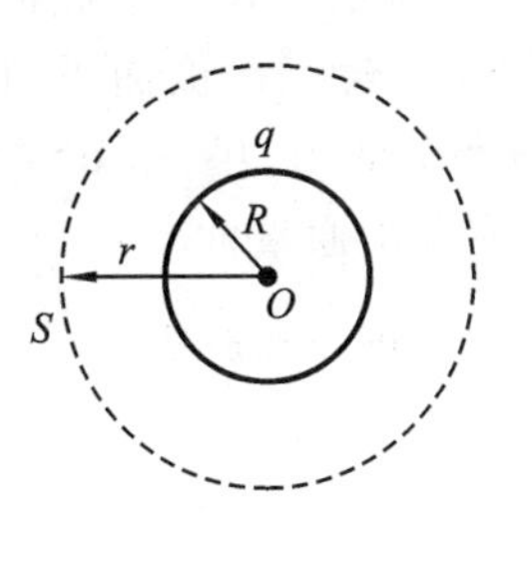

(a) 带电球面及高斯面

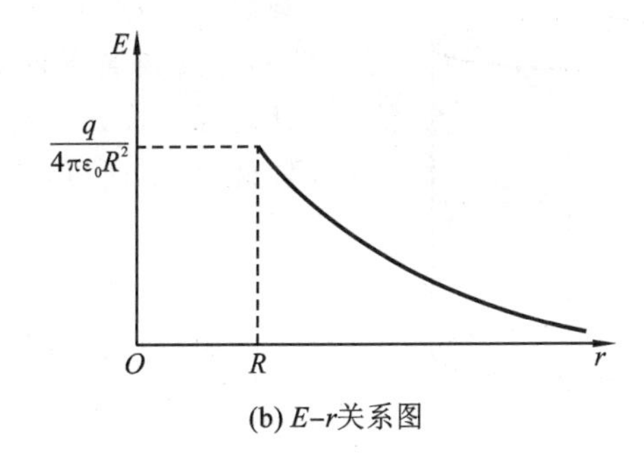

(b) E–r关系图

图 7-9 例 7.6 用图

例 7.7 已知一半径为 R 的均匀带电球体，带电量为 q，试求该带电球体的场强分布。

解 本题电荷分布具有球对称性，电场也呈球对称分布，因此可用高斯定理求解。

以球心为中心，r 为半径作一球面(高斯面)S，如图 7-10 所示。则通过高斯面 S 的电通量为

$$\Phi_e = \oint\!\!\!\oint_S \boldsymbol{E} \cdot \mathrm{d}\boldsymbol{S} = 4\pi r^2 E$$

由高斯定理得

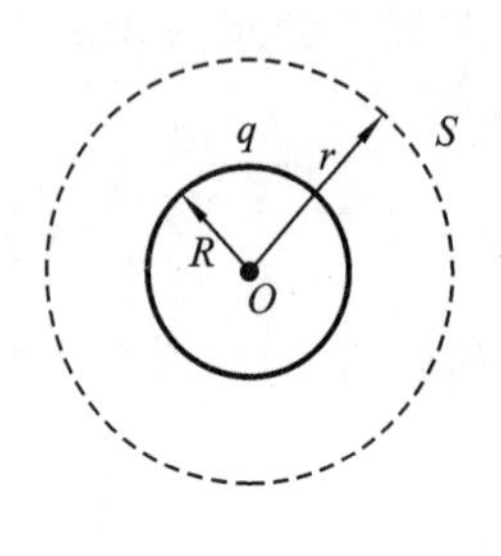

(a) 带电球体及其高斯面

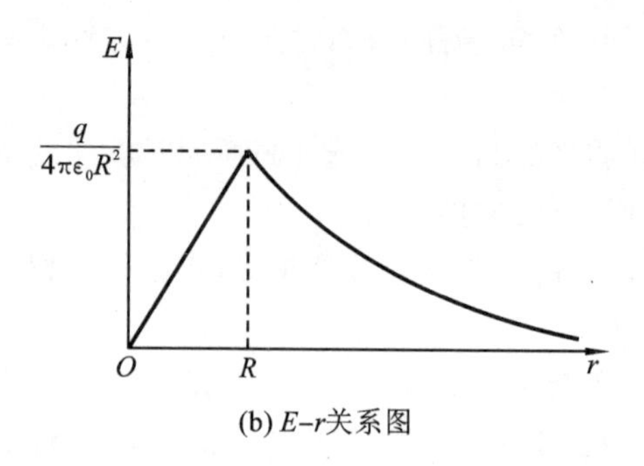

(b) E-r关系图

图 7-10　例 7.7 用图

$$\Phi_e = 4\pi r^2 E = \begin{cases} \dfrac{\rho\dfrac{4}{3}\pi r^3}{\varepsilon_0} = \dfrac{qr^3}{\varepsilon_0 R^3}(r < R) \\ \dfrac{q}{\varepsilon_0}(r > R) \end{cases}$$

故均匀带电球体的场强大小为

$$E = \begin{cases} \dfrac{qr}{4\pi\varepsilon_0 R^3} = \dfrac{\rho}{3\varepsilon_0}r(r < R) \\ \dfrac{q}{4\pi\varepsilon_0 r^2}(r > R) \end{cases}$$

上式说明，在均匀带电球体内，E 与 r 成正比；在球体外，E 与 r^2 成反比，与整个球体的电荷集中于球心时所产生的场强一样，E-r 关系曲线如图 7-10(b)所示。

例 7.8　一均匀带电的"无限长"直线，电荷线密度为 λ，试求该带电直线的场强分布。

解　本题电荷分布具有轴对称性，因此可用高斯定理求解。

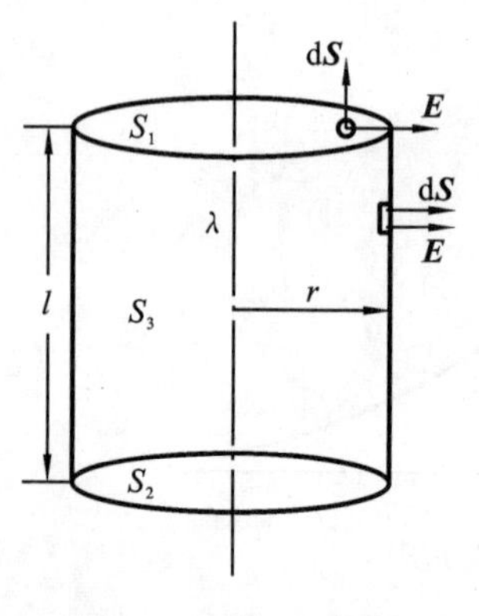

图 7-11　例 7.8 用图

以带电直线为轴，场点至轴的距离为半径 r，作高为 l 的圆柱面(高斯面 S)，如图 7-11 所示。在上下底面 S_1、S_2 的任一点，其场强与面元垂直，$\boldsymbol{E}\cdot d\boldsymbol{S}=0$。侧面 S_3 上的任一点，其场强与面元平行，$\boldsymbol{E}\cdot d\boldsymbol{S}=E\mathrm{d}S\cos 0°=E\mathrm{d}S$，且 $\boldsymbol{E}$ 的大小处处相等，所以，通过高斯面的 $\boldsymbol{E}$ 通量为

$$\Phi_e = \oint\!\!\!\oint_S \boldsymbol{E}\cdot \mathrm{d}\boldsymbol{S} = 2\pi r l E$$

由前面分析：$E\cdot 2\pi r l=\dfrac{\lambda l}{\varepsilon_0}$

得
$$E=\frac{\lambda}{2\pi\varepsilon_0 r}$$

这与用场强叠加原理积分计算的结果完全一致，但方法要简便得多。

例 7.9　一均匀带电的"无限大"平面，其电荷面密度为 σ，试求该带电平面的场强分布。

解　如图 7-12 所示，取一轴线与带电平面垂直的封闭圆柱面 S 为高斯面，S_1、S_2 为与带电平面的平行两底面(设其面积为 ΔS)，S_3 为侧面；且场点在 S_1 或 S_2 上，对于 S_1、S_2 上的各点，$\boldsymbol{E} /\!/ \mathrm{d}\boldsymbol{S}$，$\boldsymbol{E}\cdot\mathrm{d}\boldsymbol{S}=E\mathrm{d}S$；$S_3$ 上的各点，$\boldsymbol{E}\perp \mathrm{d}\boldsymbol{S}$，$\boldsymbol{E}\cdot\mathrm{d}\boldsymbol{S}=0$。于是，穿过高斯面的 E 通量为

$$\begin{aligned}\Phi_e &= \oint\!\!\!\oint_S \boldsymbol{E}\cdot\mathrm{d}\boldsymbol{S} = \iint_{S_1}\boldsymbol{E}\cdot\mathrm{d}\boldsymbol{S} + \iint_{S_2}\boldsymbol{E}\cdot\mathrm{d}\boldsymbol{S} + \iint_{S_3}\boldsymbol{E}\cdot\mathrm{d}\boldsymbol{S} \\ &= 2E\Delta S\end{aligned}$$

由高斯定理得

$$2E\Delta S=\frac{\sigma\Delta S}{\varepsilon_0}$$

所以

$$E=\frac{\sigma}{2\varepsilon_0}$$

结果与例 7.5 利用场强叠加原理求解的结果相同，但这里的方法要简便一些。

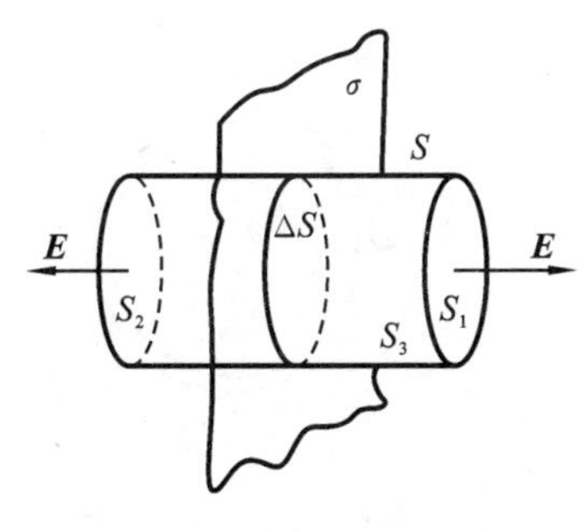

图 7-12 例 7.9 用图

【思考题与习题】

1. 思考题

7-1 点电荷一定是很小的带电体吗？比较大的带电体能否被视为点电荷？在什么条件下一个带电体才能视为点电荷？

7-2 能否由 $\boldsymbol{E}=\frac{\boldsymbol{F}}{q_0}$得出电场中某点的场强与试验电荷在该点受到的电场力成正比，与试验电荷的电量成反比的结论？

7-3 电场线、点通量与电场强度的关系是怎样的？电通量的正、负表示什么意义？

7-4 当通过某一闭合曲面的 $\boldsymbol{E}$ 通量为零时，在此闭合曲面上的电场强度一定处处为零吗？当通过某一闭合曲面的 $\boldsymbol{E}$ 通量不为零时，在此闭合曲面上的电场强度一定处处不为零吗？

2. 选择题

7-5 电荷之比为 1∶2∶4 的三个带同号电荷的小球 A、B、C，保持在一条直线上，相互间距离比小球直径大得多，若固定 A、C 不动，改变 B 的位置使 B 所受电场力为零时，$\overline{AB}$与$\overline{BC}$的比值为(　　)。

(A)1　　(B)2　　(C)1/2　　(D)1/4

7-6 真空中的两个平行带电平板 A、B 的面积均为 S，相距为 $d(d^2\ll S)$，分别带电 $+q$ 和 $-q$，则两板间的相互作用力大小为(　　)。

(A)$\frac{1}{4\pi\varepsilon_0}\frac{q^2}{d^2}$　　(B)$\frac{q^2}{\varepsilon_0 S}$　　(C)$\frac{q^2}{2\varepsilon_0 S}$　　(D)$\frac{q}{2\varepsilon_0 S}$

7-7 同心的导体球和导体球壳周围的电场线如图 7-13 所示，由电场线分布情况可知导体球壳上所带总电荷(　　)。

(A)$q>0$　　(B)$q=0$　　(C)$q<0$　　(D)无法确定

7-8 如图 7-14 所示，P 点处有一电量为 $+q$ 的点电荷，已知圆心 O 与 P 点的连线垂直于圆平面，P 点到圆心 O 的距离为 r，圆的半径为 R，则通过圆的电通量为(　　)。

(A)$\frac{q}{4\varepsilon_0}\cdot\frac{R^2}{R^2+r^2}$　　(B)$\frac{q}{4\varepsilon_0}\cdot\frac{R^2}{r^2}$

(C)$\frac{q}{2\varepsilon_0}\left(1-\frac{r}{\sqrt{R^2+r^2}}\right)$　　(D)0

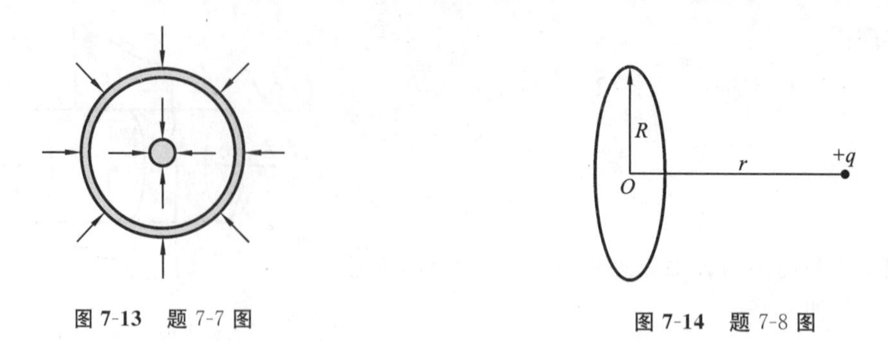

图 7-13 题 7-7 图

图 7-14 题 7-8 图

3. 填空题

7-9 某点电荷 $q_1=4\times10^{-6}$C 置于坐标(0,0)处，另一点电荷 $q_2=8\times10^{-6}$C 置于坐标(2,0)处。则场点 $P(1,0)$的场强大小 $E=$________。

7-10 两块“无限大”均匀带电的平行平板，其电荷面密度分别为 $\sigma(\sigma>0)$和 -2σ，如图7-15所示，试写出各个区域的电场强度 $\boldsymbol{E}$：

A 区的大小________________，方向________________；

B 区的大小________________，方向________________；

C 区的大小________________，方向________________。

7-11 如图 7-16 所示，在场强为 $\boldsymbol{E}$ 的均匀静电场中，取一半球面，其半径为 R，$\boldsymbol{E}$ 的方向水平向右且与半球的轴平行，则通过这个半球面的 $\boldsymbol{E}$ 通量是________________。

7-12 真空中一半径为 R 的均匀带电球面带有电荷 $Q(Q>0)$。今在球面上挖去非常小块的面积$\triangle S$(连同电荷)，如图 7-17 所示，假设不影响其他处原来的电荷分布，则挖去$\triangle S$ 后球心处电场强度的大小 $E=$________，其方向为________________。

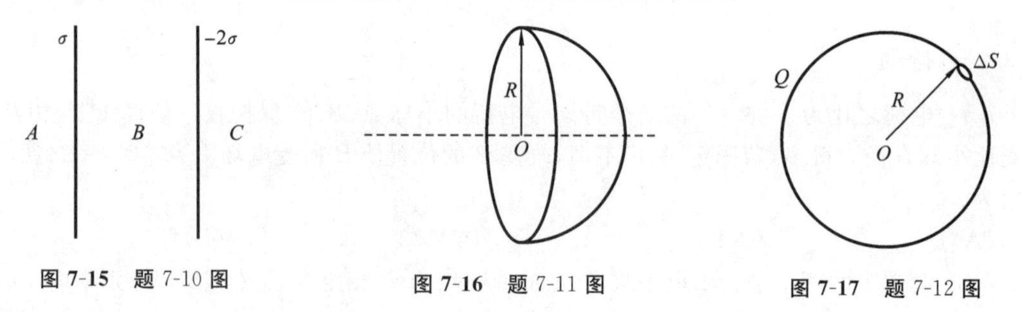

图 7-15 题 7-10 图

图 7-16 题 7-11 图

图 7-17 题 7-12 图

7.1 习题

7-13 大小相同的金属小球，所带电量的值分别为 Q_1、Q_2，且 $Q_1=\frac{1}{3}Q_2$，把 Q_1、Q_2 放在相距较远的两点，它们之间作用力的大小为 F，若使两球接触后再分开放回原位置，求它们之间作用力的大小。

7-14 有三个点电荷，电量都为$+q$，分别放在边长为 a 的正三角形的三个顶点上。

(1)在三角形的中心放一个电量为多少的电荷才能使每个电荷都能达到平衡？

(2)这样的平衡与正三角形的边长有无关系？这样的平衡是稳定平衡还是不稳定平衡？

7.2 习题

7-15 用绝缘细线弯成的半圆环，半径为 R，其上均匀地带有正电荷 Q，试求圆心的电场强度。

7-16　两条相互平行的无限长的均匀带电的直线，其电荷线密度分别为$+\lambda$、$-\lambda$，它们之间的距离为a，求：

(1)在两条直线所确定的平面内，离一直线距离为x的任一点的电场强度。

(2)每单位长度直线受到另一直线上电荷作用力的大小。

7-17　一均匀带电细棒长为l，电荷线密度为λ，求在细棒的延长线上距离棒中心为l处的电场强度。

7-18　如图7-18所示，一均匀带电的正方形线框，边长为1 mm，电量为$q=5\times10^{-3}$C，试求距离中心O为$l=1$ m处P点的电场强度。

7-19　一均匀带电细线形状如图7-19所示，其电荷线密度为λ，设曲率半径R与细线的长度相比为足够小，求O点处电场强度的大小。

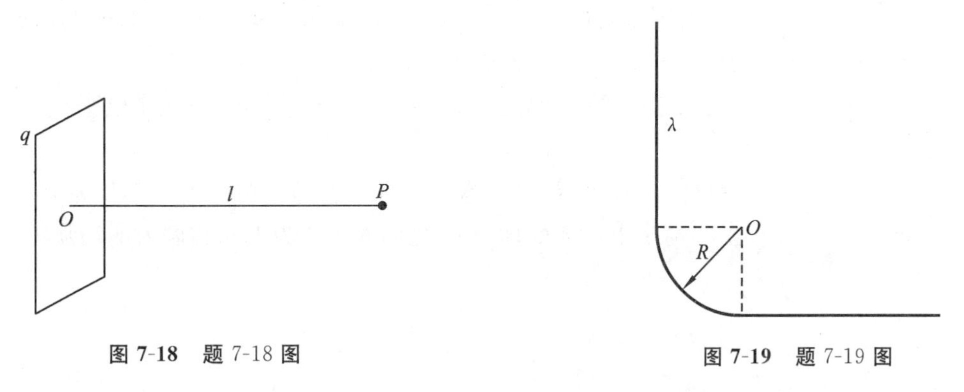

图7-18　题7-18图　　图7-19　题7-19图

7-20　一半径为R的均匀带电半球面，其电荷面密度为σ，试求球心处电场强度的大小。

7.3 习题

7-21　在一边长为a的立方体闭合面的中心，有一电荷量为$+q$的点电荷。求：

(1)通过闭合面的$\boldsymbol{E}$通量；

(2)通过每一个面的$\boldsymbol{E}$通量。

7-22　边长为a的立方体，其表面分别平行于xy、yz和zx平面，立方体的一个顶点位于坐标原点，如图7-20所示。现将立方体置于电场强度$\boldsymbol{E}=(E_1+kx)\boldsymbol{i}+E_2\boldsymbol{j}$的非均匀电场中，求电场对立方体各表面及整个立方体表面的电场强度通量。

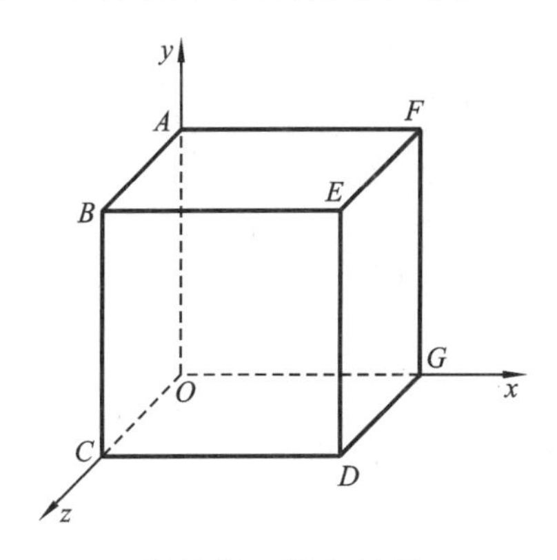

图7-20　题7-22图

7.4 习题

7-23　如图 7-21 所示，两点电荷的电量分别为$+q$及$-q$，相距为$2l$。求通过半径为R的圆平面的$\boldsymbol{E}$通量。

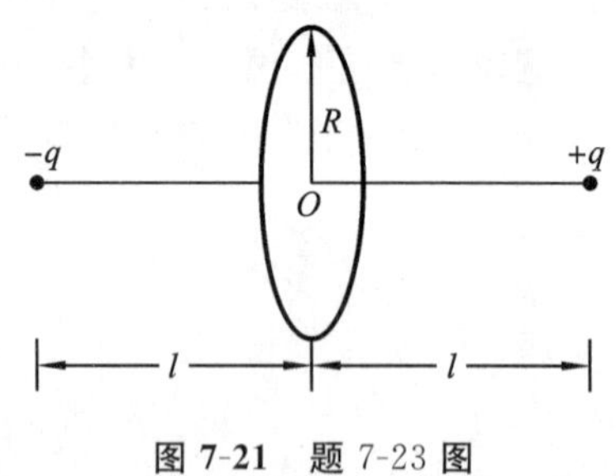

图 7-21　题 7-23 图

7-24　一对“无限长”的同轴直圆筒，半径分别为R_1和R_2($R_1<R_2$)，筒面上都均匀带电，沿轴线单位长度电量分别为$+\lambda$和$-\lambda$。试求空间的场强分布。

7-25　一“无限大”均匀带电平板，厚度为d，电荷体密度为ρ，试求该带电平板内外的电场强度。

7-26　一均匀带电球体，半径为R，电荷体密度为ρ，在球体内挖去一半径为$r(2r<R)$的球形空腔。设空腔中心O_2与带电球体的球心O_1之间的距离为l，求空腔内的场强。

第8章　电　　势
Chapter 8　Electric potential

8.1　保守力做功的特点　电势能
Features of the work done by conservative force, Electric potential energy

8.1.1　静电场力的功　静电场的环路定理

上一章我们讨论了如何利用高斯定理分析计算电场强度的分布，接下来我们来研究电场力做功的特点。假设有某电荷分布，产生了一个电场，我们想要知道，如果把某电荷从电场的某点移动到另外一个点，电场力做了多少功？做的功与哪些因素有关？

现在我们首先从库仑定律和场强叠加原理出发，证明静电场力做功与路径无关。这是静电场中的一个很重要的基本性质。

证明分两个步骤：第一步首先证明在单个点电荷产生的电场中，静电场力做功与路径无关；第二步再证明在点电荷系统产生的电场中，以上结论依然成立。

1. 单个点电荷产生的电场

我们知道，单个点电荷产生的电场分布和万有引力分布数学形式上非常相似，都是有心力场，有心力场就是在空间存在一个点 o，质点 p 受到的力都是与 op 矢量方向相同或相反，力的大小都是质点到 o 点的距离 r 的单值函数。可以证明，任何有心力所做的功都是与做功路径无关的。前面我们曾经证明过万有引力做功的特点，实际上这个方法同样可以用来证明库仑力做功也与路径无关。

将试探电荷 q_0 引入点电荷 q 的电场中，如图 8-1 所示，把 q_0 由 a 点沿任意路径 L 移至 b 点，路径上任一点 c 到 q 的距离为 r，此处的电场强度矢量为

$$\boldsymbol{E} = \frac{q}{4\pi\varepsilon_0 r^3}\boldsymbol{r}$$

场强的大小为

$$E = \frac{q}{4\pi\varepsilon_0 r^2}$$

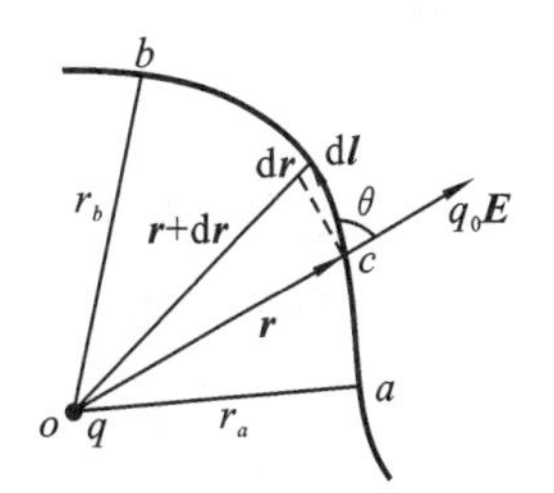

图 8-1　单个点电荷产生的电场

如果将试探电荷 q_0 在点 c 附近沿 L 移动了位移元 $\mathrm{d}\boldsymbol{l}$，那么电场力所做的元功为

$$\mathrm{d}A = q_0\boldsymbol{E}\cdot\mathrm{d}\boldsymbol{l} = q_0 E\mathrm{d}l\cos\theta = q_0 E\mathrm{d}r = q_0\frac{q}{4\pi\varepsilon_0 r^2}\mathrm{d}r$$

式中：θ 是电场强度 $\boldsymbol{E}$ 与位移元 $\mathrm{d}\boldsymbol{l}$ 间的夹角；

$dr = dl \cdot \cos\theta$ 是位移元 dl 沿电场强度 $\boldsymbol{E}$ 方向的分量，代表沿 $\boldsymbol{E}$ 方向的位移。

试探电荷由 a 点沿 L 移到 b 点电场力所做的功为

$$A = \int dA = \int_{r_a}^{r_b} q_0 \frac{q}{4\pi\varepsilon_0 r^2} dr = \frac{q_0 q}{4\pi\varepsilon_0}\left(\frac{1}{r_a} - \frac{1}{r_b}\right) \tag{8-1}$$

其中：r_a 和 r_b 分别表示电荷 q 到点 a 和点 b 的距离。上式表明在点电荷的电场中，移动试探电荷时，电场力所做的功除与试探电荷成正比外，还与试探电荷的始、末位置有关，而与路径无关。所以我们可以看出，只要是有心力做功，都与路径无关。

2. 点电荷系统产生的电场

任何一个带电体都可以看成由许多很小的电荷元组成的集合体，每一个电荷元都可以认为是点电荷。整个带电体在空间产生的电场强度 $\boldsymbol{E}$ 等于各个电荷元产生的电场强度的矢量和，这一结论称为场强的叠加原理，即

$$\boldsymbol{E} = \boldsymbol{E}_1 + \boldsymbol{E}_2 + \cdots + \boldsymbol{E}_n$$

利用场强的叠加原理可得：在点电荷系的电场中，试探电荷 q_0 从点 a 沿 L 移到点 b 合电场力所做的总功为

$$\begin{aligned} A &= \int_a^b \boldsymbol{F} \cdot d\boldsymbol{l} = \int_a^b q_0 \boldsymbol{E} \cdot d\boldsymbol{l} = \int_a^b q_0 (\boldsymbol{E}_1 + \boldsymbol{E}_2 + \cdots + \boldsymbol{E}_n) \cdot d\boldsymbol{l} \\ &= \int_a^b q_0 \boldsymbol{E}_1 \cdot d\boldsymbol{l} + \int_a^b q_0 \boldsymbol{E}_2 \cdot d\boldsymbol{l} + \cdots + \int_a^b q_0 \boldsymbol{E}_n \cdot d\boldsymbol{l} \\ &= A_1 + A_2 + \cdots + A_n = \sum_{i=1}^{n} A_i \end{aligned}$$

上式中的每一项 A_i 都表示试探电荷 q_0 在第 i 个点电荷单独产生的电场中从点 a 沿 L 移到点 b 电场力所做的功。由此可见点电荷系的电场力对试探电荷所做的功也只与试探电荷的电量以及它的始末位置有关，而与移动的路径无关。

于是我们得到这样的结论：在任何静电场中，电荷运动时电场力所做的功只与始末位置有关，而与电荷运动的路径无关，即静电场是保守力场。

若使试探电荷在静电场中沿任一闭合回路 L 绕行一周，则静电场力所做的功为零，电场强度的环量为零，即

$$\oint_L q_0 \boldsymbol{E} \cdot d\boldsymbol{l} = 0$$

两边同除以 q_0，则可以导出

$$\oint_L \boldsymbol{E} \cdot d\boldsymbol{l} = 0 \tag{8-2}$$

这个等式与试探电荷电量无关，说明了是由场源电荷产生的电场之基本性质。

静电场的这一特性称为静电场的环路定理，它连同高斯定理是描述静电场的两个基本定理。

8.1.2　电势能

任何做功与路径无关的力场，叫做保守力场，在这类场中都可以引入“势能”的概念。例如，在力学中，重力做功与路径无关，所以重力场是保守力场，我们可以引入“重力势能”的概念。同样道理，静电场是保守力场，所以在静电场中也可以引入势能的概念，称为电势能，单位为焦耳。设 W_a、W_b 分别表示试探电荷 q_0 在起点 a、终点 b 的电势能，当 q_0 由 a 点移至 b 点

时，据功能原理便可得电场力所做的功为电势能的负增量。

$$A_{ab}=\int_a^b q_0\boldsymbol{E}\cdot d\boldsymbol{l}=-(W_b-W_a)=W_a-W_b \tag{8-3}$$

当电场力做正功时，系统的电势能减小；做负功时，电势能增加。可见，电场力所做的功是电势能改变的增量的负值。

从上式可以看出，电荷在静电场中两点的电势能差有确定的值。但是无法从中得出电势能的绝对数值。电势能与重力势能一样，是空间坐标的函数，其量值具有相对性，因此为了确定电荷在静电场中某点的电势能，应事先选择某一点作为电势能的零点。电势能的零点选择是任意的，一般以方便合理为前提。若选 c 点为电势能零点，即 $W_c=0$，则场中任一点 a 的电势能为

$$W_a=q_0\int_a^c\boldsymbol{E}\cdot d\boldsymbol{l} \tag{8-4}$$

8.2 电势与电势差
Electric potential and potential difference

8.2.1 电势和电势差定义

$W_a=q_0\int_a^c\boldsymbol{E}\cdot d\boldsymbol{l}$ 表明，W_a 与试探电荷的电量成正比，电势能是电荷与电场间的相互作用能，是电荷与电场所组成的系统共有的，与试探电荷的电量有关。因此，电势能 W_a不能用来描述电场的性质。但比值 W_a/q_0 却与 q_0 无关，仅由电场的性质及 a 点的位置来确定，为此我们定义此比值为电场中 a 点的电势，用 V_a 表示，即

$$V_a=\frac{W_a}{q_0}=\int_a^c\boldsymbol{E}\cdot d\boldsymbol{l} \tag{8-5}$$

这表明，电场中任一点 a 的电势，在数值上等于单位正电荷在该点所具有的电势能，或者等于单位正电荷从该点沿任意路径移至电势能零点处的过程中，电场力所做的功。

We define the potential V_a at point a in an electric field as the potential energy per unit positive charge, or as the work done by moving the unit positive charge q_0 from point a to potential Zero through any path.

式(8-5)就是电势的定义式，它是电势与电场强度的积分关系式。

静电场中任意两点 a、b 的电势之差，称为这两点间的电势差，用 ΔV 或 U 表示，则有

$$\begin{aligned}U=V_a-V_b&=\int_a^c\boldsymbol{E}\cdot d\boldsymbol{l}-\int_b^c\boldsymbol{E}\cdot d\boldsymbol{l}=\int_a^c\boldsymbol{E}\cdot d\boldsymbol{l}-\left(-\int_c^b\boldsymbol{E}\cdot d\boldsymbol{l}\right)\\&=\int_a^c\boldsymbol{E}\cdot d\boldsymbol{l}+\int_c^b\boldsymbol{E}\cdot d\boldsymbol{l}=\int_a^b\boldsymbol{E}\cdot d\boldsymbol{l}\end{aligned} \tag{8-6}$$

该式反映了电势差与场强的关系。它表明，静电场中任意两点的电势差，其数值等于将单位正电荷沿任意路径由一点移到另一点的过程中，静电场力所做的功。若将电量为 q_0 的试探电荷由 a 点移至 b 点，静电场力做的功用电势差可表示为

$$A_{ab}=W_a-W_b=q_0(V_a-V_b)=q_0U \tag{8-7}$$

式(8-7)说明计算电场力做的功可以用被移动电荷的电量乘以始末两点的电势差而得到结果，使用这个方法比较方便。

由于电势能是相对的,电势也是相对的,其值与电势的零点选择有关,定义式(8-5)中是选 c 点为电势零点的。一般来说,电势零点的选择和电势能零点的选择一样,可以任意选择空间中某一点。但是实际情况中,我们往往还要根据具体情况来选择,例如带电荷体系如果是分布在有限大空间范围内,我们一般选取无限远处为电势零点。反之如果电荷分布在无限大空间范围内,如无限长带电荷直线、无限大带电荷平面,我们反过来要选取有限远空间某一点为电势零点,我们将在例题中说明这样做的原因。在实际生活中我们经常还选取大地或电器外壳为电势零点。改变电势零点的选取位置,空间中某点的电势会发生变化,但是任意两点的电势差不会发生变化,与零点选择无关。

在国际单位制中,电势和电势差的单位都是伏特(V)。1 伏特=1 焦耳/1 库仑,同时从电势与场强积分关系中还可以得到场强 $\boldsymbol{E}$ 的单位为伏/米,这与前面给出的牛/库是等价的。

8.2.2 电势的计算

1. 点电荷的电势

在点电荷 q 的电场中,若选无限远处为电势零点,由电势的定义式(8-5)可得在与点电荷 q 相距为 r 的任一场点 P 上的电势为

$$V_P = \int_r^{\infty} \boldsymbol{E} \cdot \mathrm{d}\boldsymbol{r} = \int_r^{\infty} \frac{q}{4\pi\varepsilon_0 r^2} \boldsymbol{e}_r \cdot \mathrm{d}\boldsymbol{r} = \frac{q}{4\pi\varepsilon_0 r} \tag{8-8}$$

上式是点电荷电势的计算公式,它表示,在点电荷的电场中任意一点的电势,与点电荷的电量 q 成正比,与该点到点电荷的距离成反比。

2. 多个点电荷的电势

在真空中有 N 个点电荷,由场强叠加原理及电势的定义式得场中任一点 P 的电势为

$$V_P = \int_r^{\infty} \boldsymbol{E} \cdot \mathrm{d}\boldsymbol{r} = \int_r^{\infty} \sum_i \boldsymbol{E}_i \cdot \mathrm{d}\boldsymbol{r} = \sum_i \int_r^{\infty} \boldsymbol{E}_i \cdot \mathrm{d}\boldsymbol{r} = \sum_i V_i \tag{8-9}$$

上式表示,在多个点电荷产生的电场中,任意一点的电势等于各个点电荷在该点产生的电势的代数和。电势的这一性质,称为电势的叠加原理。

设第 i 个点电荷到点 P 的距离为 r_i,P 点的电势可表示为

$$V_P = \sum_i V_i = \frac{1}{4\pi\varepsilon_0} \sum_{i=1}^{N} \frac{q_i}{r_i} \tag{8-10}$$

3. 任意带电体的电势

对电荷连续分布的带电体,可看成为由许多电荷元组成,而每一个电荷元都可按点电荷对待。所以,整个带电体在空间某点产生的电势,等于各个电荷元在同一点产生电势的代数和。所以将式(8-10)中的求和用积分代替就得到带电体产生的电势,即

$$V_P = \int \frac{\mathrm{d}q}{4\pi\varepsilon_0 r} = \begin{cases} \displaystyle\iiint_V \frac{\rho \mathrm{d}V}{4\pi\varepsilon_0 r} & \text{体分布} \\ \displaystyle\iint_S \frac{\sigma \mathrm{d}S}{4\pi\varepsilon_0 r} & \text{面分布} \\ \displaystyle\int_L \frac{\lambda \mathrm{d}l}{4\pi\varepsilon_0 r} & \text{线分布} \end{cases} \tag{8-11}$$

在上述所给的电势表达式中,都选无限远处作为电势参考零点。

4. 应用场强和电势的积分关系计算电势

在计算电势时，如果已知电荷的分布而尚不知电场强度的分布时，总可以利用式(8-11)直接计算电势。对于电荷分布具有一定对称性的问题，往往先利用高斯定理求出电场强度的分布，然后通过式(8-5)来计算电势，这样可以使计算更方便。我们在遇到电势计算问题时要灵活处理，根据实际情况选择最合理的方法来进行计算。

例 8.1 求电偶极子电场中的电势分布，已知电偶极子的电偶极矩 $\boldsymbol{p}=q\boldsymbol{l}$。

解 如图 8-2 所示，P 点的电势为电偶极子正负电荷分别在该点产生电势的叠加(求代数和)，令 r_+，r_- 分别为 P 点到电荷 $+q$ 和 $-q$ 的距离，即

$$V_P=\frac{1}{4\pi\varepsilon_0}\cdot\frac{q}{r_+}-\frac{1}{4\pi\varepsilon_0}\cdot\frac{q}{r_-}$$

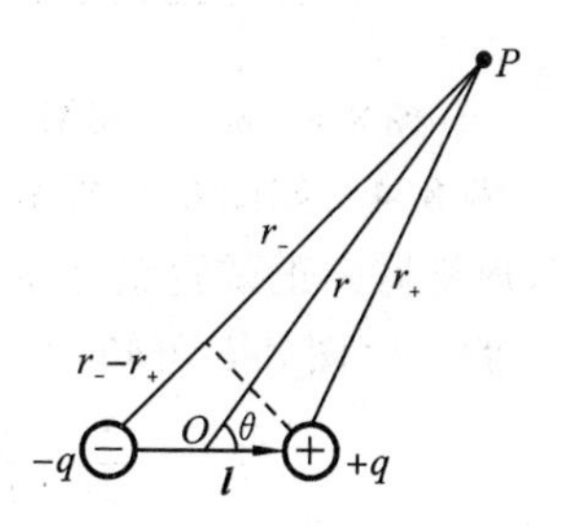

图 8-2 例 8.1 用图

若 $r\gg l$，近似有 $r_+\approx r_-\approx r$，因此 $r_+r_-\approx r^2$，$r_--r_+\approx l\cos\theta$，因而有

$$V_P=\frac{1}{4\pi\varepsilon_0}\frac{ql}{r^2}\cos\theta=\frac{1}{4\pi\varepsilon_0}\frac{\boldsymbol{p}\cdot\boldsymbol{r}}{r^3}$$

其中，$\boldsymbol{p}=q\boldsymbol{l}$ 为电偶极子的电偶极矩。

由此可见，在轴线上的电势为 $V_P=\dfrac{1}{4\pi\varepsilon_0}\dfrac{p}{r^2}$；在中垂面上任意一点的电势为 $V_P=0$。

例 8.2 电量为 q 的电荷任意地分布在半径为 R 的圆环上，求圆环轴线上任一点 P 的电势。

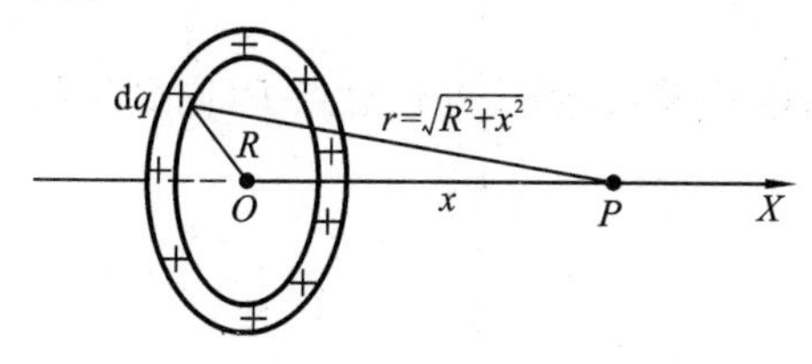

图 8-3 例 8.2 用图

解 取坐标轴如图 8-3 所示，X 轴沿着圆环的轴线，原点 O 位于环中心处。设 P 点距环心的距离为 x，它到环上任一点的距离为 r；在环上任取一电荷元 $\mathrm{d}q$，它在 P 点的电势为

$$\mathrm{d}V=\frac{\mathrm{d}q}{4\pi\varepsilon_0 r}$$

于是整个带电圆环在 P 点的电势为

$$V=\oint\frac{\mathrm{d}q}{4\pi\varepsilon_0 r}=\frac{q}{4\pi\varepsilon_0\sqrt{R^2+x^2}}$$

在 $x=0$ 处，即圆环中心处的电势为

$$V=\frac{q}{4\pi\varepsilon_0 R}$$

例 8.3 半径为 R 的球面均匀带电，所带总电量为 q。求电势在空间的分布。

解 对于具有对称性分布电荷的电场，可以先计算电场强度，再计算电势。先由高斯定理求得电场强度在空间的分布：

$$\boldsymbol{E}=\begin{cases}\dfrac{q\boldsymbol{r}}{4\pi\varepsilon_0 r^3} & (r>R)\\ 0 & (r<R)\end{cases}$$

方向沿球的径向向外。

对于球外任一点，若距球心距离为 $r(r>R)$，则电势为

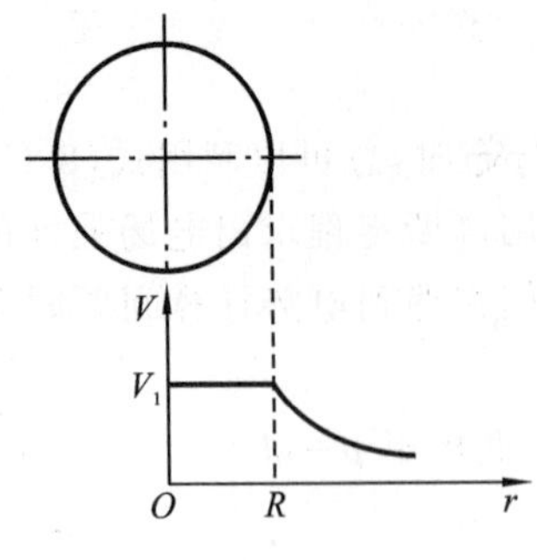

图 8-4　例 8.3 用图

$$V_2 = \int_r^{\infty} \boldsymbol{E} \cdot \mathrm{d}\boldsymbol{l} = \int_r^{\infty} \frac{q}{4\pi\varepsilon_0 r^2} \cdot \mathrm{d}r = \frac{q}{4\pi\varepsilon_0 r}$$

对于球内的任一点,若距球心距离为 $r(r<R)$,则电势为

$$V_1 = \int_r^{\infty} \boldsymbol{E} \cdot \mathrm{d}\boldsymbol{l} = \int_r^{R} 0 \cdot \mathrm{d}r + \int_R^{\infty} \frac{q}{4\pi\varepsilon_0 r^2} \cdot \mathrm{d}r = \frac{q}{4\pi\varepsilon_0 R}$$

结果表明,在球面外部的电势,如同把电荷集中在球心的点电荷的电势,在球内部,电势为一恒量。电势随离开球心的距离 r 的变化情形如图 8-4 所示。

例 8.4　如图 8-5 所示,在 A、B 两点处放有电量分别为 $+q$,$-q$ 的点电荷,A、B 间距离为 $2R$,现将另一正试验点电荷 q_0 从 O 点经过半圆弧移到 C 点,求移动过程中电场力做的功。

解　由图 8-5 可知：

$$U_O = \frac{1}{4\pi\varepsilon_0}\left(\frac{q}{R} - \frac{q}{R}\right) = 0$$

$$U_C = \frac{1}{4\pi\varepsilon_0}\left(\frac{q}{3R} - \frac{q}{R}\right) = -\frac{q}{6\pi\varepsilon_0 R}$$

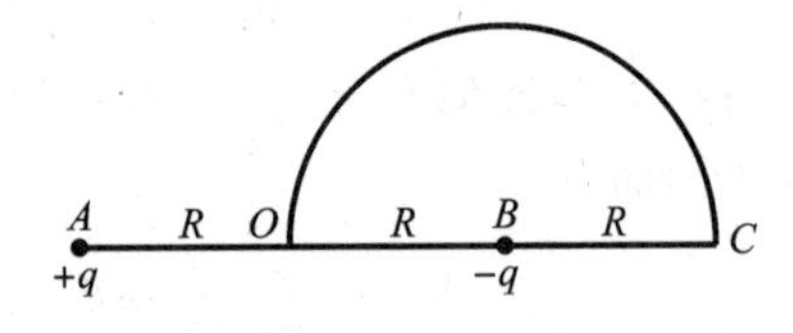

图 8-5　例 8.4 用图

所以　$$A = q_0(U_O - U_C) = \frac{q_0 q}{6\pi\varepsilon_0 R}$$

例 8.5　求线电荷密度为 λ 的无限长均匀带电荷直线的电势分布。

解　本例题电荷分布具有轴对称性,应用高斯定理容易求出其场强分布为

$$E = \frac{\lambda}{2\pi\varepsilon_0 r}$$

如图 8-6 所示,选取距长直导线距离为 r_b 的 B 点为电势零点,则线外任意点 P(它到导线的距离为 r)的电势为

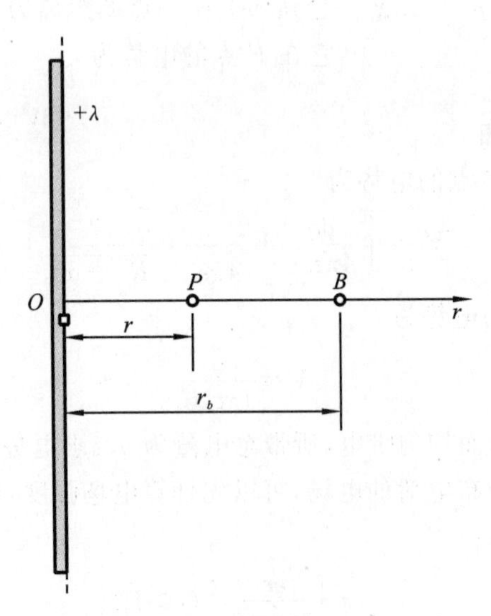

图 8-6　例 8.5 用图

$$V_P = \int_P^B \boldsymbol{E} \cdot \mathrm{d}\boldsymbol{r} = \int_r^{r_b} \frac{\lambda}{2\pi\varepsilon_0 r}\mathrm{d}r = \frac{\lambda}{2\pi\varepsilon_0}\ln\frac{r_b}{r}$$

在本例题中,若选无限远处为电势零点($r_b \to \infty$),则有限远空间内处处电势 $V \to \infty$,这样

计算就没有实际意义。可见，对于无限大带电体，其电势零点应该选择在有限远处为宜。

8.3　电场强度与电势的微分关系 Differential relationship between the value of the electric field and the electric potential

8.3.1　等势面

在电场中电势相等的点所构成的面称为等势面。不同电场的等势面的形状不同。电场的强弱也可以通过等势面的疏密来形象描述，等势面密集处的场强数值大，等势面稀疏处场强数值小。电力线与等势面处处正交并指向电势降低的方向。电荷沿着等势面运动，电场力不做功。等势面概念的用处在于实际遇到的很多问题中等势面的分布容易通过实验条件描绘出来，并由此可以分析电场的分布。

下面介绍几种常见的模型等势面分布。

1. 点电荷

点电荷的等势面分布如图 8-7 所示，其等势面的电势为

$$V=\frac{q}{4\pi\varepsilon_0 r}$$

2. 无限长均匀带电直线

无限长均匀带电直线的等势面分布如图 8-8 所示，其等势面的电势为

$$V=\frac{\lambda}{2\pi\varepsilon_0}\ln\frac{r}{r_0}$$

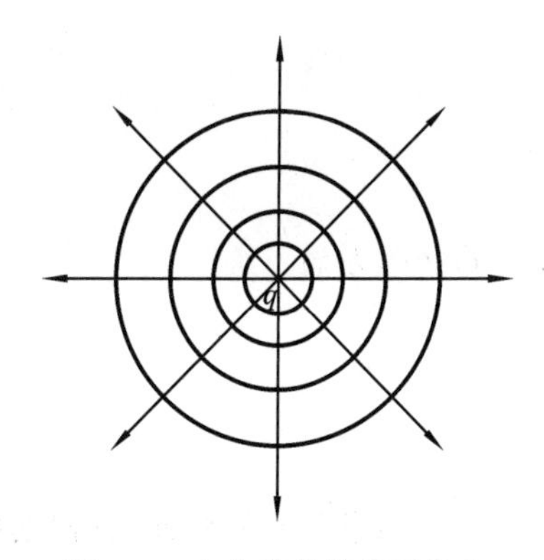

图 8-7　点电荷的等势面分布

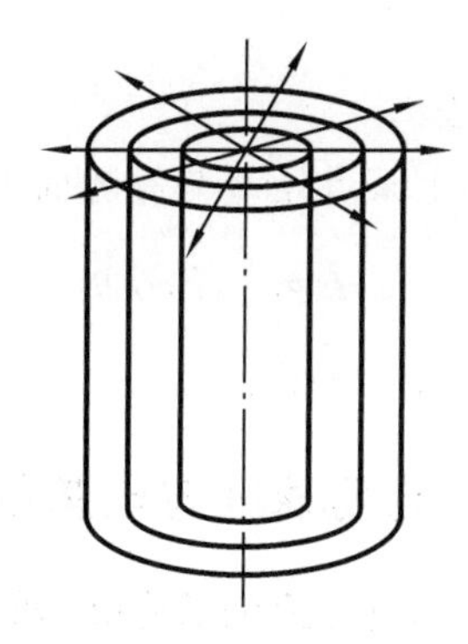

图 8-8　无限长均匀带电直线的等势面分布

3. 无限大均匀带电平面

无限大均匀带电平面的等势面分布如图 8-9 所示，其等势面的电势为

$$V=\frac{\sigma}{2\varepsilon_0}r$$

其中，相邻的两个等势面的电势差相等。

等势面的性质如下：

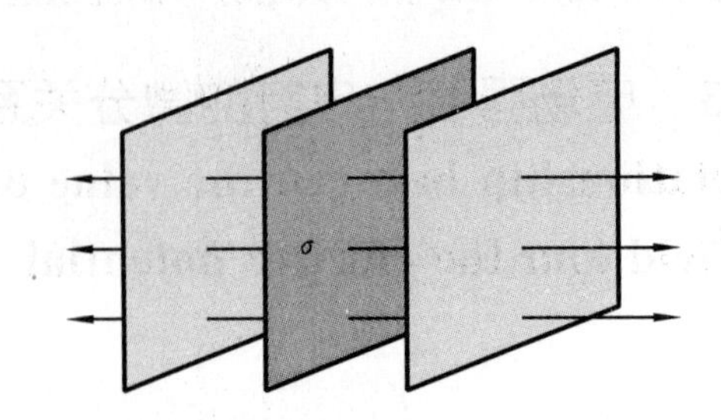

图 8-9　无限大均匀带电平面的等势面分布

(1)沿等势面移动电荷,电场力做功为零(见图 8-10);

(2)等势面与电力线处处正交;

(3)电力线的方向为电势降落最快的方向(见图 8-11)。

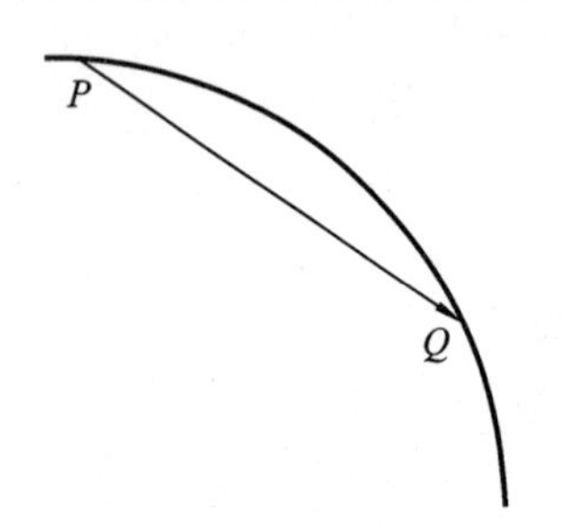

图 8-10　沿等势面移动电荷,电场力做功为零

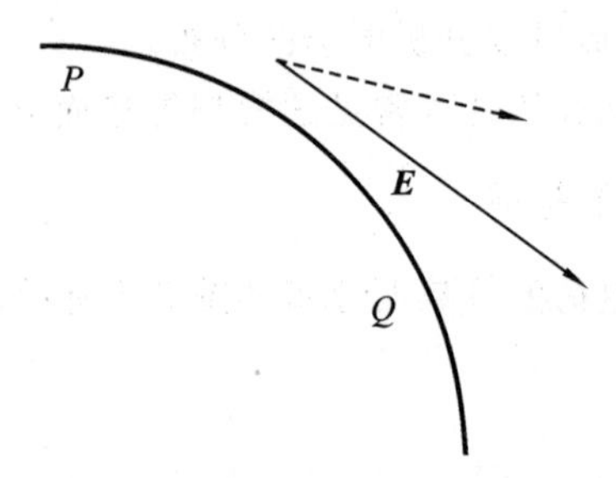

图 8-11　电力线的方向为电势降落最快的方向

证明:(1)

$$U_P = U_Q$$

$$A_{PQ} = q_0\int_P^Q \boldsymbol{E}\cdot \mathrm{d}\boldsymbol{l} = q_0 U_{PQ} = 0$$

(2)反证法:

设等势面上某点处 $\boldsymbol{E}$ 与等势面不正交,即

$$\theta \neq \frac{\pi}{2}, E\cos\theta \neq 0,\quad \mathrm{d}A = q_0\boldsymbol{E}\cdot \mathrm{d}\boldsymbol{l} = q_0 E\cos\theta \mathrm{d}l \neq 0,\text{矛盾}$$

(3) 见式(8-15)含义。

8.3.2　电场强度与电势的微分关系

电场强度和电势都是描述电场的物理量,即它们是同一事物的两个不同的侧面,它们之间存在着一定的关系。上节中的式(8-5)就是电势与电场强度的积分关系式。本节说明电场强度与电势的微分关系。

将试探电荷 q_0 在静电场中移动元位移 $\mathrm{d}\boldsymbol{l}$,因静电场力是保守力,它对 q_0 所做的元功等于电势能的减小量,即 $q_0\boldsymbol{E}\cdot \mathrm{d}\boldsymbol{l} = -q_0\mathrm{d}V$,于是得到电势 V 与电场强度 $\boldsymbol{E}$ 的一个重要关系:

$$\mathrm{d}V = -\boldsymbol{E}\cdot \mathrm{d}\boldsymbol{l} = -E\mathrm{d}l\cos\theta = -E_l\mathrm{d}l \tag{8-12}$$

即

$$E_l = -\frac{\mathrm{d}V}{\mathrm{d}l} \tag{8-13}$$

它是沿 l 方向的方向导数。

上式表明，电场中某点的电场强度在任一方向上的投影等于电势沿该方向的方向导数的负值。据此，在直角坐标系中 $\boldsymbol{E}$ 的三个分量应为

$$E_x=-\frac{\partial V}{\partial x},\quad E_y=-\frac{\partial V}{\partial y},\quad E_z=-\frac{\partial V}{\partial z} \tag{8-14}$$

电场强度矢量可表示为

$$\boldsymbol{E}=-\left(\boldsymbol{i}\frac{\partial V}{\partial x}+\boldsymbol{j}\frac{\partial V}{\partial y}+\boldsymbol{k}\frac{\partial V}{\partial z}\right)=-\nabla V=-\mathrm{grad}V \tag{8-15}$$

$\mathrm{grad}V$ 称为电势 V 的梯度，它在直角坐标系即为

$$\mathrm{grad}\,V=\boldsymbol{i}\frac{\partial V}{\partial x}+\boldsymbol{j}\frac{\partial V}{\partial y}+\boldsymbol{k}\frac{\partial V}{\partial z}$$

而 $\nabla=\boldsymbol{i}\frac{\partial}{\partial x}+\boldsymbol{j}\frac{\partial}{\partial y}+\boldsymbol{k}\frac{\partial}{\partial z}$ 代表一种运算，称为微分算符，它具有矢量微分双重性，可以理解为最大方向导数。式(8-15)表明，电场中某点的电场强度等于该点电势梯度的负值。进一步可以说明，电势梯度的大小等于电势沿等势面法线方向的方向导数，其方向是沿着等势面的法线并使电势增大的方向。

式(8-13)、式(8-14)、式(8-15)是电场强度与电势的微分关系的等价形式，它们在实际中有着重要的应用。这是因为求电势是标量运算，当电荷分布给定时，便可通过上述关系求出电场强度，这一方法比直接利用矢量运算求电场强度要简便得多。

例 8.6　求均匀带电圆环轴线上的场强分布。

解　由例 8.2 已得均匀带电圆环轴线上的电势分布为

$$V=\frac{q}{4\pi\varepsilon_0\sqrt{R^2+x^2}}$$

利用电场强度与电势的微分关系便可得轴线上的场强分布为

$$E_x=-\frac{\partial V}{\partial x}=\frac{qx}{4\pi\varepsilon_0(x^2+R^2)^{3/2}}=\frac{\lambda Rx}{2\varepsilon_0(x^2+R^2)^{3/2}}$$

由对称性可知

$$E_y=0,\quad E_z=0$$

即轴线上任一点的场强为 $E=E_x$，方向沿着轴线方向。

【思考题与习题】

1. *思考题*

8-1　用电势的定义直接说明，为什么在正(或负)点电荷的电场中，各点电势为正(或负)值，且离电荷越远，电势越低(或高)？

8-2　已知在地球表面以上的电场强度方向指向地面，则在地面以上电势随高度增加增大还是减小？

8-3　为什么无限大带电荷体电势零点选取在有限远处，试举例说明。

8-4　已知电荷空间分布，有几种方法可以计算场强分布？各有什么优劣？

2. 选择题

8-5 在点电荷 $+q$ 的电场中，若取图 8-12 中 P 点处为电势零点，则 M 点的电势为(　　)。

(A) $\frac{q}{4\pi\varepsilon_0 a}$　　(B) $\frac{q}{8\pi\varepsilon_0 a}$　　(C) $\frac{-q}{4\pi\varepsilon_0 a}$　　(D) $\frac{-q}{8\pi\varepsilon_0 a}$

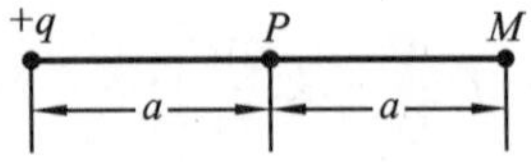

+q　P　M

a　a

图 8-12　题 8-5 图

8-6 半径为 R 的均匀带电圆环，其轴线上有两点，它们到环心距离分别为 $2R$ 和 R，以无限远处为电势零点，则两点的电势关系为(　　)。

(A) $V_1=\frac{5}{2}V_2$　　(B) $V_1=\sqrt{\frac{5}{2}}V_2$　　(C) $V_1=4V_2$　　(D) $V_1=2V_2$

8-7 由定义式 $U_R=\int_R^{\infty}\boldsymbol{E}\cdot \mathrm{d}\boldsymbol{l}$ 可知(　　)。

(A)对于有限带电体，电势零点只能选在无穷远处

(B)若选无限远处为电势零点，则电场中各点的电势均为正值

(C)已知空间 R 点的 $\boldsymbol{E}$，就可用此式算出 R 点的电势

(D)已知 $R\to\infty$ 积分路径上的场强分布，便可由此计算出 R 点的电势

8-8 电荷分布在有限空间内，则任意两点 P_1、P_2 之间的电势差取决于(　　)。

(A)从 P_1 移到 P_2 的试探电荷电量的大小

(B) P_1 和 P_2 处电场强度的大小

(C)试探电荷由 P_1 移到 P_2 的路径

(D)由 P_1 移到 P_2 电场力对单位正电荷所做的功

8-9 下面说法正确的是(　　)。

(A)等势面上各点的场强大小都相等　　(B)在电势高处电势能也一定大

(C)场强大处电势一定高　　(D)场强的方向总是从高电势指向低电势

3. 填空题

8-10 A、B 两点分别有点电荷 q_1 和 $-q_2$，距离为 R，则 A、B 两点连线中点电势 $U=$ ________(无限远处电势设为零)。

8-11 均匀带电半圆环，半径为 R，总电量为 Q，环心处的电势为________。

8-12 两同心带电球面，内球面半径为 $r_1=5$ cm，带电量 $q_1=3\times10^{-8}$ C；外球面半径为 $r_2=20$ cm，带电量 $q_2=-6\times10^{-8}$ C，设无穷远处电势为零，则空间另一电势为零的球面半径 $r=$ ________。

8-13 面密度为 $+\sigma$ 和 $-\sigma$ 的两块"无限大"的均匀带电的平行板，放在与平面垂直的 x 轴上 $-a$ 和 $+a$ 位置上，如图 8-13 所示，设在坐标原点 O 处电势为零，请在图中画出 $-a<x<a$ 区域的电势分布曲线。

8-14 如图 8-14 所示，边长为 a 的正六边形每个顶点处有一个点电荷，取无限远处作为电势零点，则 O 点电势为________，O 点的场强大小为________。

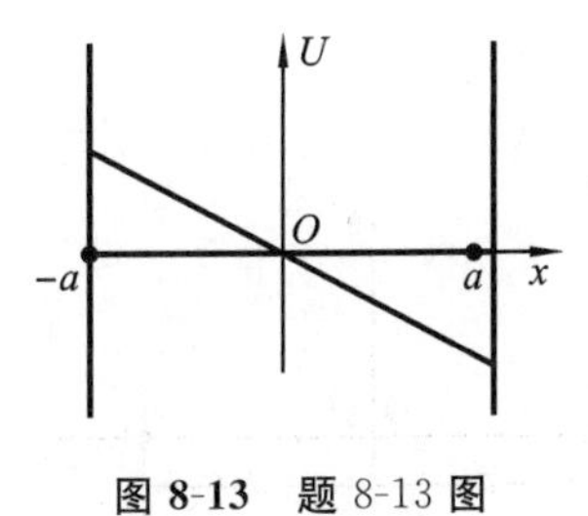

图 8-13　题 8-13 图

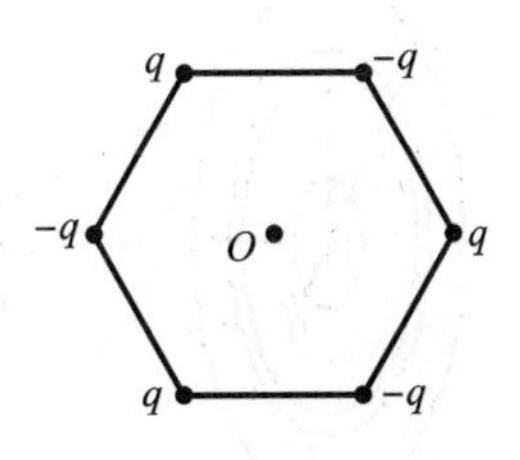

图 8-14　题 8-14 图

8.1 习题

8-15　两点电荷 $q_1=1.5\times10^{-8}$ C，$q_2=3.0\times10^{-8}$ C，相距 $r_1=42$ cm，要把它们之间的距离变为 $r_2=25$ cm，需做多少功？

8-16　如图 8-15 所示，在 A、B 两点处放有电量分别为 $+q$，$-q$ 的点电荷，A、B 间距离为 $2R$，现将另一正试验点电荷 q_0 从 O 点经过半圆弧移到 C 点，求移动过程中电场力做的功。

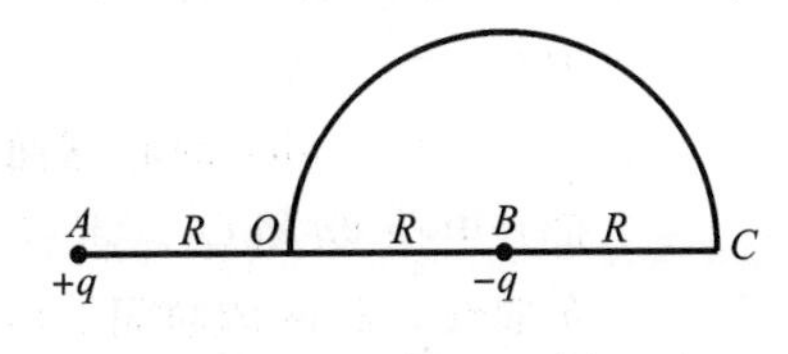

图 8-15　题 8-16 图

8.2 习题

8-17　电荷 Q 均匀分布在半径为 R 的球体内，试证明离球心 $r(r<R)$ 处的电势为 $U=\dfrac{Q(3R^2-r^2)}{8\pi\varepsilon_0R^3}$。

8-18　电量 q 均匀分布在长 $2l$ 的细直线上，如图 8-16 所示。试求：(1)带电直线延长线上距中点距离为 r 处的电势；(2)带电直线中垂线上距中点距离为 r 处的电势。

8-19　如图 8-17 所示，绝缘细线上均匀分布着线密度为 λ 的正电荷，两直导线的长度和半圆环的半径都等于 R。试求环中心 O 点处的场强和电势。

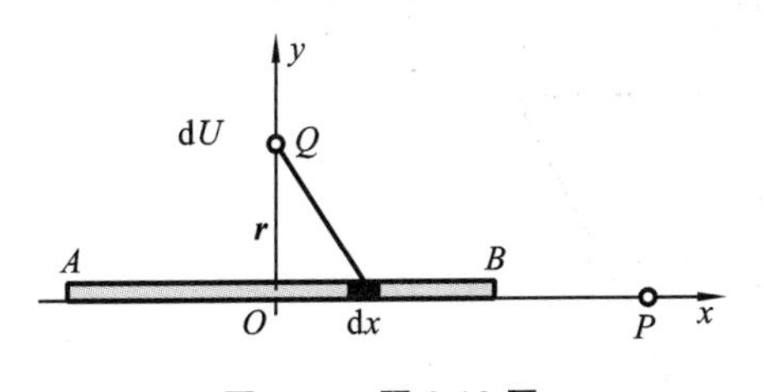

图 8-16　题 8-18 图

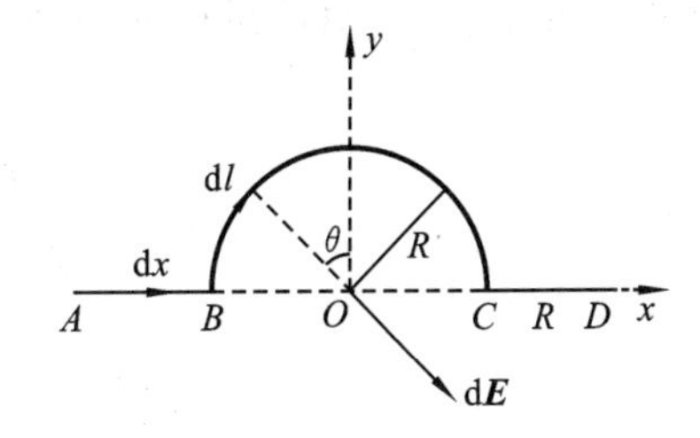

图 8-17　题 8-19 图

8-20　如图 8-18 所示，两半径分别为 R_1 和 $R_2(R_2>R_1)$，带等值异号电荷的无限长同轴圆柱面，电荷线密度为 $+\lambda$，求两圆柱面间的电势差。

8-21　如图 8-19 所示，有三个点电荷 Q_1、Q_2、Q_3 沿一条直线等间距分布，已知其中任一点电荷所受合力均为零，且 $Q_1=Q_2=Q_3$。求在固定 Q_1、Q_3 的情况下，将 Q_2 从点 O 移到无穷远处外力所做的功。

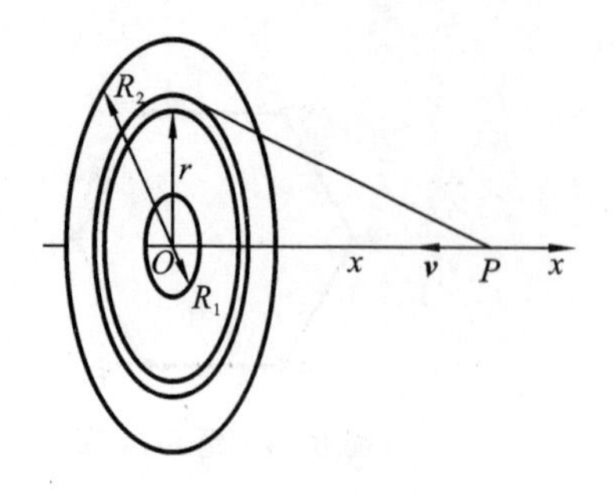

图 8-18 题 8-20 图

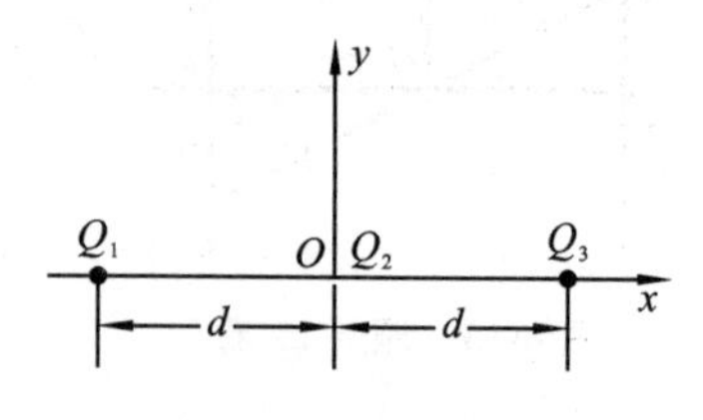

图 8-19 题 8-21 图

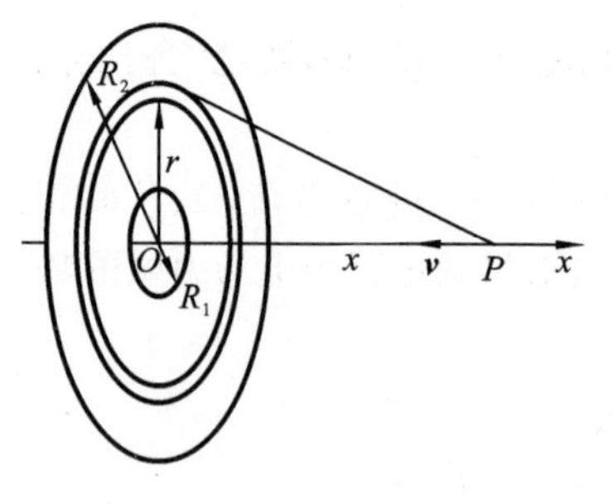

图 8-20 题 8-22 图

8-22 如图 8-20 所示，有一薄金属环，其内外半径分别为 R_1 和 R_2，圆环均匀带电，电荷面密度为 $\sigma(\sigma>0)$。(1)计算通过环中心垂直于环面的轴线上一点的电势；(2)若有一质子沿轴线从无限远处射向带正电的圆环，要使质子能穿过圆环，它的初速度至少应为多少？

8-23 两个同心球面的半径分别为 R_1 和 R_2，各自带有电荷 Q_1 和 Q_2。求：(1)各区域电势分布，并画出分布曲线；(2)两球面间的电势差为多少？

8-24 一半径为 R 的无限长带电细棒，其内部的电荷均匀分布，电荷的体密度为ρ。现取棒表面为电势零点，求空间电势分布并画出分布曲线。

8-25 两个很长的共轴圆柱面($R_1 = 3.0\times10^{-2}$ m, $R_2 = 0.10$ m)，带有等量异号的电荷，两者的电势差为 450V。求：(1)圆柱面单位长度上带有多少电荷？(2)两圆柱面之间的电场强度。

8-26 在一次典型的闪电中，两个放电点间的电势差约为 10^9 V，被迁移的电荷约为 30 ℃，如果释放出的能量都用来使 0 ℃的冰融化为 0 ℃的水，则可融化多少冰(冰的融化热 $L = 3.34\times10^5\ \mathrm{J\cdot kg^{-1}}$)？

8-27 如图 8-21 所示，在 xOy 面上倒扣着半径为 R 的半球面，半球面上电荷均匀分布，电荷面密度为 σ。A 点的坐标为$(0,R/2)$，B 点的坐标为$(\frac{3}{2}R,0)$，求电势差 U_{AB}。

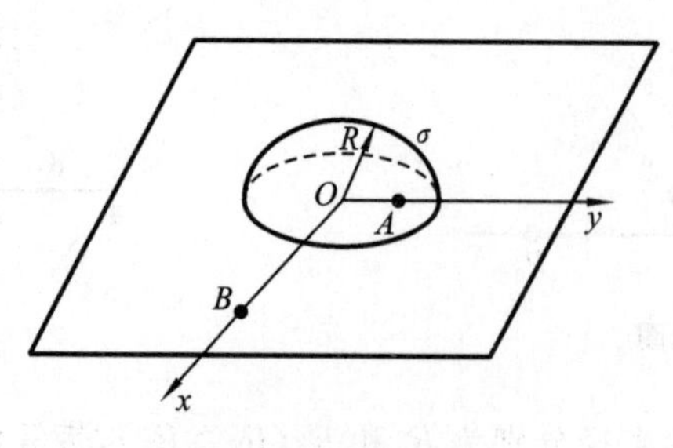

图 8-21 题 8-27 图

8-28 在玻尔的氢原子模型中，电子沿半径为 0.53×10^{-10} m 的圆周绕原子核旋转。(1)若把电子从原子中拉出来需要克服电场力做多少功？(2)电子的电离能为多少？

第 9 章　静电场中的导体　电容　电介质
Chapter 9　Conductors in electrostatic field, Capacitance, Dielectric

前面我们学习的是真空中的静电场及其特性,并未涉及电场中是否还有其他物体的问题。事实上,静电场中总是存在有其他物体的。这时,电场必定会与场中物体发生相互作用,使物体中的电子重新分布。反过来,重新分布后的电子又会引起电场的变化,两者互为因果,互为影响。本章主要讨论静电场与导体和电介质的相互作用现象及规律,内容主要包括静电场中的导体的特性、有介质存在时的静电场以及电容和电场的能量等问题。

9.1　静电场中的导体
Conductors in electrostatic field

9.1.1　导体的静电平衡

导体的种类很多,这里讨论的导体专指金属导体,其特征是内部含有大量的自由电子。当导体不带电也不受外电场作用时,自由电子作热运动并在导体内均匀分布,因此整个导体不显电性。如果把导体放入场强为 $\boldsymbol{E}_0$ 的外电场中,导体中的自由电子在作热运动的同时,还将在电场力的作用下作定向运动,从而使导体中的电荷重新分布,在导体的两端出现等量异号电荷,如图 9-1(a)所示,这称为静电感应现象。由静电感应在导体两端面出现的正、负电荷产生的附加电场用 $\boldsymbol{E}'$ 表示。因此,导体内部的场强 $\boldsymbol{E}$ 为 $\boldsymbol{E}_0$ 和 $\boldsymbol{E}'$ 的矢量和,即

$$\boldsymbol{E} = \boldsymbol{E}_0 + \boldsymbol{E}' \tag{9-1}$$

导体内的自由电子在外电场的作用下沿与 $\boldsymbol{E}_0$ 方向相反的方向运动,从而使左端的自由电子不断增加,右端相应出现的正电荷也同时等量增加,因而附加电场 $\boldsymbol{E}'$ 亦随之增大,如图 9-1(b)所示。容易理解,当 $\vec{\boldsymbol{E}}' = -\vec{\boldsymbol{E}}_0$,即 $\boldsymbol{E}_0 + \boldsymbol{E}' = 0$ 时,导体内的自由电子将停止定向运动,这时我们就说导体达到了静电平衡,如图 9-1(c)所示。

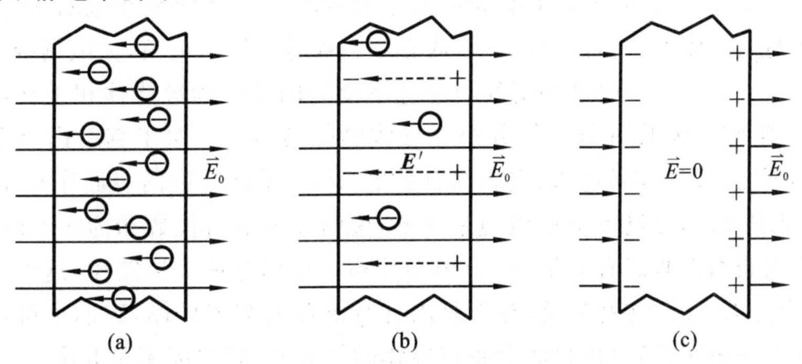

图 9-1　导体的静电感应与静电平衡状态

可见,导体达到静电平衡的条件是导体内的场强处处为零。我们还可以根据此平衡条件得出下面的一些推论。

1. 导体是等势体,导体表面是等势面

在导体内部或表面上任取 A、B 两点,其电势差为

$$V_{AB}=V_A-V_B=\int_A^B \boldsymbol{E}\cdot \mathrm{d}\boldsymbol{l} \tag{9-2}$$

积分沿任意路径从 A 点到 B 点,由于导体内部 $E=0$,故

$$V_{AB}=V_A-V_B=0 \tag{9-3}$$

所以 $V_A=V_B$。由于 A、B 两点是任取的,说明导体是等势体。

2. 导体表面附近的场强处处垂直于导体表面

因为电场线处处与等势面正交,所以导体外靠近导体表面处的场强必定与表面垂直。否则场强分量将使自由电子沿表面作定向移动,而与静电平衡状态相矛盾。

9.1.2 静电平衡导体上的电荷分布

处于静电平衡的导体,净电荷(体系正、负电荷的代数和)只能分布于导体的外表面,导体内部无净电荷分布。

这一结论可利用高斯定理分两种情况来证明。

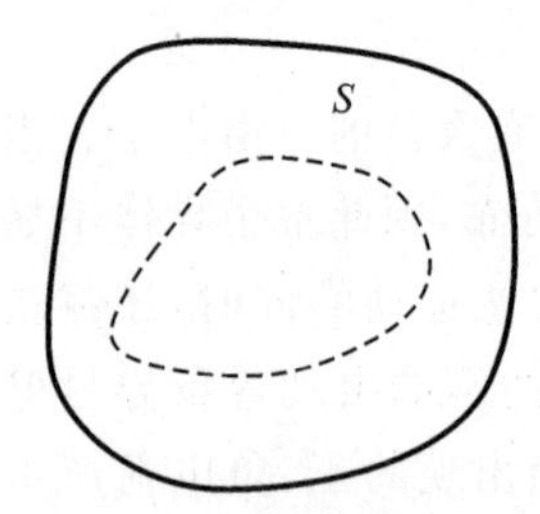

图 9-2 实心导体

1. 实心导体

在处于静电平衡的实心导体内任取一高斯面 S,如图 9-2 所示。由高斯定理有

$$\oint\!\!\!\oint_s \boldsymbol{E}\cdot \mathrm{d}S=\frac{1}{\varepsilon_0}\sum_i q_i \tag{9-4}$$

因为导体内部场强处处为零,故 $\oint\!\!\!\oint_s \boldsymbol{E}\cdot \mathrm{d}S=0$,必有 $\sum_i q_i=0$ 。由于高斯面在导体内是任意取的,所以导体内无净电荷分布,净电荷只能分布在导体的外表面。

2. 空腔导体

如果导体有空腔,且空腔内无电荷分布,如图 9-3(a)所示。在导体的内部作一包围空腔的高斯面 S(用虚线表示)。由于 S 面上的场强处处为零,故通过 S 面的电通量为零,根据高斯定理可知,在空腔的内表面上,或者没有电荷,或者分布着等量异号电荷,使电场线在腔内从正电荷出发,终止于负电荷。但后面这种情况与静电平衡时的导体为等势体相矛盾,是不可能的。故腔内无电荷的空腔导体其电荷只能分布在导体的外表面上。对于其腔内有电荷的空腔导体,如图 9-3(b)所示,设导体带电 Q、空腔内有正电荷 q。紧贴空腔内表面作高斯面 S(用虚线表示),由高斯定理可知,通过 S 面的电通量为零,说明其内电荷代数和为零。因空腔内有 $+q$ 电荷,所以空腔内表面上必定有等量的 $-q$ 电荷分布。根据电荷守恒定律,这时导体外表面上分布的电荷必定为 $Q+q$。这就是说,对于腔内含有电荷的空腔导体,我们也可以得到与前面相同的结论:静电平衡时,净电荷只能分布在导体的外表面,其内部无净电荷。

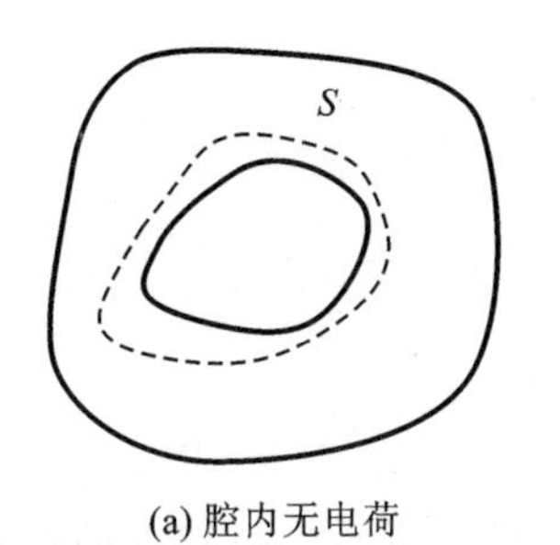

(a) 腔内无电荷

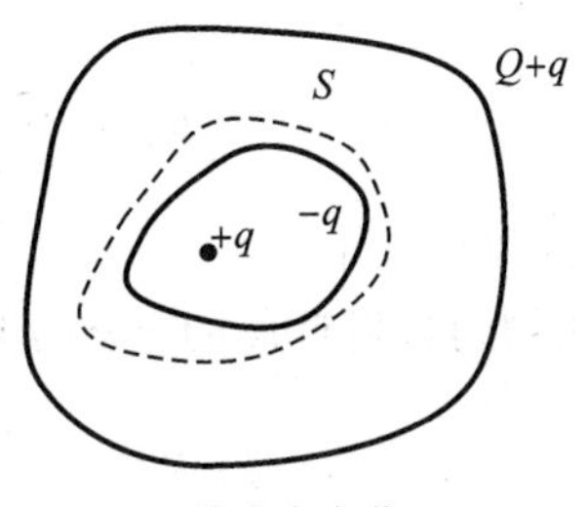

(b) 腔内有电荷

图 9-3　空腔导体

9.1.3　静电平衡导体表面附近的场强

前面已经提到，当导体处于静电平衡状态时，其表面附近的场强与表面垂直。下面进一步计算场强的大小。如图 9-4 所示，P 为靠近导体表面的一点，其附近导体表面上的电荷面密度为 σ；取圆柱面为高斯面，其上底面 ΔS_1 紧邻导体表面并与表面平行，点 P 位于 ΔS_1 上；其下底面 ΔS_2 在导体内部，其面积为 ΔS；其侧面为 ΔS_3。由于导体内部的场强为零，故穿过 ΔS_2 的电通量为零；由于 P 点附近的场强与 ΔS_1 面垂直，故穿过 ΔS_3 的电通量也为零，穿过圆柱面的电通量也就是穿过 ΔS_1 的电通量，其值为 $E\Delta S_1 = E\Delta S$。由高斯定理可得

$$E\Delta S = \frac{q}{\varepsilon_0} = \frac{\sigma\Delta S}{\varepsilon_0}$$

即

$$E = \frac{\sigma}{\varepsilon_0} \tag{9-5}$$

例 9.1　半径为 R_1 的金属球 A 带电量为 q，在其外同心地罩一个内、外半径分别为 R_2 和 R_3 的金属球壳 B，金属球壳带电量为 Q，如图 9-5 所示。试求此带电系统的：

(1) 电荷分布；

(2) 电场分布；

(3) 电势分布。

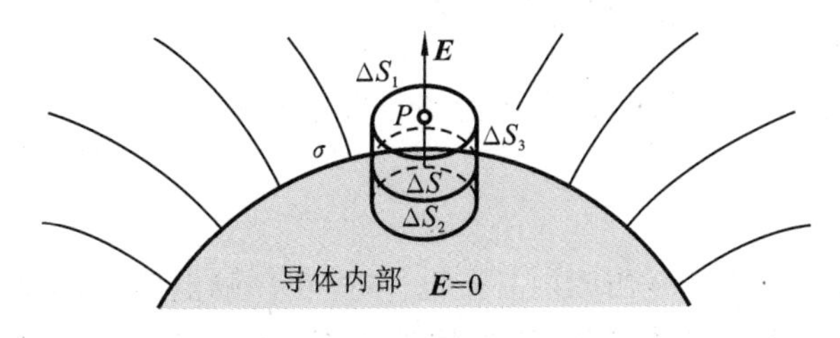

图 9-4　导体表面附近的场强

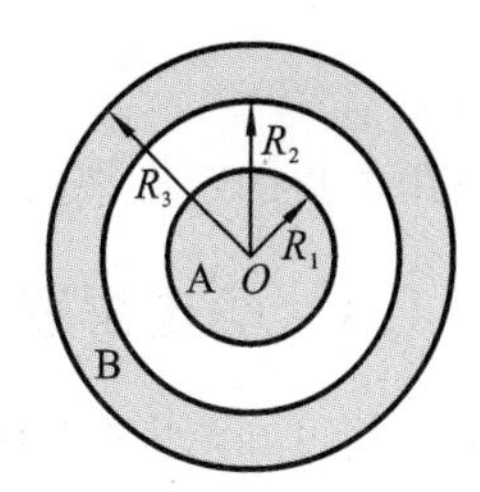

图 9-5　例 9.1 图

解　(1) 由于导体球曲率处处相等，因此，内球的电荷 q 均匀分布在其表面上。因为静电感应，球壳内表面出现了等量 $-q$ 电荷。由电荷守恒定律可知，球壳外表面带电量为 $Q+q$。因为球壳表面曲率处处相等，故 $-q$ 和 $Q+q$ 分别均匀地分布在其球壳内外表面上。

(2) 由于场强分布具有球对称性，利用高斯定理可以求出场强分布为

$$E_1 = 0 \quad (r < R_1)$$

$$E_2 = \frac{q}{4\pi\varepsilon_0 r^2}\boldsymbol{e}_r \quad (R_1 < r < R_2)$$

$$E_3 = 0 \quad (R_2 < r < R_3)$$

$$E_4 = \frac{Q+q}{4\pi\varepsilon_0 r^2}\boldsymbol{e}_r \quad (r > R_3)$$

式中：$\boldsymbol{e}_r$为沿径向的单位矢量。

(3) 可以利用均匀带电球面的电势分布

$$U = \frac{q}{4\pi\varepsilon_0 R},\quad r < R;\quad U = \frac{q}{4\pi\varepsilon_0 r},\quad r > R$$

和电势叠加原理求此带电系统的电势分布。将带电系统视为三个孤立的带电球面，如图 9-6 所示。

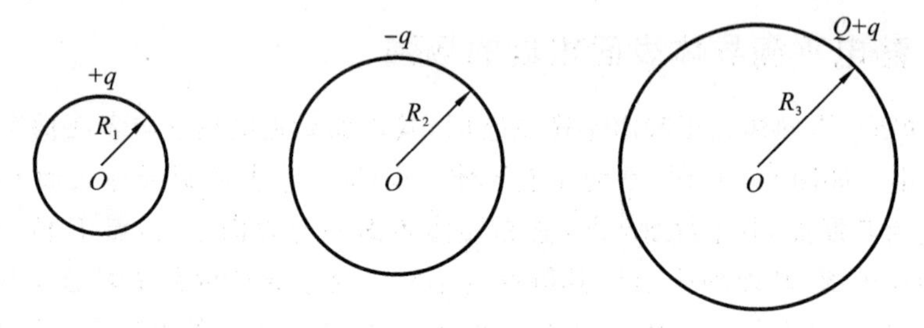

图 9-6　三个孤立的带电球面

当 $r<R_1$时，电势为

$$U_1 = \frac{q}{4\pi\varepsilon_0 R_1} - \frac{q}{4\pi\varepsilon_0 R_2} + \frac{Q+q}{4\pi\varepsilon_0 R_3}$$

当 $R_1<r<R_2$时，电势为

$$U_2 = \frac{q}{4\pi\varepsilon_0 r} - \frac{q}{4\pi\varepsilon_0 R_2} + \frac{Q+q}{4\pi\varepsilon_0 R_3}$$

当 $R_2<r<R_3$时，电势为

$$U_3 = \frac{q}{4\pi\varepsilon_0 r} - \frac{q}{4\pi\varepsilon_0 r} + \frac{Q+q}{4\pi\varepsilon_0 R_3} = \frac{Q+q}{4\pi\varepsilon_0 R_3}$$

当 $r>R_3$时，电势为

$$U_4 = \frac{q}{4\pi\varepsilon_0 r} - \frac{q}{4\pi\varepsilon_0 r} + \frac{Q+q}{4\pi\varepsilon_0 r} = \frac{Q+q}{4\pi\varepsilon_0 r}$$

也可以用电势的定义来求电势，可得到同样的结果，读者作为练习自己求解。

9.1.4　静电屏蔽

由上述可知，处在外电场中的导体壳(空腔)，当腔内有带电体时，由于静电感应，会使空腔内、外表面分别感应出等量异号电荷，如果将导体接地，则导体外表面上的电荷会由于接地而中和，其电场便相应地消失，因而从效果上看，导体壳对其所围电荷起到了屏蔽作用——使外部电场不受导体壳所围电荷的影响。这种现象称为静电屏蔽，如图 9-7 所示。

如果腔内无带电体，由于静电平衡时导体内部的场强处处为零，亦即导体腔无电场线穿过，外部的电场线只能终止或起自导体的外表面，因而对腔内物体起到电场保护作用，使其免受外界电场的影响，这样的现象也称为静电屏蔽，如图 9-8 所示。

静电屏蔽的实际应用非常广泛。例如：为了避免外界电场对精密测量仪器的干扰，仪器的外壳通常用金属制作；为了屏蔽外界电场的影响，传输电信号的同轴电缆加了一层金属网；从

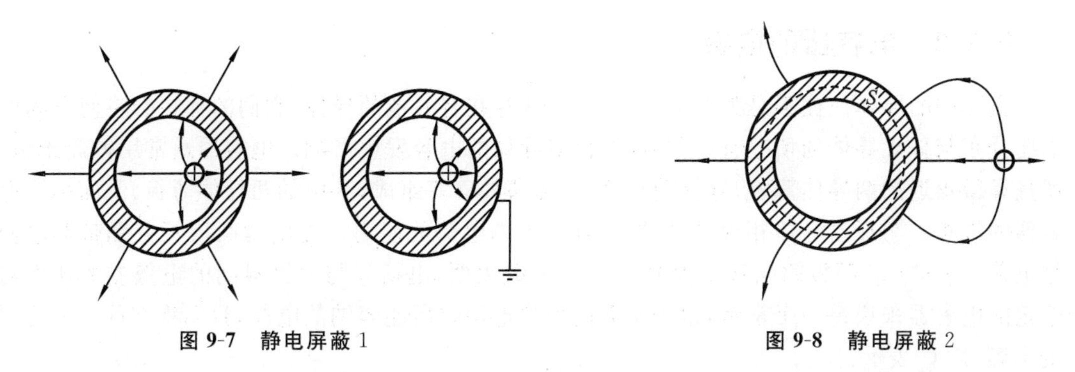

图 9-7　静电屏蔽 1　　　　图 9-8　静电屏蔽 2

事高压带电作业的工作人员带电作业时所穿的屏蔽服——用金属丝编织的均压服,它相当于一个空腔导体,对人体起到静电屏蔽作用。

9.2 电　　容
Capacitance

电容是电学中常见的元件,电容就是利用电场中导体的电学性质制成的。本节先讨论孤立导体的电容,然后讨论几种典型电容器的电容。

9.2.1　孤立导体的电容

对于不同形状和大小的孤立导体,当它们带有相同的电荷时,其电势将各不相同;而如果当它们具有相同的电势时,它们所带的电荷又各不相同。导体的这一性质通常用电容这个物理量来描述。

实验表明,导体的电容不仅与导体的形状和大小有关,还与周围其他物体(导体和电介质)有关。为了明确起见,我们先讨论真空中孤立导体的电容。所谓孤立导体,是指离开其他物体很远的导体,因而其他物体对它的影响可以忽略不计。

从上一章的讨论可知,若设法使孤立导体带电,则其电势必随所带电荷的增加而增加,当导体所带电荷量或所具有的电势足够大时,其周围的空气分子将会被电离,使导体产生放电。这说明,导体容纳电荷的能力是有限的。为了描述导体容纳电荷的本领,将孤立导体所带的电荷量 q 与其电势 V 之比,亦即升高单位电势所能容纳的电荷称为孤立导体的电容,用符号 C 表示,即

$$C=\frac{q}{V} \tag{9-6}$$

例如:一个半径为 R 的孤立导体球,当带电为 q 时,其电势 $V=\frac{q}{4\pi\varepsilon_0 R}$,根据上面的定义式,该导体球的电容 $C=\frac{q}{V}=4\pi\varepsilon_0 R$。可见 C 的大小只与导体球的半径有关,而与导体球是否带电无关。就好像水桶的水容量与水桶是否盛水,以及与盛多少水无关一样。

在国际单位制中,q 的单位是库仑,电势的单位是伏特,电容的单位由式(9-6)决定,称为法拉(F),$1\mathrm{F}=1\mathrm{C}\cdot\mathrm{V}^{-1}$。容易算出,地球的电容约为 $7.08\times10^{-4}\mathrm{F}$。可见,法拉这个单位实在是太大了。因此,在实际应用中常用微法(μF)和皮法(pF)作为电容单位。

$$1\ \mathrm{F}=10^{6}\ \mu\mathrm{F}=10^{12}\ \mathrm{pF}$$

9.2.2　电容器的电容

实际中的导体往往不是孤立的,其周围常常存在有其他的导体,它们的存在必将使空间的电场分布与孤立导体的情况有所差异,进而对导体的电容发生影响。电容器通常用彼此绝缘,而且靠得很近的两导体薄板、导体薄球面、导体薄柱面等组成,其中的两导体薄板、薄面称为电容器的极板。与孤立导体相似,它们同样具有容纳电荷的能力。充电时两极板分别带等量异号电荷$+q$和$-q$,两板间电势差为V_1-V_2,实验表明,电荷q与两极板间的电势差的比值对给定的电容器来说是一个常量,也表示升高单位电势差所能容纳的电荷,我们将其称为电容器的电容,用C表示:

$$C=\frac{q}{V_1-V_2} \tag{9-7}$$

与孤立导体相似,电容器的电容只与组成电容器的极板的大小、形状、两极板的间距以及其间所充的电介质等因素有关,与电容器是否带电以及带电量的多少无关。对比式(9-6)和式(9-7)可以看出,孤立导体可以看成是一个极板在无限远零电势处的电容器。

9.2.3　几种典型的电容器

下面介绍几种典型的电容器。

1. 平行板电容器

这种电容器是由两块靠得很近且平行放置的导体板构成,如图9-9所示。两极板的面积均为S,间距为d,且$S\gg d^2$,以至可忽略边缘效应的影响。

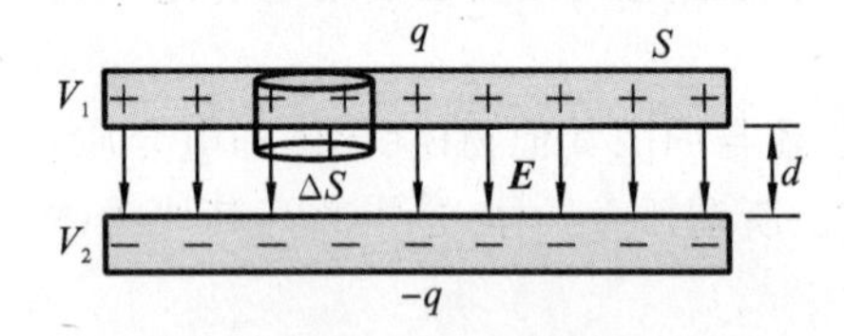

图9-9　平行板电容器

设两极板带等量异号电荷$+q$和$-q$,电荷面密度分别为$+\sigma$和$-\sigma$,极板间为均匀电场,可由高斯定理和场强叠加原理求得:

$$E=\frac{\sigma}{\varepsilon_0}=\frac{q}{S\varepsilon_0}$$

利用场强和电势差的关系可以算出两极板间的电势差:

$$V_1-V_2=\int_0^d \boldsymbol{E}\cdot \mathrm{d}\boldsymbol{l}=\frac{\sigma}{\varepsilon_0}d$$

注意到$\sigma=\frac{q}{S}$,根据电容器电容的定义式(9-7),可得到真空中平行板电容器的电容:

$$C=\frac{q}{V_1-V_2}=\frac{\sigma S}{\frac{\sigma d}{\varepsilon_0}}=\frac{\varepsilon_0 S}{d} \tag{9-8}$$

可见,真空中平行板电容器的电容与极板面积S成正比,与极板间距d成反比。因而可用增大极板面积和减少板间距离来提高平行板电容器的电容。

2. 球形电容器

这种电容器是由两个半径分别为R_1和R_2的同心金属球壳组成,如图9-10所示。设内外球壳相对的表面上分别带有电荷$+q$和$-q$。

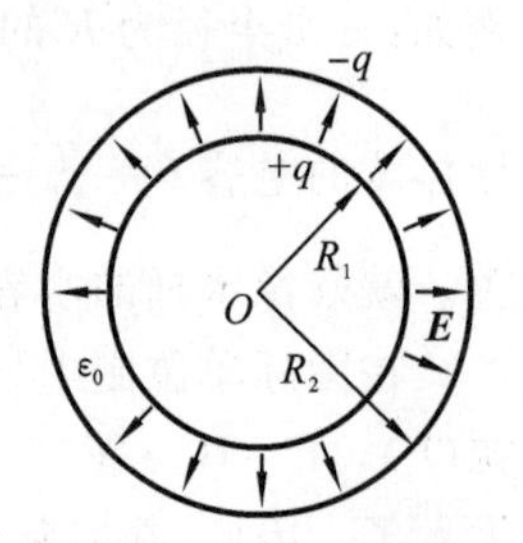

图9-10　球形电容器

由高斯定理可以求得两球面间的电场强度大小为

$$E = \frac{q}{4\pi\varepsilon_0 r^2} \quad (R_1 < r < R_2)$$

$\boldsymbol{E}$ 的方向沿着径向，由场强与电势的积分关系可以求得两球壳间的电势差：

$$V_1 - V_2 = \int_{R_1}^{R_2} \boldsymbol{E} \cdot \mathrm{d}\boldsymbol{l} = \int_{R_1}^{R_2} \frac{q}{4\pi\varepsilon_0 r^2}\mathrm{d}r = \frac{q}{4\pi\varepsilon_0}\left(\frac{1}{R_1} - \frac{1}{R_2}\right)$$

根据电容的定义可以得到球形电容器的电容：

$$C = \frac{q}{V_1 - V_2} = \frac{4\pi\varepsilon_0 R_1 R_2}{R_2 - R_1} \tag{9-9}$$

下面讨论两个极端情况。

（1）若 R_1 和 R_2 都很大，且两球壳的间距 $d = R_2 - R_1$ 很小，于是近似地有 $R_1R_2 = R_1^2$，考虑到 $S = 4\pi R_1^2$，代入式(9-9)，得

$$C = \frac{\varepsilon_0 S}{d}$$

这就是平行板电容器电容的表达式。

（2）若 $R_2 \gg R_1$，则 $R_2 - R_1 \approx R_2$，则

$$C = \frac{4\pi\varepsilon_0 R_1 R_2}{R_2} = 4\pi\varepsilon_0 R_1$$

这就是半径为 R_1 的孤立导体球的电容，此时的球形电容器蜕变为孤立导体了。

3. 同轴电缆(圆柱形电容器)

这种电容器是由两个共轴且等长的圆柱金属面组成，如图 9-11 所示。设内外圆柱面的半径分别为 R_1 和 R_2，长度为 L，且 $L \gg R_1$，$L \gg R_2$，近似地认为圆柱面无限长；内外圆柱面分别带电 $+q$ 和 $-q$。由于圆柱面曲率处处相等，故电荷在圆柱面上均匀分布，电荷线密度 $\lambda = \frac{q}{L}$。两极板间场强可由高斯定理求得

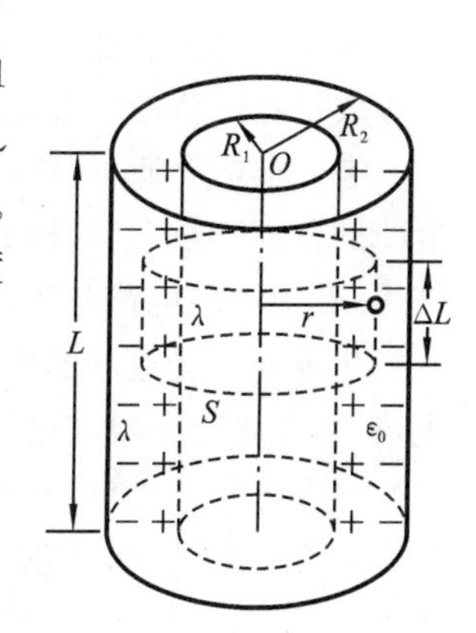

图 9-11　柱形电容器

$$E = \frac{\lambda}{2\pi\varepsilon_0 r}$$

根据场强与电势差的关系，可得两圆柱面间的电势差：

$$V_1 - V_2 = \int_{R_1}^{R_2} \boldsymbol{E} \cdot \mathrm{d}\boldsymbol{l} = \int_{R_1}^{R_2} \frac{\lambda}{2\pi\varepsilon_0 r}\mathrm{d}r = \frac{\lambda}{2\pi\varepsilon_0}\ln\frac{R_2}{R_1}$$

由电容的定义式可以求出圆柱形电容器的电容：

$$C = \frac{q}{V_1 - V_2} = \frac{\lambda L}{\dfrac{\lambda}{2\pi\varepsilon_0}\ln\dfrac{R_2}{R_1}} = \frac{2\pi\varepsilon_0 L}{\ln(R_2/R_1)} \tag{9-10}$$

9.3　电介质的极化
Dielectric polarization

电介质是导电性能极差、电阻率极大的物质。过去电介质主要作为电气绝缘材料来使用，因此电介质也被称为绝缘体，例如云母、瓷、聚乙烯、变压器油等都是常用的电介质。随着科学技术的发展，发现电介质还有电致伸缩、压电性、热释电效性、可作为电光材料等重要特性，已

形成的“电介质物理学”,成为新材料科学的基础理论之一。并在许多高新技术,如微电子技术、超声波技术、电子光学、激光技术等中有着广泛的应用。本节将主要讨论电介质在电场中的极化现象以及电介质极化对电场的影响。

9.3.1 电介质的极化现象

电介质在通常情况下是不导电的,只有在很强的电场中,电介质的绝缘性能遭到破坏,从而变成“导体”,这个过程称为击穿。电介质不被击穿所能承受的最强场强称为绝缘强度。本节涉及的场强都小于绝缘强度。实验发现,置入电场中的电介质,类似于导体的静电感应一样,沿电场方向的两个表面出现了等量异号电荷,从而呈现电性。我们将这种现象称为电介质的极化。与导体静电感应不同的是,电介质因极化而出现的电荷不能在介质内部自由移动,也不能通过接地等方式使其离开电介质,故称为束缚电荷,亦称为极化电荷。电介质极化时出现的束缚电荷也在周围空间中产生电场。根据电场叠加原理,在有电介质存在时,空间任意一点的场强 $\boldsymbol{E}$ 等于外电场的场强 $\boldsymbol{E}_0$ 与束缚电荷所产生的场强 $\boldsymbol{E}'$ 的矢量和,即

$$\boldsymbol{E} = \boldsymbol{E}_0 + \boldsymbol{E}' \tag{9-11}$$

在电介质内部,$\boldsymbol{E}'$ 与 $\boldsymbol{E}_0$ 的方向相反,使合场强 $\boldsymbol{E}$ 比原来的外电场场强 $\boldsymbol{E}_0$ 小。

要说明电介质的极化,就要先了解电介质的结构及其受电场作用后发生的微观过程。

物质的分子是由一个或几个原子组成,每个原子又是由带正电的原子核和核周围若干个带负电的电子所组成。虽然分子中的带电粒子并不集中在一点,但在离开分子的距离比分子本身大小大得多的地方,分子中全部负电荷对于这些地方的影响将等效于一个负点电荷。这个等效负点电荷的位置称为负电荷中心,同样,分子中所有的正电荷也有一个正电荷中心。

有一类电介质,例如,H_2O、纤维素、聚氯乙烯和有机酸等,分子中电荷分布不对称,正、负电荷的中心不重合,这样的分子称为有极分子;另一类电介质,例如,氢、甲烷、石蜡以及惰性气体等,分子中的电荷分布是对称的,因而正、负电荷的中心相互重合,这类分子称为无极分子。在产生电场和受电场的作用这两方面,有极分子等效于具有一定电矩的电偶极子。在没有外电场时,无极分子没有电矩。

电介质置入外电场中,分子中的带电粒子就受到电场的作用力。对于无极分子,在外电场 $\boldsymbol{E}_0$ 的作用下,每个分子的正、负电荷中心将分别沿正、反电场方向移动,位移的大小与场强成正比。这样,使原来重合的正、负电荷中心有了沿外电场 $\boldsymbol{E}_0$ 方向的相对位移,如图 9-12 所示。分子等效于一个电矩为 $\boldsymbol{p}$ 的电偶极子。如果将外电场撤去,正、负电荷的中心又重合在一起。所以,这类与分子等效的电偶极子称为弹性电偶极子,无极分子的这种极化过程称为位移极化。

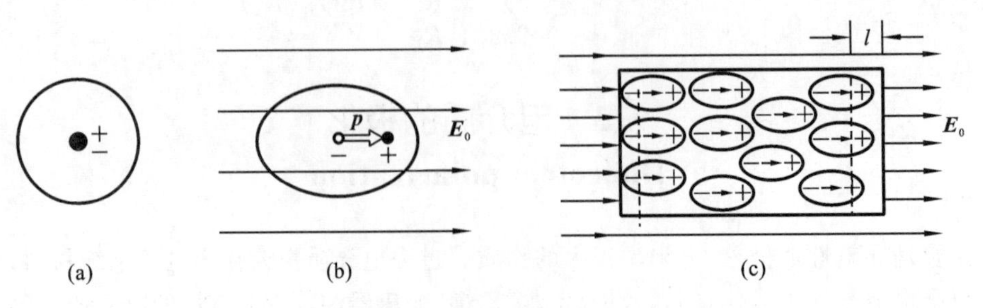

图 9-12 无极分子的位移极化

对于有极分子，每个分子本来就等效于一个电偶极子。但由于分子的热运动，各分子电矩的取向是杂乱的。在外电场 $\boldsymbol{E}_0$ 的作用下，每个分子都受到使分子电矩转向外电场方向的力矩。外电场越强，力矩越大，各分子电矩转向外电场方向的程度也越大。但由于热运动及分子间其他作用力，分子电矩的这种转向总是较小的，不可能使所有分子电矩都整齐地排列在外电场方向，如图 9-13 所示。有极分子的这种极化过程称为转向极化。如果撤去外电场，各分子电矩又由于热运动而回到各种可能的取向。

必须指出，有极分子也有位移极化。但是实验指出，位移极化与转向极化相比可以忽略不计。因此与有极分子等效的电偶极子常被看成是电矩大小不变的，称为刚性电偶极子。

从微观机构看，两种电介质的极化过程不一样，但是从宏观现象看，两种电介质的极化并没有区别，都是在电介质的两相对端面上出现等量异号的束缚电荷。因此，在以后的讨论中，将不再区分两类电介质。

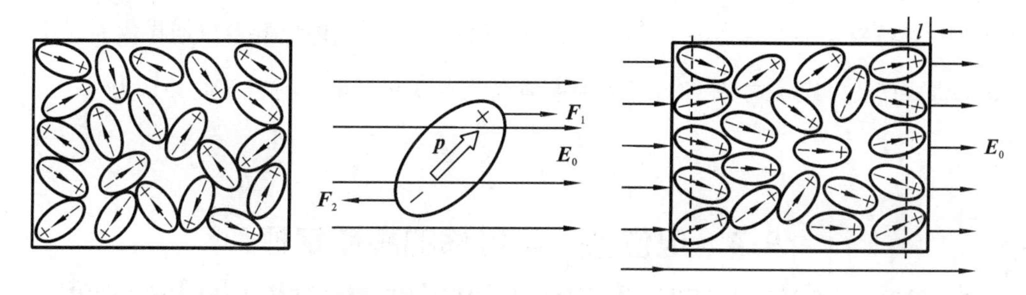

图 9-13　有极分子的转向极化

9.3.2　电介质对电场的影响

一般来讲，要计算外电场中电介质内部的电场强度和束缚电荷面密度是比较复杂的。我们现在以充满各向同性均匀电介质的平行板电容器为例，来讨论电介质对电场的影响，以及电介质表面的束缚电荷面密度。设电容器两极板上自由电荷面密度分别为 $+\sigma_0$ 和 $-\sigma_0$，电介质相对电容率为 ε_r，电介质表面束缚电荷面密度分别为 $-\sigma'$ 和 $+\sigma'$，如图 9-14 所示。对于各向同性均匀电介质，束缚电荷的出现不会影响极板上自由电荷面密度的均匀分布和极板间电场的均匀性。

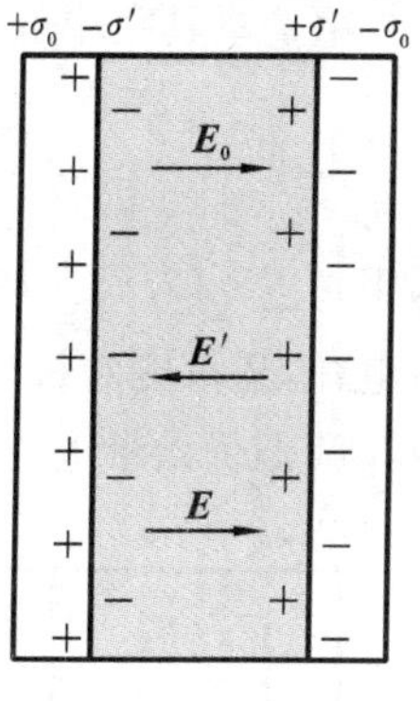

图 9-14　电介质对电场的影响

$\boldsymbol{E}_0$ 是自由电荷产生的电场，其大小 $E_0=\dfrac{\sigma_0}{\varepsilon_0}$；$\boldsymbol{E}'$ 是束缚电荷产生的电场，其大小 $E'=\dfrac{\sigma'}{\varepsilon_0}$。由于 $\boldsymbol{E}_0$ 和 $\boldsymbol{E}'$ 方向相反，因此有

$$E=E_0-E'=\frac{\sigma_0}{\varepsilon_0}-\frac{\sigma'}{\varepsilon_0}=\frac{1}{\varepsilon_0}(\sigma_0-\sigma') \tag{9-12}$$

由此可见，电介质中的场强总是小于自由电荷产生的场强，这一结论尽管是由特例推出，但却是普遍适用的。

下面讨论电介质表面的束缚电荷面密度 σ' 和自由电荷面密度 σ_0 的关系。

如果保持电容器两极板的电荷量 q 不变，由于电介质充满电容器两极板间，假设极板间距为 d，故真空时电容器两极板间电势差 $U_0=E_0d$；有电介质时，极板间电势差 $U=Ed$。因为 $E<E_0$，所以 $U<U_0$，实验结果表明，U_0 和 U 的关系为

$$U=\frac{U_0}{\varepsilon_r}$$

式中,ε_r 称为电介质的相对电容率(又称相对介电常数),它是一个大于 1 的常数,由电介质的性质决定。

根据电容的定义 $C=\frac{q}{U}$,有介质时电容器的电容增大了,得到 C_0 和 C 的比值为

$$\frac{C}{C_0}=\frac{q/U}{q/U_0}=\frac{U_0}{U}=\frac{E_0 d}{Ed}=\frac{E_0}{E}=\varepsilon_r$$

因此,有

$$E=\frac{E_0}{\varepsilon_r} \tag{9-13}$$

式(9-13)表明,在平行板电容器中,若保持极板上电量不变,并充满相对电容率为 ε_r 的电介质,这时介质中的场强大小为真空时的$\frac{1}{\varepsilon_r}$倍。这一结论对其他形式的电容器也同样成立。

如果将式(9-13)代入式(9-12),可得到束缚电荷密度和自由电荷密度的关系为

$$\sigma'=\left(1-\frac{1}{\varepsilon_r}\right)\sigma_0 \tag{9-14}$$

9.4 电位移 电位移的高斯定理

Electric displacement, Gauss's law for electric displacement

9.4.1 电位移矢量 电位移的高斯定理

第 7 章真空中静电场的高斯定理给出

$$\Phi_e=\oint\!\!\!\oint_S \boldsymbol{E}\cdot \mathrm{d}\boldsymbol{S}=\frac{\sum q_i}{\varepsilon_0}$$

式中,$\sum q_i$ 为高斯面 S 内所有电荷的代数和,当静电场中有电介质时,在高斯面内不仅有自由电荷,还可能有极化电荷。这时,高斯定理形式应有什么变化呢?

我们仍以带电金属平行板间充满各向同性均匀电介质为例来进行讨论。

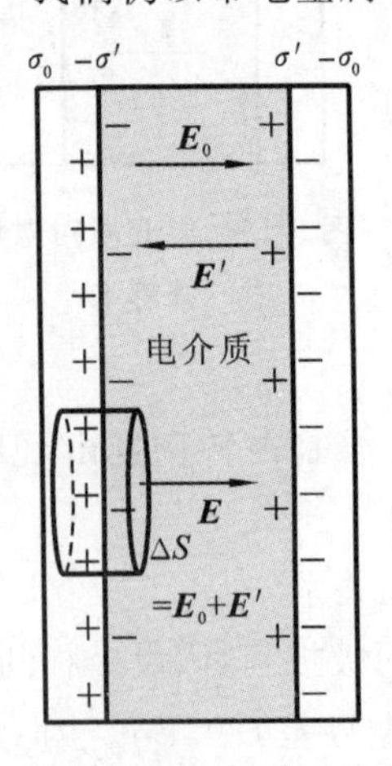

图 9-15 带金属的平行板

如图 9-15 所示,在带电金属平行板间充满了均匀的电介质,设金属板上自由电荷面密度分别为$+\sigma_0$ 和$-\sigma_0$,电介质相对电容率为 ε_r,极化电荷面密度分别为$-\sigma'$和$+\sigma'$。作一闭合圆柱形高斯面,使得面积为 ΔS 的两个圆端面平行于极板,且一个端面在导体板内,另一个在电介质中,应用高斯定理,有

$$\oint\!\!\!\oint_S \boldsymbol{E}\cdot \mathrm{d}\boldsymbol{S}=\frac{1}{\varepsilon_0}(\sigma_0-\sigma')\Delta S \tag{9-15}$$

式中,$\boldsymbol{E}$ 为自由电荷和极化电荷共同产生的合场强,由于 σ'通常不能预先知道,而 $\boldsymbol{E}$ 又与 σ'有关,因此,式 (9-15) 应用起来较困难。如果设法使 σ'不显含在式(9-15) 中,问题就容易解决了。

由式(9-14)可知

$$\frac{1}{\varepsilon_0}(\sigma_0-\sigma')=\frac{\sigma_0}{\varepsilon_0\varepsilon_r}$$

代入式(9-15)，得

$$\oiint_S \boldsymbol{E}\cdot \mathrm{d}\boldsymbol{S}=\frac{1}{\varepsilon_0\varepsilon_r}\sigma_0\Delta S$$

即

$$\oiint_S \varepsilon_0\varepsilon_r\boldsymbol{E}\cdot \mathrm{d}\boldsymbol{S}=\sigma_0\Delta S=q_0 \tag{9-16}$$

令

$$\boldsymbol{D}=\varepsilon_0\varepsilon_r\boldsymbol{E}=\varepsilon\boldsymbol{E} \tag{9-17}$$

$\boldsymbol{D}$ 称为电位移矢量(简称电位移)，其单位为 $\mathrm{C\cdot m^{-2}}$，式中 $\varepsilon=\varepsilon_0\varepsilon_r$，称为电介质的电容率。将式(9-17)代入式(9-16)，得

$$\oiint_S \boldsymbol{D}\cdot \mathrm{d}\boldsymbol{S}=q_0$$

更一般的写作为

$$\oiint_S \boldsymbol{D}\cdot \mathrm{d}\boldsymbol{S}=\sum_i q_{0i} \tag{9-18}$$

式中，$\oiint_S \boldsymbol{D}\cdot \mathrm{d}\boldsymbol{S}$ 称为穿过高斯面 S 的电位移通量，$\sum\limits_i q_{0i}$ 为高斯面内包围的自由电荷的代数和。

式(9-18)称为电位移高斯定理(或电介质中的高斯定理)，可表述如下：

在静电场中，穿过任一封闭曲面的电位移通量等于该曲面内所包围的自由电荷的代数和。

In electrostatic field, the net electric displacement flux Φ_{D} through any closed gaussian surface is equal to the net free charge inside the surface.

在电场中放入电介质以后，电介质中的电场强度的分布既和自由电荷有关，又和极化电荷有关，而极化电荷分布常常比较复杂。引入电位移这一辅助量，它仅由自由电荷所产生，其大小与有介质时的场强大小成正比，其方向与电场方向相同，其电力线起于正自由电荷，终止于负自由电荷，其单位为 $\mathrm{C\cdot m^{-2}}$，与电荷面密度的单位相同。我们用电位移高斯定理来处理电介质中电场的问题就比较简单，顺便指出，式(9-17)虽然是从特例导出的，但理论研究表明，这一结论是普遍适用的。

9.4.2　利用电位移高斯定理求场强

当自由电荷和电介质的分布具有某些对称性时，利用电位移高斯定理来求场强较为简便，其步骤大致如下：

(1) 按照真空中选择高斯面的要求选好高斯面；

(2) 利用电位移高斯定理列出方程，并求出 $\boldsymbol{D}$；

(3) 利用 $\boldsymbol{D}$ 和 $\boldsymbol{E}$ 的关系求出场强 $\boldsymbol{E}$。

例 9.2　如图 9-16 所示，平行板电容器极板面积 $S=100\ \mathrm{cm^2}$，间距 $d=1.00$ cm，在两极板上加电压 $U_0=100$ V 后与电源断开，然后再插入电介质板，其面积亦为 100 $\mathrm{cm^2}$，厚度 $b=0.50$ cm，相对电容率 $\varepsilon_r=7.00$，求：

(1) 电容器极板上的自由电荷 q_0；

(2) 极板和电介质间空隙中的 D_0、E_0；

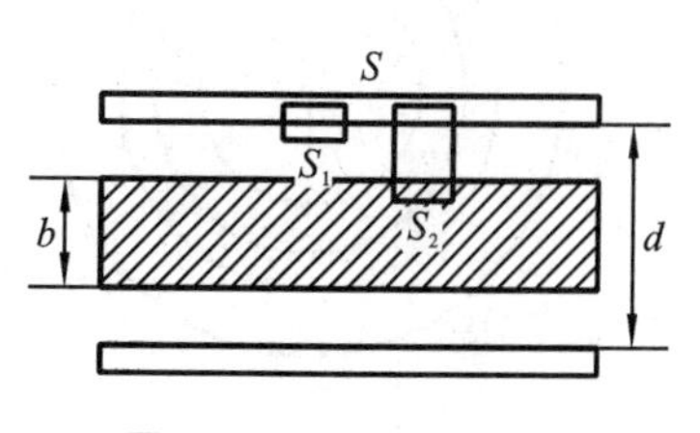

图 9-16　例 9.2 用图

(3) 电介质中的 D、E；

(4) 电介质插入后极板间的电势差 U；

(5) 电介质插入后电容器的电容 C。

解　(1) 两极板间无电介质时的电容

$$C_0=\frac{\varepsilon_0 S}{d}$$

利用电容与电压的关系可求得极板上的自由电荷

$$q_0=C_0U_0=\left(\frac{\varepsilon_0 S}{d}\right)U_0=\frac{8.85\times10^{-12}\times100\times10^{-4}}{1.00\times10^{-2}}\times100\ \text{C}=8.85\times10^{-12}\ \text{C}$$

(2) 由于平板面积 $S\gg d^2$，因此，充电后的平板可视为无限大的带电平板，其电场分布具有轴对称性，可以利用电位移高斯定理来求解。如图 9-16 所示，作一闭合圆柱面 S_1 为高斯面，使其底面积为 ΔS，轴线与板面垂直，上底在极板中，下底在空隙中，利用电位移高斯定理可得

$$\oiint_{S_1}\boldsymbol{D}_0\cdot\mathrm{d}\boldsymbol{S}=D_0\Delta S=q=\sigma_0\Delta S$$

于是有

$$D_0=\sigma_0=\frac{q_0}{S}=\frac{8.85\times10^{-10}\ \text{C}}{100\times10^{-4}\ \text{m}^2}=8.85\times10^{-8}\ \text{C}\cdot\text{m}^{-2}$$

$$E_0=\frac{D_0}{\varepsilon_0}=\frac{8.85\times10^{-8}}{8.85\times10^{-12}}\ \text{V}\cdot\text{m}^{-1}=1.00\times10^{4}\ \text{V}\cdot\text{m}^{-1}$$

(3) 在图 9-16 中作闭合圆柱面 S_2 为高斯面，使其底面积为 ΔS，圆柱面轴线垂直于极板，上底仍在极板中，下底在电介质中，利用电位移高斯定理可得

$$\oiint_{S_2}\boldsymbol{D}\cdot\mathrm{d}\boldsymbol{S}=D\Delta S=q=\sigma_0\Delta S$$

可得

$$D=\sigma_0=D_0=8.85\times10^{-8}\ \text{C}\cdot\text{m}^{-2}$$

所以电介质中场强为

$$E=\frac{D}{\varepsilon_r\varepsilon_0}=\frac{8.85\times10^{-8}}{7\times8.85\times10^{-12}}\ \text{V}\cdot\text{m}^{-1}=1.43\times10^{3}\ \text{V}\cdot\text{m}^{-1}$$

(4) 插入电介质后，两极板间的电势差为

$$\begin{aligned}U&=E_0(d-b)+Eb\\&=1.00\times10^{4}\times(1.00-0.50)\times10^{-2}\ \text{V}+1.43\times10^{3}\times0.50\times10^{-2}\ \text{V}\\&=50\ \text{V}+7.15\ \text{V}=57.15\ \text{V}\end{aligned}$$

(5) 插入电介质后的电容为

$$C=\frac{q_0}{U}=\frac{8.85\times10^{-10}}{57.15}\ \text{F}=15.5\times10^{-12}\ \text{F}=15.5\ \text{pF}$$

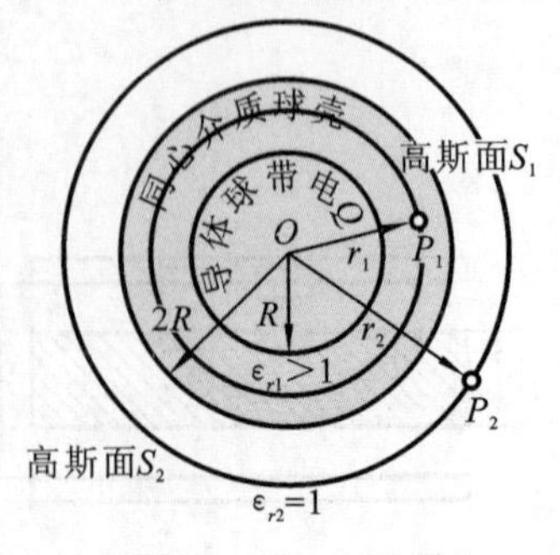

图 9-17　例 9.3 用图

例 9.3　如图 9-17 所示，一半径为 R、电量为 Q 的导体球被一层相对电容率 $\varepsilon_{r1}>1$，厚度也为 R 的电介质所包围，然后将其置于空气中，求：

(1) 电介质中 P_1 点和空气中 P_2 点的 D、E；

(2) P_1 和 P_2 两点间的电势差 U_{12}。

解　本题电荷呈球对称分布，故可应用电位移高斯定理来求解。

(1) 选半径为 r 的球面为高斯面，其面心和球心重合，由高斯定理得

$$\oiint_S \boldsymbol{D} \cdot \mathrm{d}\boldsymbol{S} = 4\pi r^2 D = Q \quad (r > R)$$

所以当高斯面经过 P_1 点，即 $r=r_1$ 时，可得到

$$D_1 = \frac{Q}{4\pi r_1^2}$$

由 $D=\varepsilon_0\varepsilon_r E$ 得

$$E_1 = \frac{Q}{4\pi\varepsilon_0\varepsilon_{r1} r_1^2}$$

同理，当 $r=r_2$ 时，可得

$$D_2 = \frac{Q}{4\pi r_2^2}$$

$$E_2 = \frac{Q}{4\pi\varepsilon_0\varepsilon_{r2} r_2^2}, \varepsilon_{r_2} = 1$$

(2) P_1 和 P_2 两点间的电势差为

$$U_{12} = \int_{r_1}^{2R} \boldsymbol{E}_1 \cdot \mathrm{d}\boldsymbol{r} + \int_{2R}^{r_2} \boldsymbol{E}_2 \cdot \mathrm{d}\boldsymbol{r} = \frac{Q}{4\pi\varepsilon_0}\left[\frac{1}{\varepsilon_{r1}}\left(\frac{1}{r_1} - \frac{1}{2R}\right) + \left(\frac{1}{2R} - \frac{1}{r_2}\right)\right]$$

9.4.3　电介质中的环路定理 Energy Stored in Electrostatic Field

我们已经知道，有介质存在时的电场将为真空中的电场的$\frac{1}{\varepsilon_r}$。由真空中静电场的环路定理可得到介质中的电场环流

$$\oint_L \boldsymbol{E} \cdot \mathrm{d}\boldsymbol{l} = 0 \tag{9-19}$$

这说明，在有电介质存在的情况下，电场强度沿任一闭合回路的环流均为零。这一结论称为电介质中的环路定理。由此可见，有介质存在时的静电场仍然为一保守力场。

9.5　电场的能量
Energy stored in electrostatic field

任何电荷在其周围空间都要激发电场。静电场对置入其内的带电体将施加静电场力，当带电体在此静电场中移动时，电场所施加的静电场力将对带电体做功。这表明，静电场具有能量。本节以简单的特例——平行板电容器来讨论电场能量的建立以及电场能量密度的表达式，再介绍计算电场能量的方法。

9.5.1　电容器的储能过程

如图 9-18 所示，设一平行板电容器的极板面积为 S，两板间距为 d，电容为 C。已充电的平行板电容器，两极板带等量的异号电荷，两极板间的场强视为均匀的。当两极板的电荷分别为 $+q$ 和 $-q$ 时，电压为

$$U = \frac{q}{C}$$

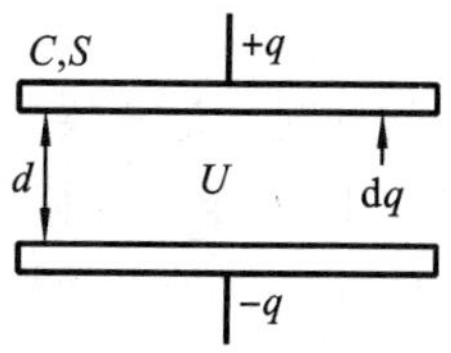

图 9-18　平行板电容器

电源将 $\mathrm{d}q$ 的电荷由负极移到正极上，电源所做元功为

$$dA = U \cdot dq = \frac{q}{C}dq$$

这样,整个充电过程结束后,极板上分别带有$+Q$和$-Q$的电荷,电源所做的总功为

$$A = \int dA = \int_0^Q \frac{q}{C}dq = \frac{Q^2}{2C}$$

由于$Q=CU$,上式可以写做

$$A = \frac{1}{2}QU = \frac{1}{2}CU^2$$

根据功能原理,电源克服电场力做的功等于电容器中电场储存的能量W_e,即$A=W_e$,于是

$$W_e = A = \frac{Q^2}{2C} = \frac{1}{2}QU = \frac{1}{2}CU^2 \tag{9-20}$$

9.5.2 电场的能量

电场能量储存在哪里呢?由上述讨论看,把电荷Q从一个极板移至另一个极板,似乎电容器能量的携带者是电荷。下面我们仍以平行板电容器的电场为例,来讨论电场能量与电场强度的关系。设极板面积为S,两板间距为d,极板间充满相对介电常数为ε_r的电介质,电容为C。对于平行板电容器

$$U = Ed,\quad C = \frac{\varepsilon_0\varepsilon_r}{d}S = \frac{\varepsilon}{d}S$$

将上两式代入式(9-20),得

$$W_e = \frac{1}{2}CU^2 = \frac{1}{2}\frac{\varepsilon S}{d}(Ed)^2 = \frac{1}{2}\varepsilon E^2 \cdot Sd = \frac{1}{2}\varepsilon_0\varepsilon_r E^2 \cdot V$$

式中,V为电容器中电场遍布的空间体积,此式表明,电场的能量与电场有不可分割的联系。

为了表示电场能量在空间分布的情况,我们引入电场能量体密度的概念,即单位体积电场内所具有的电场能量,用符号w_e表示,则

$$w_e = \frac{W_e}{V} = \frac{1}{2}\varepsilon_0\varepsilon_r E^2 = \frac{1}{2}\varepsilon E^2 \tag{9-21}$$

顺便指出,上式结果虽然是由一均匀电场的特例推导出的,但理论上可以证明,这一公式是普遍适用的,它在分析和计算电场能量问题中有着重要的作用。

对于在不均匀电场中,任取一体积元dV,该处的能量密度为w_e,则体积元中储存的静电场能为

$$dW_e = w_e \cdot dV$$

将其对电场空间积分,整个空间储存的电场能量为

$$W_e = \iiint_V dW_e = \iiint_V w_e \cdot dV = \iiint_V \frac{1}{2}\varepsilon_0\varepsilon_r E^2 \cdot dV \tag{9-22}$$

式(9-21)和式(9-22)都表明,电场能量是储存在电场中的,电场是能量的携带者,在静电场中,电荷和电场都不变化,因此电荷是电场能量的携带者,或者说电场是电场能量的携带者,这两种观点是等效的,没有区别。但对于变化的电磁场,理论和实验都证明,在电磁波的传播过程中,并没有电荷伴随着传播,所以不能说电磁波能量的携带者是电荷,而只能说电磁波能量的携带者是电场和磁场。因此,式(9-22)比式(9-20)更具有普遍意义。

例 9.4 如图 9-19 所示,A是半径为R的导体球,带有电荷量Q,球外有一不带电的同心导体球壳B,其内、外半径分别为a和b,求这一带电系统的电场能量。

解　本题电荷呈球对称分布，由高斯定理可以求出电场沿径向分布

$$E(r)=0 \quad (r<R;a<r<b)$$

$$E(r)=\frac{Q}{4\pi\varepsilon_0 r^2} \quad (R<r<a;r>b)$$

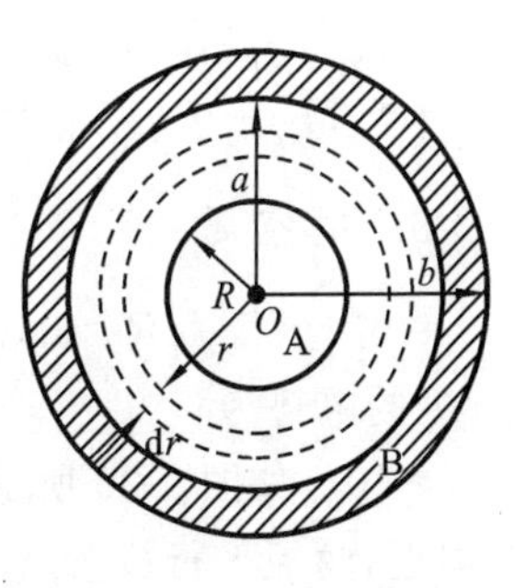

图 9-19　例 9.4 用图

在导体球和球壳之间，取一半径为 r，厚度为 dr 的薄球壳，其体积 $dV=4\pi r^2 dr$。将 E 和 dV 之值代入式(9-22)，并对电场分布空间积分，得电场能量为

$$\begin{aligned}W_e &= \iiint \frac{1}{2}\varepsilon_0\varepsilon_r E^2 dV \\ &= \int_R^a \frac{1}{2}\varepsilon_0\varepsilon_r\left(\frac{Q}{4\pi\varepsilon_0 r^2}\right)^2 4\pi r^2 dr+\int_b^\infty \frac{1}{2}\varepsilon_0\varepsilon_r\left(\frac{Q}{4\pi\varepsilon_0 r^2}\right)^2 4\pi r^2 dr \\ &= \int_R^a \frac{Q^2}{8\pi\varepsilon_0 r^2}dr+\int_b^\infty \frac{Q^2}{8\pi\varepsilon_0 r^2}dr=\frac{Q^2}{8\pi\varepsilon_0}\left(\frac{1}{R}-\frac{1}{a}+\frac{1}{b}\right)\text{，空气 } \varepsilon_r=1\end{aligned}$$

【思考题与习题】

1. 思考题

9-1　导体静电平衡的条件是什么？处于静电平衡的导体具有哪些基本性质？

9-2　电容器的电容是如何定义的？能否根据 $C=\frac{q}{V_1-V_2}$ 说“电容器的电容与其所带电荷成正比，与两极板间的电势差成反比”？

9-3　为什么要引入电位移矢量 $\boldsymbol{D}$？它与场强 $\boldsymbol{E}$ 有什么关系？

9-4　导体的静电感应和电介质的极化过程有什么区别？

2. 选择题

9-5　选无穷远处为电势零点，半径为 R 的导体球带电后，其电势为 V_0，则球外离球心距离为 r 处的电场强度的大小为(　　)。

(A) $\frac{R^2V_0}{r^3}$　　(B) $\frac{V_0}{R}$　　(C) $\frac{RV_0}{r^2}$　　(D) $\frac{V_0}{r}$

9-6　关于有电介质存在时的高斯定理，下列说法中正确的是(　　)。

(A) 高斯面内不包围自由电荷，则面上各点电位移矢量 $\boldsymbol{D}$ 为零

(B) 高斯面上 $\boldsymbol{D}$ 处处为零，则面内必不存在自由电荷

(C) 高斯面的 $\boldsymbol{D}$ 通量仅与面内自由电荷有关

(D) 以上说法都不正确

9-7　两个半径相同的金属球，一个为空心，另一个为实心，把两者各自孤立时的电容值加以比较，则正确的是(　　)。

(A) 空心球电容值大　　(B) 两球电容值相等

(C) 实心球电容值大　　(D) 大小关系无法确定

9-8　一个平行板电容器，充电后与电源断开，当用绝缘手柄将电容器两极板间距离拉大，则两极板间的电势差、电场强度的大小 E、电场能量 W 将发生变化，下列说法正确的是(　　)。

(A) U_{12}减小，E减小，W减小　　(B) U_{12}增大，E增大，W增大

(C) U_{12}增大，E不变，W增大　　(D) U_{12}减小，E不变，W不变

3. 填空题

9-9　半径为$R=0.5$ m的孤立导体球其表面电势为$U=300$ V，则离导体球中心$R=30$ cm处的电势为________。

9-10　如图9-20所示，把一块原来不带电的金属板B，向一块已带有正电荷Q的金属板A移近，两板平行放置，设两板面积都是S，板间距离是d，忽略边缘效应。当B板不接地时，两板间电势差为________；B板接地时两板电势差为________。

9-11　两只电容器，$C_1=8\ \mu\text{F}$、$C_2=2\ \mu\text{F}$，分别把它们充电到1000 V，然后将它们反接(如图9-21所示)，此时两极板间的电势差为________。

9-12　真空中有“孤立的”均匀带电球体和一均匀带电球面，如果它们的半径和所带的电荷都相等。则带电球体的静电能比带电球面的静电能________(填“大于”、“小于”或“等于”)。

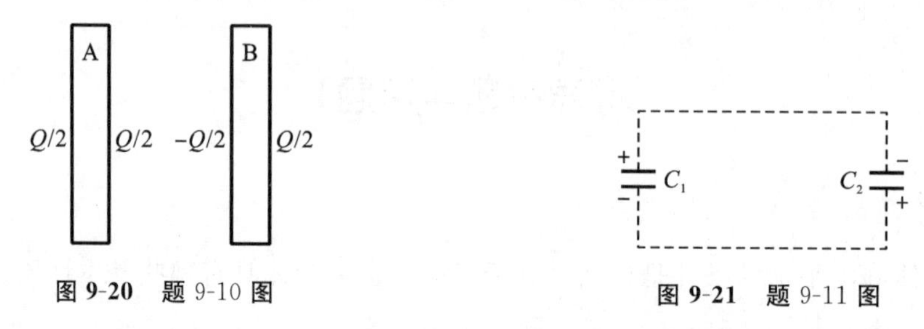

图9-20　题9-10图

图9-21　题9-11图

9.1 习题

9-13　在静电场中有一立方体均匀导体，边长为a，如图9-22所示。已知立方导体中心O处的电势为U_0，则立方体顶点A的电势U为多少？

9-14　电荷为q的点电荷处在导体球壳的中心，球壳的内、外半径分别为R_1和R_2，求场强和电势的分布。

9-15　半径为R_1的导体球，带有电荷q；球外有内、外半径分别为R_2、R_3的同心导体球壳，球壳带有电荷Q。

(1) 求导体球和球壳的电势U_1和U_2；

(2) 若球壳接地，求U_1和U_2；

(3) 若导体球接地(设球壳离地面很远)，求U_1和U_2。

9-16　如图9-23所示，A、B、C是三块平行金属板，面积均为$S=200\ \text{cm}^2$，A、B相距$d_{AB}=$

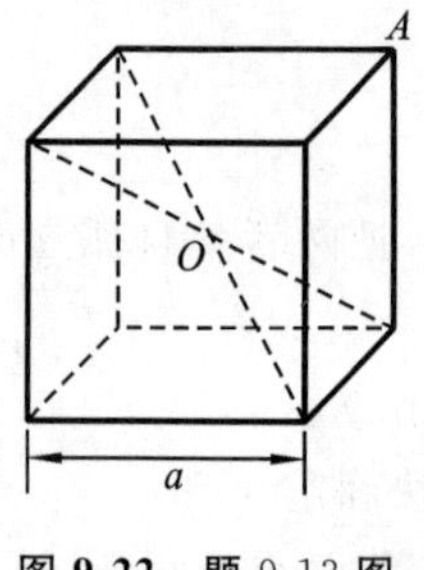

图9-22　题9-13图

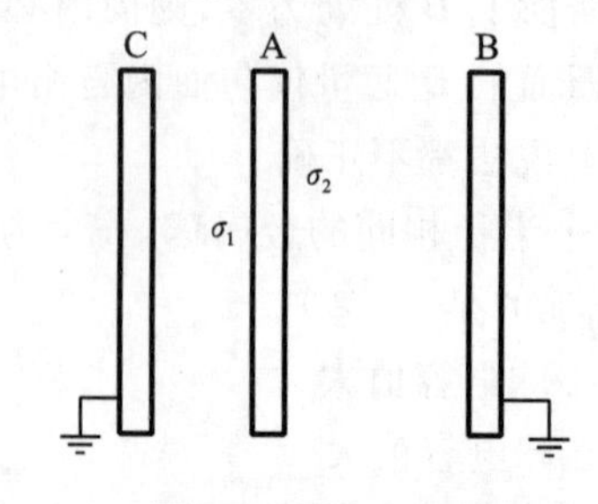

图9-23　题9-16图

4.0 mm，A、C 相距 $d_{AC}=2.0$ mm，B、C 两板都接地，

设 A 板带正电 $q=3.0\times10^{-7}$ C，不计边缘效应。

求：(1) B、C 两板上的感应负电荷各为多少？

(2) A 板的电势为多大（设地面电势为零）。

9.2 习题

9-17　一平行板电容器电容为 C，两板间距为 d。充电后，两板间作用力为 F，求两板之间的电势差。

9-18　一空气平行板电容器的两极板带电分别为 $+q$、$-q$，极板面积为 S，间距为 d，如图 9-24 所示。若在其间平行地插入一块与极板面积相同的金属板，厚度为 $t(t<d)$，略去边缘效应。

(1) 求板间场强 E 的大小；

(2) 求电容 C；

(3) 金属板离两极板的远近对电容 C 有无影响？

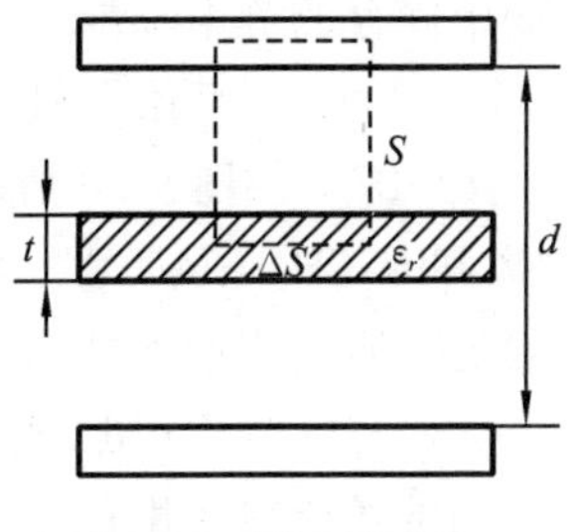

图 9-24　题 9-18 图

9-19　电容 $C_1=4\ \mu$F 的电容器在 800 V 的电势差下充电，然后切断电源，并将此电容器的两个极板与原来不带电、$C_2=6\ \mu$F 的电容器的两极板相连，试求每个电容器极板所带的电荷量。

9.3 习题

9-20　简述有极分子电介质和无极分子电介质的极化机制在微观上的不同点和在宏观效果上的共同点。

9-21　平行板电容器两极板间距为 d，极板面积为 S，在真空时的电容、自由电荷面密度、电势差、电场强度和电位移矢量的大小分别用 C_0、σ_0、U_0、E_0、D_0 表示。

(1) 维持其电量不变（如充电后与电源断开），将 ε_r 的均匀介质充满电容，求此时 C、σ、U、E、D 分别为多少。

(2) 维持电压不变（与电源连接不断开），将 ε_r 的均匀介质充满电容，求此时 C、σ、U、E、D 分别是多少。

9.4 习题

9-22　如图 9-25 所示，在平行板电容器的一半容积内充入相对介电常数为 ε_r 的电介质。试求：在有电介质部分和无电介质部分极板上自由电荷面密度的比值。

9-23　半径为 R 的导体球，带有电荷 Q，球外有一均匀电介质的同心球壳，球壳的内外半径分别为 a 和 b，相对介电常数为 ε_r，如图 9-26 所示，求：(1) 介质内外的电场强度 $\boldsymbol{E}$，电位移

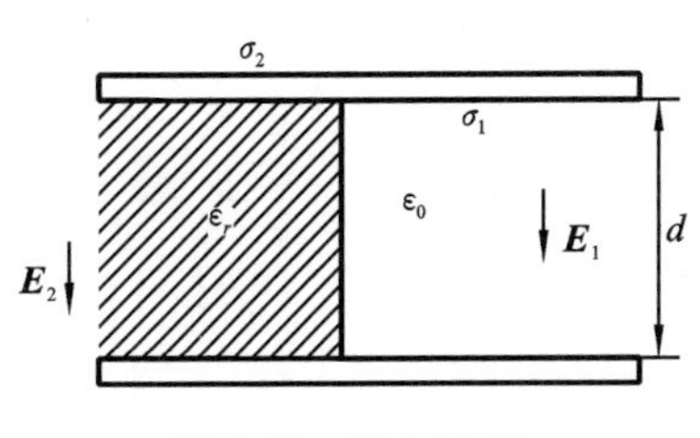

图 9-25　题 9-22 图

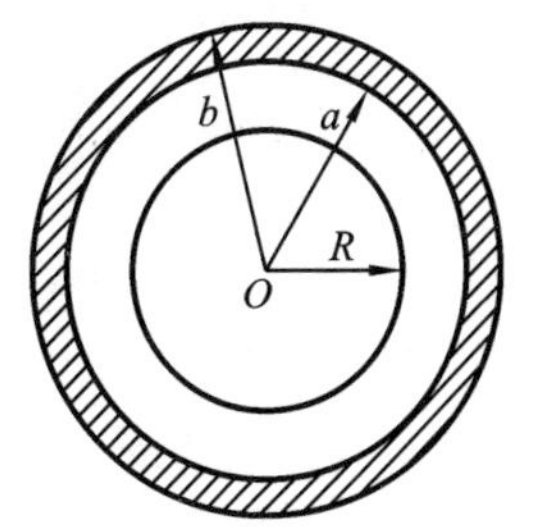

图 9-26　题 9-23 图

$\boldsymbol{D}$；(2) 离球心 O 为 r 处的电势。

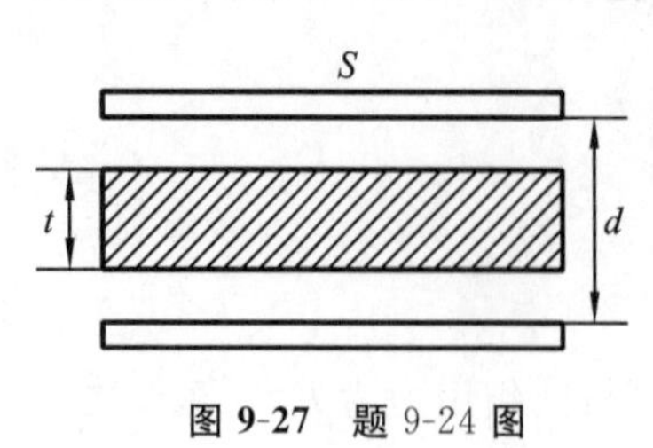

图 9-27　题 9-24 图

9-24　如图 9-27 所示，一空气平行板电容器，极板面积为 S，两极板之间距离为 d，其中平行地放有一层厚度为 $t(t<d)$、相对介电常数为 ε_r 的各向同性均匀电介质。略去边缘效应，试求其电容值。

9.5 习题

9-25　一半径为 R，电荷量为 q 的孤立金属球面，求其电场中储存的静电场能。

9-26　一半径为 R，电荷量为 q 的均匀带电球体，求它所产生的静电场能。

9-27　如图 9-28 所示，两个同轴的圆柱面，长度均为 l，半径分别为 R_1 和 $R_2(R_2>R_1)$，且 $l\gg(R_2-R_1)$，两柱面之间充有介电常数 ε 的均匀电介质。当两圆柱面分别带等量异号电荷 Q 和 $-Q$ 时，求：

(1) 在半径 r 处 $(R_1<r<R_2)$，厚度为 $\mathrm{d}r$，长为 l 的圆柱薄壳中任一点的电场能量密度；

(2) 电介质中的总电场能量；

(3) 圆柱形电容器的电容(忽略边缘效应)。

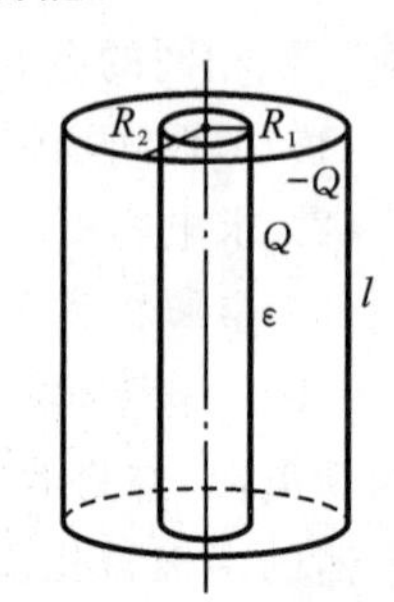

图 9-28　题 9-27 图

9-28　一平行板电容器中有两层均匀电介质，其厚度分别为 $d_1=2.0\ \mathrm{mm}$ 和 $d_2=3.00\ \mathrm{mm}$，相对介电常数分别为 $\varepsilon_{r1}=4.0$ 和 $\varepsilon_{r2}=2.0$，极板面积 $S=50\ \mathrm{cm}^2$，极板间电势差 $U=200\ \mathrm{V}$，求：

(1) 每层电介质中的电场能量密度；

(2) 每层电介质中储存的电场能量；

(3) 电容器储存的总能量。

9-29　一平行板电容器，极板面积为 S，两极板之间距离为 d，中间充满相对介电常数为 ε_r 的各向同性均匀电介质，设极板之间电势差为 U。试求在维持电势差 U 不变的情况下将介质取出，外力需做功多少？

物理学诺贝尔奖介绍3

1997 年　激光冷却和陷俘原子

1997 年诺贝尔物理学奖授予美国加州斯坦福大学的朱棣文(Stephen Chu,1948—),法国巴黎的法兰西学院和高等师范学院的科恩-塔诺季(Claude Cohen-Tannoudji,1933—)和美国国家标准技术院的菲利普斯(William D. Phillips,1948—),以表彰他们在发展用激光冷却和陷俘原子的方法方面所作的贡献,如图 1 至图 3 所示。

图1　朱棣文

图2　科恩-塔诺季

图3　菲利普斯

激光冷却和陷俘原子的研究,是当代物理学的热门课题,十几年来成果不断涌现,前景激动人心,形成了分子和原子物理学的一个重要突破口。

操纵和控制单个原子一直是物理学家追求的目标。固体和液体中的原子处于密集状态之中,分子和原子相互间靠得很近,联系难以隔绝,气体分子或原子则不断地在作无规乱运动,即使在室温下空气中的原子分子的速率也达到几百 m/s。在这种快速运动的状态下,即使有仪器能直接进行观察,它们也会很快地就从视场中消失,因此难以对它们进行研究。降低其温度,可以使它们的速率减小;但是问题在于:气体一经冷却,它就会先凝聚为液体,再冻结成固体。如果是在真空中冷冻,其密度就可以保持足够地低,避免凝聚和冻结。但即使低到 -270 ℃,还会有速率达到几十 m/s 的分子原子,因为分子原子的速率是按一定的规律分布的。接近绝对零度(-273 ℃以下)时,速率才会大为降低。当温度低到 10^{-6} K,即 1 微开(μK)时,自由氢原子预计将以低于 25 cm/s 的速率运动。可是怎样才能达到这样低的温度呢?

朱棣文、科恩-塔诺季、菲利普斯以及其他许多物理学家开发了用激光把气体冷却到微开温度范围的各种方法,并且把冷却了的原子悬浮或拘捕在不同类型的“原子陷阱”中。在这里面,个别原子可以以极高的精确度得到研究,从而确定它们的内部结构。当在同一体积中陷俘越来越多的原子时,就组成了稀薄气体,可以详细研究其特性。这几位诺贝尔奖获得者所创造的这些新研究方法,为扩大我们对辐射和物质之间相互作用的知识作出了重要贡献。特别是,他们打开了通向更深地了解气体在低温下的量子物理行为的道路。这些方法有可能用于设计新型的原子钟,其精确度比现在最精确的原子钟(精确度达到了百万亿分之一)还要高百倍,以应用于太空航行和精确定位。人们还开始了原子干涉仪和原子激光的研究。原子干涉仪可以用于极其精确地测量引力,而原子激光将来可能用于生产非常小的电子器件。用聚焦激光束使原子束弯折和聚焦,导致了“光学镊子”的发展,光子镊子可用于操纵活细胞和其它微小物体。1988年—1995年在稀薄原子气体中先后观察到了一维、二维甚至三维的玻色-爱因斯坦凝聚[①]。这一切都是从人们能够用激光控制原子开始的。下面我们就来对历史作一点简单的回顾并且对激光为什么能使原子冷却作一点通俗的解释。

1. 历史的回顾

早在1619年,当开普勒试图解释为什么彗星进入太阳系彗尾总是背着太阳时,他曾经提出,光可能有机械效应。麦克斯韦在1873年、爱因斯坦在1917年都对所谓的“光压”理论作过重要贡献,特别是,爱因斯坦证明了,原子吸收和发射光子后,其动量会发生改变。有光子动量参与的过程首推康普顿效应,即X射线受电子的散射。最早观察到反冲电子的是1923年C. T. R. 威耳逊用云室作出的。第一次在实验中观察到反冲原子的是弗利胥(1933年)。1966年索洛金(P. Sorokin)等人发明的可调染料激光器,为进一步探讨“光的机械特性”提供了优越的手段。

20世纪70年代列托霍夫(V. S. Letokhov)以及其他苏联物理学家和美国荷尔德尔(Holmdel)贝尔实验室阿斯金(A. Ashkin)。小组的物理学家在理论上和实验上对光子与中性原子的相互作用进行了重要的早期工作。其中有一项是他们建议用聚焦激光束使原子束弯折和聚焦,从而达到陷俘原子的目的。他们的工作导致了“光学镊子”的发展,光学镊子可用于操纵活细胞和其它微小物体。

汉胥(T. W. Hānsch)和肖洛(A. L. Schawlow)1975年首先建议用相向传播的激光束使中性原子冷却。与此同时,外兰德(D. J. Wineland)和德默尔特(H. G. Dehmelt)对于离子陷阱中的离子也提出过类似的建议。汉斯和肖洛的方法是:把激光束调谐到略低于原子的谐振跃迁频率,利用多普勒原理就可使中性原子冷却。

2. 激光为什么能使原子减速?

光可以看成是一束粒子流,这种粒子就叫光子。光子一般来说是没有质量的。但是具有一定的动量。光子撞到原子上可以把它的动量转移给那个原子。这种情况要发生,必须是光子有恰好的能量,或者可以这样说,光必须有恰好的频率或颜色。这是因为光子的能量正比于光的频率,而光的频率又决定光的颜色。因此组成红光的光子比起组成蓝光的光子能量要低些。是什么决定光子应有多大能量才能对原子起作用呢?是原子的内部结构(能级)。原子处于一定的能级状态,能级的跃迁就是原子吸收和发射光子的过程。原子的能级是一定的,它吸收和发射光子的频率也是一定的。如果正在行进中的原子被迎面而来的激光照射,只要激光的频率和原子的固有频率一致,就会引起原子的跃迁,原子会吸收迎面而来的光子而减小动量。与此同时,原子又会因跃迁而发射同样的光子,不过它发射的光子是朝着四面八方的,因此,实际效果是原子的动量每碰撞一次就减小一点,直至最低值。动量和速度成正比,动量越小,速度也越小。因此所谓激光冷却,实际上就是在激光的作用下使原子减速。

---

① 玻色-爱因斯坦凝聚是一种相变,其特点是宏观数量的粒子处于同一量子态。

然而,实际上原子束是以一定的速度前进的。迎面而来的激光在原子"看来",频率好象有所增大。这就好比在高速行进的火车上听迎面开来的汽车的喇叭声一样,你会觉得汽车是尖啸而过,和平常大不相同。这就是所谓多普勒效应。也就是说,对于火车上的观察者来说,汽车喇叭声的频率是增大了。运动中的原子和迎面而来的激光也会有同样的效应。因此,只有适当调低激光的频率,使之正好适合运动中的原子的固有频率,就会使原子产生跃迁,从而吸收和发射光子,达到使原子减速的目的。因此这种冷却的方法称为多普勒冷却。理论预计,对于钠原子,多普勒冷却的极限值为 240 μK。用激光可以把各种原子冷却,使之降到毫开量级的极低温度,这就是 20 世纪 70 到 80 年代之间物理学家做的事情。

1985 年朱棣文和他的同事在美国新泽西州荷尔德尔(Holmdel)的贝尔实验室进一步用两两相对,沿三个正交方向的六束激光使原子减速。他们让真空中的一束钠原子先是被迎面而来的激光束阻止了下来,然后把钠原子引进六束激光的交汇处。这六束激光都比静止钠原子吸收的特征颜色稍微有些红移。其效果就是不管钠原子企图向何方运动,都会遇上具有恰当能量的光子,并被推回到六束激光交汇的区域。在这个小区域里,聚集了大量的冷却下来的原子,组成了肉眼看去像是豌豆大小的发光的气团。由六束激光组成的阻尼机制就像某种粘稠的液体,原子陷入其中会不断降低速度。大家给这种机制起了一个绰号,叫"光学粘胶"。

上述实验中原子只是被冷却,并没有被陷俘。重力会使它们在 1 秒钟内从光学粘胶中落下来。为了真正陷俘原子,就需要有一个陷阱。1987 年做成了一种很有效的陷阱,叫做磁光陷阱。它用六束激光,如上述排列,再加上两个磁性线圈,以便给出略微可变化的磁场,其最小值处于激光束相交的区域。由于磁场会对原子的特征能级起作用(这种作用叫做塞曼效应),就会产生一个比重力大的力,从而把原子拉回到陷阱中心。这时原子虽然没有真正被捉住,但却是被激光和磁场约束在一个很小的范围里,从而可以在实验中加以研究或利用。

朱棣文和他的小组在激光冷却和陷俘原子的技术中取得了突破性的进展,引起了物理学界的广泛关注。继他们之后有很多科学小组很快超过了他们,但是他们开创的激光减速方法和光学粘胶的工作一直是其它成果的基础。他们自己也没有止步,继续作出了新的努力。

例如,原子喷泉(见图 4)就是一项有重大意义的实验。朱棣文小组根据扎查利亚斯(J. R. Zacharias)和汉斯的建议,把几种新的方法结合在一起,创造了一种可以用极高的精确度测量原子的光谱特性的装置。他们把高度冷却并被陷俘了的原子非常平缓地向上喷出,在重力场中作抛射体运动,当到达顶点时原子正好处在微波腔内,然后在重力场的作用下开始下落。这时,用相隔一定时间的两束微波辐射脉冲对这些原子进行探测。如果微波脉冲的频率经过正确的调谐,这两个相继的微波脉冲将使原子从一种量子态转变成另一种量子态。用这种方法朱棣文小组曾经测量过原子两个量子态之间的能量差,第一次实验的分辨率就高达一千亿分之二。

借助原子喷泉可以对原子的能级进行极为精确的测量,因此有可能在这一基础上建立最精确的原子钟。目前不止有 10 个科学集体正在试制这种原子钟。

与此同时,菲利普斯和他在美国国家标准技术院的小组研究了在光学粘胶中缓慢运动的中性钠原子冷云团。他们被理论与实验之间微小的不符所激励,创造了精确测量处于不同冷却条件的云团温度的各种方法。他们采用一种技术测量原子从光学粘胶区域下落到探测激光束处的飞行时间。1988 年初,他们发现,原子的温度约为 40 μK,比预计的多普勒极限 240 μK 低得多。他们还发现,最低的温度是在与理论多普勒极限的条件相矛盾的条件下得到的。

朱棣文后来转到斯坦福大学,他所带的几个研究小组以及科恩-塔诺季在巴黎高等师范

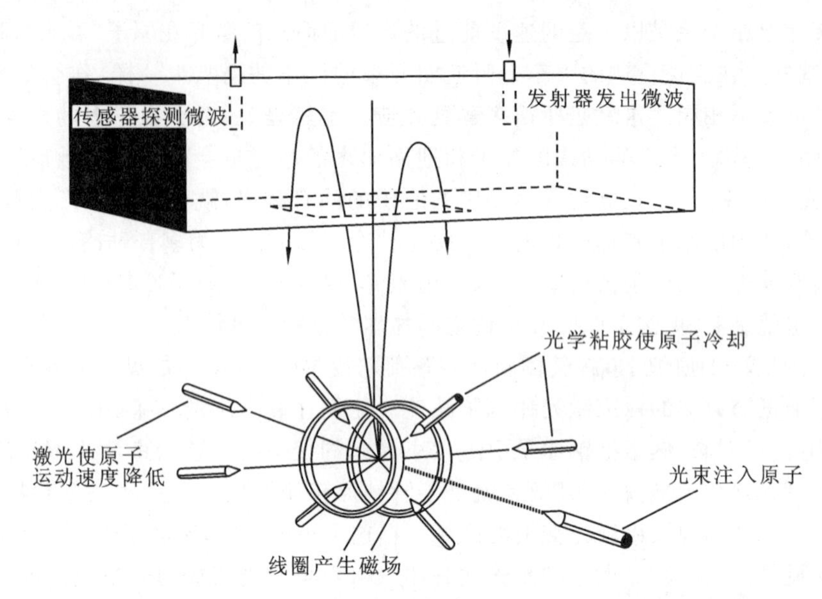

图 4 原子喷泉示意图。两两相向,相互正交的六束激光组成光学粘胶,再加两个线圈产生磁场,形成磁光陷阱,把注入的经边冷却的原子陷阱中,将这些原子向上喷出,在抛射曲线的顶点微波脉冲将原子从一个能态激发到另一个能态,由此可以极其精确地测量原子能态

学院的小组所做的实验,不久就证实了菲利普斯的发现是真实的。斯坦福小组和巴黎的小组几乎同时而且立刻对这一理论和实验之间的分歧作出了解释。原来多普勒冷却和多普勒极限的理论是假设原子具有简单的二能级谱。可是实际上真正的钠原子都具有好几个塞曼子能级,不但在基态,而且在激发态也是如此。基态子能级可以用光泵方法激发,也就是说,激光能够把钠原子转变为按子能级布居的不同分布,并引起新的冷却机制。这种布居分布的细节依赖于激光的偏振态,而在光学粘胶中,在光学波长量级的距离里偏振态会发生快速的变化。因此,人们为这种新的冷却机制取了一个名称,叫“偏振梯度冷却”。菲利普斯最早发现的特殊机制则取了另外一个名称,叫“希苏伐斯冷却”,希苏伐斯是希腊神话中的一个角色,传说他被判处把重石头推上山坡,而当重石被推到坡顶时,又会滚下山,于是他只能从头开始。原子总在失去动能,就好象是上山一样,经激光场又被光激发回到山谷,如此周而复始,反复进行,不断冷却降温。人们把低于多普勒极限的过程称为亚多普勒冷却。

1989 年菲利普斯访问巴黎,他与高等师范学院的小组合作,共同证明了中性铯原子可以冷却到 2.5 μK。他们发现,和多普勒冷却一样,其它类型的激光冷却也有相应的极限。以从单个光子反冲而得的速度运动的一团原子所相当的温度就叫反冲极限。对于钠原子,反冲极限温度为 2.4 μK,而铯原子则低至 0.2 μK。上述实验结果似乎就表示了,用偏振梯度冷却有可能使一群无规的原子云达到十倍于反冲极限的温度。在新近的发展中,人们做到了把冷却了的原子拘捕在所谓光格架的地方。这种格架是以光的波长量级作为间隔,靠改变激光束的位形加以调整。由于原子处在格架位置上要比处在任意位置能够更有效地冷却,从而可以达到无规状态下所能达到的温度的一半。例如,对于铯已经达到了 1.1 μK。

单个光子的反冲能量之所以会有一个极限值,是因为不论对多普勒冷却还是偏振梯度冷却,两者都会发生连续的吸收和发射的循环过程。每个过程都会给原子以微小但却不能忽略不计的反冲能量。如果原子几乎是静止的,免去了吸收一发射循环,原则上就可以在稀薄原子蒸气中达到比反冲冷却极限还要低的温度，这就叫亚反冲冷却。早在 20 世纪 70 年代，比萨大学就已经发现，可以用光泵方法使放在强激光场中的原子激发到无吸收的相干叠加状态，即所谓的“暗态”。科恩一塔诺季和巴黎高等师范学院的一些同事，其中有阿里孟多(E. Arimondo，来自比萨)和阿斯派克特(A. Aspect)，他们在一系列的实验中证明了利用多普勒效应可以使最冷的原子最终达到暗态。这个方法就叫速度选择相干布居陷阱法(VSCPT)。

1988 年，科恩一塔诺季及其同事用这种方法使氦原子冷却。他们用两组相向传播的激光束，证明了一维冷却可达 2μk 的温度，比理论预计的反冲极限还小一倍。20 世纪 90 年代初这一实验发展到二维冷却。1994 年科恩一塔诺季和阿斯派克特及另一个小组用两对相互正交的并相向传播的激光束，证明了二维冷却可达 250 nK，约比反冲极限温度低 16 倍。最终在 1995 年实验发展到用三对激光束，演示了沿三个方向的冷却。最低的温度达到 180 nK，比反冲极限还要低 22 倍。理论预计，氦原子的多普勒极限为 23 μK，反冲极限为 4 μK。

朱棣文是华裔科学家，1948 年生于美国密苏里州的圣路易斯，美国公民。他父亲朱汝瑾博士是台湾中央研究院院士。朱棣文于 1976 年毕业于美国伯克利加州大学，获物理学博士学位，并留校做了两年博士后研究，后来他加入贝尔实验室，1983 年任贝尔实验室量子电子学研究部主任，1987 年应聘任斯坦福大学物理学教授，1990 年任斯坦福大学物理系主任。他因开发了激光冷却和陷俘原子的技术获 1993 年费萨尔国王国际科学奖。同年被选为美国科学院院士。

科恩-塔诺季 1933 年出生于阿尔及利亚的康斯坦丁，他是法国公民，1962 年在巴黎高等师范学院获博士学位。1973 年在法兰西学院任教授。他是法国科学院院士，由于在激光冷却和陷俘原子的开创性实验，他获得多项奖励，其中有 1996 年欧洲物理学会颁发的量子电子学奖。

菲利普斯 1948 年出生于美国宾夕法尼亚的维尔克斯-巴勒，1976 年在麻省理工学院获物理学博士学位。由于他在激光冷却和陷俘原子方面的实验研究，曾经获得多项奖励，其中有富兰克林学院 1996 年的迈克耳孙奖。

第 10 章　稳恒电流的磁场
Chapter 10　The steady current's magnetic field

众所周知，指南针是中国古代四大发明之一。磁现象是最早被人类认识的物理现象之一，磁场是广泛存在的，地球、恒星（如太阳）、星系（如银河系）、行星、卫星，以及星际空间和星系际空间，都存在着磁场。为了认识和解释其中的物理现象和过程，必须考虑磁场这一重要因素。在现代科学技术和人类生活中，处处可遇到磁场，发电机、电动机、变压器、电报、电话、收音机以至加速器、热核聚变装置、电磁测量仪表等无不与磁现象有关。甚至在人体内，伴随着生命活动，一些组织和器官内也会产生微弱的磁场。

电流、运动电荷、磁体或变化电场周围空间存在的一种特殊形态的物质就是磁场。由于磁体的磁性来源于电流，电流源于电荷的运动，因而可以概括地说，磁场是由运动电荷或变化电场产生的。

本章将讨论运动电荷（电流）产生磁场的基本规律以及稳恒磁场中的两个重要定理。

10.1　电流密度　微分形式的欧姆定律　电动势
Current density, The differential form of Ohm's law, Electromotive force

前面讨论了静电现象及其规律。从本章开始将研究与电荷运动有关的一些现象和规律。本章主要讨论恒定电流。

我们知道，导体中存在着大量的自由电子，在静电平衡条件下，导体内部的场强为零，自由电子没有宏观的定向运动。若导体内的场强不为零，自由电子将会在电场力的作用下，逆着电场方向运动。我们把导体中电荷的定向运动称为电流。产生电流的条件：①导体中要有可以自由运动的带电粒子（电子或离子）；②导体内电场强度不为零。若导体内部的电场不随时间改变而变化时，驱动电荷的电场力不随时间改变而变化，因而导体中所形成的电流将不随时间改变而变化，这种电流称为恒定电流（或稳恒电流）。

1. 电流强度

电流的强弱用电流强度来描述。设在时间 Δt 内，通过任一横截面的电量是 Δq，则通过该截面的电流强度（简称电流）为

$$I=\frac{\Delta q}{\Delta t} \tag{10-1}$$

式(10-1)表示电流强度等于单位时间内通过导体任一截面的电量。如果 I 不随时间变化，这种电流称为恒定电流，又叫直流电。

如果加在导体两端的电势差随时间改变而变化，电流强度也随时间改变而变化，这时需用瞬时电流（$\Delta t\to 0$ 时的电流强度）来表示：

$$I = \lim_{\Delta t \to 0} \frac{\Delta q}{\Delta t} = \frac{\mathrm{d}q}{\mathrm{d}t} \tag{10-2}$$

对于恒定电流，式(10-1)和式(10-2)是等价的。

在国际单位制中，电流强度的单位是安培(符号 A)，其大小为每秒钟内通过导体任一截面的电量，即

$$1\ \mathrm{A} = \frac{1\ \mathrm{C}}{1\ \mathrm{S}}$$

它是一个物理基本量。

电流强度是标量，所谓电流的方向只表示电荷在导体内移动的去向。通常规定正电荷宏观定向运动的方向为电流的方向。

2. 电流密度

在粗细相同和材料均匀的导体两端加上恒定电势差后，导体内存在恒定电场，从而形成恒定电流。电流在导体任一截面上各点的分布是相同的。如果在导体各处粗细不同或材料不均匀(或是大块导体)，电流在导体截面上各点的分布将是不均匀的。电流在导体截面上各点的分布情况可用电流密度 $\boldsymbol{j}$ 来描述。电流密度是矢量。

为方便起见，选定正电荷的运动来讨论。我们对电流密度的大小和方向作如下规定：导体中任一点电流密度 $\boldsymbol{j}$ 的方向为该点正电荷的运动方向(场强 $\boldsymbol{E}$ 的方向)，$\boldsymbol{j}$ 的大小等于单位时间内通过该点附近垂直于该点正电荷运动方向的单位面积上的电量，用公式表示为

$$j = \frac{\mathrm{d}q}{\mathrm{d}t\mathrm{d}S} = \frac{\mathrm{d}I}{\mathrm{d}S} \tag{10-3}$$

式中：$\mathrm{d}S$ 为在导体中某点附近取的面积元；

$\mathrm{d}q$ 为 $\mathrm{d}t$ 时间内通过 $\mathrm{d}S$ 的电量。

式(10-3)表明，电流密度的大小等于通过垂直正电荷运动方向单位面积上的电流。若以 $\boldsymbol{n}_0$ 表示面积元的正法线方向，且 $\boldsymbol{n}_0$ 与该点的 $\boldsymbol{E}$ 的方向一致。如图 10-1(a)所示。式(10-3)可用矢量式表示，即

$$\boldsymbol{j} = \frac{\mathrm{d}I}{\mathrm{d}S}\boldsymbol{n}_0 \tag{10-4}$$

如果面积元 $\mathrm{d}S$ 的正法线方向 $\boldsymbol{n}_0$ 不和场强 $\boldsymbol{E}$ 同方向，如图 10-1(b)所示，则有

$$j = \frac{\mathrm{d}I}{\mathrm{d}S\cos\theta}$$

或写成

$$\mathrm{d}I = \boldsymbol{J} \cdot \mathrm{d}\boldsymbol{S} \tag{10-5}$$

通过任意面积 S 的电流强度应为

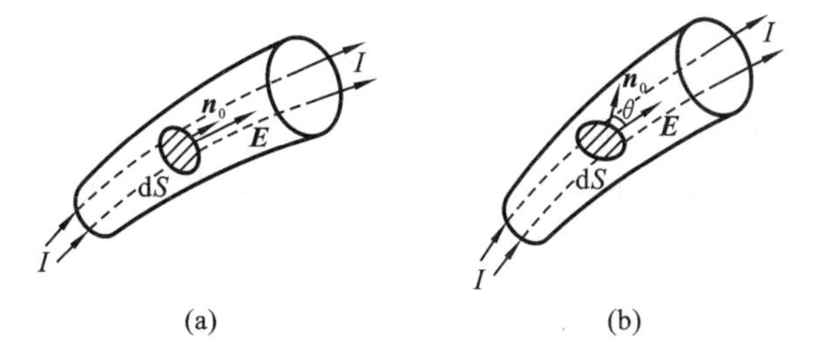

图 10-1　电流密度矢量

$$I=\iint_S \boldsymbol{J}\cdot \mathrm{d}\boldsymbol{S}=\iint_S j\cos\theta \mathrm{d}S \tag{10-6}$$

式(10-6)表明,通过某一面积的电流强度,等于该面积上的电流密度的通量。

在国际单位制中,电流密度的单位为安培·米$^{-2}$;符号为 $\mathrm{A\cdot m^{-2}}$,量纲为 IL^{-2}。

3. 微分形式的欧姆定律

在电流恒定和温度一定的条件下,通过一段导体的电流强度 I 和加在导体两端的电势差 U_1-U_2 成正比,即

$$I=\frac{U_1-U_2}{R} \quad 或 \quad U_1-U_2=IR \tag{10-7}$$

这就是部分电路的欧姆定律,或称一段均匀电路的欧姆定律。R 是比例系数,它的数值是由导体自身性质和尺寸决定的,称为导体的电阻。电阻 R 的倒数称为电导,即

$$G=\frac{1}{R}$$

在国际单位制中,电阻的单位为欧姆(符号 Ω),量纲为 $I^{-2}L^2MT^{-3}$;电导的单位为西门子(符号 S),量纲为 $I^2L^{-2}M^{-1}T^3$。

导体电阻的大小与导体的材料、几何尺寸和温度等因素有关。对于一定材料、横截面积均匀的导体,实验证明,它的电阻 R 与其长度 l,横截面积 S 的关系为

$$R=\rho\frac{l}{S} \tag{10-8}$$

式中,比例常数 ρ 称为电阻率。它是一个仅由导体材料性质和导体所处的条件(如温度)决定的物理量。电阻率的倒数称为电导率,即

$$\sigma=\frac{1}{\rho} \tag{10-9}$$

在国际单位制中,电阻率的单位为欧姆·米(符号 $\Omega\cdot\mathrm{m}$),电导率的单位为西门子·米$^{-1}$(符号 $\mathrm{S\cdot m^{-1}}$)。电导率由导体的材料决定。

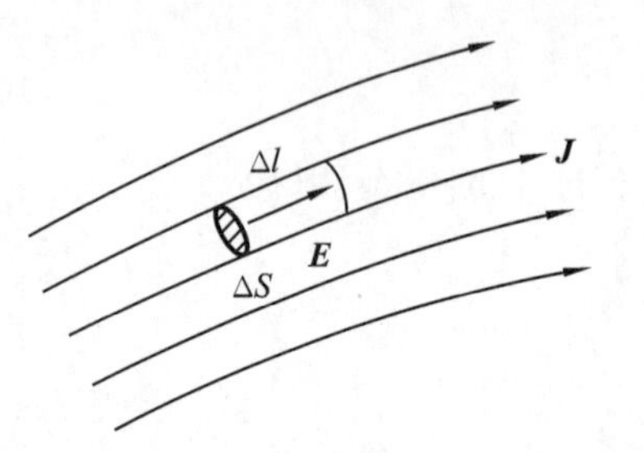

图 10-2 推导欧姆定律的微分形式示意图

在导体内部截取一个流管(长度和截面积非常小的导体部分),如图 10-2 所示,由部分电路的欧姆定律得

$$\Delta I=\frac{\Delta U}{R}=\frac{E\Delta l}{\dfrac{\Delta l}{\sigma\Delta S}}=J\Delta S$$

所以 $J=\sigma E$。在各向同性介质中,电流密度矢量 $\boldsymbol{J}$ 和电场强度 $\boldsymbol{E}$ 方向一致,都是正电荷运动方向,故有

$$\boldsymbol{J}=\sigma\boldsymbol{E} \tag{10-10}$$

式(10-10)即为微分形式的欧姆定律。

根据电荷守恒原理,单位时间内由闭合面 S 流出的电荷应等于单位时间内 S 面内电荷的减少量。因而得

$$\oint\!\!\!\oint_S \boldsymbol{J}\cdot \mathrm{d}\boldsymbol{S}=-\frac{\mathrm{d}Q}{\mathrm{d}t} \tag{10-11}$$

然而,在恒定电场中,导体内部电荷保持恒定,即不随时间改变而变化,故 $\mathrm{d}Q/\mathrm{d}t=0$,所以得

$$\oiint_S \boldsymbol{J} \cdot d\boldsymbol{S} = 0 \tag{10-12}$$

式(10-12)就是恒定电流连续性方程。

4. 电源的电动势

若用导线将一个带正电的导体与另一个带负电的导体连接起来，形成一电路，如图 10-3 所示。在此电路中，由于电场的存在，在静电力的作用下，正电荷从高电势流向低电势，负电荷从低电势流向高电势，形成电流。随着两导体上正负电荷的逐渐中和，导线内的电场强度逐渐减弱，两导体的电势将趋于平衡，电荷的定向流动也随之停止。由此可见，仅有静电力的作用，不可能长时间维持电荷的定向流动。要在导体中维持稳恒电流，必须在导体的两端保持恒定的电势差。为此，必须在电路中接上一种装置，把正电荷由低电势移向高电势，使电路两端保持一定电势差，这种装置称为电源。电源的种类很多，如各种电池、发电机等。

电源为什么能保持电路两端的电势差呢？电源本身具有与静电力本质上不同的非静电力，如化学力(如电池)、电磁力(如发电机)等。

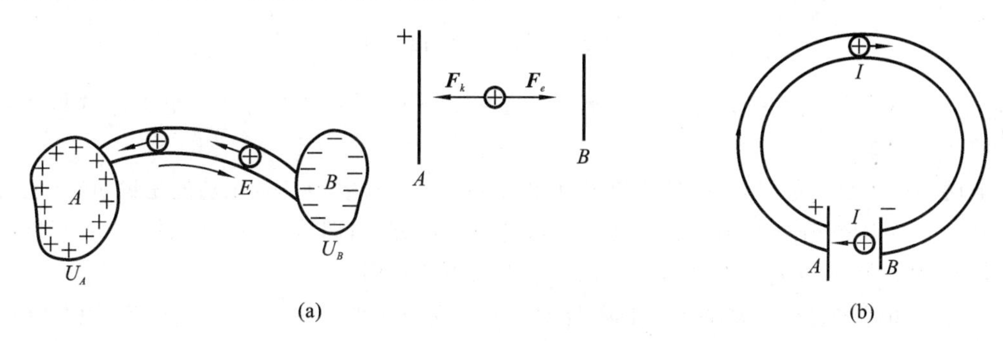

图 10-3　电源原理用图

图 10-3 (a)表示一电源内部的电路，称为内电路。假设在电源内部非静电力 $\boldsymbol{F}_k$ 使正电荷由 B 向 A 运动，于是 A 端带正电，B 端带负电，随之电源内产生一方向从 A 到 B 的静电场，因此电源内的正电荷除受到非静电力 $\boldsymbol{F}_k$ 的作用外，还受到静电力 $\boldsymbol{F}_e$ 的作用，两者方向相反。开始时 A、B 两端电荷积累不多，$F_k > F_e$，正电荷继续由 B 向 A 迁移，随着 A、B 两端正负电荷的积累增加，$\boldsymbol{F}_e$ 逐渐增大，直到 $F_k = F_e$ 时，A、B 两端的正负电荷不再增加，A、B 间的电势差达到了一定值，这就是电源的开路电压。

用导线将电源 A、B 两端接通，形成外电路，内、外电路构成闭合电路，如图 10-3(b)所示。A、B 两端的电势差在外电路的导体中产生电场，于是在外电路中出现了从 A 到 B 的电流。随着电荷在外电路中的流动，A、B 两端积累的电荷减少，电源内部的电荷受到的 $\boldsymbol{F}_e$ 又小于 F_k，于是电源内重新出现正电荷从 B 向 A 的运动。可见外电路接通后，电源内部也出现了电流，但方向是从低电势流向高电势，这正是非静电力不同于静电力的特殊作用。

在电源内部和电源外部，形成稳恒电流的起因是不同的。在电源内部，正电荷在非静电力作用下从负极流向正极形成电流；在电源外部，正电荷在静电力作用下从正极流向负极形成电流。电源中的非静电力是在闭合电路中形成稳恒电流的根本原因。在电源内部，非静电力在移送正电荷的过程中要克服静电力做功，从而将电源本身所具有的能量(化学能、机械能、热能等)转换为电能；因此，从能量观点看，电源就是将其他形式的能量转变成电能的装置。

电源电动势：为了表述不同电源转化能量的能力，人们引入了电动势这一物理量。我们用电动势来描述电源内部非静电力做功的特性。

我们定义把单位正电荷绕闭合回路一周时，非静电力所做的功称为电源的电动势。如以 $\boldsymbol{E}_k$ 表示非静电电场强度，仿照静电场的方法，将电荷 q 在电源内所受到的非静电力 $\boldsymbol{F}_k$ 和 q 的比，用 $\boldsymbol{E}_k$ 来表示，即

$$\boldsymbol{E}_k = \frac{\boldsymbol{F}_k}{q} \tag{10-13}$$

W 为非静电力所做的功，ε 表示电源电动势，那么由上述电动势的定义，有

$$\varepsilon = \frac{W}{q} = \oint \boldsymbol{E}_k \cdot \mathrm{d}\boldsymbol{l} \tag{10-14}$$

考虑到在闭合回路中，外电路的导线中只存在静电场，没有非静电场；非静电电场强度 $\boldsymbol{E}_k$ 只存在于电源内部，故在外电路上有

$$\int_{外} \boldsymbol{E}_k \cdot \mathrm{d}\boldsymbol{l} = 0$$

这样，式(10-14)可改写为

$$\varepsilon = \oint_l \boldsymbol{E}_k \cdot \mathrm{d}\boldsymbol{l} = \int_{内} \boldsymbol{E}_k \cdot \mathrm{d}\boldsymbol{l} \tag{10-15}$$

式(10-15)表示电源电动势的大小等于把单位正电荷从负极经电源内部移至正极时非静电力所做的功。

电动势虽不是矢量，但为了便于判断在电流流过时非静电力是做正功还是做负功(也就是电源是放电，还是被充电)，通常把电源内部电势升高的方向，即从负极经电源内部到正极的方向，规定为电动势的方向。电动势的单位和电势的单位相同。

电源电动势的大小只取决于电源本身的性质。所有电源具有一定的电动势，而与外电路无关。

10.2　磁场　磁感应强度
The magnetic field, Magnetic induction intensity

1. *磁场*

人们对磁现象的认识与研究有着悠久的历史，早在春秋时期(公元前 6 世纪)，我们的祖先就已有“磁石召铁”的记载；宋朝发明了指南针，且将其用于航海。我国古代对磁学的建立和发展做出了很大的贡献。

早期对磁现象的认识局限于磁铁磁极之间的相互作用，当时人们认为磁和电是两类截然分开的现象，直到 1819—1820 年奥斯特(H. C. Oersted，1777—1851)发现电流的磁效应后，人们才认识到磁与电是不可分割地联系在一起的。1820 年安培(A. M. Ampere，1775—1836)相继发现了磁体对电流的作用和电流与电流之间的作用，进一步提出了分子电流假设，即：一切磁现象都起源于电流(运动电荷)，一切物质的磁性都起源于构成物质的分子中存在的环形电流，这种环形电流称为分子电流。安培的分子电流假设与近代关于原子和分子结构的认识相吻合。关于物质磁性的量子理论表明，核外电子的运动对物质磁性有一定的贡献，但物质磁性的主要来源是电子的自旋磁矩。

与电荷之间的相互作用是靠电场来传递的类似，磁相互作用力是通过磁场来进行的。一

切运动电荷(电流)都会在周围空间产生磁场,而磁场又会对处于其中的运动电荷(电流)产生磁力作用,其关系可表示为

运动电荷(电流)⇔磁场⇔运动电荷(电流)

磁场和电场一样,也是客观存在的,它是一种特殊的物质,磁场的物质性表现在:进入磁场中的运动电荷或载流导线受磁场力的作用;载流导线在磁场中运动时,磁场对载流导线要做功,即磁场具有能量。

2. *磁感应强度*

为了定量地描述磁场的分布状况,引入磁感应强度这一概念。它可根据进入磁场中的运动电荷或载流导线受磁场力的作用来定义,下面从运动电荷在磁场中的受力情况入手来讨论。

实验发现,磁场对运动电荷的作用有如下规律。

(1) 磁场中任一点都有一确定的方向,它与磁场中转动的小磁针静止时 N 极的指向一致。我们将这一方向规定为磁感应强度的方向。

(2) 运动试探电荷在磁场中任一点的受力方向均垂直于该点的磁场与速度方向所确定的平面,如图 10-4 所示。受力的大小,不仅与试探电荷的电量 q_0、经该点时的速率 $\boldsymbol{v}$ 以及该点磁场的强弱有关,还与电荷运动的速度相对于磁场的取向有关,当电荷沿磁感应强度的方向运动时,其受力为零;当沿与磁感应强度垂直的方向运动时,其受力最大,用 $\boldsymbol{F}_{\max}$ 表示。

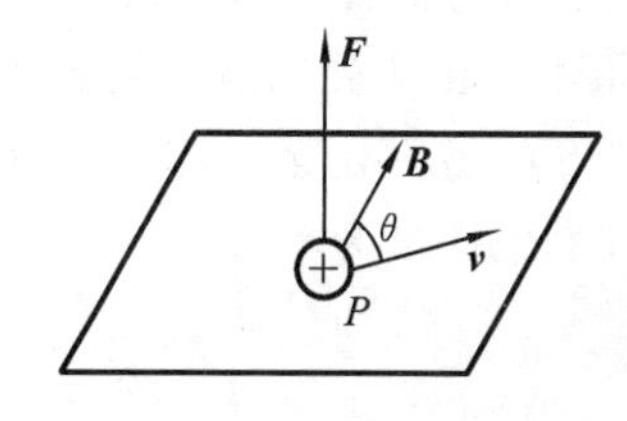

图 10-4　运动电荷在磁场中的受力

(3) 不管 q_0、$\boldsymbol{v}$ 和电荷运动方向与磁场方向的夹角 θ 如何不同,对于给定的点,比值 $\frac{\boldsymbol{F}_{\max}}{qv}$ 不变,其值仅由磁场的性质决定。我们将这一比值定义为该点的磁感应强度,以 $\boldsymbol{B}$ 表示,即

$$\boldsymbol{B} = \frac{\boldsymbol{F}_{\max}}{qv} \tag{10-16}$$

在国际单位制中,磁感应强度的单位为特斯拉(T),有时也采用高斯单位制的单位——高斯(G)。

$$1\ \mathrm{G} = 1.0 \times 10^{-4}\ \mathrm{T}$$

10.3　磁感应强度的高斯定理
Gauss theorem of magnetic induction intensity

1. *磁感应线*

为了形象地描述磁场中磁感应强度的分布,类比电场中引入电场线的方法引入磁感应线(或叫 B 线)。磁感应线的画法规定与电场线画法一样。为了能用磁感应线描述磁场的强弱分布,规定垂直通过某点附近单位面积的磁感应线数(即磁感应线密度)等于该点 B 的大小。实验上可用铁粉来显示磁感应线图形。

磁感应线具有如下性质:

(1) 磁感应线互不相交,是既无起点又无终点的闭合曲线;

(2) 闭合的磁感应线和闭合的电流回路总是互相链环,它们之间的方向关系符合右手螺

旋法则。

2. 磁通量

在说明磁场的规律时,类比电通量,也可引入磁通量的概念。通过某一面积 S 的磁通量的定义是

$$\Phi_e = \iint_S \boldsymbol{B} \cdot \mathrm{d}\boldsymbol{S} \tag{10-17}$$

即等于通过该面积的磁感应线的总条数。

在国际单位制中,磁通量的单位为韦伯(Wb),$1\ \mathrm{Wb}=1\ \mathrm{T}\cdot\mathrm{m}^2$。据此,磁感应强度的单位 T 也常写作 $\mathrm{Wb/m^2}$。

3. 磁场的高斯定理

对于闭合曲面,若规定曲面各处的外法向为该处面元矢量的正方向,则对闭合面上一面元的磁通量为正就表示磁感应线穿出闭合面,磁通量为负表示磁感应线穿入闭合面。对任一闭合曲面 S,由于磁感应线是无头无尾的闭合曲线,不难想象,凡是从 S 某处穿入的磁感应线,必定从 S 的另一处穿出,即穿入和穿出闭合曲面 S 的净条数必定等于零。所以通过任意闭合曲面 S 的磁通量为零,即

$$\oiint_S \boldsymbol{B} \cdot \mathrm{d}\boldsymbol{S} = 0 \tag{10-18}$$

这是恒定磁场的一个普遍性质,称为磁场的高斯定理。它表明恒定磁场是无源场,即磁单极是不存在的。

磁单极子的研究是 20 世纪物理学界没能解决的问题之一。磁单极子指的是只有一个磁极的磁体,早在 1931 年狄拉克就预言其存在,多年来,科学家都在想尽办法寻找这种磁体,但是至今这种磁体还没有被找到。不过科学家在实验中还是发现了磁单极子的蛛丝马迹:2009 年,科学家在柏林进行的中子散射实验中,找到了自旋冰中磁单极子的类似物,但是最后被证实并不是狄拉克所预言的磁单极子;而后,在 2010 年,一个国际研究小组在室温的条件下,拍摄到了磁单极子和“狄拉克弦”附在一起的图像,正如狄拉克预测的,磁单极子是与狄拉克弦相伴出现的,狄拉克弦为磁单极子提供磁波,就像灌溉用的水管给喷水器供水一样。如果磁单极被实验证明存在,那么描述磁场特性的定理将被重新改写。

10.4 毕奥-萨伐尔定律
Biot-Savart law

10.4.1 毕奥-萨伐尔定律

在静电学部分,大家已经掌握了求解带电体的电场强度的方法,即把带电体看成是由许多电荷元组成,写出电荷元的场强表达式,然后利用叠加原理求整个带电体的场强。与此类似,载流导线可以看成是由许多电流元组成,如果已知电流元产生的磁感应强度,利用叠加原理便可求出整个载流导线的磁感应强度。电流元的磁感应强度由毕奥-萨伐尔定律给出,这条定律是拉普拉斯(Laplace)把毕奥(Biot)、萨伐尔(Savart)等人在 19 世纪 20 年代的实验资料加以分析和总结后得出的,故称为毕奥-萨伐尔-拉普拉斯定律,简称毕奥-萨伐尔定律,其内容如下。

电流元 $Id\boldsymbol{l}$ 在真空中某一点 P 处产生的磁感应强度 $d\boldsymbol{B}$ 的大小与电流元的大小及电流元与它到 P 点的位矢 $\boldsymbol{r}$ 之间的夹角 θ 的正弦乘积成正比，与位矢大小的平方成反比；方向与 $Id\boldsymbol{l}\times\boldsymbol{r}$ 的方向相同（这里用到矢量 $Id\boldsymbol{l}$ 与矢量 $\boldsymbol{r}$ 的叉乘，叉乘 $Id\boldsymbol{l}\times\boldsymbol{r}$ 的大小为 $Idlr\sin\theta$；其方向满足右手螺旋法则，即伸直的右手，四指从 $Id\boldsymbol{l}$ 转向 $\boldsymbol{r}$ 的方向，那么拇指所指的方向即为 $Id\boldsymbol{l}\times\boldsymbol{r}$ 的方向，如图 10-5 所示）。其数学表达式为

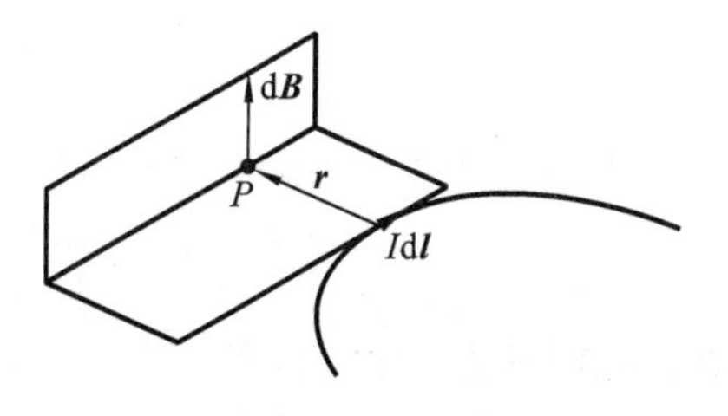

图 10-5　电流元激发的磁场的方向

$$dB = k\frac{Idl\sin\theta}{r^2} \tag{10-19}$$

式中：k 为比例系数，在国际单位制中取为

$$k = \frac{\mu_0}{4\pi} = 10^{-7}\ \text{N}\cdot\text{A}^{-2}（在真空中） \tag{10-20}$$

μ_0 为真空的磁导率，其值为 $\mu_0 = 4\pi\times10^{-7}\ \text{N}\cdot\text{A}^{-2}$，所以毕奥-萨伐尔定律在真空中可表示为

$$dB = \frac{\mu_0}{4\pi}\frac{Idl\sin\theta}{r^2} \tag{10-21}$$

其矢量形式为

$$d\boldsymbol{B} = \frac{\mu_0}{4\pi}\frac{Id\boldsymbol{l}\times\boldsymbol{r}}{\boldsymbol{r}^3} \tag{10-22}$$

利用叠加原理，则整个载流导线在 P 点产生的磁感应强度 $\boldsymbol{B}$ 是式(10-22)沿载流导线的积分，即

$$\boldsymbol{B} = \int_L d\boldsymbol{B} = \frac{\mu_0}{4\pi}\int_L \frac{Id\boldsymbol{l}\times\boldsymbol{r}}{\boldsymbol{r}^3} \tag{10-23}$$

毕奥-萨伐尔定律和磁场叠加原理，是我们计算任意电流分布磁场的基础，式(10-23)是这两者的具体结合。但该式是一个矢量积分公式，在具体计算时，一般用它的分量式计算。

10.4.2　毕奥-萨伐尔定律应用举例

1. 直线电流的磁场

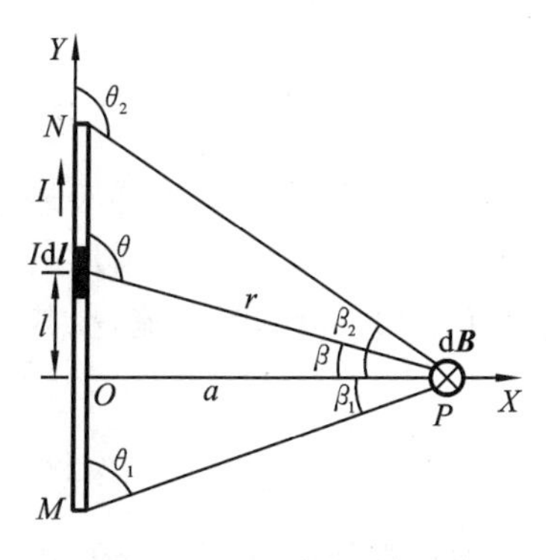

图 10-6　直线电流的磁场

设在真空中有线一长为 L 的载流导线 MN，导线中的电流强度为 I，现计算该直电流附近一点 P 处的磁感应强度 B。如图 10-6 所示，设 a 为场点 P 到导线的距离，θ 为电流元 $Id\boldsymbol{l}$ 与其到场点 P 的矢径的夹角，θ_1、θ_2 分别为 M、N 处的电流元与 M、N 到场点 P 的矢径的夹角。按毕奥-萨伐尔定律，电流元 $Id\boldsymbol{l}$ 在场点 P 产生的磁感应强度 $d\boldsymbol{B}$ 的大小为

$$dB = \frac{\mu_0}{4\pi}\frac{Idl\sin\theta}{r^2}$$

$d\boldsymbol{B}$ 的方向垂直纸面向里（即 Z 轴负向）。导线 MN 上的所有电流元在点 P 所产生的磁感应强度都具有相同的方向，所以总磁感应强度的大小应为各电流元产生的磁感应强度的代数和，即

$$B=\int_L \mathrm{d}B=\frac{\mu_0 I}{4\pi}\int_L \frac{\sin\theta}{r^2}\mathrm{d}l$$

由图 10-6 可知：$l=a\mathrm{tg}\beta=-a\mathrm{ctg}\theta$，$\mathrm{d}l=a\mathrm{d}\theta/(\sin^2\theta)$，$r=a/\cos\beta=a/\sin\theta$，则

$$B=\frac{\mu_0 I}{4\pi a}\int_{\theta_1}^{\theta_2}\sin\theta\mathrm{d}\theta=\frac{\mu_0 I}{4\pi a}(\cos\theta_1-\cos\theta_2) \tag{10-24}$$

$\boldsymbol{B}$ 的方向垂直于纸面向里。

对于无限长载流直导线($\theta_1=0$，$\theta_2=\pi$)，距离导线为 a 处的磁感应强度大小为

$$B=\frac{\mu_0 I}{2\pi a} \tag{10-25}$$

2. 圆电流轴线上的磁场

在半径为 R 的圆形载流线圈中通过的电流为 I，现确定其轴线上任一点 P 处的磁场。

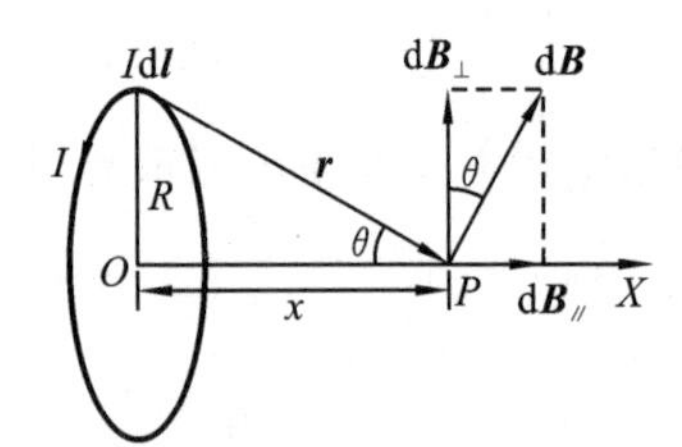

图 10-7　圆环电流的磁场

在圆形载流导线上任取一电流元 $I\mathrm{d}\boldsymbol{l}$，点 P 相对于电流元 $I\mathrm{d}\boldsymbol{l}$ 的位置矢量为 $\boldsymbol{r}$，点 P 到圆心 O 的距离 $OP=x$，如图 10-7 所示。由此可见，对于圆形导线上任一电流元，总有 $I\mathrm{d}\boldsymbol{l}\perp\boldsymbol{r}$，所以 $I\mathrm{d}\boldsymbol{l}$ 在点 P 产生的磁感应强度的大小为

$$\mathrm{d}B=\frac{\mu_0 I\mathrm{d}l}{4\pi r^2}$$

$\mathrm{d}\boldsymbol{B}$ 的方向垂直于 $I\mathrm{d}\boldsymbol{l}$ 和 $\boldsymbol{r}$ 所决定的平面。显然圆形载流导线上的各电流元在点 P 产生的磁感应强度的方向是不同的，它们分布在以点 P 为顶点、以 OP 的延长线为轴的圆锥面上。将 $\mathrm{d}\boldsymbol{B}$ 分解为平行于轴线的分量 $\mathrm{d}\boldsymbol{B}_{/\!/}$ 和垂直于轴线的分量 $\mathrm{d}\boldsymbol{B}_{\perp}$。由轴对称性可知，磁感应强度 $\mathrm{d}\boldsymbol{B}$ 的垂直分量相互抵消。所以磁感应强度 $\boldsymbol{B}$ 的大小就等于各电流元在点 P 所产生的磁感应强度的轴向分量 $\mathrm{d}\boldsymbol{B}_{/\!/}$ 的代数和。由图 10-7 可知

$$\mathrm{d}B_{/\!/}=\mathrm{d}B\sin\theta=\frac{\mu_0 I\mathrm{d}l}{4\pi r^2}\cdot\frac{R}{r}$$

所以总磁感应强度的大小为

$$B=\int\mathrm{d}B_{/\!/}=\frac{\mu_0 IR}{4\pi r^3}\int_0^{2\pi R}\mathrm{d}l=\frac{\mu_0 IR^2}{2(R^2+x^2)^{3/2}} \tag{10-26}$$

$\boldsymbol{B}$ 的方向沿着轴线，与分量 $\mathrm{d}\boldsymbol{B}_{/\!/}$ 的方向一致。

在圆形电流中心(即 $x=0$)处，其磁感应强度的大小为

$$B=\frac{\mu_0 I}{2R} \tag{10-27}$$

$\boldsymbol{B}$ 的方向可由右手螺旋法则确定。而且圆形电流的任一电流元在其中心处所产生的磁感应强度的方向都沿轴线且满足右手法则。所以，圆形电流在其中心的磁感应强度是由组成圆形电流的所有电流元在中心产生的螺旋磁感应强度的标量和，对圆心角为 θ 的一段圆弧电流，在其圆心的磁感应强度大小为

$$B=\frac{\mu_0 I}{2R}\cdot\frac{\theta}{2\pi} \tag{10-28}$$

可以看出，一个圆形电流产生的磁场的磁感应线是以其轴线为轴对称分布的，这与条形磁铁或磁针的情形颇为相似，并且其行为也与条形磁铁或磁针相似。于是我们引入磁矩这一概念来描述圆形电流或载流平面线圈的磁行为，圆电流的磁矩 $\boldsymbol{m}$ 定义为

$$\boldsymbol{m}=IS\boldsymbol{n} \tag{10-29}$$

式中：S是圆形电流所包围的平面面积；

$\boldsymbol{n}$是该平面的法向单位矢，其指向与电流的方向满足右手螺旋关系。对于多匝平面线圈，式中的电流I应以线圈的总匝数与每匝线圈的电流的乘积代替。

利用圆形电流在轴线上的磁场公式，通过叠加原理可以计算直载流螺线管轴线上的磁感应强度。对于长直密绕载流螺线管，其轴线上的磁感应强度大小为

$$B=\mu_0 nI$$

式中，n是单位长度的匝数，I是每匝导线的电流强度。

例 10.1 电流为I的无限长载流导线$abcde$被弯曲成如图10-8所示的形状。圆弧半径为R，$\theta_1=45°$，$\theta_2=135°$。求该电流在O点处产生的磁感应强度。

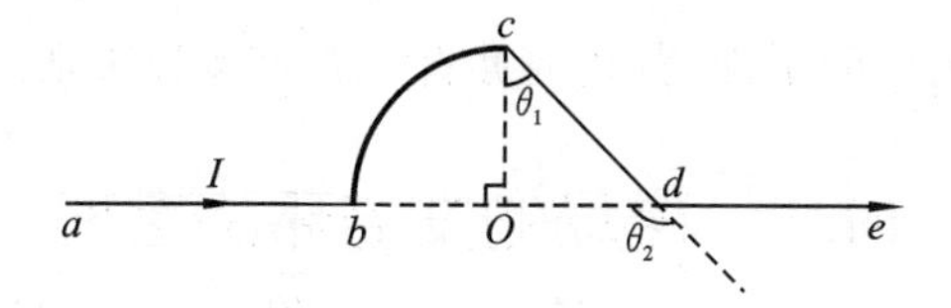

图 10-8 例 10.1 用图

解 将载流导线分为ab、bc、cd及de四段，它们在O点产生的磁感应强度的矢量和即为整个导线在O点产生的磁感应强度。由于O点在ab及de的延长线及反向延长线上，由式(10-24)可知

$$B_{ab}=B_{de}=0$$

由图10-8可知，bc弧段对O的张角为$90°$，由式(10-28)得

$$B_{bc}=\frac{\mu_0 I}{2R}\times\frac{90}{360}=\frac{\mu_0 I}{8R}$$

其方向垂直纸面向里。由式(10-24)得电流cd段所产生的磁感应强度为

$$B_{cd}=\frac{\mu_0 I}{4\pi a}(\cos\theta_1-\cos\theta_2)=\frac{\mu_0 I}{4\pi R\sin 45°}(\cos 45°-\cos 135°)=\frac{\mu_0 I}{2\pi R}$$

其方向亦垂直纸面向里。故O点处的磁感应强度的大小为

$$B=\frac{\mu_0 I}{8R}\left(1+\frac{4}{\pi}\right)$$

方向垂直纸面向里。

3. 运动电荷的磁场

由于电流是运动电荷形成的，所以可以从电流元的磁场公式导出匀速运动电荷的磁场公式。根据毕奥-萨伐尔定律，电流元$I\mathrm{d}\boldsymbol{l}$在空间的一点$P$产生的磁感应强度为

$$\mathrm{d}\boldsymbol{B}=\frac{\mu_0 I\mathrm{d}\boldsymbol{l}\times\boldsymbol{r}}{4\pi\boldsymbol{r}^3}$$

如图10-9所示，设S是电流元$I\mathrm{d}\boldsymbol{l}$的横截面的面积，并设在导体单位体积内有$n$个载流子，每

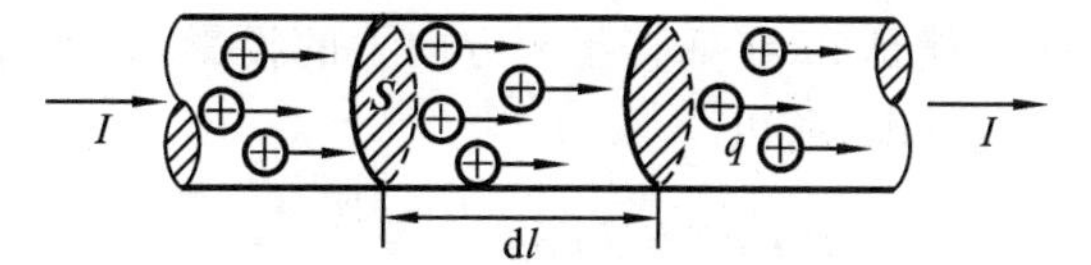

图 10-9 运动电荷的磁场

个载流子带电量为 q,以速度 $\boldsymbol{v}$ 沿 $I\mathrm{d}\boldsymbol{l}$ 的方向匀速运动,形成导体中的电流。那么单位时间内通过横截面 S 的电量为 $qnvS$,亦即电流强度为 $I=qnvS$,则 $I\mathrm{d}l=qnvS\mathrm{d}l$,如果将 q 视为代数量,$I\mathrm{d}\boldsymbol{l}$ 的方向就是 $q\boldsymbol{v}$ 的方向,因此可以把 $\mathrm{d}\boldsymbol{l}$ 中的矢量符号加在速度 $\boldsymbol{v}$ 上,即 $I\mathrm{d}\boldsymbol{l}=qnS\mathrm{d}l\boldsymbol{v}$。将 $I\mathrm{d}\boldsymbol{l}$ 这一表达式代入毕奥-萨伐尔定律中就可得

$$\mathrm{d}\boldsymbol{B}=\frac{\mu_0 qnS\mathrm{d}l\boldsymbol{v}\times\boldsymbol{r}}{4\pi r^3}=\frac{\mu_0}{4\pi}\frac{q\boldsymbol{v}\times\boldsymbol{r}}{r^3}\mathrm{d}N$$

式中,$\mathrm{d}N=nS\mathrm{d}l$ 代表此电流元内的总载流子个数,即这磁感应强度是由 $\mathrm{d}N=nS\mathrm{d}l$ 个载流子产生的,那么每一个载流子的电量为 q,以速度为 $\boldsymbol{v}$ 运动的点电荷所产生的磁感应强度 $\boldsymbol{B}$ 为

$$\boldsymbol{B}=\frac{\mu_0}{4\pi}\cdot\frac{q\boldsymbol{v}\times\boldsymbol{r}}{\boldsymbol{r}^3} \tag{10-30}$$

$\boldsymbol{B}$ 的方向垂直于 $\boldsymbol{v}$ 和 $\boldsymbol{r}$ 所组成的平面,其指向亦符合右手螺旋法则。

10.5　磁场的安培环路定理
The Ampere loop theorem of magnetic field

稳恒磁场与静电场有着不同的基本性质,静电场的基本性质可以通过静电场的高斯定理和环路定理来描述;稳恒磁场的基本性质也可以用关于磁场的这两个定理来描述。

10.5.1　安培环路定理

由毕奥-萨伐尔定律表示的电流和它的磁场的关系,可以导出稳恒磁场的一条基本规律——安培环路定理。其内容为:在稳恒电流的磁场中,磁感应强度 $\boldsymbol{B}$ 沿任何闭合路径 L 的线积分(即 B 对闭合路径 L 的环量)等于路径 L 所包围的电流强度的代数和的 μ_0 倍。把这句话翻译为英语是:

In the magnetic field of steady current, the line integration of magnetic induction $\boldsymbol{B}$ along any closed path (the circulation of $\boldsymbol{B}$ along the closed path L) is equal to the algebra sum of the current surrounded by path $\boldsymbol{L}$ multiplying by μ_0.

它的数学表达式为

$$\oint_L \boldsymbol{B}\cdot\mathrm{d}\boldsymbol{l}=\mu_0\sum I_{\text{int}}=\mu_0 I \tag{10-31}$$

下面以长直稳恒电流的磁场为例来简单说明安培环路定理。根据式(10-25)可知,距电流强度为 I 的无限长电流的距离为 r 处的磁感应强度大小为

$$B=\frac{\mu_0 I}{2\pi r}$$

$\boldsymbol{B}$ 线为在垂直于直导线的平面内围绕该导线的同心圆,其绕向与电流方向成右手螺旋关系。

(1) 在上述平面内围绕导线作一任意形状的闭合路径 L(如图 10-10 所示),沿 L 计算 $\boldsymbol{B}$ 的环量。在路径 L 上任一点 P 处,$\mathrm{d}\boldsymbol{l}$ 与 $\boldsymbol{B}$ 的夹角为 θ,它对电流通过点所张之角为 $\mathrm{d}\alpha$。由于 $\boldsymbol{B}$ 垂直于矢径 $\boldsymbol{r}$,因而 $\mathrm{d}l\cos\theta$ 就是 $\mathrm{d}\boldsymbol{l}$ 在垂直于 $\boldsymbol{r}$ 方向上的投影,它就等于 $\mathrm{d}\alpha$ 所对的以 r 为半径的圆弧长,由于此弧长等于 $r\mathrm{d}\alpha$,所以

$$\boldsymbol{B}\cdot\mathrm{d}\boldsymbol{l}=Br\mathrm{d}\alpha\xrightarrow{L\text{ 上的环量}}$$

$$\oint_L\boldsymbol{B}\cdot\mathrm{d}\boldsymbol{l}=\oint_L Br\mathrm{d}\alpha=\oint_L\frac{\mu_0 I}{2\pi r}r\mathrm{d}\alpha=\mu_0 I$$

此式说明，当闭合路径 L 包围电流 I 时，这个电流对该环路上 $\boldsymbol{B}$ 的环路积分为 $\mu_0 I$。

(2) 如果电流的方向相反，仍按图 10-10 所示的路径 L 的方向进行积分时，由于 $\boldsymbol{B}$ 的方向与图示方向相反，所以应该得

$$\oint_L \boldsymbol{B} \cdot \mathrm{d}\boldsymbol{l} = -\mu_0 I$$

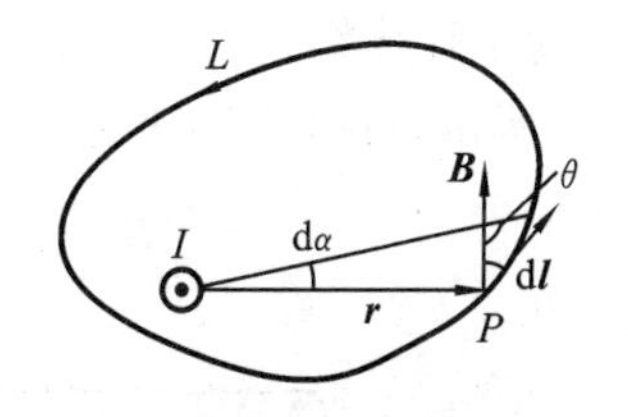

图 10-10　安培环路定理的证明（环路包含电流）

可见积分的结果与电流的方向有关。如果对电流的正负作如下规定，即电流的方向与 L 的绕行方向符合右手螺旋关系时，此电流为正，否则为负，则 $\boldsymbol{B}$ 的环路积分的值可以统一用式(10-31)来表示。

(3) 如果闭合路径不包围电流，如图 10-11 所示，L 为在垂直于载流导线平面内的任一不围绕电流的闭合路径。过电流通过点作 L 的两条切线，将 L 分为 L_1 和 L_2 两部分，沿图示方向计算 $\boldsymbol{B}$ 的环量为

$$\oint_L \boldsymbol{B} \cdot \mathrm{d}\boldsymbol{l} = \int_{L_1} \boldsymbol{B} \cdot \mathrm{d}\boldsymbol{l} + \int_{L_2} \boldsymbol{B} \cdot \mathrm{d}\boldsymbol{l} = \frac{\mu_0 I}{2\pi}\left(\int_{L_1} \mathrm{d}\alpha + \int_{L_2} \mathrm{d}\alpha\right) = \frac{\mu_0 I}{2\pi}[\alpha + (-\alpha)] = 0$$

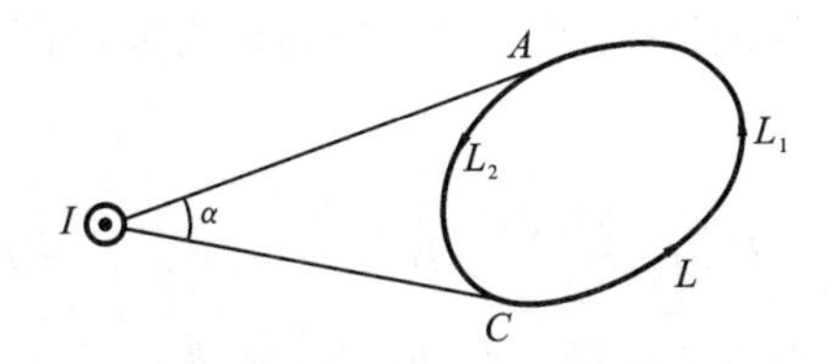

图 10-11　安培环路定理的证明（环路不包含电流）

可见，闭合路径 L 不包围电流时，该电流对沿这一闭合路径的 $\boldsymbol{B}$ 的环路积分无贡献。

上面的讨论只涉及在垂直于长直电流的平面内的闭合路径。容易证明在长直电流的情况下，对非平面闭合路径，上述讨论也适用。还可进一步证明，对于任意的闭合稳恒电流，上述 $\boldsymbol{B}$ 的环路积分和电流的关系仍然成立。一般证明比较复杂，请读者参考其他文献。这样，再根据磁场的叠加原理可得到，当有若干个闭合稳恒电流存在时，沿任一闭合路径 L，合磁场的环路积分为

$$\oint_L \boldsymbol{B} \cdot \mathrm{d}\boldsymbol{l} = \mu_0 \sum I_{\text{int}}$$

式中，$\sum I_{\text{int}}$ 是环路 L 所包围的电流的代数和。上式就是我们要证明的安培环路定理式。

值得指出，闭合路径 L 包围的电流的含义是指与 L 所链环的电流，对闭合稳恒电流的一部分（即一段稳恒电流）安培环路定理不成立；另外，在安培环路定理表达式中的电流 $\sum I_{\text{int}}$ 是闭合路径 L 所包围的电流的代数和，但定理式左边的磁感应强度 $\boldsymbol{B}$，却代表空间所有电流产生的磁感应强度的矢量和。

10.5.2　安培环路定理的应用

1. 载流长直螺线管内的磁场

设有一长直螺线管，长为 L，共有 N 匝线圈，通有电流 I，由于螺线管很长，则管内中央部分的磁场是均匀的，并可证明，方向与螺线管的轴线平行。管的外侧，磁场很弱，可以忽略不计。

为了计算螺线管中央部分某点 P 的磁感应强度，可通过 P 点作一矩形闭合线 $abcda$，如图 10-12 所示。在如图示的绕行方向下，$\boldsymbol{B}$ 矢量的线积分为

$$\oint_L \boldsymbol{B} \cdot \mathrm{d}\boldsymbol{l} = \int_a^b \boldsymbol{B} \cdot \mathrm{d}\boldsymbol{l} + \int_b^c \boldsymbol{B} \cdot \mathrm{d}\boldsymbol{l} + \int_c^d \boldsymbol{B} \cdot \mathrm{d}\boldsymbol{l} + \int_d^a \boldsymbol{B} \cdot \mathrm{d}\boldsymbol{l}$$

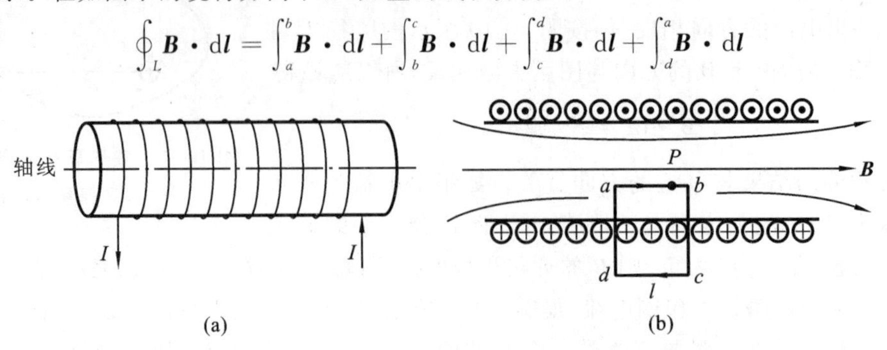

图 10-12　载流长直螺线管内的磁场

由于磁场方向与螺线管的轴线平行，故 bc 、da 段上的 $\boldsymbol{B}$ 与 $\mathrm{d}\boldsymbol{l}$ 处处垂直，所以 $\int_b^c \boldsymbol{B} \cdot \mathrm{d}\boldsymbol{l} = \int_d^a \boldsymbol{B} \cdot \mathrm{d}\boldsymbol{l} = 0$，又 cd 在螺线管外侧附近，其上磁感应强度为零，所以 $\int_c^d \boldsymbol{B} \cdot \mathrm{d}\boldsymbol{l} = 0$，而 $\int_a^b \boldsymbol{B} \cdot \mathrm{d}\boldsymbol{l} = B\overline{ab}$，于是有

$$\oint_L \boldsymbol{B} \cdot \mathrm{d}\boldsymbol{l} = B\overline{ab} \xrightarrow{\text{环路定理}} B\overline{ab} = \mu_0 n \overline{ab} I \rightarrow B = \mu_0 nI \tag{10-32}$$

由于 P 点是长直螺线管内的中央部分任一点，所以上式表示的就是螺线管中央部分的磁场分布，它是一匀强磁场。

2. 环形螺线管内的磁场

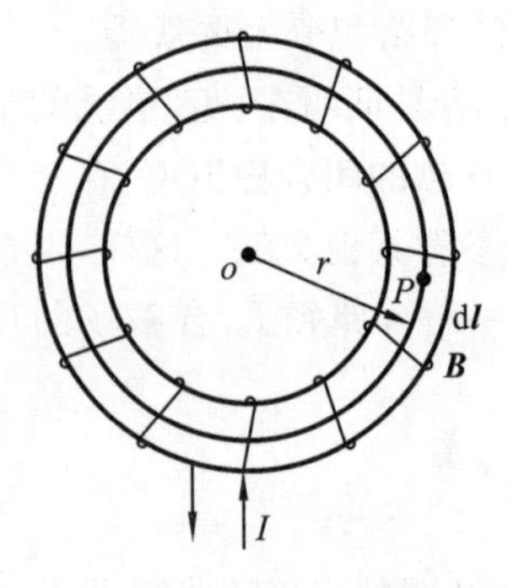

图 10-13　环形空心螺线管的示意图

如图 10-13 所示是环形空心螺线管的示意图。设线圈匝数为 N，电流为 I，方向如图所示。如果导线绕得很密，则全部磁场都集中在管内，磁感应线是一系列圆环，圆心都在螺线管的对称轴上。由对称性可知，在同一磁感应线上的各点，磁感应强度 $\boldsymbol{B}$ 的大小相等，$\boldsymbol{B}$ 的方向为沿磁感应线的切线方向，为计算管内某一点 P 的磁感应强度 $\boldsymbol{B}$，选通过该点的一条磁感应线为闭合路径(如图所示是半径为 r 的圆周)，应用安培环路定理得

$$\oint_L \boldsymbol{B} \cdot \mathrm{d}\boldsymbol{l} = B2\pi r = \mu_0 NI \rightarrow B = \frac{\mu_0 NI}{2\pi r}$$

可见，环形螺线管内的磁感应强度 $\boldsymbol{B}$ 的大小与 r 成反比。若环形螺线管的内外半径之差比 r 小得多，则可认为环内各点的 $\boldsymbol{B}$ 值近似相等，其大小为

$$B = \frac{\mu_0 NI}{2\pi R} = \mu_0 nI$$

式中：R 是环形螺线管的平均半径；

$n = N/2\pi R$ 为平均周长上单位长度的匝数。

【思考题与习题】

1. 思考题

10-1　分析说明电流是标量而电流密度是矢量的原因？

10-2　在实际电路中，不容许将电流表直接接在电源两端，而电压表可以直接接在电源两端。说明其原因。

10-3　有关电源电动势，下面说法正确的是(　　)。

(1) 电源电动势的大小等于电源的正负极两端的电压

(2) 用电压表测量的电源电动势，实际上总是略小于电源电动势的实际值

(3) 电源电动势的大小等于内外电路的电压值之和，所以它的数值与外电路的组成有关

(4) 电源电动势的大小等于电路中通过一库仑的正电荷时，电源提供的能量

10-4　在定义磁感应强度 $\boldsymbol{B}$ 的方向时，为什么不能将运动电荷受力的方向规定为 $\boldsymbol{B}$ 的方向？

10-5　从毕奥-萨伐尔定律导出的无限长载流直导线产生的磁感应强度为 $B=\frac{\mu_0 I}{2\pi a}$，能不能因此推导出：在无限靠近导线的位置，其磁感应强度为无限大？为什么？

10-6　安培环路定理是否适用于有限长载流直导线或任意形状的载流导线周围的磁场分布？为什么？

10-7　在很多电子仪器中，都需要将电流大小相等、方向相反的导线扭在一起，试分析其中的原因。

2. 选择题

10-8　如图 10-14 所示，两种形状的载流，其线圈中的电流强度相同，则 O_1、O_2 处的磁感应强度大小关系是(　　)。

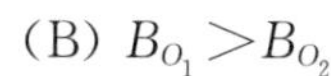

(A) $B_{O_1}<B_{O_2}$　　(B) $B_{O_1}>B_{O_2}$　　(C) $B_{O_1}=B_{O_2}$　　(D) 无法判断

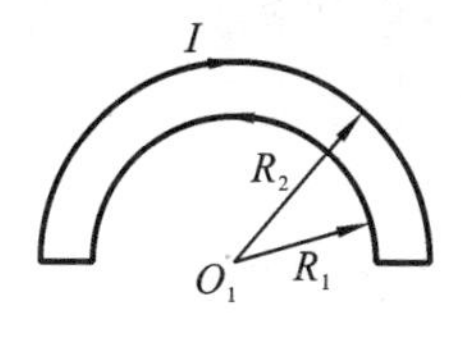

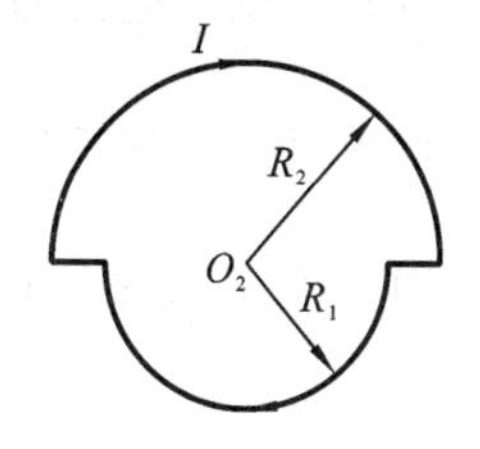

图 10-14　题 10-8 图

10-9　如图 10-15 所示，有两根载有相同电流的无限长直导线，分别通过 $x_1=1$、$x_2=3$ 的点，且平行于 y 轴，则磁感应强度 $\boldsymbol{B}$ 等于零的地方是(　　)。

(A) 在 $x=2$ 的直线上　　(B) 在 $x>2$ 的区域

(C) 在 $x<1$ 的区域　　(D) 不在 xOy 平面上

10-10　如图 10-16 所示，在磁感应强度为 $\boldsymbol{B}$ 的均匀磁场中，放入一载有电流 I 的无限长直导线。在此空间中磁感应强度为零之处为(　　)。

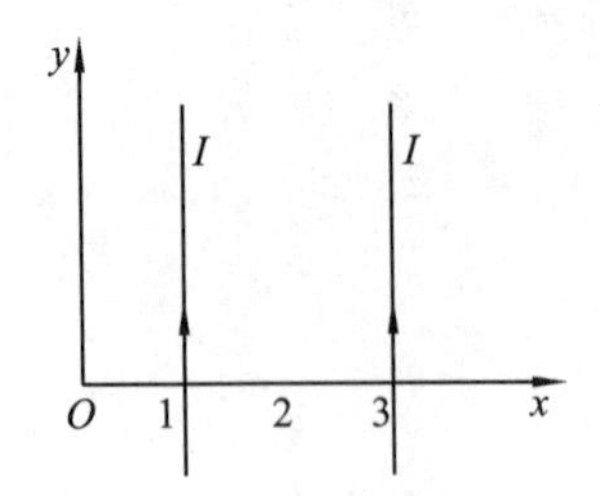

图 10-15　题 10-9 图

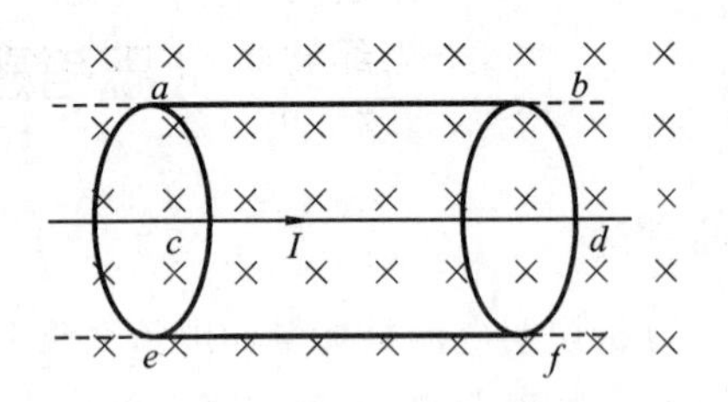

图 10-16　题 10-10 图

(A) 以半径为 $r=\dfrac{\mu_0 I}{2\pi B}$的无限长圆柱表面处

(B) 该无限长圆柱面上的 ab 线

(C) 该无限长圆柱面上的 cd 线

(D) 该无限长圆柱面上的 ef 线

10-11　如图 10-17 所示，边长为 a 的正方形的四个角上固定有四个电荷均为 q 的点电荷，此正方形以角速度 ω 绕 AC 轴旋转时，在中心 O 点产生的磁感应强度大小为 B_1；此正方形同样以角速度 ω 绕过 O 点垂直于正方形平面的轴旋转时，在 O 点产生的磁感应强度的大小为 B_2，则 B_1 与 B_2 之间的关系为(　　)。

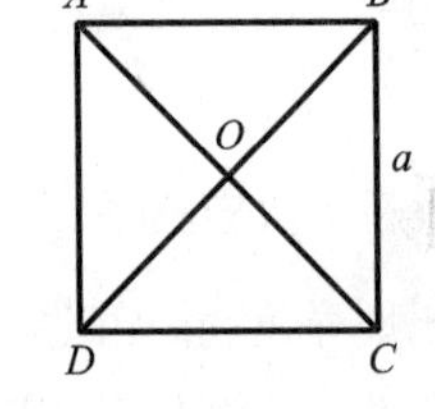

图 10-17　题 10-11 图

(A) $B_1=B_2$

(B) $B_1=2B_2$

(C) $B_1=\dfrac{1}{2}B_2$

(D) $B_1=\dfrac{1}{4}B_2$

10-12　对于安培环路定理的理解，正确的是(　　)。

(A) 若 $\oint \boldsymbol{B}\cdot \mathrm{d}\boldsymbol{l}=0$，则必定 L 上 B 处处为零

(B) 若 $\oint \boldsymbol{B}\cdot \mathrm{d}\boldsymbol{l}=0$，则 L 包围的电流的代数和为零

(C) 若 $\oint \boldsymbol{B}\cdot \mathrm{d}\boldsymbol{l}=0$，则必定 L 不包围电流

(D) 若 $\oint \boldsymbol{B}\cdot \mathrm{d}\boldsymbol{l}=0$，则 L 上各点的 B 仅与 L 内电流有关

3. 填空题

10-13　一条无穷长载流直导线在一处折成直角。P 点在折线的延长线上，到折点距离为 a，则 P 点磁感应强度大小为________，方向为________。

10-14　四条平行的载流无限长直导线，垂直通过一边长为 a 的正方形顶点，每条导线中的电流都是 I，其正方形中心的磁感应强度为________。

10-15　一磁场的磁感应强度为 $\boldsymbol{B}=a\boldsymbol{i}+b\boldsymbol{j}+c\boldsymbol{k}$(T)，则通过一半径为 R，开口向 Z 方向的半球壳表面的磁通量大小为________。

10-16　如图 10-18 所示，两根长直导线通有电流 I，图中三个环路在每种情况下 $\oint \boldsymbol{B}\cdot \mathrm{d}\boldsymbol{l}=$

________(a 环路)，$\oint \boldsymbol{B} \cdot \mathrm{d}\boldsymbol{l}=$ ________(b 环路)，$\oint \boldsymbol{B} \cdot \mathrm{d}\boldsymbol{l}=$ ________(c 环路)。

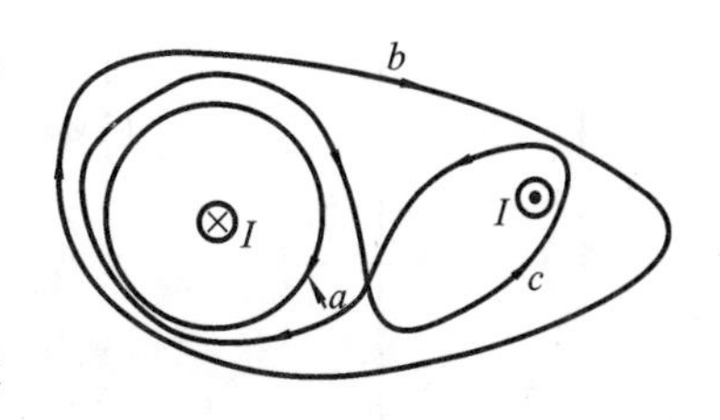

图 10-18　题 10-16 图

10.1 习题

10-17　一内外半径分别为 R_1、R_2 的金属圆筒，高为 h，其电阻率为 ρ，若筒内外的电压为 U，求圆柱体内径向电流强度为多少？

10.2 习题

10-18　两根长直导线沿一铁环的半径方向从远处引入铁环的 A 和 B 两点，电流从 A 点流入，从 B 点流出，求铁环中心处的磁感应强度。

10-19　两根分别载有电流 I、$2I$ 的长直导线相互绝缘，分别位于 XOY 平面的 X 轴及 Y 轴上，求磁感应强度为零的点的轨迹方程。

10-20　一电流元置于直角坐标系的原点，其方向沿 Z 轴的正方向，则此电流元在 X 轴、Y 轴、Z 轴上产生的 $\mathrm{d}\boldsymbol{B}$ 的方向分别是什么？

10-21　由 12 根相同材质的导体材料焊接成的正方体框架，电流由正方体对角的一个顶点流入，从另一个顶点流出，电流的大小为 I，求正方体框架中心点的磁感应强度。

10.3 习题

10-22　在 $\boldsymbol{B}=a\boldsymbol{i}+b\boldsymbol{j}+c\boldsymbol{k}$ 的均匀磁场中有一半径为 R，且开口向着 Z 轴的正向的半球面，求通过此半球面的磁通量。

10-23　已知载流圆线圈中心处的磁感应强度为 $\boldsymbol{B}$，此圆线圈的磁矩与一边长为 a、通过电流为 I 的正方向线圈的磁矩之比为 2∶1，求载流圆线圈的半径。

10-24　已知一均匀磁场的磁感应强度 $B=2$ T，方向沿 X 轴正方向，如图 10-19 所示，c 点为原点，计算通过 $bcfe$ 面的磁通量；通过 $adfe$ 面的磁通量；通过 $abcd$ 面的磁通量。

10-25　如图 10-20 所示，在半径为 0.5 cm 的无限长直圆柱形导体上，沿轴线方向均匀地流着 $I=3$ A 的电流，作一半径 $r=2.5$ cm，长 $l=5$ cm 的圆柱体闭合曲面 S，该圆柱体的轴与电流导体轴平行，两者相距 1.5 cm，计算该曲面上的磁感应强度沿曲面的积分 $\oint \boldsymbol{B} \cdot \mathrm{d}\boldsymbol{S}$。

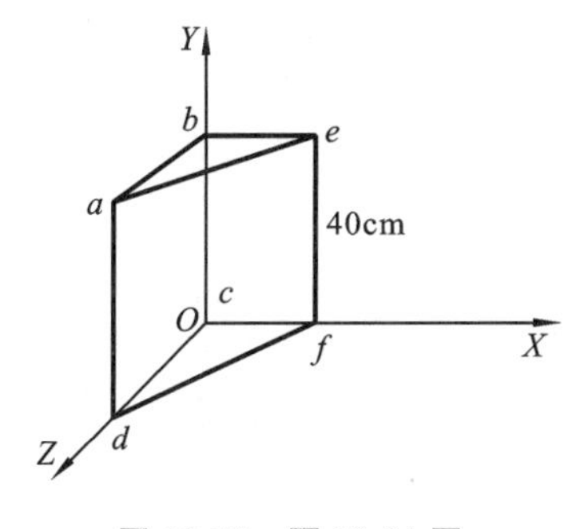

图 10-19　题 10-24 图

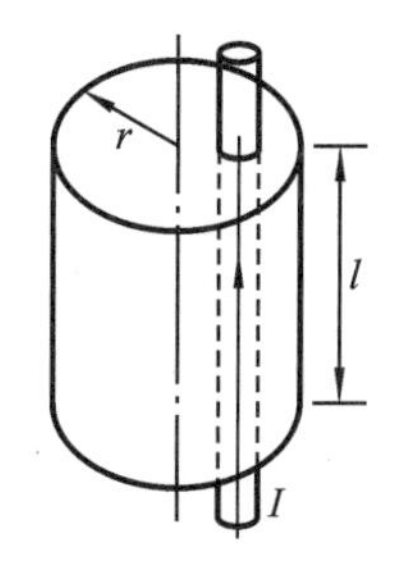

图 10-20　题 10-25 图

10.4 习题

10-26　求边长为 0.1 m、电流为 0.5 A 的载流正方形导线框中心的磁感应强度的大小。

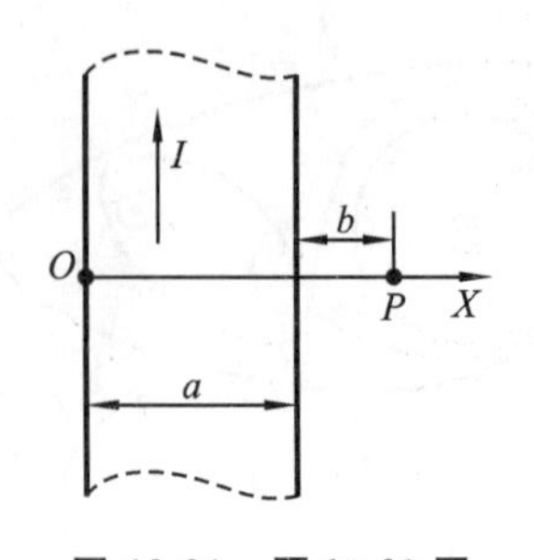

图 10-21　题 10-29 图

10-27　半径为 0.01 m 的无限长半圆柱形金属薄片，沿轴线方向的电流为 5.0 A，求轴线上任一点的磁感应强度的大小。

10-28　电流均匀地流过宽为 $2a$ 的无限长平面导体薄板，其电流强度为 I，通过板的中线并与板垂直的平面上有一交点 P，它到板的距离为 b，求 P 点的磁感应强度大小。

10-29　如图 10-21 所示，一无限长载流平板宽度为 a，线电流密度(即沿 X 方向单位长度上的电流)为 I，求与平板共面距平板一边距离为 b 的一点 P 的磁感应强度。

10.5 习题

10-30　一长直圆形管状导体的横截面为圆环状，其内外半径分别为 a、b，导体内载有沿轴向的电流 I，且均匀地分布在管的横截面上，设 P 为空间的任一点，它到管轴的距离为 r，求 $r<a$，$a<r<b$ 及 $r>b$ 处的磁感应强度的大小。

10-31　一同轴电缆由两部分导体组成，内芯为半径为 R_1 的圆柱体，另一部分为内外径分别为 R_2、R_3 的长直圆筒，圆柱体与长直圆筒同轴线，均载有电流 I，但电流的方向相反，求 $r<R_1$、$R_1<r<R_2$、$R_2<r<R_3$ 及 $r>R_3$ 处的 $\boldsymbol{B}$ 的大小，并绘出 $\boldsymbol{B}$-r 曲线图。

10-32　一无限大的导体薄板，其单位宽度的电流为 I，求导体薄板周围的磁感应强度的大小。

第11章　磁场对电流的作用
Chapter 11　The effect of magnetic field on current

由于近代工业的迅速发展，作为工业动力的蒸汽机已经满足不了社会的需要，其局限性明显地暴露出来。首先，蒸汽机随着功率的增大，体积日益庞大，其使用受到很大的限制；其次，从蒸汽机到工作机需要一套复杂的传动机构，才能将动力分配给各种工作机。这种能量传递方式既不方便也不经济，很难实行远距离的传输，大大限制了大工业的发展规模；再次，蒸汽机虽然经过多次改进，但热效率仍然很低，极不经济；最后，蒸汽机只能将热能单纯地转化为机械能，不能实现多种形式之间能量的互相转化。

从十九世纪六七十年代起，各种各样使用电力的新发明纷纷涌现，彻底改变了人们的生产和生活方式。发电机和电动机的相继问世，使电力开始带动机器。随后，电灯、电话、电车、电影和无线电报等如雨后春笋般涌现出来。电力的广泛应用，推动了电力工业和电器制造业等一系列新兴工业的迅速发展，而新机器的发明和制造，反过来也推动了电力的广泛应用。

电力作为新能源进入生产领域，并日益显示出它的优越性。首先，电能可以通过发电厂和电力网，集中生产，分散使用，便于传输和分配，电动机能满足工业对小型动力装置的要求；其次，以电力代替蒸汽动力等其他能源，是节约能源总消费量的重要途径；再次，电力的应用灵活，易于转化为热、光、机械、化学等形态的能量，以满足生产和生活的需要，其他形态的能量也易于转化为电能；最后，电能与其他能源相比，能够实行快速、精确的控制，它作为动力能有效地促进生产过程的机械化和自动化，从而对变革生产结构具有重要意义。

本章主要讨论安培定律及磁场对载流线圈的作用和应用。

11.1　安培定律
Ampere's law

磁场的基本属性就是对处于其中的运动电荷有力的作用，前面我们根据这一属性定义了磁感应强度。而大量电荷作定向运动形成电流。载流导线处于磁场中，由于作定向运动的自由电子所受的磁力，传递给金属晶格，宏观上就表现为磁场对载流导线的作用。

关于磁场对载流导线的作用力，安培从许多实验结果的分析中总结出关于载流导线上一段电流元受力的基本定律，即安培定律，其内容如下：磁场对电流元 $I\mathrm{d}\boldsymbol{l}$ 的作用力 $\mathrm{d}\boldsymbol{F}$ 与电流元的大小 $I\mathrm{d}l$、电流元所在处的磁感应强度 $\boldsymbol{B}$ 的大小，以及 $\boldsymbol{B}$ 与 $I\mathrm{d}\boldsymbol{l}$ 之间的夹角 θ 的正弦成正比，其方向垂直于 $I\mathrm{d}\boldsymbol{l}$ 和 $\boldsymbol{B}$ 决定的平面，指向遵守右手螺旋法则，即 $I\mathrm{d}\boldsymbol{l}\times\boldsymbol{B}$ 的方向。

The magnetic force acting on current element $I\mathrm{d}\boldsymbol{l}$, is proportional to the size of the current element $I\mathrm{d}\boldsymbol{l}$, the magnetic induction intensity $\boldsymbol{B}$, and the sine of angle between the $I\mathrm{d}\boldsymbol{l}$ and $\boldsymbol{B}$. The direction is perpendicular to the plane formed from $I\mathrm{d}\boldsymbol{l}$ and $\boldsymbol{B}$, complys with the right hand spiral rule.

其数学表达式为

$$\mathrm{d}\boldsymbol{F} = I\mathrm{d}\boldsymbol{l} \times \boldsymbol{B}$$

任何形状的载流导线在外磁场中所受的磁场力(即安培力),应该等于各段电流元所受磁力的矢量和,即

$$\boldsymbol{F} = \int_L I\mathrm{d}\boldsymbol{l} \times \boldsymbol{B}$$

这是一个矢量积分,一般情况下应化为分量式求解。但若各电流元的受力都沿同一方向,矢量积分就自然转化为标量积分。

例 11.1　半径为 R、电流为 I 的半圆形载流导线置于磁感应强度为 $\boldsymbol{B}$ 的均匀磁场中,$\boldsymbol{B}$ 和 I 的方向如图 11-1 所示。求半圆形载流导线受到的安培力。

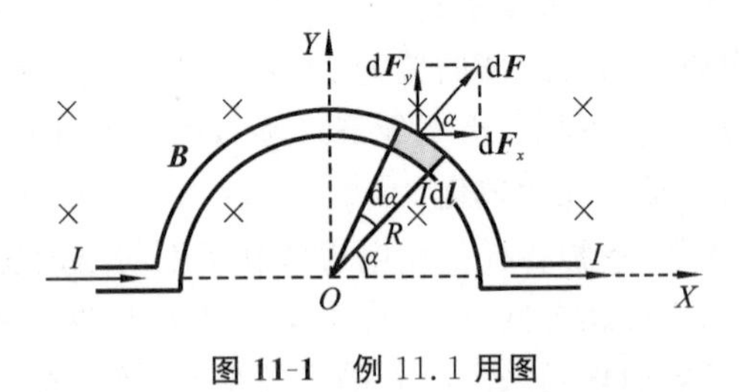

图 11-1　例 11.1 用图

解　建立如图 11-1 所示的直角坐标系 XOY。在半圆环上任取一电流元 $I\mathrm{d}\boldsymbol{l}$,它受到的安培力的大小为

$$\mathrm{d}F = BI\mathrm{d}l\sin\pi/2 = BI\mathrm{d}l$$

方向沿电流元的位矢方向。由图 11-1 可知,$\mathrm{d}F$ 沿 X 轴的投影

$$\mathrm{d}F_x = \mathrm{d}F\cos\alpha = BI\mathrm{d}l\cos\alpha$$

在 Y 轴上的投影为

$$\mathrm{d}F_y = \mathrm{d}F\sin\alpha = BI\mathrm{d}l\sin\alpha$$

$\mathrm{d}l = -R\mathrm{d}\alpha$,故

$$F_x = \int \mathrm{d}F_x = \int_0^l BI\mathrm{d}l\cos\alpha = -\int_\pi^0 BIR\cos\alpha\mathrm{d}\alpha = 0$$

$$F_y = \int \mathrm{d}F_y = \int_0^l BI\mathrm{d}l\sin\alpha = -\int_\pi^0 BIR\sin\alpha\mathrm{d}\alpha = 2BRI$$

即半圆形载流导线受到的安培力为 $F=2BIR$,方向沿 Y 轴正向。

下面我们讨论两平行长直载流导线之间的相互作用。

电流能够产生磁场,磁场又会对处于其中的电流施加作用力。因此,一电流与另一电流的作用就是一电流的磁场对另一电流的作用,这个作用力可利用毕奥-萨伐尔定律和安培定律通过矢量积分获得,在一般情况下计算比较困难。下面讨论一种简单情形,即两平行长直电流之间的相互作用。

如图 11-2 所示,两条相互平行的长直载流导线,相距为 a,分别载有同向电流 I_1、I_2。I_1 在导线 2 中各点所产生的磁感应强度的大小为

$$B_{12} = \frac{\mu_0 I_1}{2\pi a}$$

方向如图所示,它对导线 2 中的任一电流元 $I_2\mathrm{d}\boldsymbol{l}_2$ 的作用力可由安培定律得

$$\mathrm{d}\boldsymbol{F}_{12} = I_2 \mathrm{d}\boldsymbol{l}_2 \times \boldsymbol{B}_{12}$$

其方向如图所示，在两平行导线所在平面内，垂直指向导线 1。其大小为

$$\mathrm{d}F_{12} = I_2 \mathrm{d}l_2 B_{12} = \frac{\mu_0 I_1 I_2 \mathrm{d}l_2}{2\pi a}$$

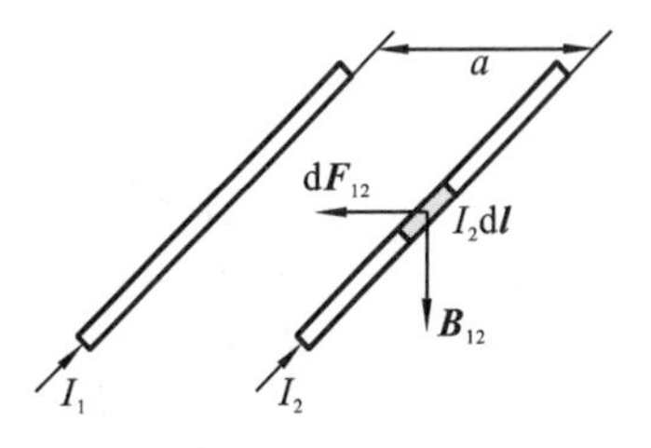

图 11-2　两长直电流的相互作用

那么载流导线 2 中每单位长度所受载流导线 1 的作用力大小为

$$f_{12} = \frac{F_{12}}{\mathrm{d}l_2} = \frac{\mu_0 I_1 I_2}{2\pi a} \tag{11-1}$$

用同样的方法可以求得导线 1 中单位长度所受载流导线 2 的作用力大小为

$$f_{21} = \frac{\mu_0 I_1 I_2}{2\pi a} \tag{11-2}$$

$\boldsymbol{f}_{21}$ 与 $\boldsymbol{f}_{12}$ 大小相等、方向相反，体现为引力；若两平行导线中的电流方向相反，则彼此间的相互作用为斥力。

在国际单位制中，电流被作为基本物理量，它的单位安培(A)作为基本单位。这一基本单位就是利用两条相互平行的长直载流导线间的相互作用力来定义的：真空中两条载有等量电流，且相距为 1 m 的长直导线，当每米长度上的相互作用力为 2×10^{-7} N 时，导线中的电流大小定义为 1 A。

据此定义及式(11-1)可得：

$$\frac{2\times10^{-7}\ \mathrm{N}}{1\ \mathrm{m}} = \frac{\mu_0}{2\pi}\frac{1\ \mathrm{A}\cdot 1\ \mathrm{A}}{1\ \mathrm{m}} \rightarrow \mu_0 = 4\pi\times10^{-7}\ \mathrm{N\cdot A^{-2}}$$

可见真空的磁导率 μ_0 是一个具有单位的导出量。

【讨论】　电流元之间的作用力为什么不遵守牛顿第三定律？

物理学界一直在讨论一个问题：牛顿第三定律是不容置疑的，它的正确性已广为实验所证实，可是两个电流元间相互作用力为什么不符合牛顿第三定律呢？

当我们在考虑电流元的时候，把电流元看做是真实的。事实上，孤立的电流元是不存在的。可以证明，两个闭合载流线框的相互作用力其大小相等、方向相反，形式上是符合牛顿第三定律的。

11.2　磁场对载流线圈的作用

The effect of magnetic field of current-carrying coil

1. 磁场对载流矩形线圈的作用

利用安培定律可以分析匀强磁场对载流线圈的作用。图 11-3 表示了一个矩形平面线圈 $ABCD$，其中边长 $AB=CD=l_1$，$BC=DA=l_2$，线圈内通有电流 I，通常规定线圈平面法线 $\boldsymbol{n}$ 的正方向与线圈中的电流方向满足右手螺旋关系。将这个线圈放在磁感应强度为 $\boldsymbol{B}$ 的匀强磁场中，并设线圈的法线方向与磁场方向成 α 角。

根据安培定律，AD 边和 BC 边所受磁场力始终处于线圈平面内，并且大小相等、方向相反，作用在同一条直线上，因而相互抵消。而 AB 边和 CD 边，由于电流的方向始终与磁场垂直，它们所受磁力 $\boldsymbol{f}_{AB}$ 和 $\boldsymbol{f}_{CD}$ 的大小相等，为

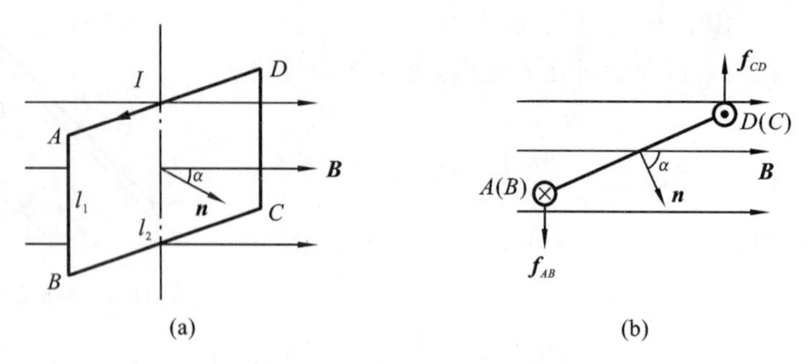

图 11-3　磁场对载流线框的作用

$$f_{AB}=f_{CD}=BIl_1$$

它们的方向相反,但不在同一直线上,因而构成力偶,为线圈提供了力矩,如图 11-3(b)所示。此力矩的大小为

$$M=f_{AB}\frac{1}{2}l_2\sin\alpha+f_{CD}\frac{1}{2}l_2\sin\alpha=BIS\sin\alpha=mB\sin\alpha \tag{11-3}$$

磁矩

$$\boldsymbol{m}=IS\boldsymbol{n}$$

矢量式为

$$\boldsymbol{M}=\boldsymbol{m}\times\boldsymbol{B} \tag{11-4}$$

可见,当 $\alpha=\pi/2$ (即线圈平面与磁场方向平行)时,线圈所受力矩最大。在此力矩作用下,线圈将绕其中心并平行于 AB 边的轴转动。随着线圈的转动,α 角逐渐减小,当 $\alpha=0$ (即线圈平面与磁场方向垂直)时,力矩等于零,线圈达到稳定平衡状态。当 $\alpha=\pi$ 时,力矩也等于零,也是线圈的平衡位置,但这个位置不是线圈的稳定平衡位置,稍受扰动就会立即转到 $\alpha=0$ 的位置上去。

以上结论是通过对均匀磁场中的矩形载流线圈的讨论得到的,但可证明对均匀磁场中的任意形状的载流平面线圈,上述结果均适用。可见,对均匀磁场中的任意平面刚性线圈,线圈所受磁力为零而不发生平动,但在不为零的磁力矩作用下将发生转动。

如果线圈处于非均匀磁场中,线圈除受力矩的作用外,还要受合力的作用,这样线圈除转动外,还要发生平动。

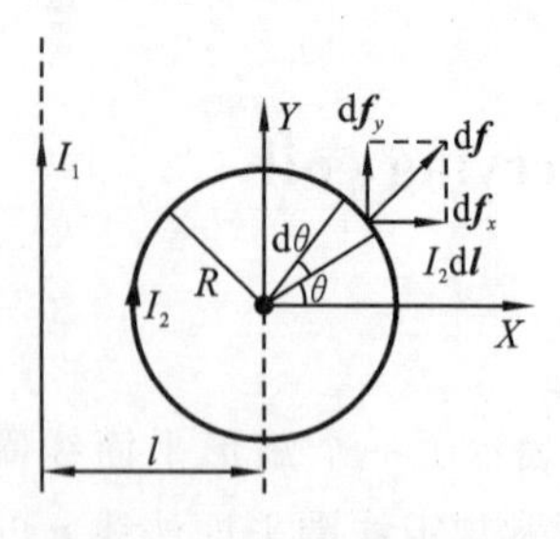

图 11-4　例 11.2 用图

例 11.2　如图 11-4 所示,在通有电流 I_1 的长直导线旁有一平面圆形线圈,线圈半径为 R,线圈中心到导线的距离为 l,线圈通有电流 I_2,线圈与直导线电流在同一平面内,求线圈所受到的磁场力。

解　如图 11-4 所示,由长直电流的磁场公式可得 I_1 在线圈上任一电流元处的磁感应强度大小为

$$B=\frac{\mu_0}{2\pi}\frac{I_1}{(l+R\cos\theta)}$$

方向垂直于纸面向内。根据安培定律,电流元 $I_2\mathrm{d}\boldsymbol{l}$ 受到的磁场力大小为

$$\mathrm{d}f=BI_2\mathrm{d}l=BI_2R\mathrm{d}\theta$$

方向沿半径向外,垂直于 $I_2\mathrm{d}\boldsymbol{l}$。由对称性可知上半球所受的力与下半球所受的力在竖直方向上的分量互相抵消,即

$$f_y = \int_0^{2\pi} \mathrm{d}f_y = 0$$

所以整个线圈所受的力为

$$f = f_x = \int_0^{2\pi} \mathrm{d}f_x = 2\int_0^{\pi} \mathrm{d}f\cos\theta = \frac{2\mu_0 I_1 I_2}{2\pi}\int_0^{\pi} \frac{R\cos\theta}{l + R\cos\theta}\mathrm{d}\theta = \mu_0 I_1 I_2\left(1 - \frac{l}{\sqrt{l^2 - R^2}}\right)$$

方向沿 X 轴正向。

2. 载流线圈在磁场内转动时磁场力所做的功

由于载流导线或线圈在磁场中会受到力或力矩的作用，因此当它们在磁场中运动时，磁力或磁力矩将会对导线或线圈做功。

载流导线在磁场中运动时磁力所做的功如图 11-5 所示，在磁感应强度为 $\boldsymbol{B}$ 的均匀磁场中，有一导线 ab 长为 l，可在含源导体框架上滑动。当框架上的电流为 I 时，ab 导体所受的磁力大小 $F=IlB$，方向向右。当滑动距离 $\overline{aa'}$ 不大时，ab 中的电流可以认为是不变的，这时磁力所做的功为

$$A = F\,\overline{aa'} = IlB\,\overline{aa'} = IB\Delta S = I\Delta\Phi \tag{11-5}$$

式中，$\Delta\Phi=B\Delta S$ 为通过载流回路所围面积的磁通量的增量。上式表明，当载流导线在磁场中运动时，如果电流保持不变，磁力所做的功等于电流乘以通过回路所环绕的面积内磁通量的增量，即等于电流乘以载流导线 ab 在移动中所切割的磁感应线数。

载流线圈在磁场内转动时磁场力所做的功如图 11-6 所示，在磁感应强度为 $\boldsymbol{B}$ 的均匀磁场中，有一矩形载流线圈 $abcd$，面积为 S，所载电流为 I，所受到的磁力矩为 $M=ISB\sin\varphi$。当线圈平面转过 $\mathrm{d}\varphi$ 角度时，磁力矩做的元功为

$$\mathrm{d}A = -M\mathrm{d}\varphi = -BIS\sin\varphi\mathrm{d}\varphi = I\mathrm{d}(BS\cos\varphi) = I\mathrm{d}\Phi \tag{11-6}$$

式中负号表示磁力矩做正功时将使 φ 减小。当线圈从 φ_1 转到 φ_2 时，磁力矩所做的总功为

$$A = \int \mathrm{d}A = \int_{\Phi_1}^{\Phi_2} I\mathrm{d}\Phi$$

若在转动过程中 I 保持不变，则

$$A = \int_{\Phi_1}^{\Phi_2} I\mathrm{d}\Phi = I(\Phi_2 - \Phi_1) = I\Delta\Phi \tag{11-7}$$

式中，Φ_1、Φ_2 分别表示线圈在 φ_1、φ_2 时通过线圈的磁通量。上式表明，当载流线圈在磁场中转动时，如果电流保持不变，磁力矩所做的功也等于电流乘以线圈中磁通量的增量。

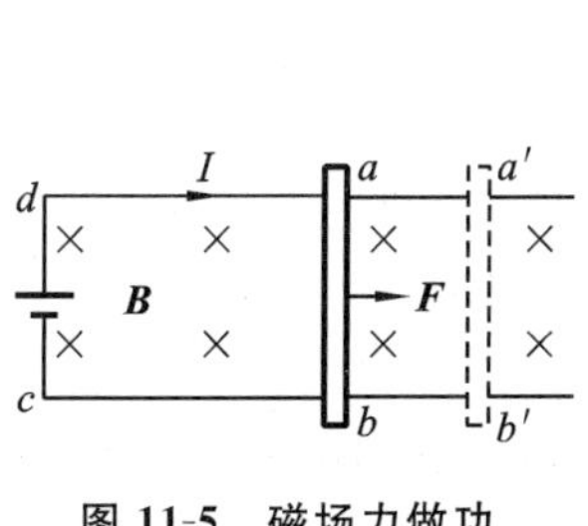

图 11-5　磁场力做功

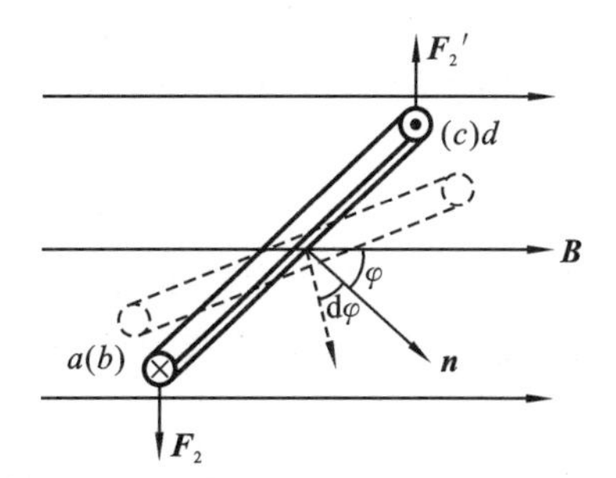

图 11-6　磁力做功

可以证明，一个任意的闭合电流回路在磁场中改变位置或形状时，如果保持回路中电流不变，则磁力和磁力矩所做的功都可按 $A=I\Delta\Phi$ 来计算，这是磁力做功的一般表示形式。

11.3　带电粒子在磁场中的运动
The movement of charged particles in magnetic field

11.3.1　洛伦兹力

实验表明,运动电荷在磁场中会受磁力作用,这种力称为洛伦兹力。本章第一节正是用这一力定义了磁感应强度。

前已述及,磁场对电流元的作用是磁场对运动电荷作用的整体体现,即安培力起源于洛伦兹力。下面利用安培定律推出洛伦兹力公式。

设电流元 $I\mathrm{d}\boldsymbol{l}$ 的横截面积为 S,如果载流子的电量为 q,都以速度 $\boldsymbol{v}$ 作定向运动而提供电流 I。设导体单位体积内的载流子数为 n,则

$$I = qnSv \tag{11-8}$$

电流元 $I\mathrm{d}\boldsymbol{l}$ 的方向就是正载流子作定向运动的方向,即 $q\boldsymbol{v}$ 的方向,于是安培定律可化为

$$\mathrm{d}\boldsymbol{F} = I\mathrm{d}\boldsymbol{l}\times\boldsymbol{B} = nqS\mathrm{d}l\boldsymbol{v}\times\boldsymbol{B} = Nq\boldsymbol{v}\times\boldsymbol{B}$$

式中,N 是电流元所包含的载流子总数。则单个载流子所受的力为

$$\boldsymbol{f} = \frac{\mathrm{d}\boldsymbol{F}}{\mathrm{d}N} = q\boldsymbol{v}\times\boldsymbol{B} \tag{11-9}$$

这就是电量为 q,以速度为 $\boldsymbol{v}$ 运动的带电粒子在磁感应强度为 $\boldsymbol{B}$ 的磁场中运动时所受的洛伦兹力。电量 q 是代数量,当 $q>0$ 时,$\boldsymbol{f}$ 的方向与 $\boldsymbol{v}\times\boldsymbol{B}$ 的方向相同;当 $q<0$ 时,$\boldsymbol{f}$ 的方向与 $\boldsymbol{v}\times\boldsymbol{B}$ 的方向相反。由于洛伦兹力的方向垂直于粒子运动的方向,所以洛伦兹力不做功。

例 11.3　图 11-7 所示是速度选择器的原理图。它是由均匀磁场(方向垂直纸面向外,设 $B=1.0\times10^{-3}$ T)中两块金属板 P_1、P_2 构成。其中 P_1 板带正电,P_2 板带负电,于是两板间产生一匀强电场(设 $E=300\ \mathrm{V\cdot m^{-1}}$),电场的方向垂直于磁场。试求当速度 $\boldsymbol{v}$ 不同的正离子沿图示方向进入速度选择器时,离子受到的电场力 $\boldsymbol{f}_e$ 的方向和洛伦兹力 $\boldsymbol{f}_m$ 的方向。速度为多大的正离子才能沿原来的方向直线前进,并穿过速度选择器?

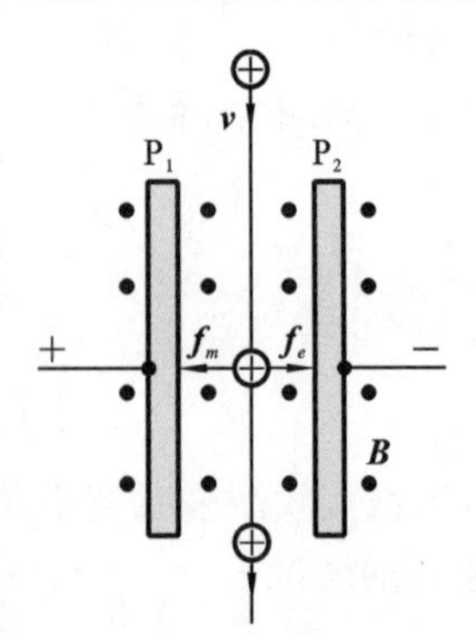

图 11-7　粒子速度选择器

解　对于正离子 $q>0$,则离子受的电场力为

$$\boldsymbol{f}_e = q\boldsymbol{E}$$

其方向与板面垂直向右。设离子运动的速度为 $\boldsymbol{v}$,则离子所受的磁场力为

$$\boldsymbol{f}_m = q\boldsymbol{v}\times\boldsymbol{B}$$

其方向与板面垂直向左。当离子的速度大小恰好使离子所受的电场力与洛伦兹力等值反向时,离子方能沿原来的方向直线前进,并穿过速度选择器,即要满足

$$qE = qvB$$

可见,只有当速度 $v=E/B$ 的离子,才可通过速度选择器。所以能利用调节 E 或 B 的大小改变通过离子的速度。将题中数据代入得

$$v = \frac{E}{B} = 3.0\times10^{5}\ \mathrm{m\cdot s^{-1}}$$

即只有速度等于 $3.0\times10^5\ m\cdot s^{-1}$的离子才能穿过速度选择器。

11.3.2　带电粒子在磁场中的运动

1. $\boldsymbol{v}\perp\boldsymbol{B}$ 情形

当带电粒子以垂直于磁场的方向进入磁场时，粒子在垂直于磁场的平面内作匀速圆周运动，洛伦兹力提供了向心力，于是有下面的关系

$$qvB=\frac{mv^2}{R}$$

式中，m 和 q 分别是粒子的质量和电量，R 是圆形轨道的半径。由上式可得粒子作圆形运动轨道的半径为

$$R=\frac{mv}{qB} \tag{11-10}$$

粒子运动的周期为 T，即粒子运动一周所需要的时间为

$$T=\frac{2\pi R}{v}=\frac{2\pi m}{qB} \tag{11-11}$$

以上关系表明，尽管速率大的粒子在大半径的圆周上运动，速率小的粒子在小半径的圆周上运动，但它们运行一周所需要的时间却都是相同的。这个重要的结论是回旋加速器的理论依据。

2. $\boldsymbol{v}$ 与 $\boldsymbol{B}$ 间有任意夹角 α

如图 11-8 所示，$\boldsymbol{v}$ 与 $\boldsymbol{B}$ 间有任意夹角 α，我们可以将粒子的运动速度 $\boldsymbol{v}$ 分解为垂直于磁场的分量 $\boldsymbol{v}_\perp$ 和平行于磁场的分量 $\boldsymbol{v}_\parallel$，它们分别表示为

$$\boldsymbol{v}_\perp=\boldsymbol{v}\sin\alpha,\quad \boldsymbol{v}_\parallel=\boldsymbol{v}\cos\alpha$$

显然，如果只有分量 $\boldsymbol{v}_\perp$，带电粒子的运动如前述情形讨论的结果，它将在垂直于磁场的平面内作圆周运动，运动周期由式(11-11)所给；如果只有 $\boldsymbol{v}_\parallel$ 分量，带电粒子不受磁场力，它将沿 $\boldsymbol{B}$ 的方向作匀速直线运动。一般当这两个分量同时存在时，粒子则沿磁场的方向作螺旋线运动，如图 11-8(b)所示，在一个周期 T 内，粒子回旋一周，沿磁场方向移动的距离为

$$h=v_\parallel T=\frac{2\pi mv_\parallel}{qB} \tag{11-12}$$

这个距离称为螺旋线的螺距。上式表示螺旋线的螺距 h 与 $\boldsymbol{v}_\perp$ 无关。这意味着，无论带电粒子以多大的速率进入磁场，也无论沿何方向进入磁场，只要它们平行于磁场的速度分量是相同的，它们螺旋线运动的螺距就一定相等。如果它们是从同一点射入磁场，那么它们必定在沿磁场方向上与入射点相距螺距 h 整数倍的地方又会聚在一起。这与光束经透镜后聚焦的现象相类似，故称为磁聚焦。电子显微镜中的磁透镜就是磁聚焦原理的应用。

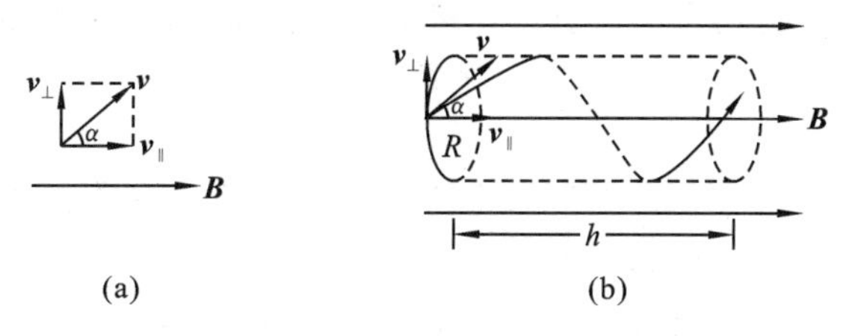

图 11-8　带电粒子在磁场中运动

11.4　霍尔效应
Hall effect

1879 年霍尔(A. H. Hall)发现下述现象:在均匀强度磁场 $\boldsymbol{B}$ 中放一板状金属导体,使金属板面与磁场垂直,金属板的宽度为 a,厚度为 b,如图 11-9 所示,在金属板中沿着与磁场 $\boldsymbol{B}$ 垂直的方向通一电流 I 时,在金属板的上下两表面间会出现横向电势差 U_H。这个现象称为霍尔效应,电势差 U_H 称为霍尔电势差。

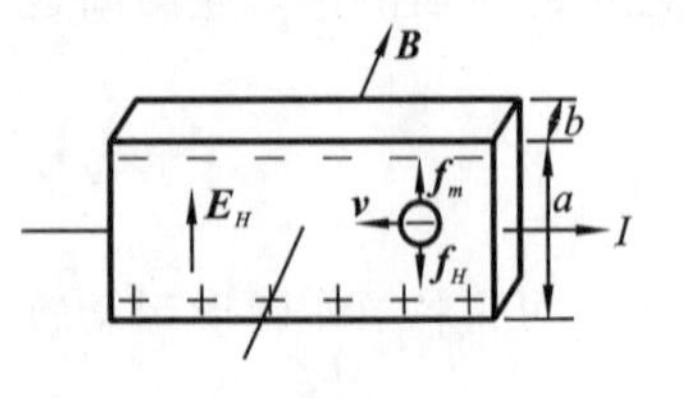

图 11-9　霍尔效应

实验测定,霍尔电势差 U_H 的大小与磁感应强度 $\boldsymbol{B}$ 的大小成正比,与电流强度 I 成正比,与金属板的厚度 b 成反比,即

$$U \propto \frac{IB}{b}$$

或

$$U = K_H \frac{IB}{b} \tag{11-13}$$

式中,K_H 是仅与导体的材料有关的常数,称为霍尔系数。

金属导体中的电流是电子的定向运动形成的,运动着的电子在磁场中受到洛伦兹力作用。如图 11-9 所示,以速度 $\boldsymbol{v}$ 运动的电子受到向上的洛伦兹力 $\boldsymbol{f}_m = -e\boldsymbol{v} \times \boldsymbol{B}$ 的作用,在这个力的作用下,电子向上漂移,使得导体的上表面积累过多的电子,下表面出现电子不足的现象,从而在导体内出现方向向上的电场。这个电场对电子有向下的作用力,当这个电场大到使其对电子的作用力 $-eE$ 与电子受到的洛伦兹力大小相等时就达到稳定状态,相应的电场也就稳定下来,这时的电场称为霍尔电场,用 $\boldsymbol{E}_H$ 表示,因此有

$$\boldsymbol{f}_e = -e\boldsymbol{E}, \quad \boldsymbol{f}_m = -e\boldsymbol{v} \times \boldsymbol{B} \rightarrow \boldsymbol{E}_H = -\boldsymbol{v} \times \boldsymbol{B}, \quad E_H = vB$$

由此可求得霍尔电势差(导体上下表面之间的电势差)为

$$U_H = -aE_H = -avB$$

式中负号表示电势梯度的方向与 $\boldsymbol{E}_H$ 的方向相反。设导体内电子密度为 n,于是 $I = nevab$,将由此得到的定向运动速度代入上式,可得

$$U_H = -\frac{IB}{neb} = -\frac{1}{ne}\frac{IB}{b} \tag{11-14}$$

与式(11-13)相比较,则得金属导体的霍尔系数

$$K_H = -\frac{1}{ne} \tag{11-15}$$

霍尔效应不只在金属导体中产生,在半导体和导电流体(如等离子体)中也会产生。相应的载流子可以是电子,也可以是正、负离子。霍尔电势差和霍尔系数一般可表示为

$$U_H = \frac{1}{nq}\frac{IB}{b}, \quad K_H = \frac{1}{nq} \tag{11-16}$$

其中,q 是载流子的电量,可正可负,是代数量。通过对霍尔系数的实验测量可以确定导体或半导体中载流子的性质。根据霍尔系数的大小,还可测量载流子的浓度。值得指出的是,金属是电子导电,霍尔系数应为负值,但实验发现对有些金属,如铁、钴、锌、镉和锑等,霍尔系数为正,对此,需用金属中电子的量子力学理论予以解释。

等离子体的霍尔效应是磁流体发电的基本理论依据。工作气体(常用含有少量容易电离的碱金属的惰性气体)在高温下充分电离而达到等离子态,当以高速垂直通过磁场时,正、负电荷在洛伦兹力的作用下将向相反方向偏转并分别聚集在正、负电极上,使两极出现电势差。只要工作气体连续地运行,两极就会不断地对外提供电能。磁流体发电是直接将热能转变为电能的,所以具有比火力发电高得多的效率,并且可以在极短的时间内达到高功率运行状态,从而可以方便地按时间合理分布电能生产的要求。

【思考题与习题】

1. 思考题

11-1　在安培定律的表达式 $\mathrm{d}\boldsymbol{F}=I\mathrm{d}\boldsymbol{l}\times\boldsymbol{B}$ 中,哪两个矢量始终是正交的?哪两个矢量之间可以存在任意角?讨论成任意角度的两个电流元之间的作用力,分析为什么它们之间的相互作用不遵守牛顿第三定律?

11-2　简述磁流体发电机的工作原理,并作出其工作示意图。

11-3　什么是等离子体,简述等离子体的特性及应用。

11-4　分析说明,为什么磁电式仪表均使用辐式磁场?

11-5　依据运动电荷在磁场中的运动规律,简要说明磁约束的工作原理。

11-6　2000 年是太阳黑子活动的高峰年,太阳表面的强磁爆发生时,会把大量的高能带电粒子流抛向地球,如果没有地磁场存在的话,这些高能带电粒子流将会对地球上的生物造成极大的伤害。但事实上,在距离地面几千至两万千米的高空,分别存在着由地磁场形成的两个范艾伦辐射带,它们大大地缓解了太阳强磁爆对地球表面的影响。请通过本章的知识对此加以分析说明。

11-7　什么是 P 型半导体?什么是 N 型半导体?

11-8　简要说明 PN 结的形成及二极管的单向导电性的原理。

11-9　在霍尔效应实验中,为什么通常使用半导体材料而不是使用导体材料?

2. 选择题

11-10　如图 11-10 所示,载流为 I_2 的线圈与载流为 I_1 的长直导线共面,设长直导线固定,则线圈在磁场力作用下将(　　)。

(A) 向左平移

(B) 向右平移

(C) 向上平移

(D) 向下平移

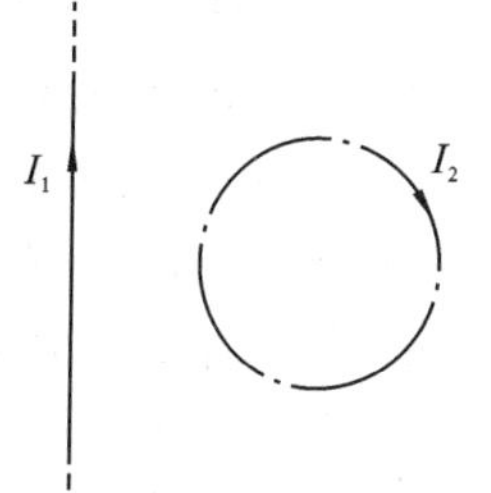

图 11-10　题 11-10 图

11-11　在匀强磁场中,有两个平面线圈,共面积 $S_1=2S_2$,通有电流 $I_1=2I_2$,它们所受最大力矩之比 M_1/M_2 为(　　)。

(A) 1　　(B) 2　　(C) 1/4　　(D) 4

11-12　在阴极射线管外,如图 11-11 所示放置一个蹄形磁铁,则阴极射线将(　　)。

(A) 向下偏　　(B) 向上偏　　(C) 向纸外偏　　(D) 向纸内偏

11-13　如图 11-12 所示,匀强磁场中有一矩形通电线圈,它的平面与磁场平行,在磁场作

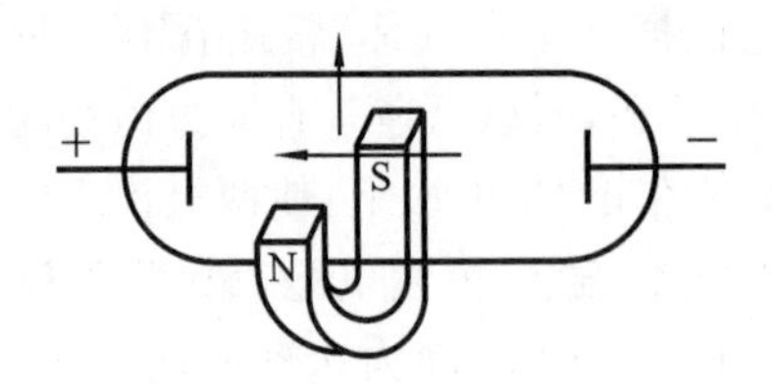

图 11-11 题 11-12 图

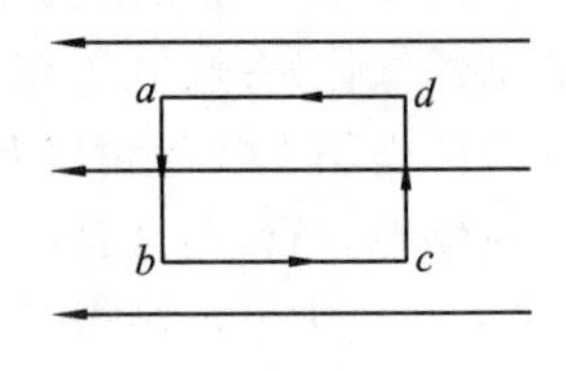

图 11-12 题 11-13 图

用下,线圈发生转动,其方向是(　　)。

(A) ab 边转入纸内,cd 边转出纸外　　(B) ab 边转出纸外,cd 边转入纸内

(C) ad 边转入纸内,bc 边转出纸外　　(D) ad 边转出纸外,bc 边转入纸内

3. 填空题

11-14 如图 11-13 所示,一半径 $R=0.10$ m 的半圆形闭合线圈,载有电流 $I=10$ A,放在均匀外磁场中,磁场方向与线圈平面平行,磁感应强度的大小 $B=5.0\times10^{-1}$ T,则该线圈所受磁力矩的大小为________,方向为________。

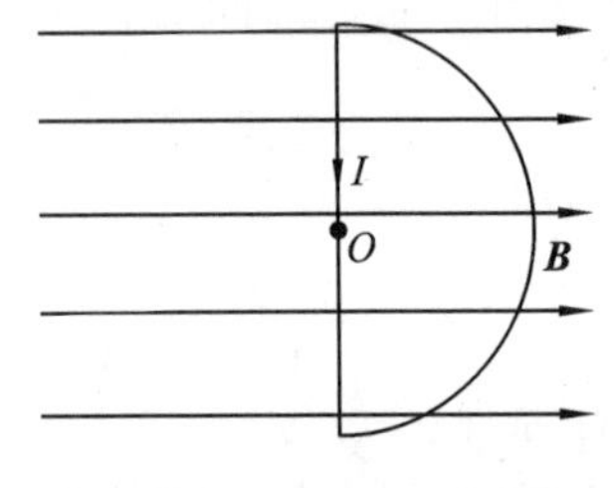

图 11-13 题 11-14 图

11-15 一电子的动能为 10 eV,在垂直于匀强磁场的平面内作圆周运动。已知磁场为 $B=1.0\times10^{-4}$ T,电子的电荷 $e=-1.60\times10^{-19}$ C,质量 $m=9.1\times10^{-31}$ kg,回旋周期 T 为________。顺着 B 的方向看,电子是________时针回旋的。

11-16 北京正负电子对撞机的储存环的周长为 240 m 的近似圆形轨道,环中电子的速率可接近光在真空中的速度,如果环中的电流为 8 mA 时,在整个环中有________个电子在运行。

11-17 一电子以速率 v 绕原子核旋转,其旋转的等效轨道半径为 r,如果将电子绕原子核运动等效为一圆电流,则等效电流为________,其磁矩为________。

11.1 习题

11-18 在磁场中某一点磁感应强度为 2T,在该点放置一圆形线圈,所受的最大磁力矩为 0.628 N·m,如果通过的电流为 1 A,求:

(1) 该线圈的半径?

(2) 此时线圈平面法线方向与磁场方向的夹角?

11-19 如图 11-14 所示,一根长直导线载有电流 30 A,长方形回路和它在同一平面内,载有电流 20 A。回路长 30 cm,宽 8.0 cm,靠近导线的一边距离导线 1.0 cm,则直导线电流的磁场对该回路的合力为多少?

11-20 一条长为 0.5 m 的直导线,沿 y 方向放置,通以沿 y 方向 $I=10$ A 的电流,导线所在处的磁感应强度为:$\boldsymbol{B}=0.3\boldsymbol{i}-1.2\boldsymbol{j}+0.5\boldsymbol{k}$,则该导线所受的力是多少?

11-21 如图 11-15 所示,一无限长载流导线通有电流 I_1,长为 b 通有电流 I_2 的导线 AB 与长直载流导线垂直,其 A 端距长直导线的距离为 a,则导线 AB 受到的安培力大小为多少?

11.2 习题

11-22 设有一单匝载流圆线圈与另一单匝载流三角形线圈的面积相等,且所载的电流的大小及方向均相同,并同时与均匀磁场共面,试比较两载流线圈的磁力、磁矩及磁力矩的关系。

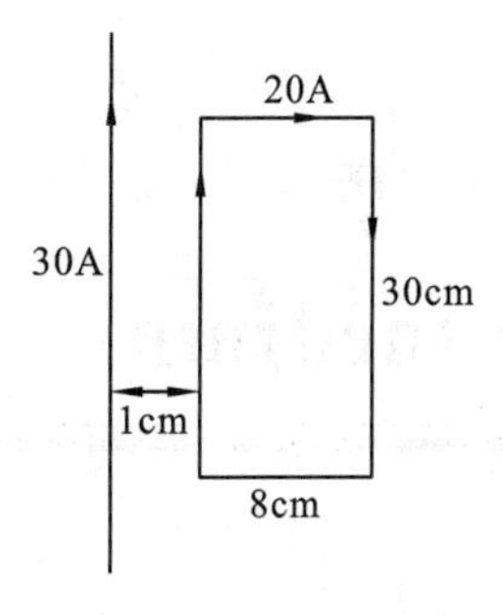

图 11-14　**题** 11-19 **图**

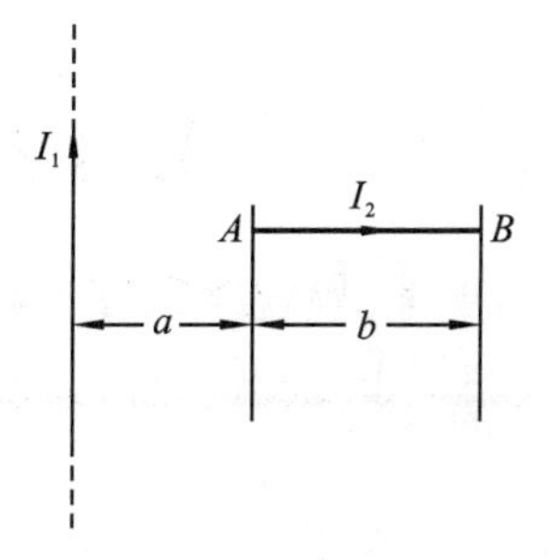

图 11-15　**题** 11-21 **图**

11-23　一磁电式电表的矩形线圈的面积是 1.2 cm^2，共 1300 匝，游丝的扭转系数为 2.2 ×10－8 N·m·deg^{-1}，若电流表指针的最大偏转角为 90°，相应的满偏电流为 50 μA，求：

(1) 线圈所在位置的磁感应强度的大小；

(2) 如果磁场减弱到 0.2T 时，通过线圈的电流为 20 μA，则线圈将偏转多少度？

11-24　均匀磁场中放置一均匀带正电的圆环，圆环半径为 R，其线电荷密度为 λ，磁场的方向与环面平行，强度为 $\boldsymbol{B}$，如果圆环以角速度 ω 绕着通过环心与环面垂直的转轴旋转时，求圆环受到的磁力矩大小。并说明其方向。

11-25　将一半径为 0.1 m、载有恒定电流为 10 A 的半圆形线圈置于磁感应强度为 0.5T 的匀强磁场中，磁场的方向与线圈平面平行，求：

(1) 线圈的磁矩及磁力矩；

(2) 线圈转过 90°时磁力矩做的功。

11.3 习题

11-26　在霍尔效应实验中，有一宽 1 cm、长 4 cm、厚 0.001 cm 的半导体材料，沿长度方向通有 3 A 的电流，当磁感应强度为 1.5T 的磁场垂直通过该半导体时，即产生 1.0×10^{-5} V 的横向电压(在宽度两端)，试求：

(1) 载流子的漂移速度；

(2) 1 cm^3的载流子的数目。

第12章　磁　介　质
Chapter 12　Magnetic medium

2010年首个诺贝尔奖和搞笑诺贝尔奖双料得主诞生——荷兰科学家安德烈·盖姆(Andre Geim)，十年前他因磁悬浮青蛙获得搞笑诺贝尔奖，十年后他从石墨中分离出石墨烯而获得诺贝尔奖。

当青蛙被放到磁场中，青蛙的每个原子都像一个小磁针，外界磁场对这些小磁针作用的结果是产生了向上的力，如果磁场的强度适当，这个力与青蛙受的重力达到平衡，它们就能悬在空中。实际上动物都具备这样的特性，只要用足够强的磁场，就有可能使之悬浮起来。

这种特性叫作物质的抗磁性，是放在磁场中的物质产生的一种磁化现象。本章将以实体物质的电结构为基础，简单说明磁介质磁化的微观机制，并进一步研究磁介质对磁场的影响。

12.1　磁　介　质
Magnetic medium

前面已经知道，在静电场中电介质要产生极化现象，极化的电介质又产生附加电场，从而对原电场产生影响。与此相似，磁场中的物质也要产生磁化现象，能够磁化的物质称为磁介质，磁化的磁介质也要产生附加磁场，这必然对原磁场产生影响。

在如图12-1所示的实验中，长直螺线管中通入电流 I，设电流 I 分布在真空中(见图12-1(a))激发的磁感应强度为 $\boldsymbol{B}_0$，那么在同一电流分布下，当管内充入某种磁介质后(见图12-1(b))，磁化了的磁介质激发附加磁感应强度为 $\boldsymbol{B}'$，这时磁场中任一点的磁感应强度 $\boldsymbol{B}$ 等于 $\boldsymbol{B}_0$ 和 $\boldsymbol{B}'$ 的矢量和，即

$$\boldsymbol{B}=\boldsymbol{B}_0+\boldsymbol{B}' \tag{12-1}$$

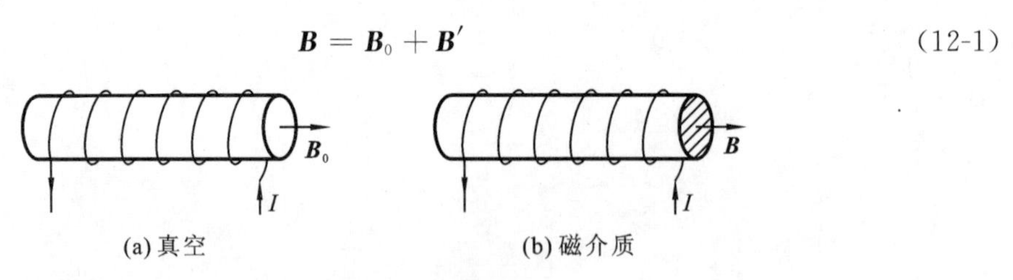

(a) 真空　　(b) 磁介质

图12-1　磁介质对磁场的影响

如果分别测出真空和有磁介质时的磁感应强度 $\boldsymbol{B}_0$ 和 $\boldsymbol{B}$，则它们之间应满足一定的比例关系，可以用下式表示

$$\mu_r=\frac{\boldsymbol{B}}{\boldsymbol{B}_0} \tag{12-2}$$

式中，μ_r 叫作磁介质的相对磁导率，μ_r 可用来描述磁介质磁化后对原磁场的影响程度，是描述磁介质特性的物理量。常温常压下，几种磁介质的相对磁导率见表12-1。

根据相对磁导率 μ_r 的大小，可将磁介质分为以下三类。

(1) 某些物质被外磁场 $\boldsymbol{B}_0$ 磁化后，所产生的附加磁场 $\boldsymbol{B}'$ 与外磁场 $\boldsymbol{B}_0$ 同方向，致使物质的总磁场 $\boldsymbol{B}$ 略大于外磁场 $\boldsymbol{B}_0$（$\boldsymbol{B}>\boldsymbol{B}_0$），相对磁导率 $\mu_r>1$，具有这样物质称为顺磁质，如镁、锰、氧等。

(2) 某些物质在外磁场 $\boldsymbol{B}_0$ 中被磁化后，所产生的附加磁场 $\boldsymbol{B}'$ 与外场 $\boldsymbol{B}_0$ 反向，致使物质中的总磁场 $\boldsymbol{B}$ 略小于外磁场 $\boldsymbol{B}_0$（$\boldsymbol{B}<\boldsymbol{B}_0$），相对磁导率 $\mu_r<1$，具有这样的性质的物质称为抗磁质，如汞、铜、氢等。

(3) 还有些物质被外磁场 $\boldsymbol{B}_0$ 磁化后，所产生的附加磁场 $\boldsymbol{B}'$ 与外磁场 $\boldsymbol{B}_0$ 同方向，致使物质的总磁场 $\boldsymbol{B}$ 远大于外磁场 $\boldsymbol{B}_0$（$\boldsymbol{B}\gg\boldsymbol{B}_0$），相对磁导率 $\mu_r\gg1$。具有这样性质的物质称为铁磁质，例如铁、钴、镍等。

表 12-1　几种磁介质在常温常压下的相对磁导率

顺磁质	μ_r	抗磁质	μ_r	铁磁质	μ_r
空气（标准状态）	$1+30.4\times10^{-5}$	氢（标准状态）	$1-2.49\times10^{-5}$	纯铁	$1.0\times10^4\sim2.0\times10^5$
氧（标准状态）	$1+19.4\times10^{-5}$	铋	$1-0.17\times10^{-5}$	玻莫合金	$2.5\times10^3\sim1.5\times10^5$
锰	$1+12.4\times10^{-5}$	铜	$1-0.11\times10^{-5}$	硅钢	$4.5\times10^2\sim8.0\times10^4$
铬	$1+4.5\times10^{-5}$	银	$1-0.25\times10^{-5}$	铁氧体	1.0×10^3

12.2　磁介质的磁化
Magnetization of the magnetic medium

12.2.1　介质磁化的微观机理

由于顺磁质和抗磁质的 $\mu_r\approx1$，磁化效应很弱，磁化后对原来磁场的影响不显著，所以，顺磁质和抗磁质统称为弱磁质，铁磁质的 $\mu_r\gg1$，磁化后对原磁场影响很大，这类磁介质能显著地增强磁场，是强磁性物质，称为强磁质。本节先讨论顺磁质和抗磁质这类弱磁质的磁化机理，后面再专门讨论铁磁质这类强磁质的磁化机理。

1. 顺磁质的磁化机理

根据物质的电结构，其分子或原子中的电子除了参与绕原子核及自旋两种运动以外，还将参与进动，从而相当于形成了三种回路电流，产生三种磁矩，其中，前两种称为分子的固有磁矩，后一种称为附加磁矩，其值仅为固有磁矩的数万分之一，可以忽略。

在没有外磁场的时候，由于分子的热运动，各分子磁矩排列混乱，磁效应相互抵消，因而整体对外不显磁性，如图 12-2 所示，在有外磁场 $\boldsymbol{B}_0$ 的作用下，各分子磁矩将会发生转动，但由于热运动的影响，它们只能在一定程度上沿着外磁场方向排列，因而在整体上显示出一定的磁性，介质中的磁场 $\boldsymbol{B}$ 略大于外磁场 $\boldsymbol{B}_0$，$\mu_r>1$，具有顺磁性，即物质的顺磁性是由分子磁矩沿着外场 $\boldsymbol{B}_0$ 取向造成的。

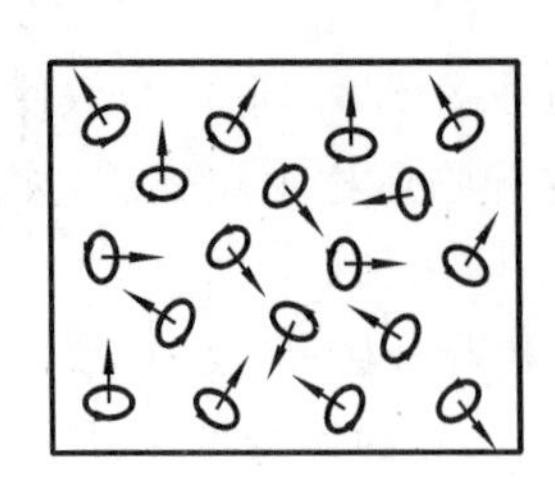

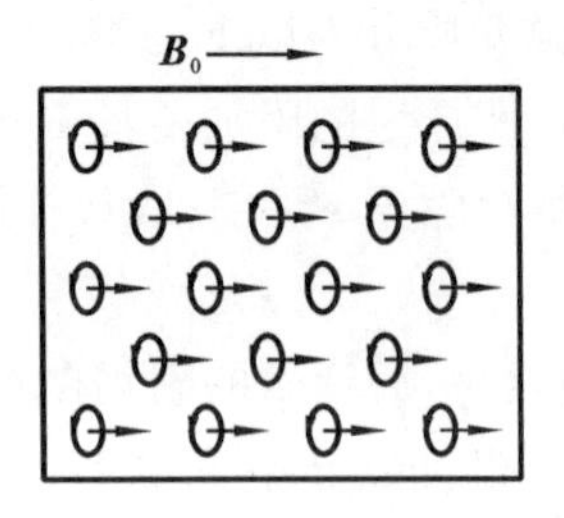

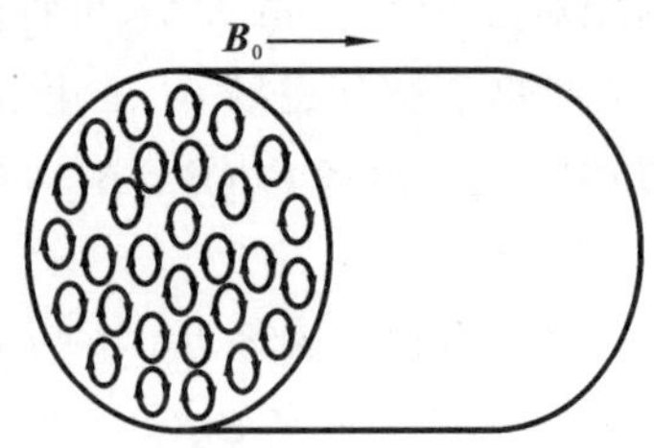

图 12-2　顺磁质的磁化

2. 抗磁质的磁化机理

在抗磁质中,每个原子或分子中所有电子的轨道磁矩和自旋磁矩的矢量和等于零,因此,其分子磁矩中仅有极弱的电子附加磁矩起作用,在外磁场 $\boldsymbol{B}_0$ 中,抗磁质中每个分子或原子中所有的电子形成一个整体绕外磁场的进动,从而在原有磁矩 $\boldsymbol{m}_0$ 的基础上产生一个附加磁矩 $\boldsymbol{m}$,$\boldsymbol{m}$ 的方向与 $\boldsymbol{B}_0$ 的方向相反,大小与 $\boldsymbol{B}_0$ 的大小成正比。使介质中的磁场 $\boldsymbol{B}$ 略小于外磁场 $\boldsymbol{B}_0$,$\mu_r<1$,具有抗磁性,即物质的抗磁性是由于电子进动形成的附加磁矩造成的。这就是抗磁质磁化的微观机理,如图 12-3 所示。

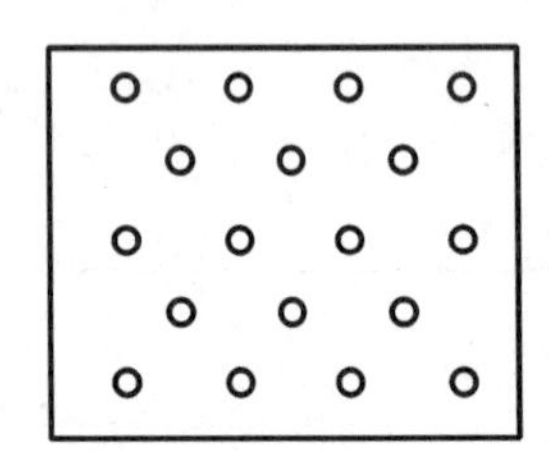

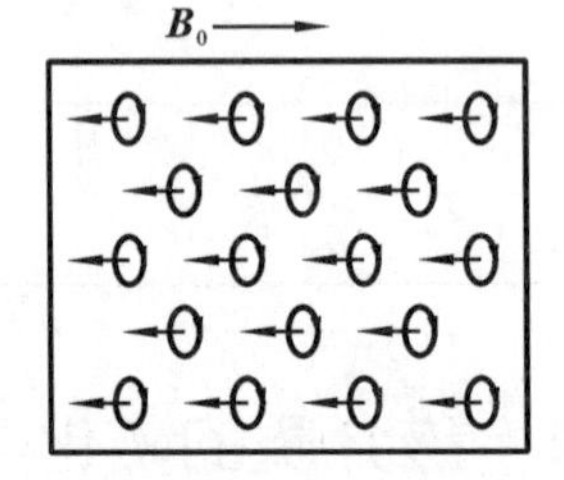

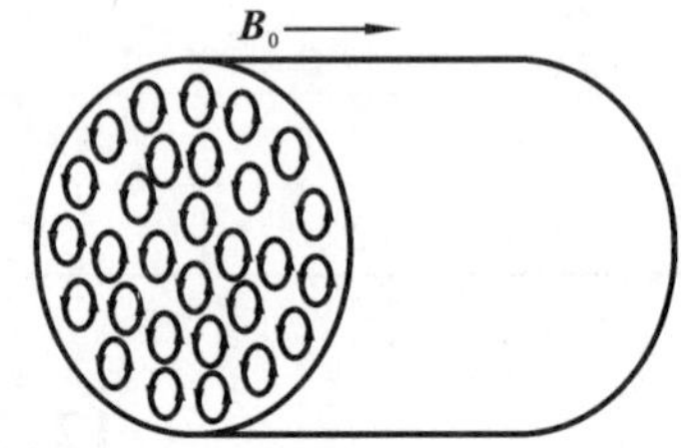

图 12-3　抗磁质的磁化

12.2.2　磁化强度

任何一个分子的磁矩可以用一等效的圆电流磁矩来表示,这个圆电流称为分子电流,当存在外磁场 $\boldsymbol{B}_0$ 时,各分子磁矩在外磁场作用下将会发生转动,使得分子磁矩在沿外磁场的方向上获得取向优势,导致合磁矩不再为零,使介质中的磁场与外磁场不相等,这时就说物质被磁化了。显然,分子磁矩的矢量和越大,物质被磁化的程度越高,所以,在讨论磁介质磁化时,引入磁化强度矢量 $\boldsymbol{M}$ 来描述磁介质的磁化程度。在介质中某一点处取小体积 ΔV,其内的分子磁矩的矢量和为 $\sum \boldsymbol{m}_i$,定义该点的磁化强度为

$$\boldsymbol{M}=\frac{\sum \boldsymbol{m}_i}{\Delta V} \tag{12-3}$$

它是该点处单位体积内分子磁矩的矢量和。对于顺磁质,其分子电流的磁矩就是分子的固有磁矩,而对于抗磁质,分子电流的磁矩就是分子的附加磁矩。

12.2.3　磁化电流

介质磁化时,由分子电流形成的,仅沿介质截面边缘流动的电流称为磁化电流,也称束缚电流,用 I_s 表示,它是介质中出现附加磁场 $\boldsymbol{B}'$ 的根源,与磁化强度密切相关。

图 12-4 所示是一圆柱形顺磁质棒,沿轴线方向加一外磁场 $\boldsymbol{B}_0$,棒均匀磁化后,其内各分子

电流的平面大致在与棒轴垂直的平面内,其棒内横截面内分子电流分布见图 12-4。在横截面内部,由于相邻的分子电流方向相反,因此互相抵消,只有在截面边缘处,分子电流才未被抵消,形成与边缘重合的圆电流 I_s。磁化电流有磁效应,但无热效应。

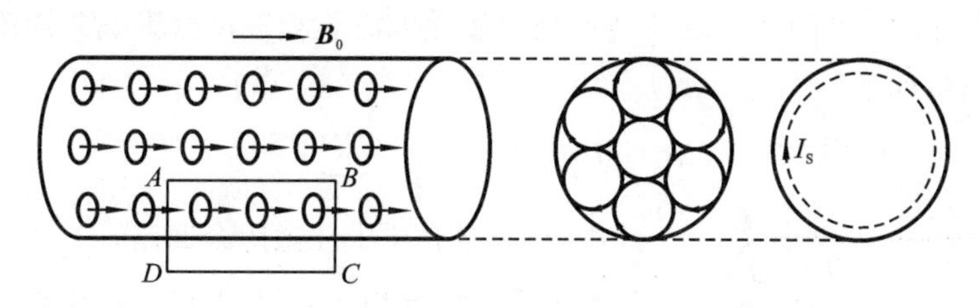

图 12-4　磁化电流

由图 12-4 可知,磁化电流产生的磁场与螺旋管中产生的磁场相似。设单位长度上分子电流为 j_s,棒长为 l,截面积为 S,分子电流总的磁矩为 j_sSl,所以根据式(12-3)可得磁化强度矢量 $\boldsymbol{M}$ 的数值为

$$M=\frac{j_sSl}{Sl}=j_s \tag{12-4}$$

由此可知,磁化强度矢量 $\boldsymbol{M}$ 在数值上等于单位长度上分子电流的强度。

取一闭合回路 $ABCDA$,则

$$\oint_L \boldsymbol{M}\cdot \mathrm{d}\boldsymbol{l}=\int_{AB}\boldsymbol{M}\cdot \mathrm{d}\boldsymbol{l}+\int_{BC}\boldsymbol{M}\cdot \mathrm{d}\boldsymbol{l}+\int_{CD}\boldsymbol{M}\cdot \mathrm{d}\boldsymbol{l}+\int_{DA}\boldsymbol{M}\cdot \mathrm{d}\boldsymbol{l} \tag{12-5}$$

在 AB 段,$\boldsymbol{M}$ 平行于 $\mathrm{d}\boldsymbol{l}$,在 CD 段,介质外 $M=0$,在 BC 段和 DA 段,介质内 $\boldsymbol{M}$ 与 $\mathrm{d}\boldsymbol{l}$ 垂直,使 $\boldsymbol{M}\cdot\mathrm{d}\boldsymbol{l}=0$ 或在介质外 $\boldsymbol{M}=0$。因此有

$$\oint_L \boldsymbol{M}\cdot \mathrm{d}\boldsymbol{l}=\int_{AB}\boldsymbol{M}\cdot \mathrm{d}\boldsymbol{l}+\int_{BC}\boldsymbol{M}\cdot \mathrm{d}\boldsymbol{l}=M\overline{AB}=Ml=j_sl=\sum I_s \tag{12-6}$$

这一结论对其他形式的闭合回路也成立,上式可以写成更一般的形式:

$$\oint_L \boldsymbol{M}\cdot \mathrm{d}\boldsymbol{l}=\sum I_s \tag{12-7}$$

这说明,磁化强度的环流等于回路 L 所包含的磁化电流代数和 $\sum I_s$。

12.3　*H* 的环路定理

Ampere circuital theorem of *H*

12.3.1　磁介质中的高斯定理

在磁介质中,无论是传导电流还是磁化电流,其电流的实质是一样的,都是电荷运动的结果,它们产生的磁场的磁感应线都是闭合的。因此,在磁介质中,通过任一封闭曲面 S 的磁通量都等于零(the magnetic flux through any closed surface must be zero),即

$$\oiint_S \boldsymbol{B}\cdot \mathrm{d}\boldsymbol{S}=\oiint_S (\boldsymbol{B}_0+\boldsymbol{B}')\cdot \mathrm{d}\boldsymbol{S}=0 \tag{12-8}$$

这就是磁介质中的高斯定理(the Gauss’ law for magnetic medium)。实际上,磁场中的高斯定理是磁场的一个普遍公式,它不仅适用于传导电流所激发的恒定磁场,也适用于介质中磁化电流产生的附加磁场。而且在随时间变化的磁场中,仍然是成立的。由此可见,在磁介质

中磁场仍然是无源场。

12.3.2 磁介质中的安培环路定理

有磁介质存在时，空间任一点的磁场是由传导电流 I 和磁化电流 I_s 共同激发的，这时安培环路定理应该写成

$$\oint_L \boldsymbol{B} \cdot \mathrm{d}\boldsymbol{l} = \mu_0 \left(\sum I + \sum I_s \right) \tag{12-9}$$

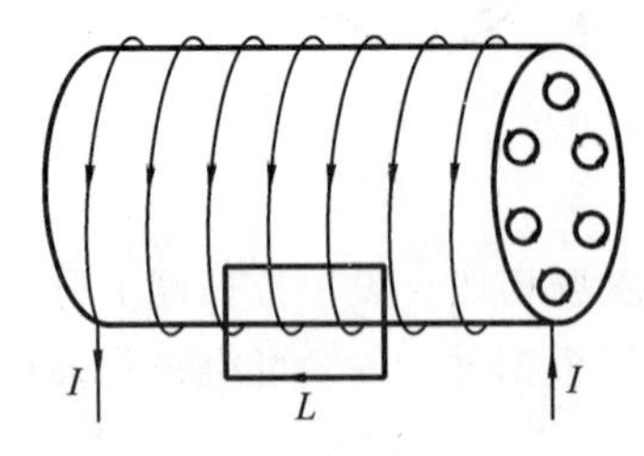

图 12-5 磁介质中的安培环路定理

式中，L 为磁介质中任意闭合回路，$\sum I$ 和 $\sum I_s$ 分别是 L 所包围的传导电流的代数和与磁化电流的代数和，由于磁介质磁化，产生磁化电流从而产生附加磁场，使得计算磁介质中的磁场的磁感应强度相当复杂，会涉及 I_s。下面以充满磁介质的螺线管为例消去 I_s，如图 12-5 所示。

因此，安培环路定理变为

$$\oint_L \boldsymbol{B} \cdot \mathrm{d}\boldsymbol{l} = \mu_0 \left(\sum I + \oint_L \boldsymbol{M} \cdot \mathrm{d}\boldsymbol{l} \right)$$

$$\oint_L \left(\frac{\boldsymbol{B}}{\mu_0} - \boldsymbol{M} \right) \cdot \mathrm{d}\boldsymbol{l} = \sum I$$

与介质中引入位移矢量 $\boldsymbol{D}$ 相似，在此引入一个新的物理量 $\boldsymbol{H}$，称为磁场强度，使得

$$\boldsymbol{H} = \frac{\boldsymbol{B}}{\mu_0} - \boldsymbol{M} \tag{12-10}$$

因此，磁介质中的安培环路定理变成比较简单的形式

$$\oint_L \boldsymbol{H} \cdot \mathrm{d}\boldsymbol{l} = \sum I \tag{12-11}$$

可以证明，由此特殊情形推出的结论，对一般情况也是适用的。式(12-11)即为磁介质中的安培环路定理，磁场强度 $\boldsymbol{H}$ 沿任一闭合回路的积分(也称环流)等于此闭合回路所围的传导电流的代数和。Equation (12.11) is the Ampere's law for magnetism, it means that the line integral of H around a closed path is equal to the conduction current only across any surface bounded by the path L.

实验表明，对于各向同性的磁介质，$\boldsymbol{H}$ 和 $\boldsymbol{B}$ 的方向一致，因此，式(12-11)中的电流正负主要取决于 I 的方向是否与回路的绕行方向组成右手螺旋关系：是则为正，否则为负。

引入了磁场强度 $\boldsymbol{H}$ 后，磁介质中的安培环路定理不再有磁化电流项，从而为讨论磁介质中的磁场带来方便。但磁场强度 $\boldsymbol{H}$ 仅是一个描述磁场性质的辅助物理量，在讨论与磁场有关的问题时，多用磁感应强度 $\boldsymbol{B}$，它更能反映磁场的特性和本质。将 $\boldsymbol{H}$ 和 $\boldsymbol{B}$ 分别称为磁场强度和磁感应强度主要是由于物理学发展历史的原因。

12.3.3 $\boldsymbol{B},\boldsymbol{H},\boldsymbol{M}$ 三者之间的关系

实验表明，磁化强度 $\boldsymbol{M}$ 可认为与磁场强度 $\boldsymbol{H}$ 成正比，即

$$\boldsymbol{M} = \chi_m \boldsymbol{H} \tag{12-12}$$

式中，χ_m 是描述不同磁介质磁化特性的量，称为磁化率，对于顺磁质，$\chi_m > 0$；对于抗磁质，$\chi_m < 0$；对于铁磁质，$\chi_m \gg 0$。

可以证明，相对磁导率与磁化率之间满足关系：

$$\mu_r = 1 + \chi_m \tag{12-13}$$

由式(12-10)，有

$$\boldsymbol{B} = \mu_0(\boldsymbol{M} + \boldsymbol{H}) = \mu_0(\chi_m \boldsymbol{H} + \boldsymbol{H}) = \mu_0(\chi_m + 1)\boldsymbol{H} = \mu_0\mu_r \boldsymbol{H} = \mu \boldsymbol{H} \tag{12-14}$$

式中，$\mu = \mu_0\mu_r$ 称为磁介质的绝对磁导率，有时也简称磁导率。

由式(12-14)可以看出，磁场强度 $\boldsymbol{H}$ 与磁感应强度 $\boldsymbol{B}$ 同方向，且成比例，其单位为安培·米$^{-1}$($\mathrm{A \cdot m^{-1}}$)。

例 12.1　如图 12-6 所示，一半径为 R_1 的无限长圆柱体中均匀地通有电流 I，在它外面有半径为 R_2 的无限长同轴圆柱面，两者之间充满着磁导率为 μ 的均匀磁介质，在圆柱面上通有相反方向的电流 I。试求：(1)圆柱体外圆柱面内一点的磁场；(2)圆柱体内一点的磁场；(3)圆柱面外一点的磁场。

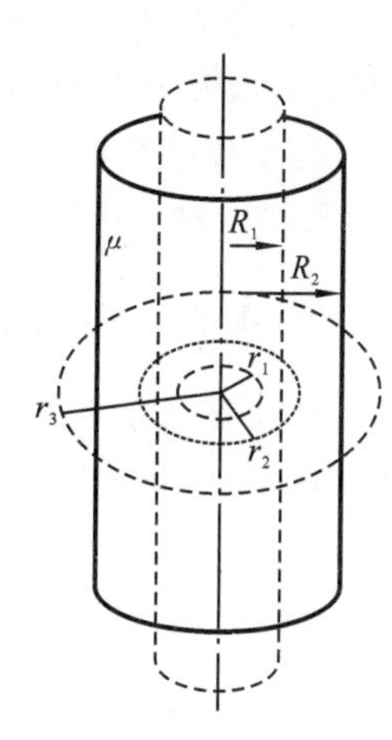

图 12-6　例 12.1 用图

解　(1) 当两个无限长的同轴圆柱体和圆柱面中有电流通过时，它们所激发的磁场是轴对称分布的，而磁介质亦呈轴对称分布，因而不会改变磁场的这种对称分布。设圆柱体外圆柱面内一点到轴的垂直距离是 r_2，以 r_2 为半径作一圆，取此圆为积分回路，根据安培环路定理有

$$\oint \boldsymbol{H} \cdot \mathrm{d}\boldsymbol{l} = H\int_0^{2\pi r_2} \mathrm{d}l = H2\pi r_2 = I$$

$$H = \frac{I}{2\pi r_2}, B = \mu H = \frac{\mu I}{2\pi r_2} \quad (R_1 < r < R_2)$$

(2) 设在圆柱体内一点到轴的垂直距离是 r_1，则以 r_1 为半径作一圆，根据安培环路定理有

$$\oint \boldsymbol{H} \cdot \mathrm{d}\boldsymbol{l} = H\int_0^{2\pi r_1} \mathrm{d}l = H2\pi r_1 = I\frac{r_1^2}{R_1^2}$$

$$H = \frac{Ir_1}{2\pi R_1^2}, \quad B = \mu_0 H = \frac{\mu_0 Ir_1}{2\pi R_1^2} \quad (r < R_1)$$

(3) 在圆柱面外取一点，它到轴的垂直距离是 r_3，以 r_3 为半径作一圆，根据安培环路定理，考虑到环路中所包围的电流的代数和为零，所以得

$$\oint \boldsymbol{H} \cdot \mathrm{d}\boldsymbol{l} = H\int_0^{2\pi r_3} \mathrm{d}l = 0$$

$$H = 0, \quad B = 0 \quad (R_2 < r)$$

例 12.2　如图 12-7 所示，密绕螺绕环内均充磁介质，已知线圈总匝数为 N，电流为 I，环横截面半径远小于环平均半径，磁介质相对磁导率为 μ_r，求磁介质中的磁感应强度。

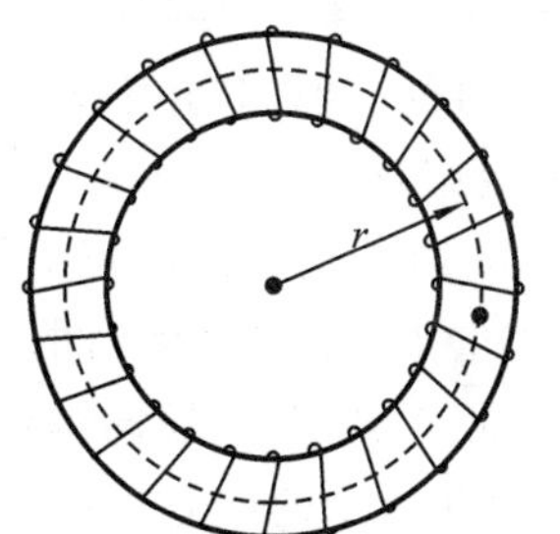

图 12-7　例 12.2 用图

解　电流和磁介质分布对称，与螺绕环共轴圆周各点 H 大小相等，方向沿圆周的切线方向。管内取与环共轴半径 r 圆周为安培环路 L，由安培环路定理得：

$$\oint_L \boldsymbol{H} \cdot \mathrm{d}\boldsymbol{l} = H \cdot 2\pi r = NI$$

$$H = \frac{NI}{2\pi r}$$

再由 $B=\mu_0\mu_r H$ 得：

$$B=\frac{\mu_0\mu_r NI}{2\pi r}\quad(\text{方向沿电流方向的右手螺旋方向})$$

12.4 铁 磁 质
Ferromagnetic medium

铁磁质在外加磁场的作用下，将产生很大的附加磁场，在各种磁介质中，铁磁质的应用最广泛。铁磁质具有与顺磁质、抗磁质完全不同的特性：相对磁导率很大(其数量级为 $10^2\sim10^5$，有些甚至达到 10^6 以上)。$\boldsymbol{B}$ 与 $\boldsymbol{H}$ 之间的关系不是线性的，也不是单值的，因此铁磁质的磁化规律与磁化机理都比较复杂。

12.4.1 铁磁质的磁滞回线

图 12-8 所示为研究 $\boldsymbol{B}$-$\boldsymbol{H}$ 曲线的实验装置示意图。铁磁质相对磁导率 μ_r 一般不是常数，因此 $\boldsymbol{B}$ 随 $\boldsymbol{H}$ 的变化关系不是线性的。图 12-8 中 T 为螺绕环的铁芯，为铁磁质，G 为冲击电流计(磁通计)，用以测量磁通量，K 为换向开关。

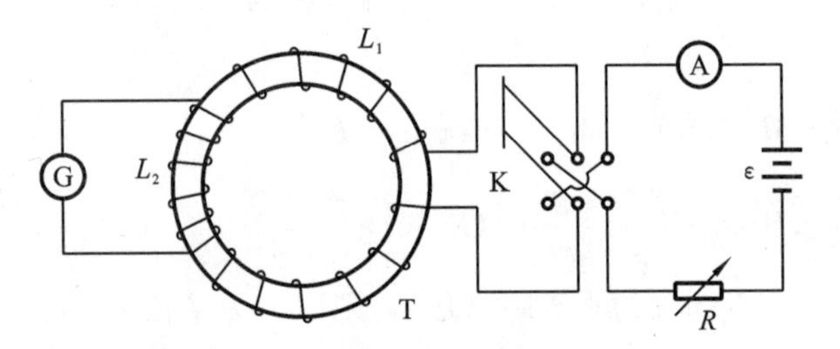

图 12-8　$\boldsymbol{B}$-$\boldsymbol{H}$ 曲线实验装置图

在原线圈 L_1 中通电流 I 时，由安培环路定理 $\oint_L \boldsymbol{H}\cdot \mathrm{d}\boldsymbol{l}=NI$ 可得出铁芯内的磁场强度 $H=nI$，其中 n 为螺绕环上单位长度的线圈的匝数。当 L_1 中的电流反向时，引起磁场改变，从而在副线圈 L_2 中产生感应电动势，由此可推算出环内磁感应强度大小。实验中，根据电流的变化，测量不同的 I 值(即 H 值)对应的 $\boldsymbol{B}$，便可得到 $\boldsymbol{B}$-$\boldsymbol{H}$ 曲线。

当逐渐增大电流 I 时，$\boldsymbol{H}$ 随之增大，$\boldsymbol{B}$ 亦逐渐增大(Oa 段)，当 I 再继续增大，$\boldsymbol{H}$ 近似成正比增加，$\boldsymbol{B}$ 值迅速增大后，增大变缓，在到达 c 点后，即使 I 增大使 $\boldsymbol{H}$ 增大，$\boldsymbol{B}$ 也不再增大，即达到饱和(bc 段)，称 Oc 段为起始磁化曲线。在达到饱和后，如果缓慢地使电流 I 减小以使 $\boldsymbol{H}$ 减小，这时，$\boldsymbol{B}$ 不沿起始曲线 Oc 返回，而是沿 cd 变化，并且当 $I=0$，$\boldsymbol{H}=0$ 时，$\boldsymbol{B}$ 并不为零，保留一定的值 $\boldsymbol{B}_r$，称之为剩余磁感应强度。当电流方向改变，并反向增大到 e 点值，才能使 $\boldsymbol{B}=0$，即剩磁消失，e 点对应的 $\boldsymbol{H}_c$ 称为矫顽力。如反向电流继续增加，以增大反向的 $\boldsymbol{H}$ 值，磁化达反向饱和态，而后反向电流减小到零，得反向剩磁，最后改变方向并增大，从而形成图 12-9 所示的闭合曲线，铁磁质的这种 $\boldsymbol{B}$-$\boldsymbol{H}$ 曲线称为磁滞回线。这种 $\boldsymbol{B}$ 的变化落后于 $\boldsymbol{H}$ 变化的现象，叫作磁滞现象，简称磁滞。

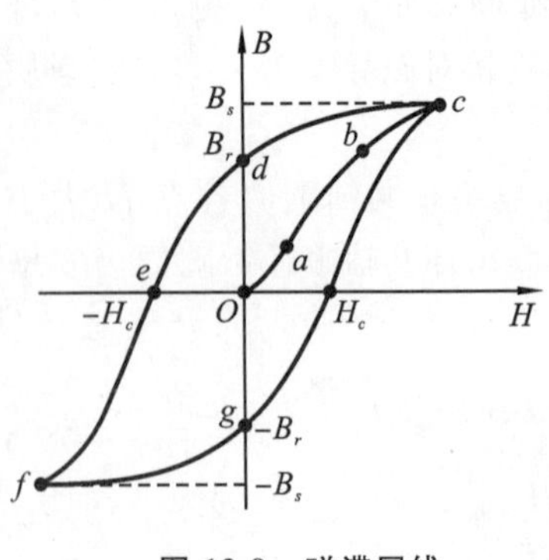

图 12-9　磁滞回线

实验表明，当铁磁材料置于交变磁场中反复磁化时要发热，从而消耗一部分能量，称为磁滞损耗，这种现象对电器设备极为有害。理论和实验均可证明，铁磁质沿磁滞回线反复磁化一周后，磁场对单位体积铁芯所做的功，恰好和磁滞回线所包围的面积相等，因此磁滞回线包围的面积越大，磁滞损耗也越大。

当铁磁质加热，使温度达到某一临界值 T_c时，这时铁磁质失去本身特性而成为顺磁质，这一临界温度称为居里点。例如铁、钴、镍的居里点分别是 1400 K、1388 K 和 631 K。

12.4.2　铁磁质磁化的微观机理

铁磁质的磁性主要来源于电子的自旋磁矩。在无外磁场时，铁磁质中电子的自旋磁矩可以在小范围内自发地沿与铁磁质内部晶体结构有关的几个方向整齐排列，形成小的“自发磁化区”，称为磁畴，如图 12-10 所示，磁畴的线度为 1～10 μm，用实验方法可以观察到。

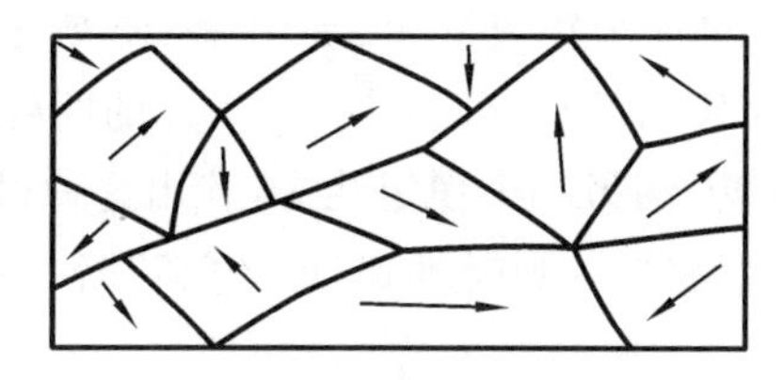

图 12-10　磁畴

在没有外磁场时，各个磁畴磁化方向的排列取向混乱，磁矩恰好抵消，对外不显磁性，见图 12-11(a)。

若加上外磁场，并且磁场较弱，则其中的自发磁化方向与外磁场方向成小角度的磁畴的体积逐渐扩张，而自发磁化方向与外磁场成较大角度的磁畴的体积逐渐缩小，见图 12-11(b)，这相当于磁化曲线的 Oa 段，这一段过程是近似可逆的。如果外磁场继续增强，则自发磁化取向与外磁场方向成较大角度的磁畴将全部消失(这种现象称为壁移)，见图 12-11(c)，这相当于磁化曲线的 ab 段。

将磁场增大，当达到某一数值时，磁矩的自发磁化方向发生突然的跳跃偏转，见图 12-11(d)，介质中的磁场便突然剧增。随后，再增加外磁场，则尚存的磁畴向外磁场方向旋转，使得所有磁畴都转到与外磁场方向相同，使磁化达到饱和，见图 12-11(e)。由于磁化过程的不可逆性，当外磁场减弱时，磁畴不能同步地恢复原状，因此出现了磁滞现象与剩余磁化。

当铁磁质加热到居里点时，磁畴会因为分子的剧烈运动而全部瓦解。这时铁磁质失去自己的特性，转变为普通的顺磁质。

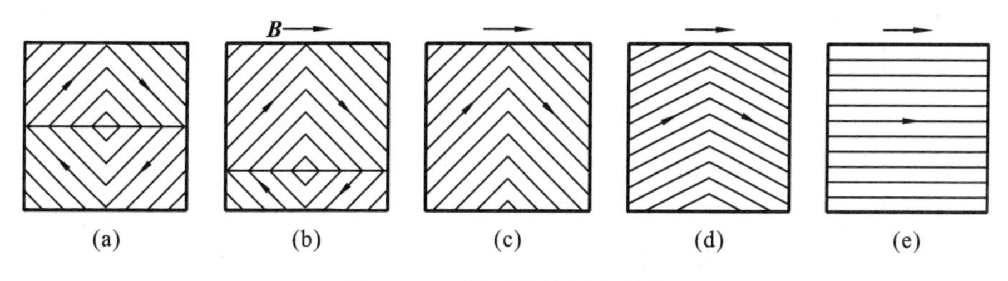

图 12-11　铁磁质的取向磁化

12.4.3 铁磁质分类与应用

铁磁材料在工程技术上的应用极为普遍。根据它的磁滞回线形状决定其用途，铁磁质一般分为软磁材料和硬磁材料两类。

磁滞回线形状较窄的磁性材料称为软磁材料，其磁导率大，矫顽力小，容易磁化，也容易退磁，可用来制造变压器、电机、电磁铁等。软磁材料有金属和非金属两种。像铁氧体就是非金属材料，它由几种金属氧化物的粉末混合压制成型再烧结而成，有电阻率很高、高频损耗小的特点，被广泛用于线圈磁芯材料。

磁滞回线形状较宽的磁性材料称为硬磁材料，其剩余磁感强度大，矫顽力也大，充磁后能保留很强的剩磁，且不易消除，适合于制造永久磁铁、电磁式仪表、永磁扬声器，小型直流电机的永久磁铁就是采用这种材料。

磁滞回线接近于矩形的材料称为矩磁材料，如图 12-12 所示。其矫顽力小，且剩磁的 B_r 非常接近饱和值，当外磁场趋于零时，总是处在 B_r 或 $-B_r$ 的两种剩磁状态。当外磁场方向改变时，可以从一个稳定状态“翻转”到另一个稳定状态，若用这种材料的两种剩磁状态分别代表计算机二进制中的两个数码 “0”和“1”，则能起到“记忆”和“储存”的作用。最常用的矩磁材料有锰镁铁氧体和锂锰铁氧体。

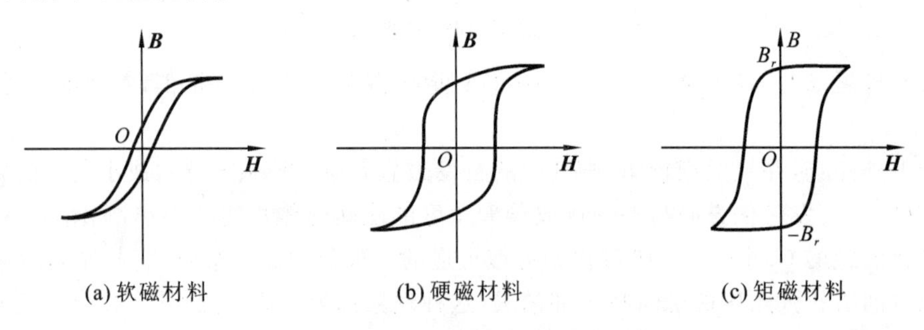

图 12-12 几种铁磁材料的磁滞回线

【思考题与习题】

1. 思考题

12-1 关于稳恒磁场的磁场强度 $\boldsymbol{H}$，下面的几种说法是否正确，试说明理由。

(1) $\boldsymbol{H}$ 仅与传导电流有关。

(2) 若闭合曲线内没有包围传导电流，则曲线上各点的 $\boldsymbol{H}$ 为零。

(3) 若闭合曲线上各点的 $\boldsymbol{H}$ 均为零，则该曲线所包围传导电流的代数和为零。

(4) 以闭合曲线 L 为边缘的任意曲面的 $\boldsymbol{H}$ 通量均相等。

12-2 电介质与磁介质的区别是什么?

12-3 磁化电流与传导电流有什么联系与区别?

12-4 在工厂里，搬运烧红的钢锭，为什么不能用电磁铁的起重机?

2. 选择题

12-5 磁介质有三种，用相对磁导率 μ_r 表征它们各自的特性时，(　　)。

(A) 顺磁质 $\mu_r>0$,抗磁质 $\mu_r<0$,铁磁质 $\mu_r\gg1$

(B) 顺磁质 $\mu_r>1$,抗磁质 $\mu_r=1$,铁磁质 $\mu_r\gg1$

(C) 顺磁质 $\mu_r>1$,抗磁质 $\mu_r<1$,铁磁质 $\mu_r\gg1$

(D) 顺磁质 $\mu_r>0$,抗磁质 $\mu_r<0$,铁磁质 $\mu_r>1$

12-6　顺磁物质的磁导率(　　)。

(A) 比真空中的磁导率略小　　(B) 比真空中的磁导率略大

(C) 远小于真空中的磁导率

(D) 远大于真空中的磁导率

12-7　图 12-13 所示的三条线,分别表示三种不同的磁介质的 $\boldsymbol{B}$-$\boldsymbol{H}$ 关系,下面四种答案正确的是(　　)。

(A) Ⅰ抗磁质,Ⅱ顺磁质,Ⅲ铁磁质

(B) Ⅰ顺磁质,Ⅱ抗磁质,Ⅲ铁磁质

(C) Ⅰ铁磁质,Ⅱ顺磁质,Ⅲ抗磁质

(D) Ⅰ抗磁质,Ⅱ铁磁质,Ⅲ顺磁质

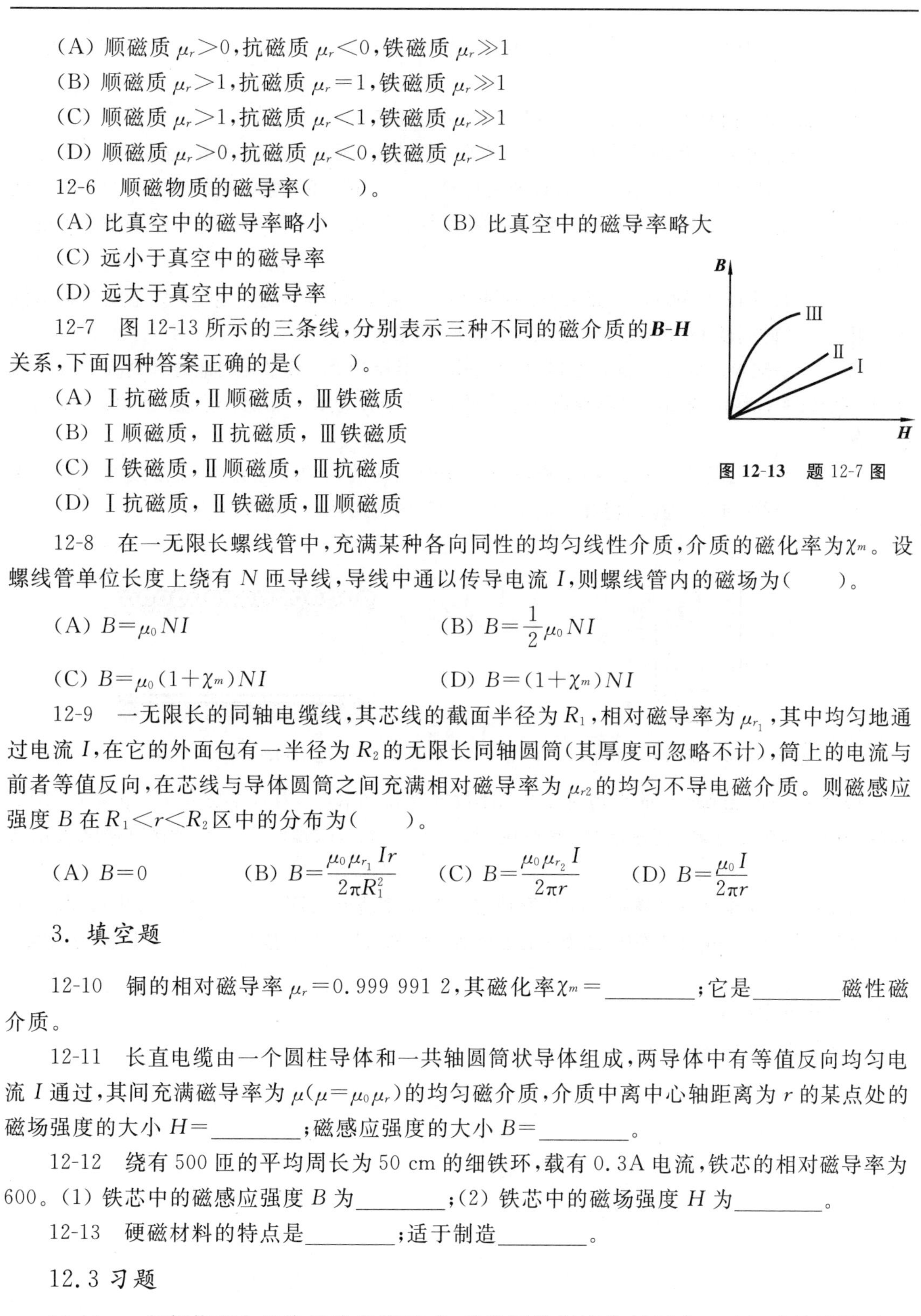

图 12-13　题 12-7 图

12-8　在一无限长螺线管中,充满某种各向同性的均匀线性介质,介质的磁化率为 χ_m。设螺线管单位长度上绕有 N 匝导线,导线中通以传导电流 I,则螺线管内的磁场为(　　)。

(A) $B=\mu_0 NI$　　(B) $B=\frac{1}{2}\mu_0 NI$

(C) $B=\mu_0(1+\chi_m)NI$　　(D) $B=(1+\chi_m)NI$

12-9　一无限长的同轴电缆线,其芯线的截面半径为 R_1,相对磁导率为 μ_{r_1},其中均匀地通过电流 I,在它的外面包有一半径为 R_2 的无限长同轴圆筒(其厚度可忽略不计),筒上的电流与前者等值反向,在芯线与导体圆筒之间充满相对磁导率为 μ_{r2} 的均匀不导电磁介质。则磁感应强度 B 在 $R_1<r<R_2$ 区中的分布为(　　)。

(A) $B=0$　　(B) $B=\frac{\mu_0\mu_{r_1}Ir}{2\pi R_1^2}$　　(C) $B=\frac{\mu_0\mu_{r_2}I}{2\pi r}$　　(D) $B=\frac{\mu_0 I}{2\pi r}$

3. 填空题

12-10　铜的相对磁导率 $\mu_r=0.999\,991\,2$,其磁化率 $\chi_m=$________;它是________磁性磁介质。

12-11　长直电缆由一个圆柱导体和一共轴圆筒状导体组成,两导体中有等值反向均匀电流 I 通过,其间充满磁导率为 $\mu(\mu=\mu_0\mu_r)$ 的均匀磁介质,介质中离中心轴距离为 r 的某点处的磁场强度的大小 $H=$________;磁感应强度的大小 $B=$________。

12-12　绕有 500 匝的平均周长为 50 cm 的细铁环,载有 0.3A 电流,铁芯的相对磁导率为 600。(1) 铁芯中的磁感应强度 B 为________;(2) 铁芯中的磁场强度 H 为________。

12-13　硬磁材料的特点是________;适于制造________。

12.3 习题

12-14　一细螺绕环由绝缘导线密绕而成,其线圈数密度为每厘米 10 匝,当给线圈通上 2A 电流时,测得环内磁感强度为 1T,求环内铁环铁磁质的相对磁导率。

12-15　螺绕环中心周长 $l=10\ \text{cm}$,环上均匀密绕线圈 $N=200$ 匝,线圈中通有电流 $I=100\ \text{mA}$。

(1) 求螺绕环内真空中的磁感应强度 $\boldsymbol{B}_0$ 和磁场强度 $\boldsymbol{H}_0$;

(2) 若管内充满相对磁导率为 $\mu_r=4200$ 的磁性物质,则环内的 $\boldsymbol{B}$ 和 $\boldsymbol{H}$ 是多少?

12-16　一铁环中心周长 $l=30\ \text{cm}$,横截面 $S=1.0\ \text{cm}^2$,环上紧密地绕有 $N=300$ 匝的线圈,当导线中电流 $I=32\ \text{mA}$ 时,通过环截面的磁通量为 $\Phi=2.0\times10^{-6}\ \text{Wb}$,试求铁芯的磁化率 χ_m。

12-17　如图 12-14 所示,一无限长的圆柱体,半径为 R,均匀通过电流,电流为 I,柱体浸在无限大的各向同性的均匀线性磁介质中,求介质中的磁场。

12-18　一磁导率为 μ_1 的无限长圆柱形直导线,半径为 R_1,其中均匀地通有电流 I,在导线外包一层磁导率为 μ_2 的圆柱形不导电的磁介质,其外半径为 R_2。试求磁场强度和磁感应强度的分布。

12-19　在一无限长的螺线管中,充满某种各向同性的均匀线性介质,设螺线管单位长度上绕有 N 匝导线,导线中通入传导电流 I,求螺线管内的磁场(见图 12-15)。

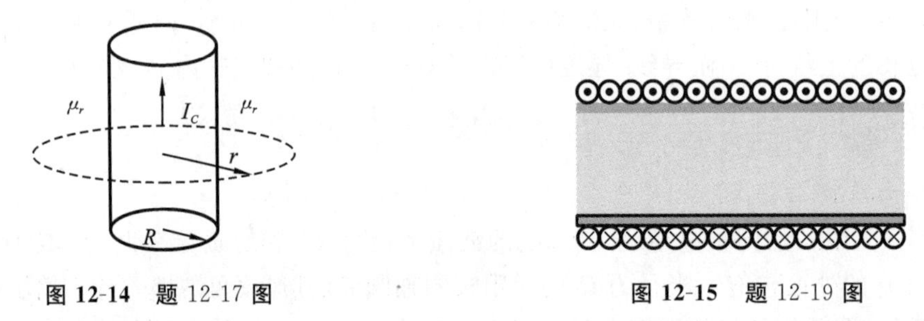

图 12-14　题 12-17 图　　**图 12-15**　题 12-19 图

12-20　一密绕螺绕环的平均周长上的匝数密度 $n=1000$ 匝/m,导线中通有电流 $I=1\ \text{A}$,环内充满了均匀磁介质,其磁导率 $\mu=4.0\times10^{-4}\ \text{H}\cdot\text{m}^{-1}$,求螺绕环内的磁感应强度 $\boldsymbol{B}$ 的大小。

12-21　在以硅钢为材料做成的环形铁芯上单层密绕有线圈 500 匝,设铁芯中心周长(即平均周长)为 $0.55\ \text{m}$,当线圈中通以一定电流时,测得铁芯中的磁感应强度为 $1\ \text{T}$,磁场强度为 $3\ \text{A}\cdot\text{cm}^{-1}$,求:

(1) 线圈中的电流;

(2) 硅钢的相对磁导率。

物理学诺贝尔奖介绍4

2005年　光相干的量子理论和激光精密光谱学

2005年10月4日，瑞典皇家科学院宣布，授予路易·格劳伯、约翰·霍尔和提阿多·汉斯诺贝尔物理学奖。授予格劳伯该奖是为了表彰他在40多年前建立光相干的量子理论方面所做的奠基性工作，而授予霍尔和汉斯该奖则是为了表彰他们多年来在发展激光精密光谱学，包括近年来的光频梳(optical frequency comb)技术方面的贡献。

1. 量子光学的发展

现代量子光学是基于量子理论研究光的相干性和统计性，以及光和物质相互作用的量子性质的光学的一个分支。1963年路易·格劳伯在Physical Review Letters和Physical Review上发表了3篇文章，将量子理论引入光学讨论光的相干性，为现代量子光学的发展奠定了基础。

人类对于关于光学和光的本性的认识经历了漫长的过程，从早期古希腊科学家以及牛顿的粒子说，到后来麦克斯韦的电磁理论，经典的几何光学和波动光学解决了当时的很多问题。20世纪初建立的量子力学，更是拨开了天空的乌云，确立了光的波粒二象性。

尽管量子力学已经被引入到了光学，但是较之20世纪30、40年代发展起来的量子电动力学和量子场论，当时的光学基本还属经典物理学的范畴，还没有产生形成了体系的量子光学。

20世纪50、60年代，强度一强度相关实验和激光器的出现推动了量子光学的建立。20世纪60年代初，有人根据强度一强度相关中光子的相关对于窄光谱带宽的光束显示得强一些而推断，激光光束将会有更大范围的强相关。格劳伯认识到，在相关检测中，探测器的光电离过程用半经典模型处理对普遍的光场是不够的，即不能简单地将光束的行为看成经典的高斯随机过程，当时对激光采用的模型也是有缺陷的。

格劳伯因此将量子电动力学和量子场论的方法用于光学，在光场量子化的基础上，将光场的光电检测过程采用量子描述。给出了光学相干的量子表达形式，并给出了光的相干性的普遍、严格的定义，以及光的相干性的物理测量途径，光的量子相干理论于是被建立起来了。

同时，他的结论说明强度一强度相关实验中发现的“群聚”现象(bunching)是自由而随机的热辐射的自然结果，一束高度相干的激光不会发生这种现象。

相干态的概念虽然早在1926年就被薛定谔涉及到，后来也有人研究过，但直到格劳伯认识到这类态及其表示特别适用于研究辐射场的量子统计性质并深入研究后，相干态理论才被系统化。“coherent state”这个术语也是格劳伯引入物理学的。格劳伯应为在量子光学方面的奠基性工作获得2005年诺贝尔物理学奖。

如今，相干态及其表示已成为量子光学中描述量子辐射场的基本理论表达形式。并且这一方法已不限于光学，其它物理学领域也都广泛采用这种理论方法，一个经典电流可以也产生相干态的电磁场。现今,我们是用一个远高于阈值运转的单模激光器来产生相干态光场。

2. 基于激光的精密光学测量

在格劳伯的奠基性理论基础上,光学相关理论和技术迅速发展,主要包括光子学、原子光学、腔电动力学、超荧光、量子信息、量子计算、精密光学测量等等。其中尤其是精密光学测量收到量子光学影响很大。

众所周知,任何测量都需要建立标准,长度的标准就是 1 米。那么到底什么叫做 1 米呢?早期 1m 的定义是保存在巴黎国际度量衡局(BIMP)的一个铂铱合金条的长度叫做 1 米。尽管铂铱合金长度随时间、温度变化很小,但是对于高精度的测量,这个 1 米显然不够准确。。1967 年,国际计度量衡局(BIPM)定义了时间的单位——秒:"秒是铯(Cs)原子的基态两个超精细能级之间跃迁所对应的辐射的 9 192 631 770 个周期的持续时间"。这个定义被国际计量大会确认并已被国际物理学界采用。基于这个定义,在认定光速是 299 732 458 m/s 后,长度单位——米(m)被确定为:"米是光在真空中在 1/299 732 458 秒的时间间隔内的行程。"有了这些标准后,其他的测量才能进行。那么这些标准到底是如何实现的呢?

早期的时间标准使用原子钟实现的。频率的测量精度高是由于采用了极其稳定的原子内部的量子跃迁作为频率基准,微波原子频标用作时间标准时,就是原子钟。1955 年,英国的路易斯·爱森(Louis Essen)研制成功了世界上第一台铯原子钟,精度达到每 300 年误差 1 秒。目前,美国国家标准局的铯原子喷泉钟,准确度已达到每 6000 万年误差 1 s。

为了进一步提高精度,需要将使用的频段从微波段提高到可见光段,这也就是光钟。光钟现在采用的激光器是飞秒锁模激光器。采用宽增益带宽的激光介质(染料、钛宝石等)的激光器自由运转时,允许有很多不同频率的激光模式振荡,这些激光模式的频率等距排列,而相位一般则是无规的。当采用锁模技术锁定这些激光模式时,激光器输出的将是时间上等距的短脉冲串列,每个短脉冲的宽度可达到飞秒(10^{-15} s)量级。这些在时域周期输出的光脉冲,用傅里叶变换到频域呈现等距的频谱。这些均匀分布的脉冲就像是一把梳子的齿或是一把尺子的刻度,一个待测频率可以和频率梳上的一个齿发生作用,而频率梳的作用就像一个"测量基准"。这种技术后来被命名为光学频率梳技术。

在 1970 年汉斯就想到利用激光的这种性质制成高精度的激光分频器,1999 年,汉斯及其同事最终令人信服地证实这种频率梳的齿分布均匀而且精度极高。2000 年,霍尔等人用光子晶体光纤中的自相位调制实现了频谱的展宽,使得最高频率达到最低频率的 2 倍。汉斯和霍尔后来合作将这些技术制成了成型的设备,而这些设备已经取得了广泛的商业应用。汉斯和霍尔也是因此分享 2005 年诺贝尔物理学奖。

第13章　电磁感应
Chapter 13　Electromagnetic induction

电与磁之间有着密切的联系，上章所讨论的电流产生磁场以及磁场对电流的作用，就是这种联系的一个方面。这种联系的另一方面就是随时间变化的磁场可以产生电场以及随时间变化的电场也可以产生磁场。电磁感应现象的发现，是电磁学领域中最伟大的成就之一。它不仅揭示了电与磁之间的内在联系，而且为电与磁之间的相互转化奠定了实验基础，为人类获取巨大而廉价的电能开辟了道路，在实用上有重大意义。电磁感应现象的发现，标志着一场重大的工业和技术革命的到来。事实证明，电磁感应在电工、电子技术、电气化、自动化方面的广泛应用，对推动社会生产力和科学技术的发展发挥了重要的作用。

本章在介绍法拉第电磁感应定律的基础上，研究随时间变化的磁场产生电场的规律；在麦克斯韦位移电流假设的基础上研究随时间变化的电场产生磁场的规律，并简单介绍麦克斯韦的电磁理论。

13.1　电磁感应定律
Law of electromagnetic induction

13.1.1　电磁感应现象

在物理学的发展史上，曾在相当长的时期内一直未找到电与磁的联系，只是把电与磁的现象作为两个并行的课题分别进行研究。直至1820年7月奥斯特发现了电流的磁效应后，才不再把电与磁的研究看作相互孤立的，而是作为一个整体看待。

奥斯特的论文发表后，在欧洲科学中引起了强烈的反响，人们开始投入大量的人力、物力对电磁现象进行研究。既然电与磁有密切关系，电能产生磁，那么很自然地会想到它的逆效应。磁能产生电吗？为此科学家们开始进行了长期的实验探索。自1820年至1831年的十多年间，当时许多著名的科学家，如安培、菲涅耳、阿拉果、德拉里夫等一大批科学家都投身于探索磁与电的关系之中，他们用很强的各种磁场试图产生电流，但均无结果，究其原因是他们都抱住稳态条件不放，而没有考虑暂态效应，因此十多年中研究进展不大。

在这其间，法拉第(M. Faraday，英，1791—1867)受命于他的老师戴维(H. Davy)也开始转向电磁学方面的研究。

他仔细分析了电流的磁效应等现象，认为电流与磁的作用应分几个方面，那就是电流对磁、电流对电流、磁对电流等。现在已经发现了电流产生磁的作用、电流对电流的作用，那么反过来，磁也应该能产生电。法拉第认为，既然磁铁可以使近旁的铁块感应带磁，静电荷可以使近旁的导体感应出电荷，那么电流也应当可以在近旁的线圈中感应出电流。他本着这种信念，在发现电磁感应现象之前六年的日记中就写下了他的光辉思想——“磁能转化为电”，并使用了"感应"(induction)这个词,可见他对于电磁感应的存在是坚信不疑的。但如何从实验中去发现这种感应现象,却非易事。起初,法拉第也简单地认为用强磁铁靠近导线,导线中就会产生稳定的电流,或者在一根导线里通以强大的电流,那在邻近的导线中也会产生稳定的电流,他做了大量的试验,但均以"毫无结果"而告终。

法拉第经过十年的试验、失败、再试验、再失败,于 1831 年夏又重新回到磁产生电流这一课题上来,终于取得了突破性的研究进展。1831 年 8 月 29 日,法拉第发现了电磁感应的第一个效应,即以一个电流产生另一个电流。法拉第前后一共做了类似的几十个实验,最终认识到感应现象的暂态性,提出只有在变化时,静止导线中的电流才能在另一根静止导线中感应出电流;而导线中的稳恒电流是不可能在另一根静止导线中感应出电流的。

1831 年 11 月 24 日,法拉第写了一篇论文,向英国皇家学会报告了整个实验情况,他把可以产生感应电流的情形概括为五类:①变化着的电流;②变化着的磁场;③运动的稳恒电流;④运动的磁铁;⑤在磁场中运动的导体。他正确地指出感应电流与原电流的变化有关,而与原电流本身无关。法拉第把上述现象正式定名为"电磁感应"。至此,法拉第做出了划时代的发现——电磁感应现象。但电磁感应的规律,一直到 1851 年才最后建立。其内容为:不论采用什么方法,只要使通过导体回路所包围面积的磁通量发生变化,则回路中便会有电流产生。这种现象称为电磁感应,这种现象所产生的电流称为感应电流。

关于感应电流的方向,1834 年由俄国科学家海因里希·楞次从实验中总结出一条规律称为楞次定律,楞次定律给出了一种既简单又直观地能够找到感应电流方向的方法。其内容为:感应电流产生的磁通量总是反抗回路中原磁通量的变化。

如图 13-1 所示,在环圈导体的上边有一块永久磁铁,其 N 极指向环圈。假若将磁铁往环圈方向推进,则通过环圈的磁通量会增强。根据楞次定律,从磁铁往环圈看,感应电流会按逆时针方向。这是因为按逆时针方向的感应电流所产生的磁场,其方向跟磁铁的磁场方向相反,会使得总磁场比磁铁的磁场微弱,从而抵抗磁通量的改变。

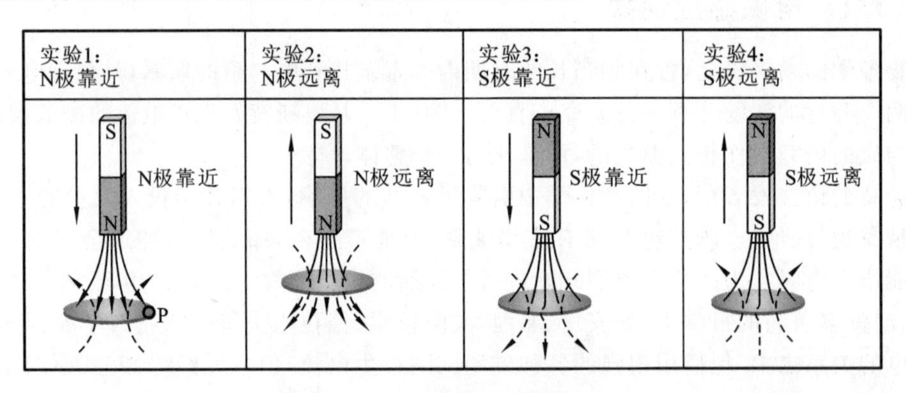

图 13-1　感应电流的方向

反之,假若将磁铁往反方向拉离环圈,则通过环圈的磁通量会减弱。根据楞次定律,从磁铁往环圈看,感应电流会按顺时针方向。这是因为按顺时针方向的感应电流所产生的磁场,其方向跟磁铁的磁场方向相同,会使得总磁场比磁铁的磁场强劲,从而抵抗磁通量的改变。

另外,有一种改变磁通量的方法:改使用电磁铁,固定电磁铁的位置,只增加电磁铁的磁场,则通过环圈的磁通量会增强。根据楞次定律,从磁铁往环圈看,感应电流会按逆时针方向。这是因为按逆时针方向的感应电流所产生的磁场,其方向跟磁铁的磁场方向相反,会使得总磁场比磁铁的磁场微弱，从而抵抗磁通量的改变。

还有一种改变磁通量的方法，即增大环圈的面积。这一动作会使磁通量增强。根据楞次定律，从磁铁往环圈看，感应电流会按逆时针方向。反之，假若减小环圈的面积，则通过环圈的磁通量会减弱。根据楞次定律，从磁铁往环圈看，感应电流会按顺时针方向。

感应电流取楞次定律所述的方向实际上是能量守恒和转化定律的必然结果。我们知道，感应电流在闭合回路中流动的时候将释放焦耳热。根据能量守恒定律，能量不可能无中生有，这部分热量必然是从其他形式的能量转化而来的。在上述例子中，将磁棒插入或拔出的过程中，都必须克服斥力或引力做机械功，实际上，正是这部分机械功转化成感应电流所释放的焦耳热。设想如果感应电流的效果不是反抗引起感应电流的原因，那么将磁棒插入或拔出的过程中，既对外做功，又释放焦耳热，这显然是违反能量转化和守恒定律的。因此，感应电流只有按照楞次定律规定的方向流动，才能够符合能量转化和守恒定律。

但是仅仅由楞次定律只能判定感应电流的方向，而对于感应电动势的大小以及感应电动势的源头即非静电场的场强等更深层次的原因，楞次定律并不能解释清楚。法拉第电磁感应定律则可以进一步解决这些问题。

13.1.2　法拉第电磁感应定律

从电磁感应实验中我们可以分析在闭合导体回路中出现了电流，一定是由于回路中出现了电动势。当穿过导体回路的磁通量发生变化时，回路中产生了感应电流，就说明此时在回路中产生了电动势。由这一原因产生的电动势叫感应电动势，其方向与感应电流的方向相同。但应注意，如果导体回路不闭合，则回路中无感应电流，但仍有感应电动势。因此，从本质上说，电磁感应的直接效果是在回路中产生感应电动势。

关于感应电动势，法拉第通过对大量实验事实的分析，总结出如下结论：无论什么原因，使通过回路的磁通量发生变化时，回路中均有感应电动势产生，其大小与通过该回路的磁通量随时间的变化率成正比。这一规律称为法拉第电磁感应定律。

in each case, an electromotive force is induced in a loop when the magnetic flux through the loop changes with time. In general, this emf is directly proportional to the time rate of change of the magnetic flux through the loop. This statement can be written mathematically as Faraday's law of induction .

在 SI 单位制中，其数学表达式为

$$\varepsilon_i = -\frac{\mathrm{d}\Phi}{\mathrm{d}t} \tag{13-1}$$

式中，Φ 是通过单匝导体回路的磁通量。式中负号是考虑 ε_i 与 Φ 的标定正方向满足右手螺旋关系所引入的，它是楞次定律的反映。ε_i 与 Φ 在此都是代数量，其正负要由预先标定的正方向来决定，与标定正方向相同为正，与标定正方向相反为负。如图 13-2 所示，任取绕行方向作为导体回路中电动势的标定正方向（图中虚线箭头所示方向），取以导体回路为边界的曲面的法向单位矢量 $\boldsymbol{n}$ 的方向为磁通量的标定正方向，并且规定这两个标定正方向满足右手螺旋关系。在图 13-2 中，如果磁场由下向上穿过回路，$\Phi>0$，同时磁场在增大（$\mathrm{d}\Phi/\mathrm{d}t>0$ ），由式(13-1) 就有 $\varepsilon_i<0$，此时感应电动势的方向与虚线箭头的方向相

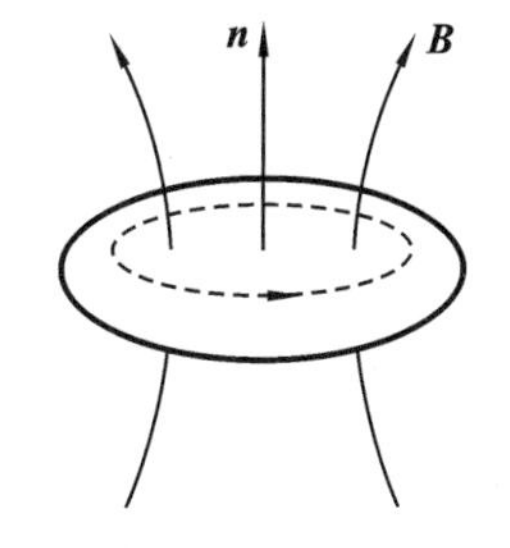

图 13-2　感应电动势的方向

反。

在解决实际问题的时候，也可以根据$\left|\frac{d\Phi}{dt}\right|$先求出感应电动势的数值，然后再利用楞次定律来判断感应电动势的方向。

应当注意式(13-1)只适用于单匝导线回路，实际上，常见的线圈多为多匝线圈串联而成，此时，整个线圈的感应电动势应该为每匝线圈的感应电动势串联之和，所以法拉第电磁感应定律应该写为

$$\varepsilon=\sum_i\varepsilon_i=-\frac{d(\sum_i\Phi_i)}{dt}=-\frac{d\Psi}{dt} \tag{13-2}$$

式中，$\Psi=\sum_i\Phi_i$是通过整个线圈的总磁通量，称为磁链。当线圈由N匝线圈密绕而成时，通过各匝线圈的磁通量都相等，故磁链$\Psi=N\Phi$，所以法拉第电磁感应定律又可以写成

$$\varepsilon=-\frac{d\Psi}{dt}=-N\frac{d\Phi}{dt} \tag{13-3}$$

如果回路的电阻为R，则回路中的感应电流强度为

$$I=\frac{\varepsilon}{R}=-\frac{1}{R}\frac{d\Psi}{dt} \tag{13-4}$$

利用上式和电流的定义，可以计算在一段时间内通过回路中导体截面的感应电量。设在t_1和t_2时刻通过回路的磁链分别为Ψ_1和Ψ_2，则在t_1和t_2时间内，通过回路中导体任意截面的感应电量为

$$q=\int_{t_1}^{t_2}i\,dt=\int_{t_1}^{t_2}\left(-\frac{1}{R}\cdot\frac{d\Psi}{dt}\right)dt=-\frac{1}{R}(\Psi_2-\Psi_1) \tag{13-5}$$

可见，感应电量仅取决于始末状态通过回路的磁链的变化量，而与磁链的变化率无关。同时，式(13-5)还表明，若测得感应电量和回路电阻，就可以测出磁链的变化量，常用的磁通计就是根据这个原理制成的。图13-3所示为简易电子式磁通计原理图。

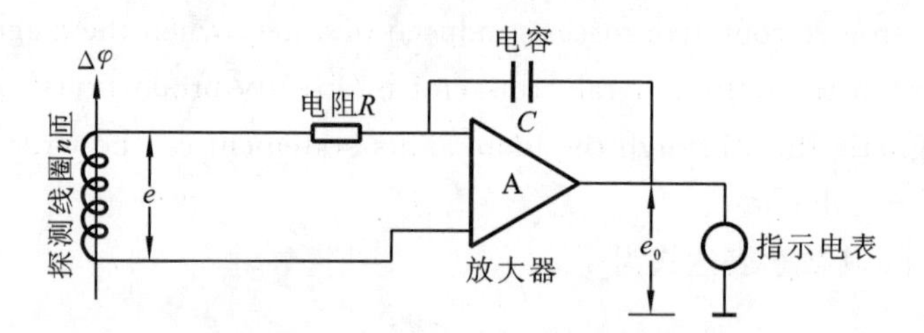

图13-3　简易电子式磁通计原理图

例13.1　平均半径为12 cm的4000匝线圈，在强度为0.5×10^{-4} T的地球磁场中每秒钟旋转30周，线圈中最大感应电动势是多少？

解　$$\Psi=NBS\cos\omega t$$

感应电动势

$$\varepsilon=-\frac{d\Psi}{dt}=NBS\omega\sin\omega t$$

最大感应电动势取其幅值

$$|\varepsilon_m|=NBS\omega$$

代入数值计算，$\varepsilon_m=4000\times0.5\times10^{-4}\times3.14\times0.12^2\times3.14\times60=1.7$ V

例 13.2　如图13-4所示，在两平行载流的无限长直导线的平面内有一矩形线圈。两导线中的电流方向相反、大小相等，且电流以$\frac{\mathrm{d}I}{\mathrm{d}t}$的变化率增大，求：

(1) 任一时刻线圈内所通过的磁通量；

(2) 线圈中的感应电动势。

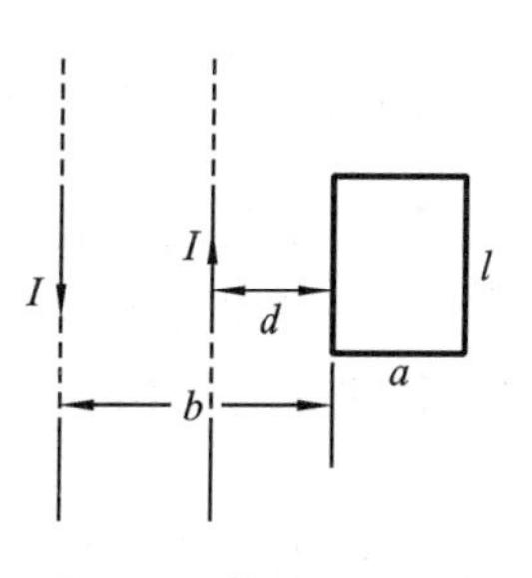

图 13-4　例 13.2 用图

解　以垂直纸面向外磁通为正，由前章类似例题结果可知，长直导线附近平行矩形线圈磁通量

$$\Phi_{\mathrm{m}}=\int_{r_1}^{r_2}\frac{\mu_0 I}{2\pi r}l\,\mathrm{d}r$$

式中，r_1和r_2分别表示直导线到矩形线框两平行边的距离。

(1) 两根直导线在线框中产生的总磁通量为

$$\Phi_{\mathrm{m}}=\int_{b}^{b+a}\frac{\mu_0 I}{2\pi r}l\,\mathrm{d}r-\int_{d}^{d+a}\frac{\mu_0 I}{2\pi r}l\,\mathrm{d}r=\frac{\mu_0 Il}{2\pi}\left[\ln\frac{b+a}{b}-\ln\frac{d+a}{d}\right]$$

(2)
$$\varepsilon=-\frac{\mathrm{d}\Phi_{\mathrm{m}}}{\mathrm{d}t}=\frac{\mu_0 l}{2\pi}\left(\ln\frac{d+a}{d}-\ln\frac{b+a}{b}\right)\frac{\mathrm{d}I}{\mathrm{d}t}$$

13.2　动生电动势
Motional electromotive force

13.2.1　动生电动势

通过大量实验我们均可以观察到各种电磁感应现象，综合而言，可以把它们分为两大类：一类是导体切割磁力线运动或导体回路相对于磁场改变其面积或取向而引起的电磁感应现象；另一类是磁场相对于导体或导体回路改变其大小和方向而引起的电磁感应现象。我们将前者产生的感应电动势称为动生电动势；后者产生的感应电动势称之为感生电动势。

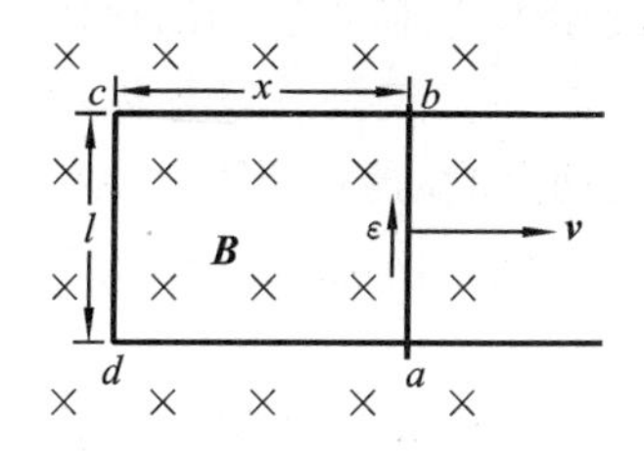

图 13-5　动生电动势

如图13-5所示，在方向垂直于纸面向里的匀强磁场$\boldsymbol{B}$中放置一矩形导线框$abcd$，其平面与磁场垂直；导体ab段长为l，可沿cb和da滑动。当ab以速度$\boldsymbol{v}$向右滑动时，线框回路中产生的感应电动势即为动生电动势。某时刻穿过回路所围面积的磁通量为

$$\Phi=BS=Blx$$

（以垂直纸面向内为正，故回路标定绕向与之成右手螺旋关系，取顺时针方向为正。）

随着ab的运动，其磁通量在变化，由法拉第电磁感应定律可得感应电动势为

$$\varepsilon=-\frac{\mathrm{d}\Phi}{\mathrm{d}t}=-Bl\frac{\mathrm{d}x}{\mathrm{d}t}=-Blv \tag{13-6}$$

式中负号表示电动势的方向与标定正方向相反，取逆时针方向，在ab边即从$a\to b$，这种情况就是符合第一类动生电动势的定义，磁场本身不变，是由于导体切割磁力线运动或导体回路相对于磁场改变其面积或取向而引起的电磁感应现象，因此其上产生的电动势为动生电动势。我们需要讨论的问题是，动生电动势的来源是什么，即是什么力量推动电荷运动形成电流从而产生电动势，电源的正、负两极应该定义在回路的哪个部分，如何判断a、b两点电位高低。

13.2.2　动生电动势的微观解释

我们知道,电动势是非静电力作用的表现。引起动生电动势的非静电力是洛伦兹力。当导体 ab 向右以速度 $\boldsymbol{v}$ 运动时,其内的自由电子被带着以同一速度向右运动,因而每个电子都受到洛伦兹力作用:

$$\boldsymbol{f}=-e\boldsymbol{v}\times\boldsymbol{B}$$

把这个作用力看成是一种等效的"非静电场"的作用,则这一非静电场的场强应为

$$\boldsymbol{E}_k=\frac{\boldsymbol{f}}{-e}=\vec{v}\times\vec{B} \tag{13-7}$$

根据电动势的定义有

$$\varepsilon=\int_{-}^{+}\boldsymbol{E}_k\cdot\mathrm{d}\boldsymbol{l}=\int_{-}^{+}(\vec{v}\times\vec{B})\cdot\mathrm{d}\boldsymbol{l} \tag{13-8}$$

将这一结论应用于上例结果中,若取 ab 指向为正方向,可以算出:

$$\varepsilon_{ab}=\int_{-}^{+}\boldsymbol{E}_k\cdot\mathrm{d}\boldsymbol{l}=\int_{a}^{b}(\boldsymbol{v}\times\boldsymbol{B})\cdot\mathrm{d}\boldsymbol{l}=Blv$$

这一结果与直接用法拉第电磁感应定律所得结果相同。

以上结论可推广到任意形状的导体或线圈在非均匀磁场中运动或发生形变的情形。这是因为任何形状的导体或线圈可以看成是由许多线段元组成的,而任一线段元 $\mathrm{d}\boldsymbol{l}$ 所在区域的磁场可看成是匀强磁场。每段 $\mathrm{d}\boldsymbol{l}$ 对应有一个速度，这时,任一线段元 $\mathrm{d}\boldsymbol{l}$ 上所产生的动生电动势为

$$\mathrm{d}\varepsilon=(\boldsymbol{v}\times\boldsymbol{B})\cdot\mathrm{d}\boldsymbol{l}$$

整个导线或线圈中产生的动生电动势为

$$\varepsilon=\int_{L}(\boldsymbol{v}\times\boldsymbol{B})\cdot\mathrm{d}\boldsymbol{l} \tag{13-9}$$

这是计算动生电动势的一般公式,它与法拉第电磁感应定律完全等效。它提供了一种计算动生电动势的方法。

从以上的讨论可以看出,动生电动势只可能存在于运动的这一段导体上,而不运动的导体速度为零,所以不产生动生电动势,它只是提供电流可运行的通道。如果仅仅是一段导体运动,而没有形成回路,这一段导线上是没有感应电流的,但是仍然存在动生电动势,导体两端存在电势差,电动势的方向由负极指向正极,从低电位指向高电位,故在前例中,a 点的电位低于 b 点电位,a 点可视为电源负极,b 点可视为电源正极。

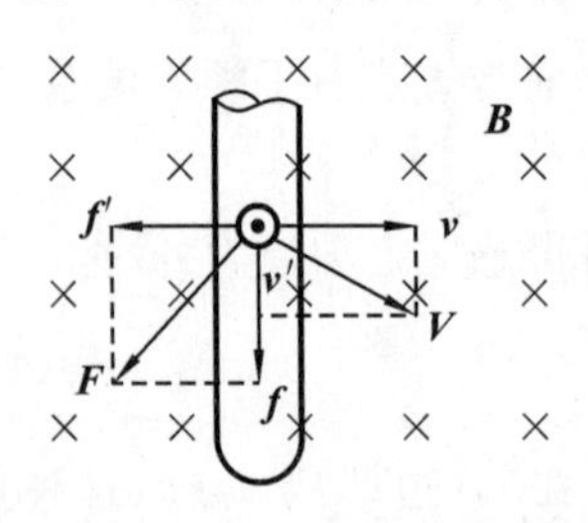

图 13-6　洛伦兹力的合力做功为零

值得注意的是,导线在磁场中运动产生感应电动势是洛伦兹力作用的结果。在闭合电路中,感应电动势是要做功的。但前面已说过,洛伦兹力不做功,对此作何解释呢?如图 13-6 所示,随同导线一起运动的自由电子受到洛伦兹力的作用,电子将以速度 $\boldsymbol{v}'$沿导线运动,而速度 $\boldsymbol{v}'$的存在使电子还要受到一个垂直于导线的洛伦兹力 $\boldsymbol{f}'=-e\vec{v}'\times\vec{B}$ 的作用。电子受洛伦兹力的合力为 $\boldsymbol{F}=\boldsymbol{f}+\boldsymbol{f}'$,电子运动的合速度为 $\boldsymbol{V}=\boldsymbol{v}+\boldsymbol{v}'$,所以洛伦兹力合力做功的功率为

$$\vec{\boldsymbol{F}}\cdot\vec{V}=(\boldsymbol{f}+\boldsymbol{f}')\cdot(\boldsymbol{v}+\boldsymbol{v}')=\boldsymbol{f}\cdot\boldsymbol{v}'+\boldsymbol{f}'\cdot\boldsymbol{v}=ev'Bv-evBv'=0$$

这一结果表示洛伦兹力的合力做功为零,这与洛伦兹力不做功是一致的。从上述结果中可以

看到：

$$\boldsymbol{f}\cdot\boldsymbol{v}'+\vec{f}'\cdot\boldsymbol{v}=0\rightarrow\boldsymbol{f}\cdot\boldsymbol{v}'=-\vec{f}'\cdot\boldsymbol{v}$$

为了使自由电子以速度 $\boldsymbol{v}$ 作匀速运动，必须有外力 $\boldsymbol{f}_{ext}$ 作用到电子上，而且 $\boldsymbol{f}_{ext}=-\boldsymbol{f}'$。因此有

$$\boldsymbol{f}\cdot\boldsymbol{v}'=\boldsymbol{f}_{\text{ext}}\cdot\boldsymbol{v}$$

此等式左侧表示洛伦兹力的一个分力使电荷沿导线运动所做功的功率，宏观上就是感应电动势驱动电流做功的功率。等式右侧是同一时刻外力反抗洛伦兹力的另一个分力做功的功率，宏观上就是外力拉动导线做功的功率，洛伦兹力总体做功为零，它实际上表示了能量的转换和守恒。洛伦兹力在这里起了一个能量转化者的作用，一方面接受外力的做功，同时驱动电荷运动做功。

例 13.3 图 13-7 所示是半径为 R 的导体圆盘。刷子 a-a' 与盘的轴及边缘保持光滑接触，导线通过刷子与盘构成闭合回路。求当导体圆盘绕通过中心的轴在均匀磁场 $\boldsymbol{B}$($\boldsymbol{B}$ 与盘面垂直)中以角速度 ω 旋转时，盘心与盘边缘 a-a'的电动势。

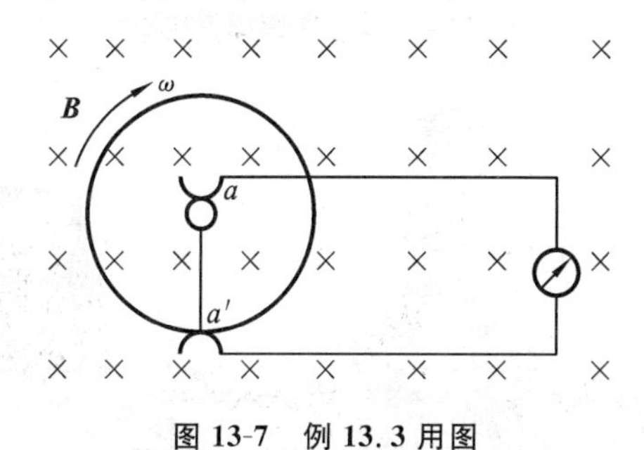

图 13-7 例 13.3 用图

解 首先考虑圆盘任一半径上距轴心为 r 处的一段微元 dr 以速度 $\boldsymbol{v}$ 垂直于磁场而运动，$v=\omega r$，微元 dr 上的动生电动势为

$$\mathrm{d}\varepsilon=(\boldsymbol{v}\times\boldsymbol{B})\cdot\mathrm{d}\boldsymbol{r}=vB\,\mathrm{d}r=\omega Br\,\mathrm{d}r$$

在整个半径上的电动势为

$$\varepsilon=\omega Bv\int_0^R r\mathrm{d}r=\frac{1}{2}\omega BR^2$$

在盘上其他半径中，也有同样大小的动生电动势。这些半径都是并联着的，因此整个盘可以当作一个电动势源。轴是一个电极，边缘是另一个电极。这可看成是一个简易直流发电机的模型。法拉第发现了电磁感应现象之后不久，他又利用电磁感应发明了世界上第一台发电机——法拉第圆盘发电机(如图 13-8 所示)。这台发电机的构造跟现代的发电机不同，在磁场中转动的不是线圈，而是一个紫铜做的圆盘。圆心处固定一个摇柄，圆盘的边缘和圆心处各与一个黄铜电刷紧贴，用导线把电刷与电流表连接起来；紫铜圆盘放置在蹄形磁铁的磁场中。当法拉第转动摇柄，使紫铜圆盘旋转起来时，电流表的指针偏向一边，这说明电路中产生了持续的电流。

同样道理，如果用刚性 N 匝线圈在均匀磁场中，绕垂直于磁场的轴以角速度 ω 转动时，由法拉第电磁感应定律式可得在匀强磁场中转动的线圈产生的感应电动势为

$$\varepsilon=NBS\omega\sin\omega t=\varepsilon_0\sin\omega t$$

式中，S 是线圈所围面积。所产生的电动势是交变电动势。这是交流发电机的基本原理，如图 13-9 所示。

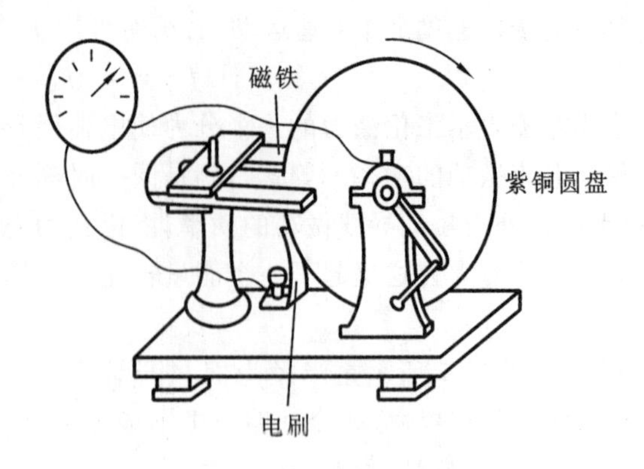

图 13-8　法拉第圆盘发电机

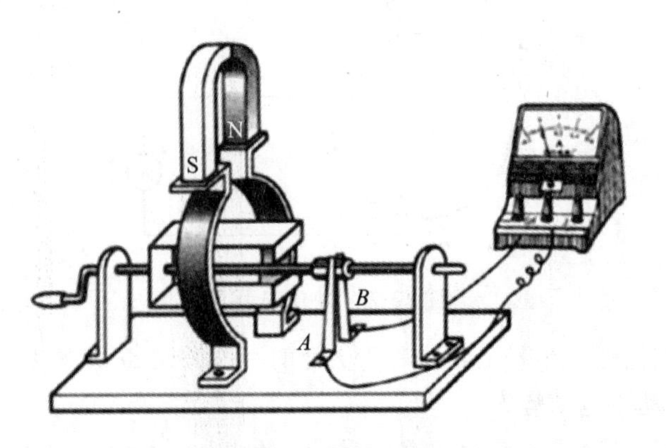

图 13-9　交流发电机

13.3　感生电动势和感生电场
Induced emf and electric fields

13.3.1　感生电动势和感生电场

我们把完全由于磁场大小或方向变化而产生的感应电动势称为感生电动势。

由于产生感生电动势的导体或导体回路不运动,因此感生电动势的起因不能用洛伦兹力来解释。实验表明,感生电动势完全与导体的性质和种类无关,这说明感生电动势是由变化的磁场本身引起的。英国物理学家麦克斯韦分析了这些现象之后,敏锐感觉到感生电动势现象预示着有关电磁场的新效应。他提出了一个著名的假设,就是变化的磁场在其周围能够激发出一种电场,叫作感应电场或者涡旋电场。这种电场与静电场的共同点就是对电荷产生作用力,与静电场不同之处就是一方面这种电场不是由电荷激发的,而是由变化磁场激发的;另一方面在于这种涡旋电场的电场线是闭合曲线,从而它不是保守场。如果以 $\boldsymbol{E}_i$ 表示感生电场,则根据电动势的定义,感生电动势可表示为

$$\varepsilon_i = \oint_L \boldsymbol{E}_i \cdot \mathrm{d}\boldsymbol{l}$$

根据法拉第电磁感应定律应该有

$$\varepsilon_i = \oint_L \boldsymbol{E}_i \cdot \mathrm{d}\boldsymbol{l} = -\frac{\mathrm{d}\Phi}{\mathrm{d}t} = -\frac{\mathrm{d}}{\mathrm{d}t}\iint_S \boldsymbol{B} \cdot \mathrm{d}\boldsymbol{S} = -\iint_S \frac{\partial \boldsymbol{B}}{\partial t} \cdot \mathrm{d}\boldsymbol{S}$$

即

$$\varepsilon_i = \oint_L \boldsymbol{E}_i \cdot \mathrm{d}\boldsymbol{l} = -\iint_S \frac{\partial \boldsymbol{B}}{\partial t} \cdot \mathrm{d}\boldsymbol{S} \tag{13-10}$$

上式是感生电场与变化磁场的一般关系，同时它也提供了一种计算感生电动势的方法。感生电动势的计算，可先计算出导体内的感生电场，然后通过对感生电场的积分来计算感生电动势；也可直接利用法拉第电磁感应定律来计算。利用后者计算一段非闭合导线 ab 的感生电动势时，要设想一条辅助曲线与 ab 组成闭合回路，但求得的感生电动势不一定等于导线 ab 上的感生电动势，因为辅助曲线上的感生电动势不一定为零。因此所选的辅助曲线应当满足：它上面的感生电动势或者为零，或者易于求出。

值得指出，在磁场变化时，不但在导体回路中，而且在空间任一地点都会产生感生电场，这与空间中有无导体或导体回路无关。无论线路是否闭合，只要有感生电场就有感生电动势。

例 13.4　匀强磁场局限在半径为 R 的柱形区域内，磁场方向如图 13-10 所示。磁感应强度 $\boldsymbol{B}$ 的大小正以速率 $\mathrm{d}B/\mathrm{d}t$ 在增加，求空间涡旋电场的分布。

解　取绕行正方向为顺时针方向，作为感生电动势和涡旋电场的标定正方向，磁通量的标定方向则垂直纸面向里。

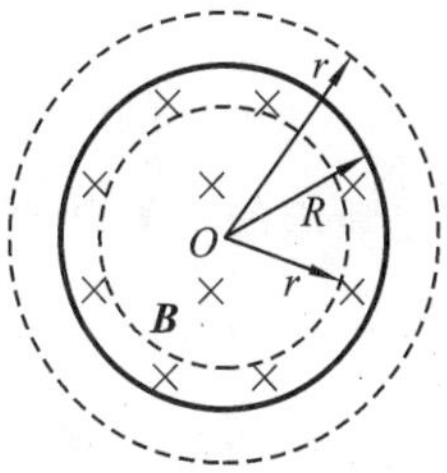

在 $r<R$ 的区域，作半径为 r 的圆形回路，由

$$\varepsilon_i = \oint_L \boldsymbol{E}_i \cdot \mathrm{d}\boldsymbol{l} = -\iint_S \frac{\partial \boldsymbol{B}}{\partial t} \cdot \mathrm{d}\boldsymbol{S}$$

图 13-10　例 13.4 用图

并考虑到在圆形回路的各点上，$\boldsymbol{E}_i$ 的大小相等，方向沿圆周的切线方向。而在圆形回路内是匀强磁场，且 $\boldsymbol{B}$ 与 $\mathrm{d}\boldsymbol{S}$ 同向，于是上式可化为

$$2\pi r E_i = -\pi r^2 \frac{\mathrm{d}B}{\mathrm{d}t}$$

所以可解得

$$E_i = -\frac{1}{2}\frac{\mathrm{d}B}{\mathrm{d}t} r \tag{13-11}$$

式中负号表示涡旋电场的实际方向与标定方向相反，即逆时针方向。

在 $r>R$ 的区域，作半径为 r 的圆形回路，同上可得

$$E_i = -\frac{1}{2}\frac{\mathrm{d}B}{\mathrm{d}t}\frac{R^2}{r} \tag{13-12}$$

方向也沿逆时针方向。

由此可见，虽然磁场只局限于半径为 R 的柱形区域，但所激发的涡旋电场却存在于整个空间。

例 13.5　如图 13-11 所示，在半径为 R 的圆柱形空间存在有一均匀磁场，其磁感应强度的方向与圆柱轴线平行。今将一长为 l 的导体杆 ab 置于磁场中，求当 $\mathrm{d}B/\mathrm{d}t>0$ 时杆中的感生电动势。

解法 1　通过感生电场求感生电动势。

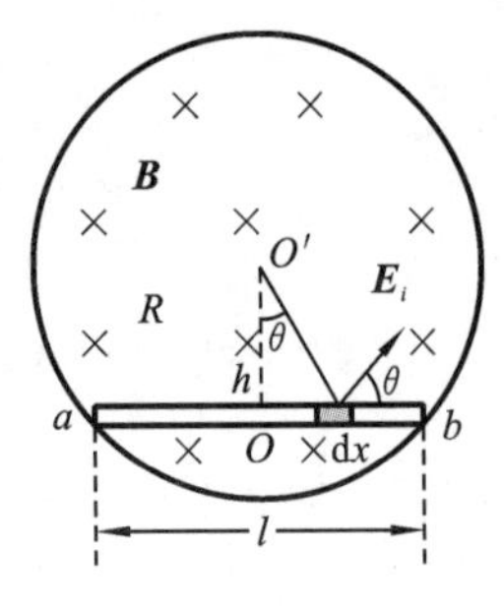

图 13-11　例 13.5 用图

取杆的中点为坐标原点建立 X 轴如图 13-11 所示。在杆上取一线元 $\mathrm{d}x$，由式(13-11)可知，该点感生电场的大小为

$$E_i=\frac{1}{2}\frac{\mathrm{d}B}{\mathrm{d}t}r$$

方向如图 13-11 所示，故 ab 杆上的感生电动势为

$$\begin{aligned}\varepsilon_i&=\int_a^b \boldsymbol{E}_i\cdot\mathrm{d}x\vec{i}=\int_{-l/2}^{l/2}\frac{r}{2}\frac{\mathrm{d}B}{\mathrm{d}t}\cos\theta\mathrm{d}x\\&=\int_{-l/2}^{l/2}\frac{r}{2}\frac{\mathrm{d}B}{\mathrm{d}t}\frac{h}{r}\mathrm{d}x\\&=\frac{1}{2}l\sqrt{R^2-(l/2)^2}\frac{\mathrm{d}B}{\mathrm{d}t}\end{aligned}$$

ε_i的方向由 $a\rightarrow b$。

解法 2　利用法拉第电磁感应定律求感生电动势。

如图 13-11 所示，作辅助线 $O'a$ 和$O'b$。因为$\boldsymbol{E}_i$沿切线方向，则它沿着 bO'及$O'a$ 的线积分等于零，所以闭合回路 $abO'a$ 上的感生电动势也就等于 ab 段上的感生电动势。穿过该闭合回路的磁通量为

$$\Phi=BS=B\frac{1}{2}hl$$

于是所求的感生电动势为

$$\varepsilon_i=-\frac{\mathrm{d}\Phi}{\mathrm{d}t}=-\frac{1}{2}l\sqrt{R^2-(l/2)^2}\frac{\mathrm{d}B}{\mathrm{d}t}$$

由楞次定律可知方向由 $a\rightarrow b$。

最后我们应该指出，上面我们把感应电动势分成动生电动势和感生电动势，这两种分法在一定程度上只有相对意义。例如磁棒插入线圈的例子中，如果我们在以线圈为静止参考系的角度来看，是磁棒位置变化引起空间磁场分布的变化，因此在线圈中激发的电动势是感生电动势；但是如果站在以磁棒为静止参照系的角度来看，磁棒没有动，空间磁场是静态的，是线圈在相对磁棒运动，因此产生的应该是动生电动势。这样，在不同的参照系来观察，动生电动势和感生电动势并不是绝对的。而且我们还发现，如果采用伽利略变换来进行参考系变换的话，动生电动势和感生电动势并不能互相转换。而这一点恰恰启发了人们对于相对性原理和伽利略变换是否一致的思考，这对狭义相对论的诞生起到了重要作用。

13.3.2　电子感应加速器

电子感应加速器是利用在变化磁场中产生涡旋电场来加速电子的，图 13-12(a)是这种加速器的原理示意图，在由电磁铁产生的非均匀磁场中安放着环状真空室。当电磁铁用低频的强大交变电流励磁时，真空室会产生很强的涡旋电场。由电子枪发射的电子，一方面在洛伦兹力的作用下作圆周运动，同时被涡旋电场所加速。前面我们得到的带电粒子在匀强磁场中作圆周运动的规律表明，粒子的运动轨道半径 R 与其速率 v 成正比。而在电子感应加速器中，真空室的径向线度是极其有限的，必须将电子限制在一个固定的圆形轨道上，同时被加速。那么这个要求是否能够实现呢？

根据洛伦兹力为电子作圆周运动提供向心力，可以得到

$$mv=eRB_R \tag{13-13}$$

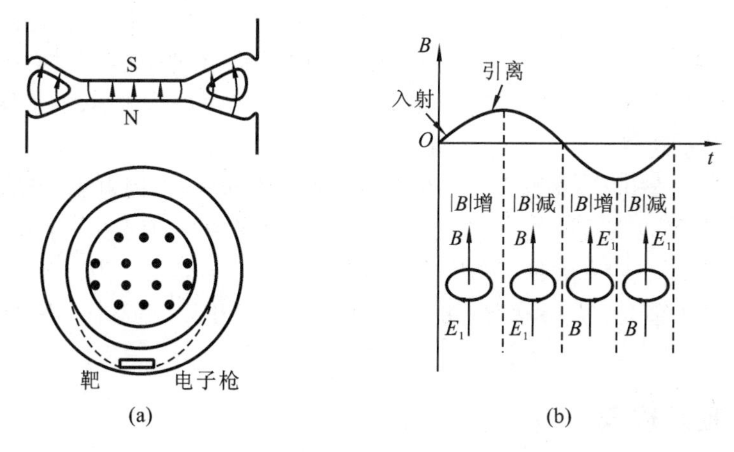

图 13-12　电子感应加速器

式中，B_R是电子运行轨道上的磁感应强度。上式表明，只要轨道上磁感应强度随电子动量成正比例的增加，电子就能够在一个固定的轨道上运行并被加速。可以证明当 $B_R=\overline{B}/2$（$\overline{B}$ 是轨道所围面积内的平均磁感应强度）时，被加速的电子可稳定在半径为 R 的圆形轨道上运行。由此可见，在磁场变化的一个周期内，只有其中 1/4 周期才可以用于电子的加速（见图 13-12(b)）。若在第一个 1/4 周期开始时将电子引入轨道，1/4 周期即将结束时将电子引离轨道，进入靶室，可使电子获得数百兆电子伏的能量。这样的高能电子束可直接用于核物理实验，也可用于轰击靶以产生人工 γ 射线，还可以用来产生硬 X 射线，作无损探伤或癌症治疗之用。

13.4　自感和互感
Self-induction and mutual-induction

13.4.1　自感现象

当一线圈的电流发生变化时，通过线圈自身的磁通量也要发生变化，进而在回路中产生感应电动势。这种现象称为自感现象，这种电动势称为自感电动势。

设某线圈有 N 匝，据毕奥-萨伐尔定律，此电流所产生的磁场在空间任一点的磁感应强度与电流成正比。因此通过此线圈的磁链也与电流成正比，即

$$\Psi = LI \tag{13-14}$$

式中，比例系数 L 称为自感系数，简称自感。其数值与线圈的大小、几何形状、匝数及磁介质的性质有关。在线圈大小和形状保持不变，并且附近不存在铁磁质的情况下，自感 L 为常数，利用法拉第电磁感应定律可得自感电动势为

$$\varepsilon_L = -\frac{\mathrm{d}\Psi}{\mathrm{d}t} = -L\frac{\mathrm{d}I}{\mathrm{d}t} \tag{13-15}$$

这表明，当 L 恒定时，自感电动势的大小与线圈中的电流变化率成正比。当电流增加时，自感电动势的方向与电流方向相反。

在国际单位制中，自感的单位是亨利，简称为亨(H)。

$$1\ \mathrm{H}=1\ \mathrm{Wb\cdot A^{-1}}=1\ \mathrm{V\cdot s\cdot A^{-1}}$$

亨利这个单位太大，平时多采用 mH(毫亨)或 μH(微亨)。

自感现象在日常生活及工程技术中均有广泛的应用。自感线圈是交流电路或无线电设备中的基本元件,它和电容器的组合可以构成谐振电路或滤波器,利用线圈具有阻碍电流变化的特性可以稳定电路的电流。日光灯上的镇流器、无线电技术中的扼流圈、电子仪器中的滤波装置等都要应用到自感现象。

自感现象有时非常有害,例如具有大自感线圈的电路断开时,因电流变化很快,会产生很大的自感电动势,导致击穿线圈的绝缘保护层,或者在电闸断开的间隙产生强烈电弧,可能烧坏电闸开关,如周围空气中有大量可燃性尘粒或气体还可引起爆炸。为避免这类事故的发生,电业部门须在输电线路上加装一种特殊的灭弧开关——油开关或负荷开关,以避免电弧的产生。

13.4.2 互感现象

根据法拉第电磁感应定律,当一个线圈的电流发生变化时,必定在邻近的另一个线圈中产生感应电动势,反之亦然。这种现象称为互感现象,这种现象中产生的电动势称为互感电动势。

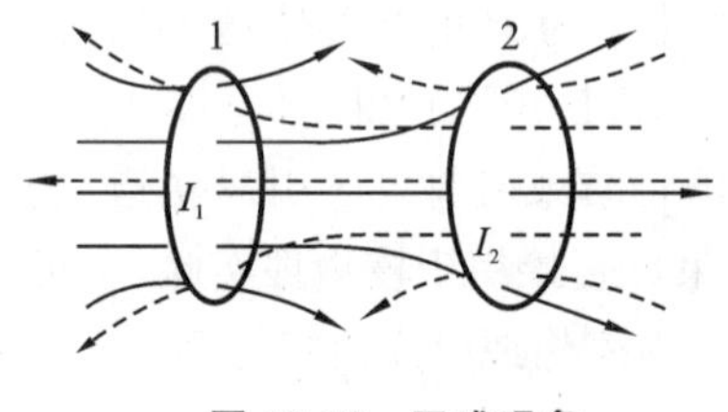

图 13-13 互感现象

如图 13-13 所示,设有两个相邻近的线圈 1 和线圈 2,分别通有电流 I_1 和 I_2。当线圈 1 中的电流发生变化时,就会在线圈 2 中产生互感电动势;反之,当线圈 2 中的电流变化时,也会在线圈 1 中产生互感电动势。若两线圈的形状、大小、相对位置及周围介质(设周围不存在铁磁质)的磁导率均保持不变,则根据毕奥-萨伐尔定律可知,线圈 1 中的电流 I_1 所产生的并通过线圈 2 的磁链应与 I_1 成正比,即

$$\Psi_{12} = M_{12} I_1 \tag{13-16}$$

同理,线圈 2 中的电流 I_2 所产生的并通过线圈 1 的磁链也应与 I_2 成正比,即

$$\Psi_{21} = M_{21} I_2 \tag{13-17}$$

上两式中的 M_{12} 和 M_{21} 为两个比例系数。理论和实验都证明,它们的大小相等,可统一用 M 表示,称为两线圈的互感系数,简称互感,其数值与两线圈的形状、大小、相对位置及周围介质的磁导率有关。于是上两式可简化为

$$\Psi_{12} = MI_1, \quad \Psi_{21} = MI_2$$

根据法拉第电磁感应定律,当线圈 1 中的电流 I_1 发生变化时,线圈 2 中的互感电动势为

$$\varepsilon_{12} = -\frac{\mathrm{d}\Psi_{12}}{\mathrm{d}t} = -M\frac{\mathrm{d}I_1}{\mathrm{d}t} \tag{13-18}$$

同理,线圈 2 中的电流 I_2 发生变化时,线圈 1 中的互感电动势为

$$\varepsilon_{21} = -\frac{\mathrm{d}\Psi_{21}}{\mathrm{d}t} = -M\frac{\mathrm{d}I_2}{\mathrm{d}t} \tag{13-19}$$

从以上讨论可以看出,当线圈中的电流变化率一定时,M 越大,则在另一线圈中所产生的互感电动势也越大,反之亦然。可见互感系数是反映线圈间互感强弱的物理量。

两线圈的互感系数 M 与这两线圈各自的自感系数 L_1、L_2 有如下一般关系:

$$M = k\sqrt{L_1 L_2}$$

其中,k 称为耦合系数。当线圈 1 中的电流 I_1 产生的磁场使穿过线圈 2 的磁通量等于穿过自身的磁通量时,耦合系数 $k=1$,这称为全耦合。

互感的单位也是亨利。

互感现象也被广泛应用于无线电技术和电磁测量中。各种电源变压器、中频变压器、输入或输出变压器等都是利用互感现象制成的。但是互感现象有时也会招惹麻烦。例如，电路之间由于互感而相互干扰，影响正常工作。人们不得不设法避免这种干扰，磁屏蔽就是避免这种干扰的一种方法。

对于自感和互感的计算，都比较繁杂，一般都需要通过实验来确定。只是对于某些结构比较简单的物体（或线圈），其自感或互感才可用定义式进行计算。如下面要介绍的例13.6、例13.7就是通过定义来计算自感和互感的。

例13.6　有一长为l，截面积为S的长直螺线管，密绕线圈的总匝数为N，管内充满磁导率为μ的磁介质。求此螺线管的自感。

解　长直螺线管内部的磁场可以看成是均匀的，并可以使用无限长螺线管内磁感应强度公式

$$B = \mu H = \mu nI\,(n = N/l)$$

又通过每匝的磁通量都相等，则通过螺线管的磁链为

$$\Psi = N\Phi = nls\mu nI = \mu n^2 IV$$

V是螺线管的体积，所以螺线管的自感为

$$L = \Psi/I = \mu n^2 V$$

可见，长直螺线管的自感与线圈的体积成正比，与单位长度上的匝数的平方成正比，还与介质的磁导率成正比。因此，想要使螺线管的自感系数较大就必须用细线密绕并充以磁导率较大的磁介质。

例13.7　如图13-14所示，一长为l的长直螺线管横截面积为S，匝数为N_1。在此螺线管的中部，密绕一匝数为N_2的短线圈，并假设两组线圈中每一匝线圈的磁通量都相同。求两线圈的互感。

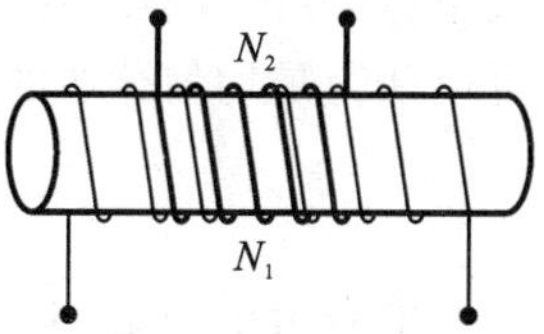

图13-14　例13.7用图

解　如果设线圈1中通一电流I_1，则在线圈中部产生的磁感应强度为

$$B = \mu_0 \frac{N_1}{l} I_1$$

该磁场在线圈2中产生的磁链为

$$\Psi_{12} = N_2 BS = \mu_0 \frac{N_1 N_2}{l} S I_1$$

所以两线圈的互感为

$$M = \frac{\Psi_{12}}{I_1} = \mu_0 \frac{N_1 N_2}{l} S$$

13.5　磁场的能量

Energy in a magnetic field

与电场一样，磁场也具有能量。下面用自感线圈通电的例子来说明。

如图13-15所示，将一个自感系数为L的自感线圈与电源相连。当接通电源时，通过线圈的电流突然增加，因而便在线圈中产生自感电动势以反抗电流的增加。故欲使线圈中的电流由零变化到稳定值，电源必须反抗自感电动势做功。设$\mathrm{d}t$时间内通过线圈的电荷为$\mathrm{d}q$，则电

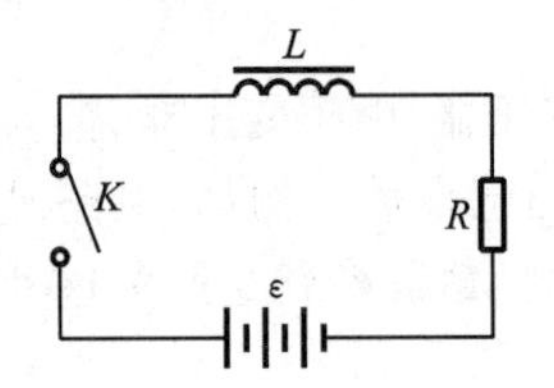

图 13-15　自感线圈通电

源反抗自感电动势做的元功为

$$dA=-\varepsilon_L dq=-\varepsilon_L I dt=LI dI$$

当电流由零变化到恒定值 I_0 时，电源反抗自感电动势做的总功为

$$A=\int dA=\int_0^{I_0} LI dI=\frac{1}{2}LI_0^2$$

由于电源在反抗自感电动势做功的过程中，只是在线圈中逐渐建立起磁场而无其他变化，据功能原理可知，这一部分功必定转化为线圈中磁场的能量(简称磁能)，即

$$W_m=W_L=A=\frac{1}{2}LI_0^2 \tag{13-20}$$

这便是线圈的自感磁能。

对于相邻两线圈，若它们分别载有电流 I_1 和 I_2 时，可以推算它们的互感磁能为

$$W_M=MI_1I_2 \tag{13-21}$$

若设两线圈的自感系数分别为 L_1、L_2，则这两线圈中储存的总磁能为

$$W_m=W_L+W_M=\frac{1}{2}L_1I_1^2+\frac{1}{2}L_2I_2^2+MI_1I_2 \tag{13-22}$$

磁能应该能表示成用磁感应强度表示的形式。现以自感磁能为例来寻求这一表达式。前面已求出，长直螺线管的自感系数 $L=\mu n^2V$，当螺线管内充满磁导率为 μ 的均匀磁介质时，管内的磁场 $B=\mu nI_0$，即 $I_0=B/\mu n$。将 L 及 I_0 代入自感磁能式(13-20)得

$$W_m=\frac{1}{2}LI_0^2=\frac{1}{2}\mu n^2V(B/\mu n)^2=\frac{B^2}{2\mu}V \tag{13-23}$$

式中，V 为长直螺线管内部空间的体积，亦即磁场存在的空间体积。由于长直螺线管内的磁场可以认为是均匀分布的，故管内单位体积中的磁能，即磁能密度为

$$w_m=\frac{W_m}{V}=\frac{B^2}{2\mu}\xrightarrow{B=\mu H}w_m=\frac{1}{2}\mu H^2=\frac{1}{2}BH \tag{13-24}$$

值得指出的是，上式虽然是从自感线圈这一特例中导出的，但可以证明它是磁场能量密度的一般表达式。

如果磁场是非均匀的，则可将磁场存在的空间划分成无限多个体积元 dV，在每一个体元内，其中的 $\boldsymbol{B}$ 和 $\boldsymbol{H}$ 均可看成是均匀的。于是体积元内的磁能为

$$dW_m=w_m dV$$

体积 V 内的总磁能为

$$W_m=\int dW_m=\int_V w_m dV \tag{13-25}$$

例 13.8　一无限长同轴电缆是由两个半径分别为 R_1 和 R_2 的同轴圆筒状导体构成的，其间充满磁导率为 μ 的磁介质，在内、外圆筒通有方向相反的电流 I。求单位长度电缆的磁场能量和自感系数。

解　对于这样的同轴电缆，磁场只存在于两圆筒状导体之间的磁介质内，由安培环路定理可求得磁场强度的大小为

$$H=\frac{I}{2\pi r}$$

而在 $r<R_1$ 和 $r>R_2$ 的空间，磁场强度为零，所以磁场能量只储存在两圆筒导体之间的磁介质中。磁场能量密度为

$$w_m = \frac{1}{2}\mu H^2 = \frac{\mu}{8\pi^2}\frac{I^2}{r^2}$$

单位长度电缆所储存的磁场能量为

$$W_m = \int_{R_1}^{R_2} w_m 2\pi r \mathrm{d}r = \frac{\mu I^2}{4\pi}\ln\frac{R_2}{R_1}$$

根据式(13-20)，可以求得单位长度电缆的自感为

$$L = \frac{2W_m}{I^2} = \frac{\mu}{2\pi}\ln\frac{R_2}{R_1}$$

可见，电缆的自感只取决于自身的结构和所充磁介质的磁导率。

【思考题与习题】

1. 思考题

13-1　有一铜环和木环，两环尺寸相同，今用相同磁铁从同样的高度、相同的速度沿环中心轴线插入。问：(1)在同一时刻，通过这两环的磁通量是否相同？(2)两环中感生电动势是否相同？(3)两环中涡旋电场 $\boldsymbol{E}_{涡}$ 的分布是否相同？为什么？

13-2　图 13-16 所示为用冲击电流计测量磁极间磁场的装置。小线圈与冲击电流计相接，线圈面积为 A，匝数为 N，电阻为 R，其法向 $\boldsymbol{n}$ 与该处磁场方向相同，将小线圈迅速取出磁场时，冲击电流计测得感应电量为 q，试求小线圈所在位置的磁感应强度。

13-3　在磁感应强度为 $\boldsymbol{B}$ 的均匀磁场内，有一面积为 S 的矩形线框，线框回路的电阻为 R(忽略自感)，线框绕其对称轴以匀角速度 ω 旋转(如图 13-17 所示)。

(1) 求在如图位置时线框所受的磁力矩为多大？

(2) 为维持线框匀角速度转动，外力矩对线框每转一周需做的功为多少？

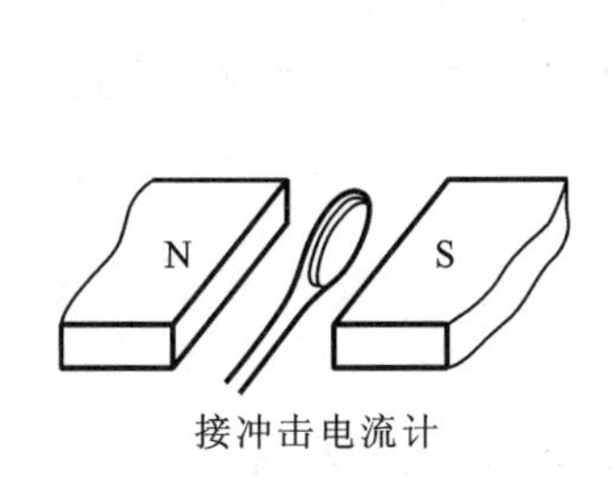

图 13-16　题 13-2 图

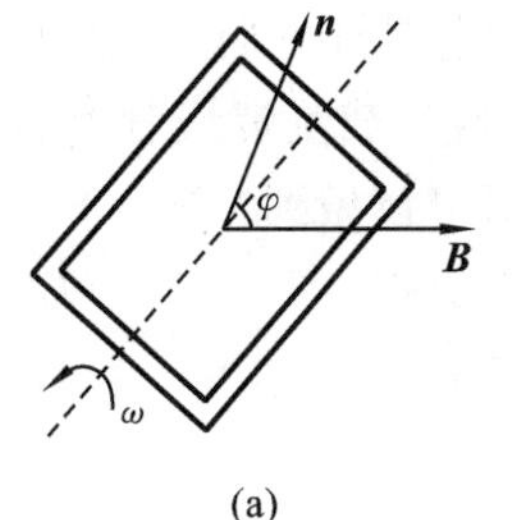

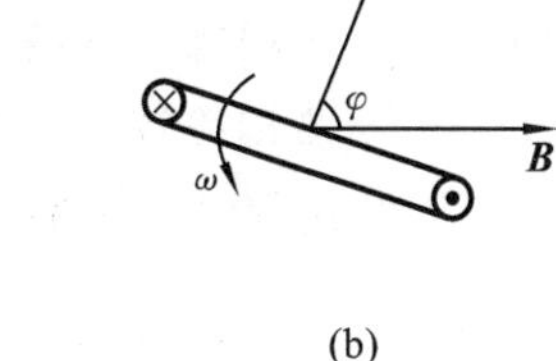

图 13-17　题 13-3 图

13-4　让一块磁铁在一根很长的竖直铜管内落下，不计空气阻力，试说明磁铁最后将达到一恒定收尾速度。

13-5　两圆线圈的中心在同一条直线上，相距较近，如何放置能够使它们的互感为最小？

2. 选择题

13-6　一闭合正方形线圈放在均匀磁场中，绕通过其中心且与一边平行的转轴 OO' 转动，转轴与磁场方向垂直，转动角速度为 ω。用下述哪一种办法可以使线圈中感应电流的幅值增加到原来的两倍(导线的电阻不能忽略)？(　　)

(A) 把线圈的匝数增加到原来的两倍

(B) 把线圈的面积增加到原来的两倍,而形状不变

(C) 把线圈切割磁力线的两条边增长到原来的两倍

(D) 把线圈的角速度 w 增大到原来的两倍

13-7　一导体圆线圈在均匀磁场中运动,能使其中产生感应电流的一种情况是(　　)。

(A) 线圈绕自身直径轴转动,轴与磁场方向平行

(B) 线圈绕自身直径轴转动,轴与磁场方向垂直

(C) 线圈平面垂直于磁场并沿垂直磁场方向平移

(D) 线圈平面平行于磁场并沿垂直磁场方向平移

13-8　如图 13-18 所示,一矩形金属线框,以速度 $\boldsymbol{v}$ 从无场空间进入一均匀磁场中。然后又从磁场中出来,到无场空间中。不计线圈的自感,下面哪一条图线正确地表示了线圈中的感应电流对时间的函数关系?(从线圈刚进入磁场时刻开始计时,I 以顺时针方向为正)(　　)。

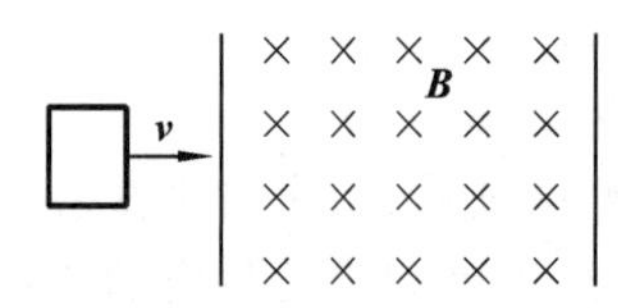

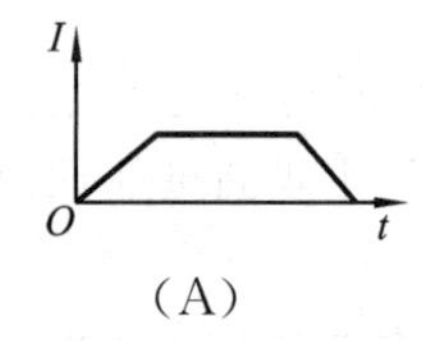

(A)

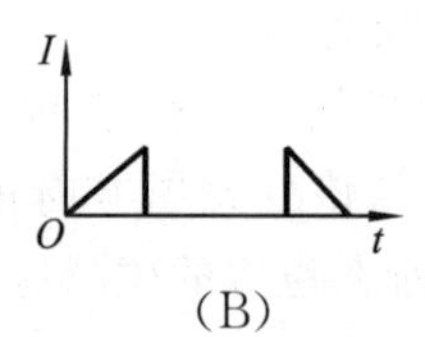

(B)

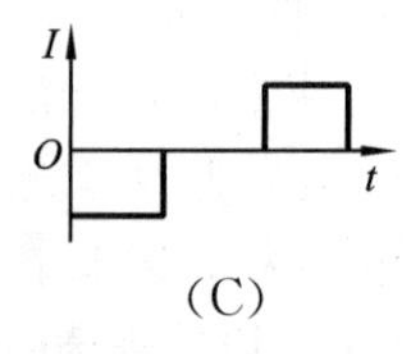

(C)

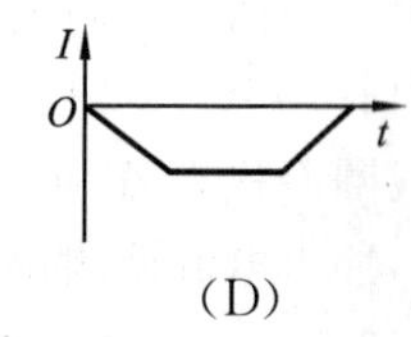

(D)

图 13-18　题 13-8 图

13-9　两根无限长平行直导线载有大小相等方向相反的电流 I,并各以 $\mathrm{d}I/\mathrm{d}t$ 的变化率增长,一矩形线圈位于导线平面内(如图 13-19 所示),则(　　)。

(A) 线圈中无感应电流　　(B) 线圈中感应电流为顺时针方向

(C) 线圈中感应电流为逆时针方向　　(D) 线圈中感应电流方向不确定

13-10　如图 13-20 所示,一载流螺线管的旁边有一圆形线圈,欲使线圈产生图示方向的感应电流 i,下列哪一种情况可以做到?(　　)

(A) 载流螺线管向线圈靠近　　(B) 载流螺线管离开线圈

(C) 载流螺线管中电流增大　　(D) 载流螺线管中插入铁芯

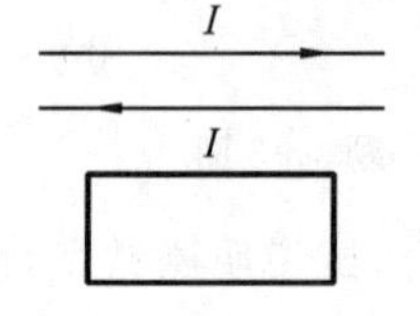

图 13-19　题 13-9 图

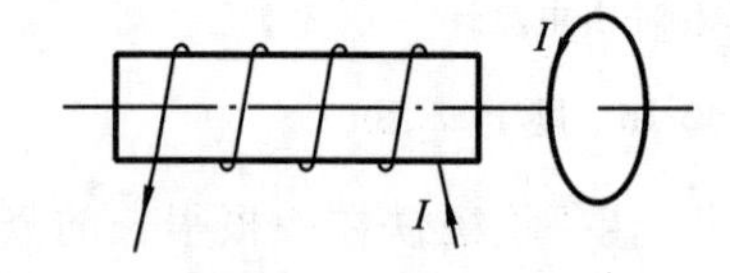

图 13-20　题 13-10 图

13-11　在感应电场中电磁感应定律可写成 $\oint_L \boldsymbol{E}_K \cdot \mathrm{d}\boldsymbol{l} = -\dfrac{\mathrm{d}\Phi}{\mathrm{d}t}$,式中 $\boldsymbol{E}_K$ 为感应电场的电场强度。此式表明(　　)。

(A) 闭合曲线 L 上 $\boldsymbol{E}_K$ 处处相等

(B) 感应电场是保守力场

(C)感应电场的电场强度线不是闭合曲线

(D) 在感应电场中不能像对静电场那样引入电势的概念

13-12　真空中一根无限长直细导线上通电流 I，则距导线垂直距离为 a 的空间某点处的磁能密度为(　　)。

(A) $\frac{1}{2}\mu_0\left(\frac{\mu_0 I}{2\pi a}\right)^2$　(B) $\frac{1}{2\mu_0}\left(\frac{\mu_0 I}{2\pi a}\right)^2$　(C) $\frac{1}{2}\left(\frac{2\pi a}{\mu_0 I}\right)^2$　(D) $\frac{1}{2\mu_0}\left(\frac{\mu_0 I}{2a}\right)^2$

3. 填空题

13-13　在竖直放置的一根无限长载流直导线右侧有一与其共面的任意形状的平面线圈。直导线中的电流由下向上，当线圈平行于导线向下运动时，线圈中的感应电动势________；当线圈以垂直于导线的速度靠近导线时，线圈中的感应电动势________(填>0，<0 或$=0$)(设顺时针方向的感应电动势为正)。

13-14　在直角坐标系中，沿 z 轴有一根无限长载流直导线，另有一与其共面的短导体棒。若只使导体棒沿某坐标轴方向平动而产生动生电动势，则

(1) 导体棒平行 x 轴放置时，其速度方向沿________轴；

(2) 导体棒平行 z 轴放置时，其速度方向沿________轴。

13-15　一根直导线在磁感强度为 $\boldsymbol{B}$ 的均匀磁场中以速度 $\boldsymbol{v}$ 运动切割磁力线。导线中对应于非静电力的场强(称为非静电场场强)$\boldsymbol{E}_K=$________。

13-16　无限长密绕直螺线管通以电流 I，内部充满均匀、各向同性的磁介质，磁导率为 μ。管上单位长度绕有 n 匝导线，则管内部的磁感强度为________，内部的磁能密度为________。

13.1 习题

13-17　平均半径为 12 cm 的 4000 匝线圈，在强度为 0.5×10^{-4} T 的地球磁场中每秒钟旋转 30 周，线圈中最大感应电动势是多少？

13-18　如图 13-21 所示，长直导线通以电流 $I=5$ A，在其右方放一长方形线圈，两者共面，线圈长 $l_1=0.20$ m，宽 $l_2=0.10$ m，共 1000 匝，令线圈以速度 $v=3.0$ m/s 垂直于直导线运动，求 $a=0.10$ m 时，线圈中的感应电动势的大小和方向。

13-19　直导线中通以交流电，如图 13-22 所示，置于磁导率为 μ 的介质中，已知：$I=I_0\sin\omega t$，其中 I_0、ω 是大于零的常量。求：与其共面的 N 匝矩形回路中的感应电动势。

13-20　如图 13-23 所示，在两平行载流的无限长直导线的平面内有一矩形线圈。两导线中的电流方向相反、大小相等，且电流以 $\mathrm{d}I/\mathrm{d}t$ 的变化率增大，求：

(1) 任一时刻线圈内所通过的磁通量；

(2) 线圈中的感应电动势。

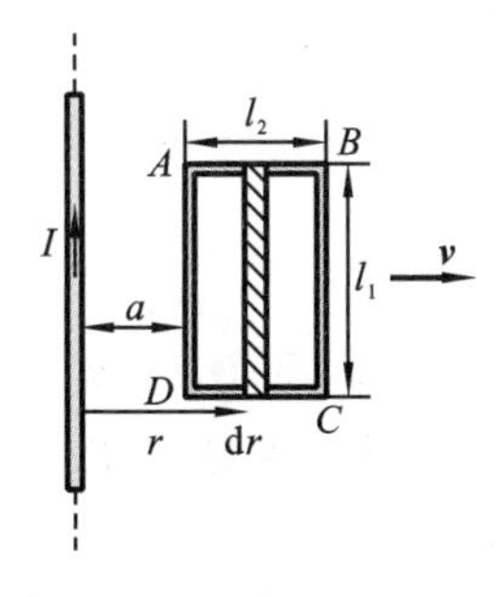

图 13-21　题 13-18 图

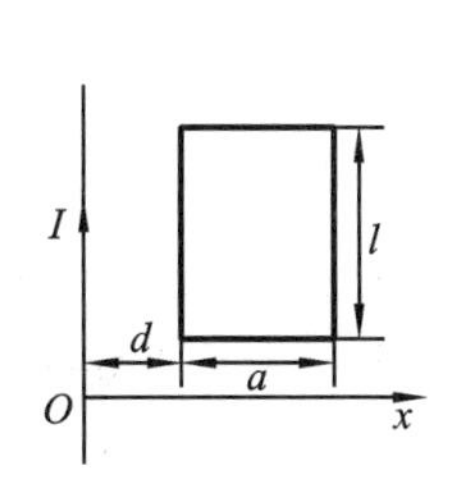

图 13-22　题 13-19 图

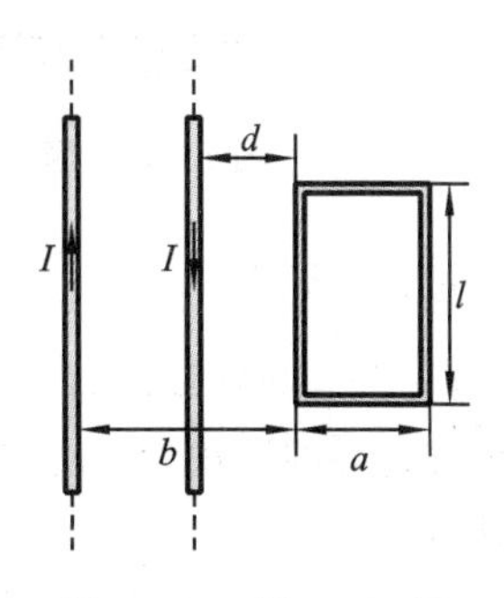

图 13-23　题 13-20 图

13-21　一个由中心开始密绕的平面螺线形线圈，共有 N 匝，其外半径为 a，放在与平面垂直的均匀磁场中，磁感应强度 $B=B_0\sin\omega t$，B_0、ω 均为常数，求线圈中的感应电动势。

13-22　电阻为 R 的闭合线圈折成半径分别为 a 和 $2a$ 的两个圆，如图 13-24 所示，将其置于与两圆平面垂直的匀强磁场内，磁感应强度按 $B=B_0\sin\omega t$ 的规律变化。已知 $a=10$ cm，$B_0=2\times10^{-2}$ T，$\omega=50$ rad/s，$R=10\ \Omega$，求线圈中感应电流的最大值。

13-23　圆柱形匀强磁场中同轴放置一金属圆柱体，半径为 R，高为 h，电阻率为 ρ，如图 13-25 所示。若匀强磁场以 $\mathrm{d}B/\mathrm{d}t=k(k>0,k$ 为恒量)的规律变化，求圆柱体内涡电流的热功率。

13-24　如图 13-26 所示，半径分别为 b 和 a 的两圆形线圈($b\gg a$)，在 $t=0$ 时共面放置，大圆形线圈通有稳恒电流 I，小圆形线圈以角速度 ω 绕竖直轴转动，若小圆形线圈的电阻为 R，求：(1)当小线圈转过 90°时，小线圈所受的磁力矩的大小；(2)从初始时刻转到该位置的过程中，磁力矩所做功的大小。

图 13-24　题 13-22 图

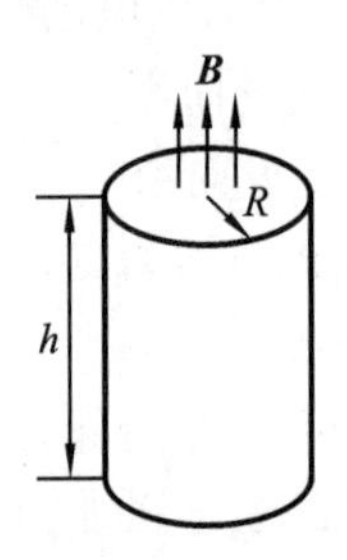

图 13-25　题 13-23 图

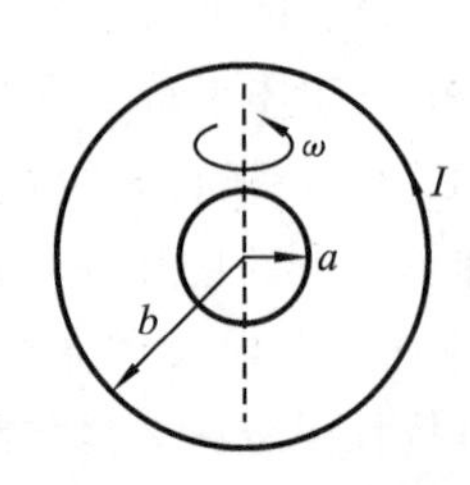

图 13-26　题 13-24 图

13-25　磁感应强度为 $\boldsymbol{B}$ 的均匀磁场充满一半径为 R 的圆柱形空间，一金属杆放在如图 13-27 所示的位置，杆长为 $2R$，其中一半位于磁场内、另一半在磁场外。当 $\mathrm{d}B/\mathrm{d}t>0$ 时，求：杆两端的感应电动势的大小和方向。

13-26　如图 13-28 所示，长直导线中通有电流 $I=5.0$ A，在与其相距 $d=0.5$ cm 处放有一矩形线圈，共 1000 匝，设线圈长 $l=4.0$ cm，宽 $a=2.0$ cm。不计线圈自感，若线圈以速度 $\vec{v}=3.0$ cm/s 沿垂直于长导线的方向向右运动，则线圈中的感应电动势有多大？

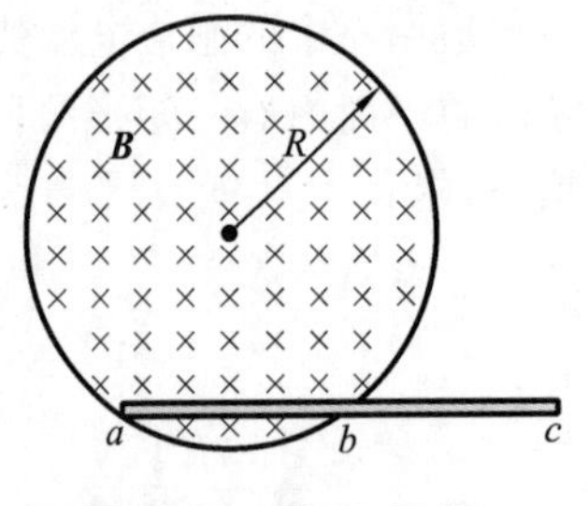

图 13-27　题 13-25 图

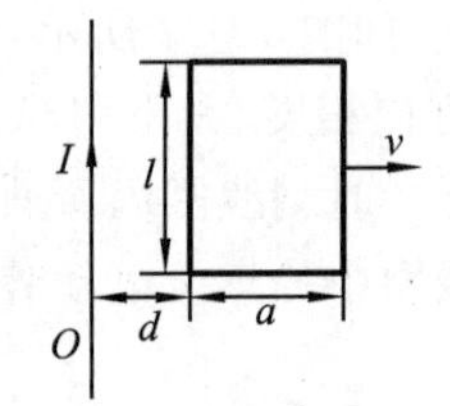

图 13-28　题 13-26 图

13.2 习题

13-27　长为 L 的直导线 MN，与“无限长”并载有电流 I 的导线共面，且垂直于直导线，M 端距长直导线距离为 a，若 MN 以速度 $\boldsymbol{v}$ 平行于长直导线运动，求 MN 中的动生电动势的大小和方向。

13-28　电流为 I 的无限长直导线旁有一弧形导线，圆心角为 120°，几何尺寸及位置如图

13-30 所示。求当圆弧形导线以速度 $\boldsymbol{v}$ 平行于长直导线方向运动时，弧形导线中的动生电动势。

13-29　如图 13-31 所示，由金属杆弯成的直角三角形 abc，ab 长为 L，放在与 ac 平行的匀强磁场 $\boldsymbol{B}$ 中，并绕 ac 轴以匀角速转动。求：

(1) 导线 ab、bc、ca 中的动生电动势；

(2) 三角形 abc 中的总电动势（$\angle bac=30°$）。

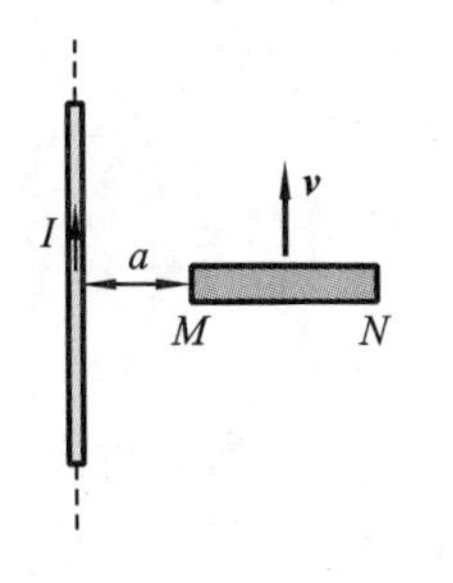

图 13-29　题 13-27 图

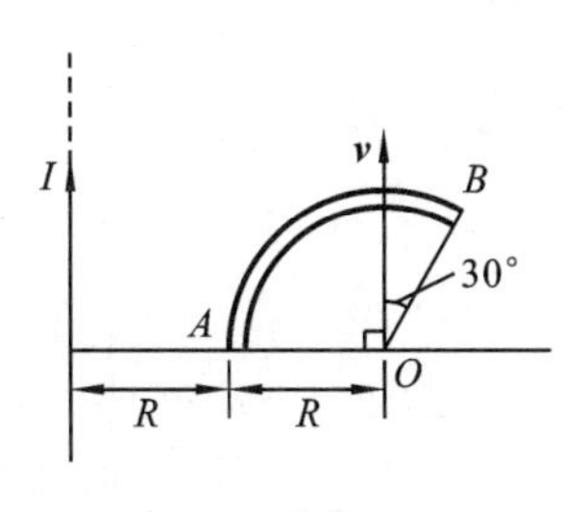

图 13-30　题 13-28 图

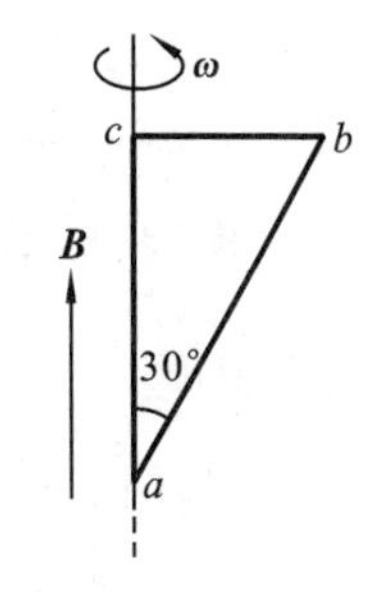

图 13-31　题 13-29 图

13-30　一导线 ac 弯成如图 13-32 所示形状，且 $ab=bc=10$ cm，若使导线在磁感应强度 $B=2.5\times10^{-2}$ T 的均匀磁场中，以速度 $v=1.5$ cm/s 向右运动。问 ac 间电势差多大？哪一端电势高？

13-31　导线 ab 长为 l，绕过 O 点的垂直轴以匀角速 ω 转动，$aO=\frac{1}{3}$，磁感应强度 $\boldsymbol{B}$ 平行于转轴，如图 13-33 所示。试求：

(1) ab 两端的电势差；

(2) a、b 两端哪一点的电势高？

13-32　如图 13-34 所示，长度为 $2b$ 的金属杆位于两无限长直导线所在平面的正中间，并以速度 $\boldsymbol{v}$ 平行于两直导线运动。两直导线通以大小相等、方向相反的电流 I，两导线相距 $2a$。试求：金属杆两端的电势差及其方向。

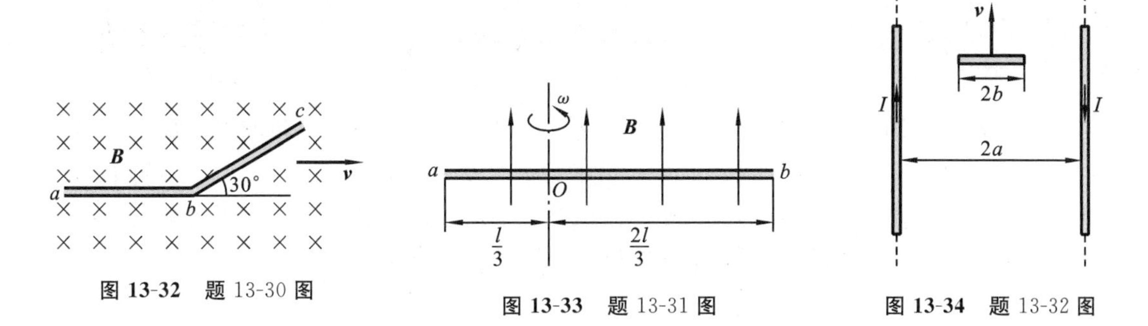

图 13-32　题 13-30 图

图 13-33　题 13-31 图

图 13-34　题 13-32 图

13.3 习题

13-33　如图 13-35 所示，半径为 a 的长直螺线管中，有 $\mathrm{d}B/\mathrm{d}t>0$ 的磁场，一直导线弯成等腰梯形的闭合回路 $ABCDA$，总电阻为 R，上底长度为 a，下底长度为 $2a$，求：(1) AD 段、BC 段和闭合回路中的感应电动势；(2) B、C 两点间的电势差 U_B-U_C。

13-34　在半径为 R 的圆筒内，均匀磁场的磁感应强度 $\boldsymbol{B}$ 的方向与轴线平行，$\mathrm{d}B/\mathrm{d}t=$

$-1.0\times10^{-2}\ \mathrm{T\cdot s^{-1}}$，$a$ 点离轴线的距离为 $r=5.0\ \mathrm{cm}$，如图 13-36 所示。求：(1)a 点涡旋电场的大小和方向；(2)在 a 点放一电子可获得多大加速度？方向如何？

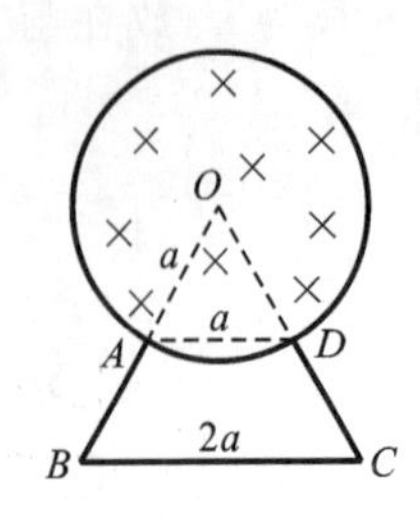

图 13-35　题 13-33 图

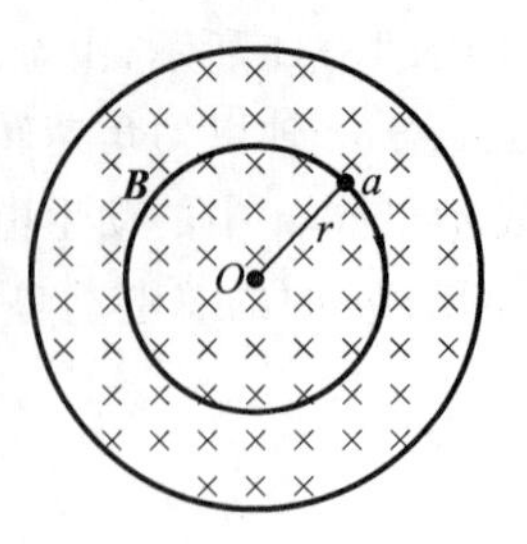

图 13-36　题 13-34 图

13.4 习题

13-35　如图 13-37 所示，一同轴电缆由中心导体圆柱和外层导体圆筒组成，两者半径分别为 R_1 和 R_2，导体圆柱的磁导率为 μ_1，筒与圆柱之间充以磁导率为 μ_2 的磁介质。电流 I 可由中心圆柱流出，由圆筒流回。求每单位长度电缆的自感系数。

13-36　如图 13-38 所示，两根平行长直导线，横截面的半径都是 a，中心相距为 d，两导线属于同一回路。设两导线内部的磁通可忽略不计，证明：这样一对导线长度为 l 的一段自感为

$$L=\frac{\mu_0 l}{\pi}\ln\frac{d-a}{a}$$

13-37　一无限长，半径为 ε 的圆筒和一正方形的线圈如图 13-39 所示放置(导线与线圈接触处绝缘)。求：线圈与导线间的互感系数。

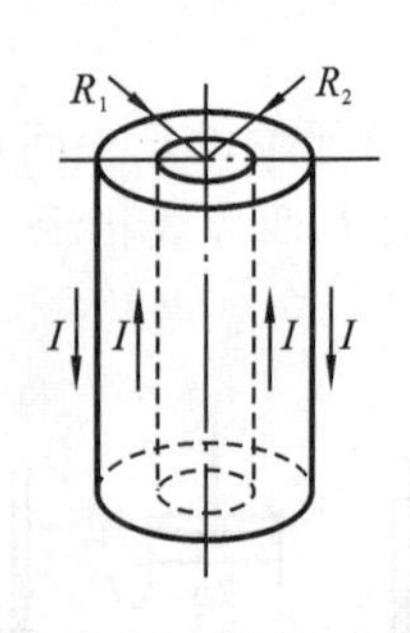

图 13-37　题 13-35 图

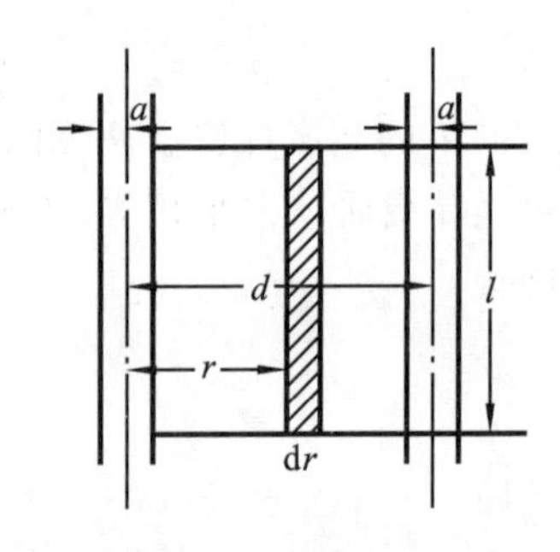

图 13-38　题 13-36 图

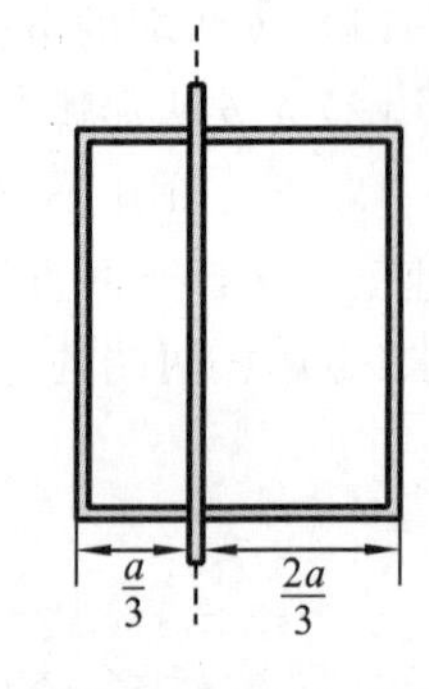

图 13-39　题 13-37 图

13-38　一螺绕环，每厘米绕 40 匝，铁芯截面积为 $3.0\ \mathrm{cm^2}$，磁导率 $\mu=200\mu_0$，绕组中通有电流 5.0 mA，环上绕有二匝次级线圈，求：(1)两绕组间的互感系数；(2)若初级绕组中的电流在 0.10 s 内由 5.0 A 降低到 0，则次级绕组中的互感电动势为多少？

13.5 习题

13-39　一矩形截面的螺绕环，高为 h，如图 13-40 所示，共有 N 匝。试求：

(1) 此螺绕环的自感系数；

(2) 若导线内通有电流 I，环内磁能为多少？

13-40　如图 13-41 所示，螺线管内充有两种均匀磁介质，其截面分别为 S_1 和 S_2，磁导率分别为 μ_1 和 μ_2，两种介质的分界面为与螺线管同轴的圆柱面。螺线管长为 l，匝数为 N，管的直径远小于管长，设螺线管通有电流 I，求螺线管的自感系数和单位长度储存的磁能。

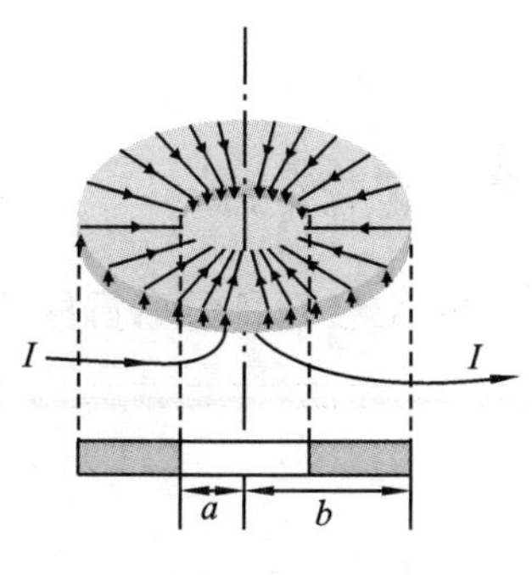

图 13-40　题 13-39 图

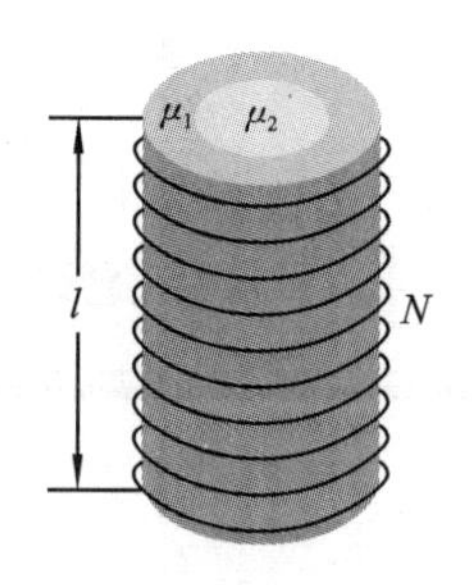

图 13-41　题 13-40 图

13-41　一无限长直粗导线，截面各处的电流密度相等，总电流为 I。求：(1)导线内部单位长度所储存的磁能；(2)导线内部单位长度的自感系数。

第 14 章　麦克斯韦方程组
Chapter 14　Maxwell's equations

1845 年，关于电磁现象的三个最基本的实验定律：库仑定律（1785 年）、毕奥-萨伐尔定律（1820 年）、法拉第定律（1831 年）已被总结出来，法拉第的“电力线”和“磁力线”概念已发展成“电磁场概念”。1855 年至 1865 年，麦克斯韦基于以上理论，把数学的分析方法引进电磁学的研究领域，由此导致麦克斯韦电磁理论的诞生。

1865 年，麦克斯韦在英国皇家学会上宣读了其举世瞩目的论文——《电磁场的动力学理论》，在这篇论文中，他提出了伟大的由描述电场与磁场的四个基本方程组成的麦克斯韦方程组。在麦克斯韦方程组中，电场和磁场已经成为一个不可分割的整体。该方程组系统而完整地概括了电磁场的基本规律，并预言了电磁波的存在。麦克斯韦提出的涡旋电场和位移电流假说的核心思想是：变化的磁场可以激发涡旋电场，变化的电场可以激发涡旋磁场；电场和磁场不是彼此孤立的，它们相互联系、相互激发组成一个统一的电磁场。麦克斯韦进一步将电场和磁场的所有规律综合起来，建立了完整的电磁场理论体系。麦克斯韦方程组在电磁学中的地位，如同牛顿运动定律在力学中的地位一样。以麦克斯韦方程组为核心的电磁理论，是经典物理学最引以为自豪的成就之一。它所揭示出的电磁相互作用的完美统一，为物理学家树立了这样一种信念：物质的各种相互作用在更高层次上应该是统一的。另外，这个理论被广泛地应用到各个技术领域。

14.1　位移电流
Displacement current

为了获得普遍情形下相互协调一致的电磁规律，麦克斯韦根据当时的实验资料和理论的分析，全面系统地考查了这些规律。在前面我们已经提到麦克斯韦提出了著名的涡旋电场假设，预示着变化的磁场可以产生涡旋电场，因此我们关于电场的环路定理实际上就要扩展到包含静态电场和涡旋电场的总电场的环路定理。如果定义空间任一点的电场是由电荷产生的库仑场 $\boldsymbol{E}_c$ 与变化磁场产生的感生电场 $\boldsymbol{E}_i$ 的矢量叠加，则电场的环路定理就应该变为

$$\oint_l \boldsymbol{E}\cdot \mathrm{d}\boldsymbol{l}=\oint_l \boldsymbol{E}_c\cdot \mathrm{d}\boldsymbol{l}+\oint_l \boldsymbol{E}_i\cdot \mathrm{d}\boldsymbol{l}=-\iint_S \frac{\partial \vec{\boldsymbol{B}}}{\partial t}\cdot \mathrm{d}\boldsymbol{S}$$

说明电场不再是单纯的保守场，静电场的环路定理只是它的一个特例。麦克斯韦敏锐地联想到，磁场的安培环路定理是否也具有类似的情况呢？在非稳恒的情形下，原来的定理是否还适用呢？果然他发现这之间的确存在矛盾，为了克服这一矛盾，他又提出了重要的“位移电流”假设。下面让我们来讨论这个问题。

14.1.1　位移电流

在稳恒电流情况下，无论载流回路处于真空还是磁介质中，其磁场都满足安培环路定理，

即

$$\oint_L \boldsymbol{H} \cdot \mathrm{d}\boldsymbol{l} = \sum I_c \tag{14-1}$$

式中，$\sum I_c$ 是穿过以闭合回路 L 为边界的任意曲面 S 的传导电流的代数和。在非稳恒条件下，由上式表示的安培环路定理是否还能成立呢?

下面通过考察电容器充电或放电过程来进行具体分析。如图 14-1 所示，在一正充电的平行板电容器的正极板附近围绕导线取一闭合回路 l，以 l 为周界作两个任意的曲面 S_1、S_2，使 S_1 与导线相交，S_2 与导线不相交，但包含正极板，且与 S_1 组成闭合曲面 S。设某时刻线路中的传导电流为 I_c。注意到安培环路定理中对于何谓被环路包围的电流 I，可以理解为穿过以环路 L 为边界的任意一个曲面的电流强度。对 S_1 应用安培定理得

$$\oint_L \boldsymbol{H} \cdot \mathrm{d}\boldsymbol{l} = I_c \tag{14-2}$$

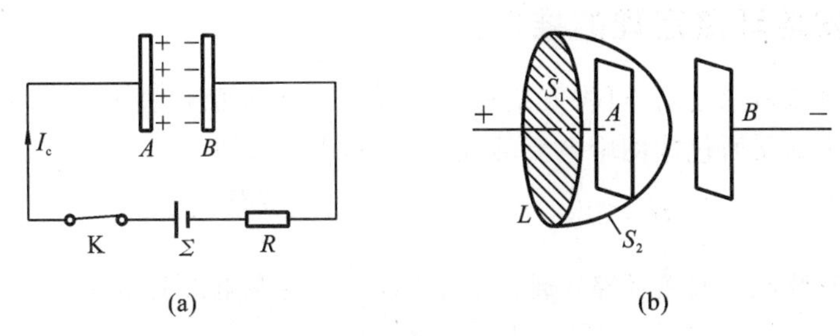

图 14-1　电容器充电和放电过程

对 S_2 应用安培定理，并注意到传导电流不能通过电容器两极板间的空间，则得

$$\oint_L \boldsymbol{H} \cdot \mathrm{d}\boldsymbol{l} = 0 \tag{14-3}$$

式(14-2)和式(14-3)表明，磁场强度沿同一闭合回路的环量有两种相互矛盾的结果。这说明稳恒磁场的环路定理对非稳恒情况不适用，我们应以新的规律来代替。

为探求这一新规律，我们仍以电容器的充放电过程为例。容易理解，当充电电路通一传导电流 I_c 时，电容器极板上的电荷必然变化，从而导致两极板间电位移矢量的变化，使通过 S_2 的电位移通量也随时间变化而变化。将高斯定理应用于闭曲面 S 得

$$\Phi_D = \oiint_S \boldsymbol{D} \cdot \mathrm{d}\boldsymbol{S} = \iint_{S_2} \boldsymbol{D} \cdot \mathrm{d}\boldsymbol{S} = q$$

（注意：S_1 曲面在本例中并无 D 通量，所以穿过闭合曲面 S 的 D 通量实际就是通过 S_2 曲面的通量）

由此得

$$I_c = \frac{\mathrm{d}q}{\mathrm{d}t} = \frac{\mathrm{d}\Phi_D}{\mathrm{d}t} = \frac{\mathrm{d}}{\mathrm{d}t}\iint_{S_2} \boldsymbol{D} \cdot \mathrm{d}\boldsymbol{S} = \iint_{S_2} \frac{\partial \boldsymbol{D}}{\partial t} \cdot \mathrm{d}\boldsymbol{S} \tag{14-4}$$

可见，电位移通量对时间的变化率 $\frac{\mathrm{d}\Phi_D}{\mathrm{d}t}$ 具有电流的量纲，麦克斯韦将其称为位移电流，用 I_d 表示，即

$$I_d = \frac{\mathrm{d}\Phi_D}{\mathrm{d}t} = \frac{\mathrm{d}}{\mathrm{d}t}\iint_{S_2} \boldsymbol{D} \cdot \mathrm{d}\boldsymbol{S} \tag{14-5}$$

而电位移矢量的时间变化率 $\frac{\partial \boldsymbol{D}}{\partial t}$ 则与电流密度同量纲，麦克斯韦将它称为位移电流密度，用 $\boldsymbol{j}_d$

表示，即

$$\boldsymbol{j}_d = \frac{\partial \boldsymbol{D}}{\partial t} \tag{14-6}$$

这样，在电路中就可能同时存在有两种电流：一种是传导电流，由电荷的运动所产生；另一种是位移电流，由电位移通量对时间的变化率所引起。这两种电流之和称为全电流，即

$$I = I_c + I_d = \iint_S (\boldsymbol{j}_c + \boldsymbol{j}_d) \cdot \mathrm{d}\boldsymbol{S} \tag{14-7}$$

由此可见，当电容器充电时，$\frac{\mathrm{d}q}{\mathrm{d}t}>0$，$I_d$与$\boldsymbol{D}$，亦即与$I_c$同向，且与$I_c$等值。同样，当电容器放电时，$I_d$亦与$I_c$同向等值。导线中的传导电流与极板间的位移电流总是大小相等、方向相同的。因此我们完全有理由认为，传导电流在哪个地方中断了，位移电流便会在那个地方连起来，使通过电路中的全电流大小相等、方向相同。这就是全电流的连续性。

14.1.2 安培环路定理的推广

在引入了全电流概念之后，可将安培环路定理推广到非稳恒情况下，即磁场强度 $\boldsymbol{H}$ 沿任意回路的环量等于回路所包围的全电流的代数和，其表达式为

$$\oint_L \boldsymbol{H} \cdot \mathrm{d}\boldsymbol{l} = I_c + I_d = \iint_S \left(\boldsymbol{j}_c + \frac{\partial \boldsymbol{D}}{\partial t}\right) \cdot \mathrm{d}\boldsymbol{S} \tag{14-8}$$

这就是适用于一般情况的安培环路定理。它表明，不仅传导电流要激发磁场，位移电流同样要激发磁场。

从上面的讨论可以看出，位移电流和传导电流是截然不同的两个概念，只在产生磁场方面是等效的，因而都叫电流。但位移电流仅由变化的电场所引起，它既可沿导体传播，也可脱离导体传播，且不产生焦耳热；传导电流则由电荷的定向运动所产生，它在导体中传播，并产生焦耳热。

14.2 麦克斯韦方程组的积分形式
Integral form of Maxwell's equations

麦克斯韦方程组是麦克斯韦在他提出的感生电场和位移电流假设的基础上，通过总结和推广静电场的高斯定理和环路定理以及稳恒磁场的高斯定理和环路定理而得到的。麦克斯韦1865年提出的最初形式的方程组由20个等式和20个变量组成。他在1873年尝试用四元数来表达，但未成功。现在所使用的数学形式是奥利弗·赫维赛德和约西亚·吉布斯于1884年以矢量分析的形式重新表达的。

麦克斯韦认为，空间任一点的电场是由电荷产生的库仑场$\boldsymbol{E}_c$与变化磁场产生的感生电场$\boldsymbol{E}_i$的矢量叠加，即

$$\boldsymbol{E} = \boldsymbol{E}_c + \boldsymbol{E}_i \tag{14-9}$$

而$\boldsymbol{E}_c$是保守力场，$\boldsymbol{E}_i$是涡旋场，总场强对任一闭合曲线的环量为

$$\oint_l \boldsymbol{E} \cdot \mathrm{d}\boldsymbol{l} = \oint_l \boldsymbol{E}_c \cdot \mathrm{d}\boldsymbol{l} + \oint_l \boldsymbol{E}_i \cdot \mathrm{d}\boldsymbol{l} = -\iint_S \frac{\partial \boldsymbol{B}}{\partial t} \cdot \mathrm{d}\boldsymbol{S} \tag{14-10}$$

总电场 $\boldsymbol{E}$ 对任一闭合曲面的电通量可由高斯定理得

$$\oiint_S \boldsymbol{E} \cdot \mathrm{d}\boldsymbol{S} = \oiint_S \boldsymbol{E}_c \cdot \mathrm{d}\boldsymbol{S} + \oiint_S \boldsymbol{E}_i \cdot \mathrm{d}\boldsymbol{S} = \oiint_S \boldsymbol{E}_c \cdot \mathrm{d}\boldsymbol{S} = q/\varepsilon_0 \tag{14-11}$$

当有介质存在时，上式应为

$$\oiint_S \boldsymbol{D} \cdot \mathrm{d}\boldsymbol{S} = q_f \tag{14-12}$$

关于磁场，传导电流和位移电流产生的磁场都是涡旋场，不论是哪种方式产生的磁场，其磁感应线都是闭合的，所以总磁场的高斯定理仍为

$$\oiint_S \boldsymbol{B} \cdot \mathrm{d}\boldsymbol{S} = 0 \tag{14-13}$$

引入位移电流后，磁场的环路定理即为式(14-8)，即

$$\oint_L \boldsymbol{H} \cdot \mathrm{d}\boldsymbol{l} = I_c + I_d = I_c + \iint_S \frac{\partial \boldsymbol{D}}{\partial t} \cdot \mathrm{d}\boldsymbol{S} \tag{14-14}$$

综上所述，式(14-10)、式(14-12)、式(14-13)和式(14-14)概括了电磁场所满足的所有规律。由此而得到的方程组即为麦克斯韦方程组，即麦克斯韦方程组为

$$\begin{cases} \oint_l \boldsymbol{E} \cdot \mathrm{d}\boldsymbol{l} = -\iint_S \dfrac{\partial \boldsymbol{B}}{\partial t} \cdot \mathrm{d}\boldsymbol{S} & ① \\ \oiint_S \boldsymbol{D} \cdot \mathrm{d}\boldsymbol{S} = q_f & ② \\ \oiint_S \boldsymbol{B} \cdot \mathrm{d}\boldsymbol{S} = 0 & ③ \\ \oint_L \boldsymbol{H} \cdot \mathrm{d}\boldsymbol{l} = I_c + \iint_S \dfrac{\partial \boldsymbol{D}}{\partial t} \cdot \mathrm{d}\boldsymbol{S} & ④ \end{cases}$$

说明：

(1) 方程①说明了电场不仅可以由电荷激发，而且也可由变化的磁场激发。方程④说明了磁场不仅可以由带电粒子的运动(电流)所激发，而且也可由变化的电场所激发。由此可见，一个变化的电场总伴随着一个磁场，一个变化的磁场总伴随着一个电场。从而说明，在电现象和磁现象之间存在着紧密的联系，而这种联系就确定了统一的电磁场。

(2) 方程②和方程③说明电场是有源场(即电场线有头有尾)，而磁场是无源场(磁感应线是无头无尾的闭合曲线)。

(3) 另外，在处理具体问题时，经常会遇到电磁场与物质的相互作用，所以还必须补充描述物质电磁性质的方程，对于各向同性介质，这些方程为

$$\begin{cases} \boldsymbol{D} = \varepsilon_0 \varepsilon_r \boldsymbol{E} \\ \boldsymbol{B} = \mu_0 \mu_r \boldsymbol{H} \\ \boldsymbol{j}_c = \sigma \boldsymbol{E} \end{cases} \tag{14-15}$$

麦克斯韦方程组加上描述介质性质的方程，全面地总结了电磁场的规律，是经典电动力学的基本方程组，利用它们，原则上可以解决各种宏观电磁场问题。

应该指出，感生电场、位移电流，到麦克斯韦方程组等都是电磁场的基本概念，当初，它们都是作为假设提出来的。根据麦克斯韦方程组，在电磁场随时间变化的情况下，变化的电场与磁场相互激发，它们可以脱离场源而存在，并以一定的速度在空间传播，从而形成在空间传播的电磁波。麦克斯韦正是由此预言了电磁波的存在，20 年后(即 1888 年)，赫兹用实验证实了电磁波的存在，从而间接地证明了上述假设的正确性。另外，电磁波具有能量和动量等物质的共同属性，电磁波被证明存在，也进一步说明了电磁场的物质性。

14.3　麦克斯韦方程组的微分形式
Differential form of Maxwell's equations

在电磁场的实际应用中，经常要知道空间逐点的电磁场量和电荷、电流之间的关系。从数学形式上，就是将麦克斯韦方程组的积分形式化为微分形式。利用矢量分析中的散度定理和斯托克斯定理，可以由麦克斯韦方程组的积分形式导出其微分形式。

散度公式，又称为高斯定理、高斯散度定理、高斯-奥斯特罗格拉德斯基公式或高-奥公式，是指在向量分析中，一个把向量场通过曲面的流动(即通量)与曲面内部的向量场的表现联系起来的定理。

可以证明对于任意一个矢量场 $\boldsymbol{A}$，恒满足 $\oint\!\!\!\oint_S \boldsymbol{A}\cdot\mathrm{d}\boldsymbol{S}=\iiint_V(\nabla\cdot\boldsymbol{A})\mathrm{d}V$，其物理意义可以理解为任何一个矢量场对一个封闭曲面 S 的通量恒等于该矢量场的散度对此曲面包围体积 V 的积分。

斯托克斯定理，又称为斯托克斯公式，是指在向量分析中，一个把向量场对某闭合曲线的环流与曲面内部的向量场的表现联系起来的定理。

可以证明对于任意一个矢量场 $\boldsymbol{A}$，恒满足 $\oint_l \boldsymbol{A}\cdot\mathrm{d}\boldsymbol{l}=\oint\!\!\!\oint_S(\nabla\times\boldsymbol{A})\cdot\mathrm{d}\boldsymbol{S}$，其物理意义可以理解为任何一个矢量场 $\boldsymbol{A}$ 沿有向闭合曲线 L 的环流量等于向量场 $\boldsymbol{A}$ 的旋度场通过以 L 为边缘所张成的曲面 S 的通量，这里 L 的正向与 S 的侧应符合右手螺旋规则。

引入麦克斯韦方程组的积分形式并利用散度定理和斯托克斯公式可以推出

$$\begin{cases}\oint_l \boldsymbol{E}\cdot\mathrm{d}\boldsymbol{l}=\iint_S(\nabla\times\boldsymbol{E})\cdot\mathrm{d}\boldsymbol{S}=-\iint_S\dfrac{\partial\boldsymbol{B}}{\partial t}\cdot\mathrm{d}\boldsymbol{S} & ①\\ \oint\!\!\!\oint_S \boldsymbol{D}\cdot\mathrm{d}\boldsymbol{S}=\iiint_V\nabla\cdot\boldsymbol{D}\mathrm{d}V=q_f & ②\\ \oint\!\!\!\oint_S \boldsymbol{B}\cdot\mathrm{d}\boldsymbol{S}=\iiint_V\nabla\cdot\boldsymbol{B}\mathrm{d}V=0 & ③\\ \oint_L \boldsymbol{H}\cdot\mathrm{d}\boldsymbol{l}=\iint_S(\nabla\times\boldsymbol{H})\cdot\mathrm{d}\boldsymbol{S}=\iint_S\left(\boldsymbol{j}_c+\dfrac{\partial\boldsymbol{D}}{\partial t}\right)\cdot\mathrm{d}\boldsymbol{S} & ④\end{cases}\tag{14-16}$$

很容易可以看出，要使这四个方程恒成立，必然有

$$\begin{cases}\nabla\times\boldsymbol{E}=-\dfrac{\partial\boldsymbol{B}}{\partial t} & ①\\ \nabla\cdot\boldsymbol{D}=\rho_f & ②\\ \nabla\cdot\boldsymbol{B}=0 & ③\\ \nabla\times\boldsymbol{H}=\boldsymbol{j}_c+\dfrac{\partial\boldsymbol{D}}{\partial t} & ④\end{cases}\tag{14-17}$$

这就是麦克斯韦方程组的微分形式，通常所说的麦克斯韦方程组，大都是指它的微分形式。

其中第①式说明电场是存在涡漩源，其旋度等于磁场变化率的负值。

第②式说明电场也有散度源，其散度等于电荷体密度。

第③式说明磁场无散度源，是无散场。

第④式说明磁场有涡漩源，其旋度源是传导电流密度与位移电流密度之和。

麦克斯韦方程组加上描述介质性质的辅助方程式(14-15)全面总结了电磁场的规律，是宏观电动力学的基本方程，利用它们原则上可以解决各种宏观电磁场问题。

电磁场的理论的产生是物理学史上划时代的里程碑之一，在以牛顿为代表的经典力学时代，所有的物理对象都是直观的或者可以认为是直观的，比如气体中的分子虽然是肉眼看不见的，但人们仍然把它们当做可以看见的小粒状物体，就如同在显微镜下可以看到的灰尘一样，但是场却是一种人类感官无法直接(在感官感觉的意义上)或间接感受的对象，因此人类根本无法"想象"出场"实际"上会是一种什么"东西"，但是人们仍然相信它的存在，除了人们在它的间接的物理效应中被证实以外，另一个主要的原因就是人类可以有表达它们的数学形式，麦克斯韦方程组就是以优美的数学组合方式表达了电磁场，这是一种对事物的本质的表达，因此人们在这种数学的确定性中坚信了它的"实际"存在。麦克斯韦方程组所具有的重要的物理学史的意义是，它扩展了人们对物质的认识，形成了新的物质概念和世界观。

当牛顿定律以一个简洁的方程式 $\boldsymbol{F}=m\boldsymbol{a}$ 表达了经典力的核心概念的时候，物理对象之间的关系是明白的、感性直观的，力就是物理对象之间的时空关系，但是现在对于电磁场，人们却无法用一个方程式来表达场之间的关系，而要用一组方程同时地表达它们之间的关系，而且这些方程之间不是通常的数学演绎关系，就是说，你不能像牛顿力学一样，从一个基本方程出发，采用数学代入方法，就能得到与此相关的其他物理方程，如速度、加速度、坐标位置、功和能等，电磁场的方程不同，它们不是可以用代入方法从一个方程推演出另一个方程，这些方程式各自有独立的实验意义而又相互依存，它们是同一个物理对象同时性地具有不相同的物理现象的本质，它们的共存性是在实验中被发现和归纳总结出来的，它们必须同时共存于同一个方程组之中——这就是它们的物理本质，因此在这个意义上，麦克斯韦方程组是一组彼此相关的公理，它以这种特殊的数学方式表达了一种物理存在。也正是在这两种意义上，麦克斯韦方程组表现了它在物理学历史中的里程碑式的意义：①它以不同的数学方程式表达了在时空中具有分别的物质现象的物理存在，在这个意义上它继承了经典物理学；②它以方程组的形式表达了场的存在，体现了电与磁的本质性共存性关系，在这个意义上，它又是显著的非经典的物理学。

14.4　电　磁　波

Electromagnetic wave

14.4.1　电磁波的产生和传播

1887 年 3 月 21 日，德国物理学家赫兹(Hertz)在实验中证实了电磁波的存在，导致了无线电的诞生，开辟了电子技术的新纪元，这是标志着从"有线电通信"向"无线电通信"的转折点。1887 年 11 月 5 日，赫兹在寄给亥姆霍兹一篇题为《论在绝缘体中电过程引起的感应现象》的论文中，总结了这个重要发现。接着，赫兹还通过实验确认了电磁波是横波，具有与光类似的特性，如反射、折射、衍射等，并且实验了两列电磁波的干涉，同时证实了在直线传播时，电磁波的传播速度与光速相同，从而全面验证了麦克斯韦的电磁理论的正确性。并且进一步完善了麦克斯韦方程组，使它更加优美、对称，得出了麦克斯韦方程组的现代形式。此外，赫兹又做了一系列实验。他研究了紫外光对火花放电的影响，发现了光电效应，即在光的照射下物体会释放出电子的现象。这一发现，后来成了爱因斯坦建立光量子理论的基础。

电磁波是由场源——加速运动的电荷或交变电流辐射出来的。例如使电荷在不长的直线段里按正弦规律振动,在较远处我们能够得到球面电磁波。根据波的性质,已发射出去的电磁波,即使当激发它的波源消失后,仍将继续存在并向前传播。因此,我们可以得出这样的结论,电磁场可以脱离电荷和电流而单独存在,并在一般情况下以波的形式运动。

产生电磁波的装置称为波源。电磁波波源的基本单元为振荡电偶极子。即电矩作周期性变化的电偶极子。其振荡电偶极矩为

$$P = ql = ql_0\cos\omega t = P_0\cos\omega t \tag{14-18}$$

式中:P_0是电矩振幅;ω为圆频率。

振荡电偶极子中的正负电荷相对其中心处作简谐振动。由于电磁场是以有限速度传播,因此空间各点电场的变化滞后于电荷位置的变化,即空间某点P处在t时刻的电力线应与$t-\Delta t$时刻电荷位置决定的该点处的场强相对应。

如图14-2(b)所示,图中过P点的电力线应与图14-2(a)中电荷位置所决定的P点的场强相对应。因此,在正负电荷靠近的t时刻,空间的电力线形状如图14-2(b)所示。而当两个电荷相重合时,电力线闭合,如图14-2(c)所示。此后,闭合电力线(它代表涡旋电场)便脱离振子,而正、负电荷向相反方向运动,如图14-2(d)所示。

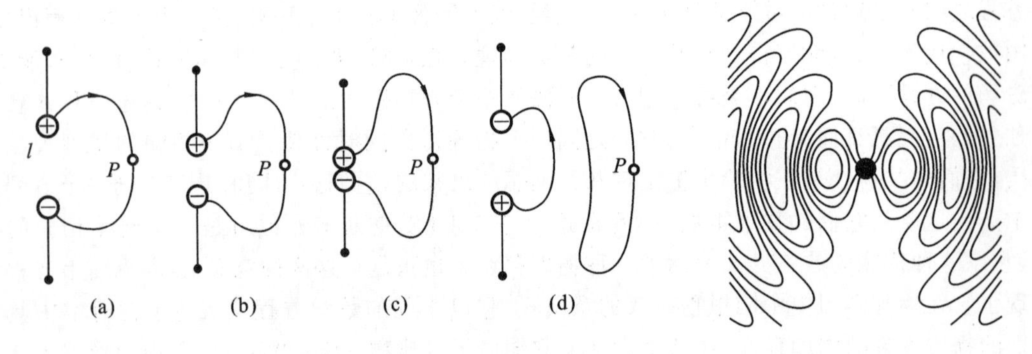

图14-2 电磁波的产生和传播

偶极子不断振荡,形成的涡旋状电力线不断向外传播。同时,由于振荡电偶极子随时间变化的非线性关系,必然激起变化的涡旋电场。后者又会激起新的涡旋电场,彼此互相激发,形成偶极子周围的电磁场。由麦克斯韦方程组推导可得:振荡电偶极子在各向同性介质中辐射的电磁波,在远离偶极子的空间任一点处($r\gg1$),t时刻的电场$\boldsymbol{E}$和磁场$\boldsymbol{H}$的量值分别为

$$E(r,t) = \frac{\omega^2 P_0\sin\theta}{4\pi\varepsilon u^2 r}\cos\omega\left(t-\frac{r}{u}\right) \tag{14-19}$$

$$H(r,t) = \frac{\omega^2 P_0\sin\theta}{4\pi u r}\cos\omega\left(t-\frac{r}{u}\right) \tag{14-20}$$

式(14-19)和式(14-20)是球面电磁波方程式。如图14-3所示,u为电磁波在该介质中的波速;r是矢径$\boldsymbol{r}$的量值;偶极子位于中心,偶极矩$P=ql$;θ为r与P之间的夹角。

在更加远离电偶极子的地方,因r很大,在通常研究的范围内θ角的变化很小,$\boldsymbol{E}$、$\boldsymbol{H}$可看成振幅恒定的矢量。因此其波函数可变化为

$$E(r,t) = E_0\cos\omega\left(t-\frac{r}{u}\right) \tag{14-21}$$

$$H(r,t) = H_0\cos\omega\left(t-\frac{r}{u}\right) \tag{14-22}$$

即在远离电偶极子的地方,电磁波可看做是平面电磁波。

麦克斯韦方程组只有四个方程，由于所给条件不同，它的解——实际存在的电磁波的形态则是极为复杂和多种多样的。真空中传播着的平面正弦电磁波是电磁波的最简单的形态。由它可以看到电磁波的一些基本性质。任何球面波在离场源较远地方的一个不大区域里都可看成平面波。从数学角度讲，平面电磁波所对应的方程组形式最为简单，任何复杂的电磁波都可以分解为这种简单的平面波来研究，因此平面电磁波可以看做是组成一切复杂电磁波的基本形态。

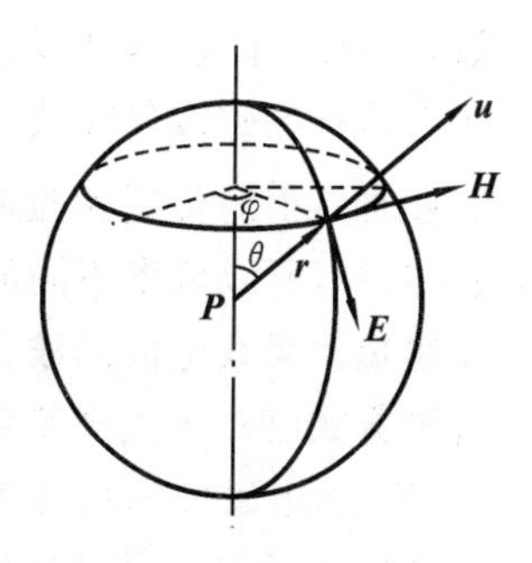

图 14-3　球面电磁波

14.4.2　电磁波的特性

电磁波除了具有一般波的共性如干涉、衍射等性质之外，还具有以下一些特性。

(1) $\boldsymbol{E}$ 和 $\boldsymbol{H}$ 互相垂直，且均与波的传播方向垂直。即 $\boldsymbol{E}\perp\boldsymbol{H}$ 且 $\boldsymbol{E}\perp\boldsymbol{u}$、$\boldsymbol{H}\perp\boldsymbol{u}$。因此平面电磁波是横波。并且 $\boldsymbol{E}$、$\boldsymbol{H}$ 与波的传播方向三者构成右手螺旋关系。即 $\boldsymbol{E}\times\boldsymbol{H}$ 的方向在任意时刻都指向波的传播方向，即波速 $\boldsymbol{u}$ 的方向。

振荡电偶极子不断地向外界辐射电磁场，由于电磁场具有能量，所以，在辐射过程中伴随着电磁场能量的传播。

为了描述电磁能量的传播，我们引入能流密度矢量——坡印廷(Poynting)矢量 $\boldsymbol{S}$，它定义为

$$\boldsymbol{S}=\boldsymbol{E}\times\frac{\boldsymbol{B}}{\boldsymbol{\mu}}=\boldsymbol{E}\times\boldsymbol{H} \tag{14-23}$$

$\boldsymbol{S}$ 代表单位时间内，通过垂直于波的传播方向上单位面积的能量。

$\boldsymbol{S}$ 的方向表示电磁波的传播方向，$\boldsymbol{S}$ 的大小表示电磁波所传递的能流密度。所以 $\boldsymbol{S}$ 又可以叫做能流密度矢量。

对于平面波而言，坡印廷矢量的计算方法如下

$$\boldsymbol{E}=e_xE_0\cos(\omega t-kz),\quad \boldsymbol{H}=e_yH_0\cos(\omega t-kz)$$

则

$$\boldsymbol{S}=\boldsymbol{E}\times\boldsymbol{H}=e_zE_0H_0\cos^2(\omega t-kz) \tag{14-24}$$

(2) 在无损耗媒质如真空中传播时，$\boldsymbol{E}$ 和 $\boldsymbol{H}$ 总是保持同相位。它们同步变化，同时达到最大值，又同时变为 0。但是在损耗媒质中传播的时候，$\boldsymbol{E}$ 和 $\boldsymbol{H}$ 会存在相位差，不再保持同步。

(3) 在同一点 $\boldsymbol{E}$ 和 $\boldsymbol{H}$ 的振幅量值间关系为

$$\frac{E}{H}=\sqrt{\frac{\mu}{\varepsilon}} \tag{14-25}$$

这说明，电磁波的电矢量大小和磁矢量大小成比例。

(4) 电磁波在真空中的传播速度与光在真空中的速度 c 相等。

可以根据波函数证明真空中的电磁波波速为

$$u=\frac{1}{\sqrt{\mu_0\varepsilon_0}}=\frac{1}{\sqrt{8.85\times10^{-12}\times4\pi\times10^{-7}}}\text{ m/s}=2.998\times10^{8}\text{ m/s} \tag{14-26}$$

这一数值与实验中测得真空中的光速相等，麦克斯韦由此预言，光波就是一种电磁波，而后即为赫兹的实验所证实。

14.4.3　电磁波的波谱

自 1888 年赫兹用实验证明了电磁波的存在，迄今，人们已经陆续发现，不仅光波是电磁

波，还有红外线、紫外线、X 射线、γ 射线等也都是电磁波，科学研究证明电磁波是一个大家族。所有这些电磁波仅在波长 λ(或频率 f)上有所差别，而在本质上完全相同，且波长不同的电磁波在真空中的传播速度都是 $c=1/\sqrt{\varepsilon_0\mu_0}\approx3\times10^8$ m/s。因为波的频率和波长满足关系式 $f\cdot\lambda=c$，所以频率不同的电磁波在真空中具有不同的波长。电磁波的频率越高，相应的波长就越短。无线电波的波长最长(频率最低)，而 γ 射线的波长最短(频率最高)。目前人类通过各种方式已产生或观测到的电磁波的最低频率为 $f=2\times10^{-2}$ Hz，其波长为地球半径的 2×10^3 倍，而电磁波的最高频率为 $f=10^{25}$ Hz，它来自于宇宙的 γ 射线。为了对各种电磁波有一个全面的了解，人们按照波长或频率的顺序把这些电磁波排列起来，这就是电磁波的波谱(见图14-4)。由于辐射强度随频率的减小而急剧下降，因此波长为几百千米(10^5 m)的低频电磁波强度很弱，通常不为人们注意。实际使用的无线电波是从波长几千米(频率为几百千赫)开始：波长 3000～50 m(频率 100 kHz～6 MHz)的属于中波段；波长 50～10 m(频率 6～30 MHz)的为短波；波长 10 m～1 cm(频率 30～30000 MHz)甚至达到 1 mm(频率为 3×10^5 MHz)以下的为超短波(或微波)。有时按照波长的数量级大小也常出现米波、分米波、厘米波、毫米波等名称。中波和短波用于无线电广播和通信，微波用于电视和无线电定位技术(雷达)。

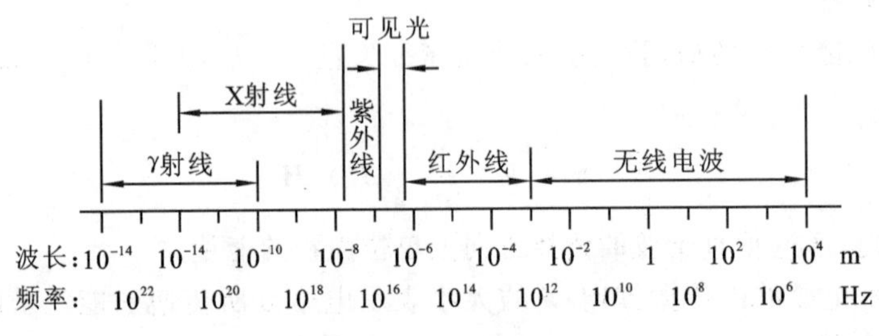

图 14-4　电磁波的波谱

可见光的波长范围很窄，在 4000～7600 Å(在光谱学中常采用埃(Å)作为长度单位来表示波长，1 Å$=1\times10^{-10}$ m)。从可见光向两边扩展，波长比它长的称为红外线，波长从 7600 Å 直到十分之几毫米。红外线的热效应特别显著。波长比可见光短的称为紫外线，它的波长为 50～4000 Å，它有显著的化学效应和荧光效应。红外线和紫外线都是人类看不见的，只能利用特殊的仪器来探测。无论是可见光、红外线或紫外线，它们都是由原子或分子等微观客体激发的。近年来，一方面由于超短波无线电技术的发展，无线电波的范围不断朝波长更短的方向发展；另一方面由于红外技术的发展，红外线的范围不断朝波长更长的方向扩展。目前超短波和红外线的分界已不存在，其范围有一定的重叠。

X 射线，它是由原子中的内层电子发射的，其波长范围在 $10^{-2}\sim10^2$ Å。随着 X 射线技术的发展，它的波长范围也不断朝着两个方向扩展。目前在长波段已与紫外线有所重叠，短波段已进入 γ 射线领域。放射性 γ 射线的波长是从 1 Å 左右直到无穷短的波长。

电磁波谱中上述各波段主要是按照得到和探测它们的方式不同来划分的。随着科学技术的发展，各波段都已冲破界限与其他相邻波段重叠起来。目前在电磁波谱中除了波长极短($10^{-5}\sim10^{-4}$ Å 以下)的一端外，不再留有任何未知的空白了。

【思考题与习题】

1. 思考题

14-1　一平板电容器充电以后断开电源，然后缓慢拉开电容器两极板的间距，则拉开过程中两极板间的位移电流为多大？若电容器两端始终维持恒定电压，则在缓慢拉开电容器两极板间距的过程中两极板间有无位移电流？若有位移电流，则它的方向怎样？

14-2　什么是位移电流？什么是全电流？位移电流和传导电流有什么不同？

14-3　真空中静电场和真空中一般电磁场的高斯定理形式皆为 $\oiint_S \boldsymbol{D}\cdot \mathrm{d}\boldsymbol{S}=\sum q_f$，但在理解上有何不同？真空中稳恒电流的磁场和真空中一般电磁场的高斯定理皆为 $\oint_S \boldsymbol{B}\cdot \mathrm{d}\boldsymbol{S}=0$，但在理解上有何不同？

14-4　试写出与下列内容相应的麦克斯韦方程的积分形式：

(1) 电场线起始于正电荷终止于负电荷；

(2) 磁场线无头无尾；

(3) 变化的电场伴有磁场；

(4) 变化的磁场伴有电场。

2. 选择题

14-5　电位移矢量的时间变化率 $\mathrm{d}\boldsymbol{D}/\mathrm{d}t$ 的单位是(　　)。

(A) 库仑/米^2　　(B) 库仑/秒　　(C) 安培/米^2　　(D) 安培·米^2

14-6　对位移电流，有下述四种说法，请指出哪一种说法正确(　　)。

(A) 位移电流是指变化电场

(B) 位移电流是由线性变化磁场产生的

(C) 位移电流的热效应服从焦耳-楞次定律

(D) 位移电流的磁效应不服从安培环路定理

14-7　在感应电场中电磁感应定律可写成 $\oint_L \boldsymbol{E}_K\cdot \mathrm{d}\boldsymbol{l}=-\frac{\mathrm{d}\Phi}{\mathrm{d}t}$，式中 $\boldsymbol{E}_K$ 为感应电场的电场强度。此式表明(　　)。

(A) 闭合曲线 L 上 $\boldsymbol{E}_K$ 处处相等

(B) 感应电场是保守力场

(C) 感应电场的电场强度线不是闭合曲线

(D) 在感应电场中不能像对静电场那样引入电势的概念

14-8　如图 14-5 所示，平板电容器(忽略边缘效应)充电时，沿环路 L_1、L_2 磁场强度 $\boldsymbol{H}$ 的环流满足(　　)。

(A) $\oint_{L_1} \boldsymbol{H}\cdot \mathrm{d}\boldsymbol{l} > \oint_{L_2} \boldsymbol{H}\cdot \mathrm{d}\boldsymbol{l}$

(B) $\oint_{L_1} \boldsymbol{H}\cdot \mathrm{d}\boldsymbol{l} = \oint_{L_2} \boldsymbol{H}\cdot \mathrm{d}\boldsymbol{l}$

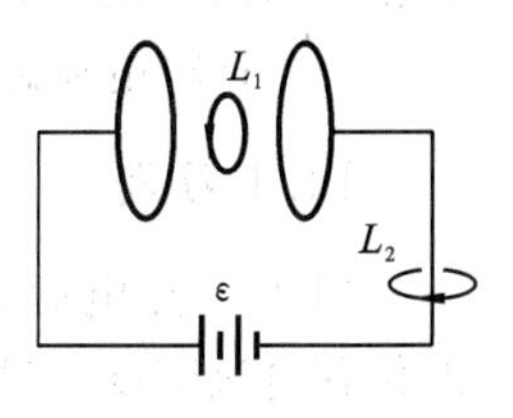

图 14-5　题 14-8 图

(C) $\oint_{L_1} \boldsymbol{H} \cdot \mathrm{d}\boldsymbol{l} < \oint_{L_2} \boldsymbol{H} \cdot \mathrm{d}\boldsymbol{l}$

14-9　一个电容器在振荡电路中，在其两极间放入一矩形线圈，线圈的面积与电容器极板面积相等，并且位于两极板的中央与之平行，如图 14-6(a)所示。则下列说法正确的是(　　)。

(A) 在线圈的下缘放一小磁针，使磁针与线圈平面垂直，磁针不会转动

(B) 线圈中没有感应电流

(C) 线圈中有感应电流

(D) 如果把线圈平面转过 90°，使其平面与纸面平行，并位于两极板的中央，如图 14-6(b)所示，则此时有感应电流

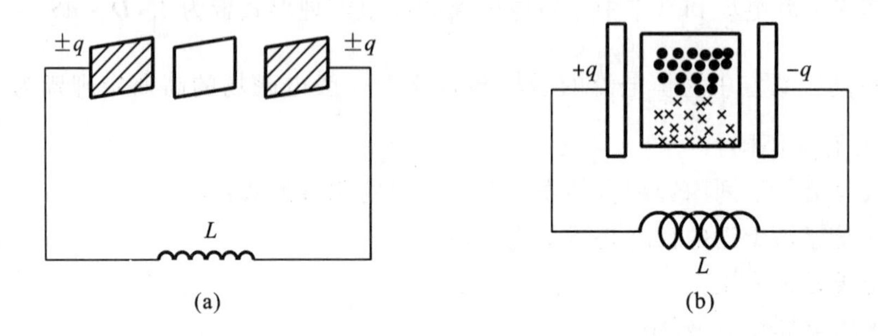

图 14-6　题 14-9 图

14-10　电磁波的电场强度 $\boldsymbol{E}$、磁场强度 $\boldsymbol{H}$ 和传播速度 $\boldsymbol{u}$ 的关系是(　　)。

(A) 三者互相垂直，而且 $\boldsymbol{E}$、$\boldsymbol{H}$、$\boldsymbol{u}$ 构成右旋直角坐标系

(B) 三者互相垂直，而 $\boldsymbol{E}$ 和 $\boldsymbol{H}$ 相位相差 $\pi/2$

(C) 三者中 $\boldsymbol{E}$ 和 $\boldsymbol{H}$ 是同方向，但都与 $\boldsymbol{u}$ 垂直

(D) 三者中 $\boldsymbol{E}$ 和 $\boldsymbol{H}$ 可以是任意方向，但都与 $\boldsymbol{u}$ 垂直

3. 填空题

14-11　两个圆形板组成的平行板电容器，电容为 1.0×10^{-12} F，加上频率为 50 周/秒、峰值为 1.74×10^{5} V 的正弦交流电压，极板间位移电流的最大值为________。

14-12　设 C 是电容器的电容，U 是两极板的电势差，则电容器的位移电流为________。

14-13　麦克斯韦方程组的积分形式：

$$\oiint_S \boldsymbol{D} \cdot \mathrm{d}\boldsymbol{S} = \sum q_f \quad ① \qquad \oint_l \boldsymbol{E} \cdot \mathrm{d}\boldsymbol{l} = -\frac{\mathrm{d}\Phi_m}{\mathrm{d}t} \quad ②$$

$$\oiint_S \boldsymbol{B} \cdot \mathrm{d}\boldsymbol{S} = 0 \quad ③ \qquad \oint_l \boldsymbol{H} \cdot \mathrm{d}\boldsymbol{l} = \sum I + \frac{\mathrm{d}\Phi_D}{\mathrm{d}t} \quad ④$$

试判断下列结论是包含于或等效于哪一个麦克斯韦方程式，将你确定的方程式的代号填在相应结论后的空白处：(1)变化的磁场一定伴随有电场________；(2)磁感应线无头无尾________；(3)电荷总是伴随有电场________；(4)电场的变化可以激发涡旋磁场________。

14.1 习题

14-14　点电荷 q 在半径为 R 的圆周上以角速度 ω 匀速转动，如图 14-7 所示，求圆心处 O 的位移电流密度矢量。

14-15　如图 14-8 所示，半径为 R 的两块金属圆板构成平行板电容器，对电容器匀速充电，两极板间电场的变化率为 $\mathrm{d}\boldsymbol{E}/\mathrm{d}t$。求：(1)电容器两极板间的位移电流；(2)距两极板轴线距离为 $r(r\leqslant R)$ 处的磁感应强度 $\boldsymbol{B}$(忽略边缘效应)。

14-16　如图 14-9 所示，一个长直螺线管，每单位长度有 n 匝，载有电流 i，设 i 随时间变化而增加，$\frac{\mathrm{d}i}{\mathrm{d}t}>0$。求：(1)在螺线管内距轴线为 r 处某点的涡旋电场；(2)该点的坡印廷矢量的大小和方向。

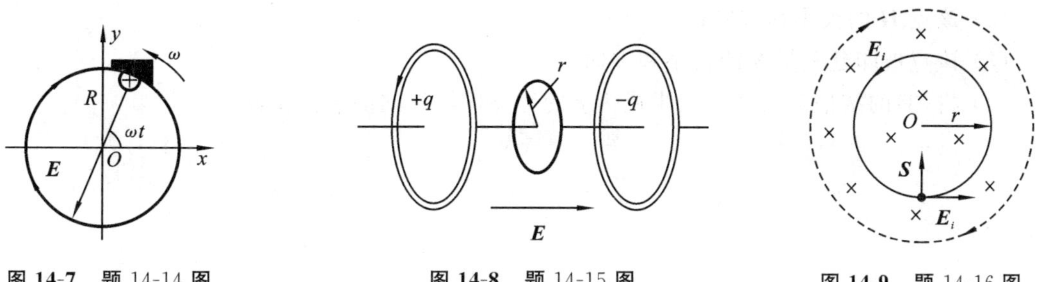

图 14-7　题 14-14 图　　图 14-8　题 14-15 图　　图 14-9　题 14-16 图

14-17　圆柱形电容器内、外导体截面半径分别为 R_1 和 $R_2(R_1<R_2)$，中间充满介电常数为 ε 的电介质。当两极板间的电压随时间的变化 $\frac{\mathrm{d}U}{\mathrm{d}t}=k$ 时(k 为常数)，求介质内距圆柱轴线为 r 处的位移电流密度。

14-18　试证：平行板电容器的位移电流可写成 $I_d=C\frac{\mathrm{d}U}{\mathrm{d}t}$。式中 C 为电容器的电容，U 是电容器两极板的电势差。如果不是平板电容器，以上关系还适用吗？

14-19　如图 14-10 所示，电荷 $+q$ 以速度 $\boldsymbol{v}$ 向 O 点运动，$+q$ 到 O 点的距离为 x，在 O 点处作半径为 a 的圆平面，圆平面与 $\boldsymbol{v}$ 垂直。求：通过此圆的位移电流。

14-20　如图 14-11 所示，设平行板电容器内各点的交变电场强度 $E=720\sin 10^5\pi t\ \mathrm{V\cdot m^{-1}}$，正方向规定如图所示。试求：

(1) 电容器中的位移电流密度；

(2) 电容器内距中心联线 $r=10^{-2}$ m 的一点 P，当 $t=0$ 和 $t=\frac{1}{2}\times10^{-5}$ s 时磁场强度的大小及方向(不考虑传导电流产生的磁场)。

图 14-10　题 14-19 图　　图 14-11　题 14-20 图

14-21　半径为 $R=0.10$ m 的两块圆板构成平行板电容器，放在真空中。今对电容器匀速充电，使两极板间电场的变化率为 $\frac{\mathrm{d}E}{\mathrm{d}t}=1.0\times10^{13}\ \mathrm{V\cdot m^{-1}\cdot s^{-1}}$。求两极板间的位移电流，并计算电容器内离两圆板中心联线 $r(r<R)$ 处的磁感应强度 $\boldsymbol{B}_r$ 以及 $r=R$ 处的磁感应强度 $\boldsymbol{B}_R$。

14-22　有一导线，截面半径为 10^{-2} m，单位长度的电阻为 3×10^{-3} $\Omega\cdot m^{-1}$，载有电流 25.1 A。试计算在距导线表面很近一点的以下各量：

(1) $\boldsymbol{H}$ 的大小；

(2) $\boldsymbol{E}$ 在平行于导线方向上的分量；

(3) 垂直于导线表面的 $\boldsymbol{S}$ 分量。

14-23　有一圆柱形导体，截面半径为 a，电阻率为 ρ，载有电流 I_0。试求：

(1) 在导体内距轴线距离为 r 处某点的 $\boldsymbol{E}$ 的大小和方向；

(2) 该点 $\boldsymbol{H}$ 的大小和方向；

(3) 该点坡印廷矢量 $\boldsymbol{S}$ 的大小和方向；

(4) 将(3)的结果与长度为 l、半径为 r 的导体内消耗的能量作比较。

参考答案

第1章

1-1　略

1-2　因为匀速圆周运动的圆盘有向心加速度，所以是非惯性系的。

1-3　分析在平面内作曲线运动的质点的运动规律时，适合选用自然坐标系，切向加速度改变质点运动速度的快慢，法向加速度改变质点运动的方向。

1-4　在公路转弯处，外围一侧比内侧要高，形成一定坡度，目的是让车辆的重力和路面的支持力的合力形成向心力，让车辆作圆周运动。路面坡度一定，这个向心力就一定，如果车辆超速的话所需要的向心力就变大，所以需要限速。

1-5　C　　1-6　B　　1-7　A　　1-8　D　　1-9　略

1-10　略　　1-11　略　　1-12　略　　1-13　3 s　　1-14　2 s

1-15　(1)8 m　(2)2.5 m

1-16　提示：在竖直平面内建立坐标系，质点的运动可以分解为水平方向为匀速直线运动，竖直方向为有初速度 $a=-g$ 的直线运动。

1-17　(1)$2v$　(2)$2R$　(3)$2\pi R$　　1-18　略　　1-19　略　　1-20　略　　1-21　B

1-22　B　　1-23　$g\sin\theta$，$g\cos\theta$　　1-24　$x=x_0\mathrm{e}^{-kt}$　　1-25　D

1-26　$\boldsymbol{a}=-b\boldsymbol{\tau}+\dfrac{(v_0-bt)^2}{R}\boldsymbol{n}$，$\{[(v_0-bt)^2/R]^2+b^2\}^{1/2}$

1-27　略

1-28　(1)$a_t=6$，$\tan\theta=9/6$，$\theta=56°$　(2)$a=\sqrt{117}=3\sqrt{13}$

1-29　东偏北 30°　　1-30　2.5 m/s，与河岸成 37°

1-31　(1)14.1 km/h，竖直向下　(2)81.2 km/h，与车行驶方向成 170°

1-32　船上观察到的烟筒冒出的炊烟的方向为南偏西 60°

1-33　略

第2章

2-1　略　　2-2　略　　2-3　略　　2-4　A　　2-5　C　　2-6　A

2-7　$m_2g/(m_1+m_2)$　$m_1m_2g/(m_1+m_2)$

2-8　2 m/s　　2-9　9.3×10^5 N　25%的火车重力

2-10　15 N　0 N　　2-11　60 N　77.4 N

2-12　2.45 m/s²　7.35 N　0.5 kg　4.9 N

2-13　$a_1=\dfrac{2m_2}{m_1+4m_2}g$，$a_2=\dfrac{4m_2}{m_1+4m_2}g$，$T=\dfrac{2m_1m_2}{m_1+4m_2}g$

2-14　$T_1=4\pi^2r_1f^2m_1+4\pi^2r_2f^2m_2$

$T_2=4\pi^2r_2f^2m_2$

2-15　$v=(mg/b)+[v_0-(mg/b)]e^{-bt/m}$

$v=(-mg/b)+[v_0-(mg/b)]e^{-bt/m}$

2-16　10 m

2-17　$mb, m(v_0+bt)^2/R$

2-18　$v=\sqrt{\frac{2k}{m}\left|\frac{1}{x}-\frac{1}{x_0}\right|}$

第3章

3-1　略　3-2　略　3-3　略　3-4　略　3-5　C　3-6　B　3-7　C

3-8　A　3-9　$W=-F_0R$　3-10　正　3-11　$GMm\frac{r_2-r_1}{r_1r_2}$

3-12　0　3-13　72 J　3-14　200 J　3-15　1.49×10^3 J

3-16　$mgl(1-\cos\alpha)$　3-17　729 J　3-18　$s=\frac{v^2}{2g\mu}$

3-19　$-\frac{mat(2v_0-at)}{2}$　3-20　0.45 m　3-21　$-\frac{bl\left(2v_0-\frac{bl}{m}\right)}{2}$

3-22　(1)$-\frac{\mu mg}{2l}(l-a)^2$　(2)$v=\sqrt{\frac{g}{l}}[(l^2-a^2)-\mu(l-a)^2]^{\frac{1}{2}}$

3-23　(1)$\frac{mv_2^2}{2}-\frac{mv_1^2}{2}$　(2)$h=\frac{v_2^2+v_1^2}{4g}$

3-24　(1)$-\frac{GMm}{2r_0}$　(2)卫星的动能增大,万有引力势能减小

3-25　$-\Delta E_P>\Delta E_e$　3-26　$\frac{k_1k_2\Delta l^2}{2(k_1+k_2)}$　3-27　$-\frac{GmM}{l}\ln\left(1+\frac{l}{a}\right)$

3-28　85 m

3-29　(1)$\frac{GMmh}{R(R+h)}$　(2)$\frac{GMmh}{R(R+h)}-\frac{mv^2}{2}$

3-30　$\theta=\arcsin\frac{2}{3}=41.8°$　$v=\sqrt{\frac{2gR}{3}}$

3-31　2934.8 m

3-32　$E_{K0}+mgx\sin\alpha-\frac{1}{2}kx^2-\frac{(mg\sin\alpha)^2}{2k}$

第4章

4-1　略　4-2　略　4-3　略　4-4　A　4-5　A

4-6　$-2mv$　4-7　$2E_k/3$　4-8　$\pi Rmg/v$　4-9　$(26\boldsymbol{i}-28\boldsymbol{j})$N·s

4-10　-0.667 m/s,负号表示速度方向和扔出包裹方向相反

4-11　7.64 m/s,10.80 m/s

4-12　质子-2.15×10^4 m/s,负号表示和原来运动方向相反

He核1.45×10^4 m/s

4-13　$5m/3$

4-14　1 球：3.7 m/s，x 轴正方向；2 球：2.0 m/s

4-15　离地球中心 4520 km 处

4-16　6.5×10^{-11} m

4-17　(1)7.9×10^{3} m/s，5.1×10^{3} m/s，方向都在原来方向上　(2)8.82×10^{8}J

第 5 章

5-1　$(\boldsymbol{r}-\boldsymbol{a})^2=R^2$，以 $+\boldsymbol{a}$ 为圆心的半径相同的圆

5-2　略　5-3　略　5-4　略　5-5　D　5-6　A

5-7　$\frac{1}{2}m\omega l,\frac{1}{6}ml^2\omega^2,\frac{1}{3}ml^2\omega$

5-8　$\frac{I\omega_0}{I+\frac{1}{4}mR^2}$

5-9　5.48×10^{3} rad · s^{-1}

5-10　(1)12 rad · s^{-2}　(2)50.4 m · s^{-2}

5-11　$\frac{1}{12}m(a^2+b^2)$

5-12　$\frac{1}{4}mR^2+\frac{1}{12}mL^2$

5-13

$$\beta=\frac{(m_2-m_1)g}{(\frac{1}{2}m+m_1+m_2)R}$$

$$T_1=m_1g+\frac{m_1(m_2-m_1)g}{\frac{1}{2}m+m_1+m_2}$$

$$T_2=m_2g+\frac{m_2(m_1-m_2)g}{\frac{1}{2}m+m_1+m_2}$$

5-14　m_1 与 m 之间绳子张力 $T_1=m_1g\sin\theta+\frac{m_1(m_2-m_1\sin\theta)g}{\frac{1}{2}m+m_1+m_2}$

m 与 m_2 之间绳子张力 $T_2=m_2g-\frac{m_2(m_2-m_1 sin\theta)g}{\frac{1}{2}m+m_1+m_2}$

m_2 加速度 $a=\frac{(m_2-m_1 sin\theta)g}{\frac{1}{2}m+m_1+m_2}$

5-15　$\beta=\frac{(m_2r_2-m_1r_1)g}{(\frac{1}{2}m+m_1)r_1^2+(\frac{1}{2}m+m_2)r_2^2}$

5-16　$\omega=\omega_0-\frac{4\mu g}{3R}t$

5-17　$\omega=\sqrt{\frac{3g}{l}}$；$T(r)=\frac{m}{L}g(L-r)+\frac{1}{2}\frac{m}{L}\omega^2(L^2-r^2)$，在转轴处，$r=0$，$T|_{r=0}=\frac{1}{2}m\omega^2L+$

mg

5-18 $\sqrt{\frac{6g}{l}}$

5-19 略

5-20 $2v_0, A=\frac{3}{2}mv_0^2$

5-21 $\frac{1}{2}\cdot\frac{m^2}{M+m}v_0^2=\frac{1}{2}k(l-l_0)^2+\frac{1}{2}(M+m)v^2$,再求出 v

5-22 $t=\frac{(m_2l^2+\frac{1}{3}m_1l^2)\omega_0}{M}=\frac{m_2v_1}{\mu(\frac{1}{2}m_1+m_2)g}$

$$\theta=\omega_0t-\frac{\frac{1}{2}Mt^2}{m_2l^2+\frac{1}{3}m_1l^2}=\frac{m_2^2v_1^2}{2\mu gl(\frac{1}{3}m_1+m_2)(\frac{1}{2}m_1+m_2)}$$

5-23 (1)2 $\mathrm{kg\cdot m^2}$ (2)2631.9 J

5-24 (1)2.1 $\mathrm{rad\cdot s^{-1}}$ (2)24.29°

第6章

6-1 以轮心为原点,水平方向为 x 轴,竖直方向为 y 轴建立坐标系,系统自由度为1,以 θ 为广义坐标,质点摆到任意位置时坐标:$(a\cos\theta+(l+a\theta)\sin\theta, a\sin\theta-(l+a\theta)\cos\theta)$。

$$L=T-V=\frac{1}{2}m[(-a\dot{\theta}\sin\theta+a\dot{\theta}\sin\theta+(l+a\theta)\dot{\theta}\cos\theta)^2$$
$$+[a\dot{\theta}\cos\theta-a\dot{\theta}\cos\theta+(l+a\theta)\dot{\theta}\sin\theta)^2]-mga\sin\theta+mg(l+a\theta)\cos\theta$$

$$\frac{\mathrm{d}}{\mathrm{d}t}(\frac{\partial L}{\partial\dot{\theta}})=m(l+a\theta)^2\ddot{\theta}+2ma(l+a\theta)\dot{\theta}^2$$

$$\frac{\partial L}{\partial\theta}=ma(l+a\theta)\dot{\theta}^2-mg(l+a\theta)\sin\theta$$

代入拉格朗日方程得:$(l+a\theta)\ddot{\theta}+a\dot{\theta}^2+g\sin\theta=0$

6-2 首先建立坐标系,此时匀质杆质心 c 的坐标:$(l\sin\theta, -x-l\cos\theta)$

$$L=\frac{1}{2}m[(l\dot{\theta}\cos\theta)^2+(-\dot{x}+l\dot{\theta}\sin\theta)^2]+\frac{1}{2}(\frac{1}{3}ml^2)\dot{\theta}^2-\frac{1}{2}kx^2+mg(x+l\cos\theta)$$

$$p_x=\frac{\partial L}{\partial\dot{x}}=m\dot{x}-ml\dot{\theta}\sin\theta$$

$$p_\theta=\frac{\partial L}{\partial\dot{\theta}}=\frac{4}{3}ml^2\dot{\theta}-ml\dot{x}\sin\theta$$

可解得

$$\dot{x}=\frac{\frac{4}{3}lp_x+\sin\theta p_\theta}{ml\left(\frac{4}{3}-\sin^2\theta\right)}$$

$$\dot{p}_x=mg-kx$$

$$\dot{\theta}=\frac{l\sin\theta p_x+p_\theta}{ml\left(\frac{4}{3}-\sin^2\theta\right)}$$

$$\dot{p}_\theta=-\frac{\cos\theta}{ml\left(\frac{4}{3}-\sin^2\theta\right)}\left[\sin\theta\left(4p_x^2+\frac{1}{l^2}p_\theta^2\right)+\left(\frac{4}{3}+\sin^2\theta\right)\frac{p_xp_\theta}{l}\right]-mgl\sin\theta$$

第7章

7-1 略　7-2 略　7-3 略　7-4 略　7-5 C　7-6 C

7-7 C　7-8 C　7-9 3.6×10^4 N·C^{-1}

7-10 $\frac{\sigma}{2\varepsilon_0}$,水平向右;$\frac{3\sigma}{2\varepsilon_0}$,水平向右;$\frac{\sigma}{2\varepsilon_0}$,水平向左　7-11 πR^2E

7-12 $\frac{\Delta SQ}{16\pi^2\varepsilon_0R^4}$,从 O 指向小孔　7-13 $\frac{4}{3}F$

7-14 (1) $-\frac{q}{\sqrt{3}}$ (2) 与边长无关,不稳定平衡

7-15 $-\frac{Q}{2\pi^2\varepsilon_0R^2}$

7-16 (1) $\frac{\lambda}{2\pi\varepsilon_0}\left(\frac{1}{x}+\frac{1}{a-x}\right)$ (2) $\frac{\lambda^2}{2\pi\varepsilon_0a}$

7-17 $\frac{\lambda}{3\pi\varepsilon_0l}$　7-18 4.5×10^7 N·C^{-1}

7-19 $\frac{\sqrt{2}\lambda}{4\pi\varepsilon_0R}$　7-20 $\frac{-\sigma}{4\varepsilon_0}$

7-21 (1) $\frac{q}{\varepsilon_0}$ (2) $\frac{q}{6\varepsilon_0}$

7-22 (见学习指导习题选解)

7-23 $\frac{q}{\varepsilon_0}(1-\frac{l}{\sqrt{R^2+l^2}})$

7-24 (见学习指导习题选解)

7-25 $\frac{\rho x}{\varepsilon_0}(x<\frac{d}{2})$,$\frac{\rho d}{2\varepsilon_0}(x>\frac{d}{2})$

7-26 (见学习指导习题选解)

第8章

8-1 略　8-2 略　8-3 略　8-4 略　8-5 D　8-6 B　8-7 D

8-8 D　8-9 D

8-10 $U=(q_1-q_2)/(2\pi\varepsilon_0R)$(无限远处电势设为零)

8-11 $Q/(4\pi\varepsilon_0R)$　8-12 $r=10$ cm

8-13 解题思路:如图 8-22 所示,$-a\rightarrow+a$ 区域,$E=\sigma/\varepsilon_0$,故电势为:$U_x=\int_x^0E\mathrm{d}x=\int_x^0\frac{\sigma}{\varepsilon_0}\mathrm{d}x=-\frac{\sigma x}{\varepsilon_0}$

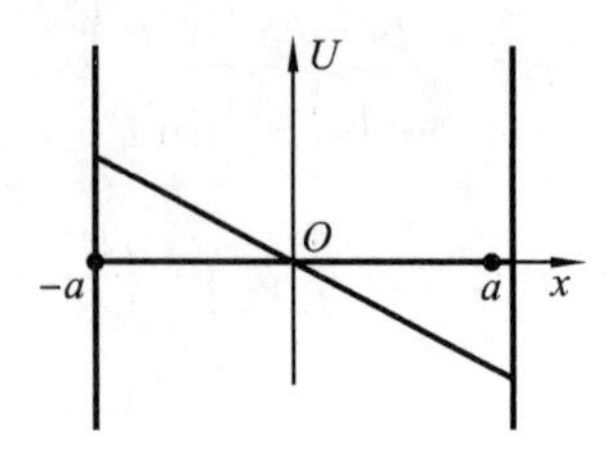

图 8-22　解题 8-13 **图**

8-14　O 点电势为 0,O 点的场强大小为 0

8-15　外力需做的功 $A'=-A=-6.55\times10^{-6}$ J

8-16　$A=q_0(U_0-U_C)=\dfrac{q_0 q}{6\pi\varepsilon_0 R}$

8-17　略

8-18　(1) $U_P=\int \mathrm{d}U_P=\dfrac{q}{8\pi\varepsilon_0 l}\int_{-l}^{l}\dfrac{\mathrm{d}x}{r-x}=\dfrac{q}{8\pi\varepsilon_0 l}\ln\dfrac{r+l}{r-l}$

(2) $U_Q=\int_l \mathrm{d}U_Q=\dfrac{q}{8\pi\varepsilon_0 l}\int_{-l}^{l}\dfrac{\mathrm{d}x}{(x^2+r^2)^{1/2}}=\dfrac{q}{4\pi\varepsilon_0 l}\ln\dfrac{l+\sqrt{l^2+r^2}}{r}$

8-19　(1)$E=\dfrac{-\lambda}{2\pi\varepsilon_0 R}$

(2)$U_0=U_1+U_2+U_3=\dfrac{\lambda}{2\pi\varepsilon_0}\ln2+\dfrac{\lambda}{4\varepsilon_0}$

8-20　$U=\int_{R_1}^{R_2}\boldsymbol{E}\cdot\mathrm{d}\boldsymbol{r}=\int_{R_1}^{R_2}-\dfrac{\lambda}{2\pi\varepsilon_0 r}\mathrm{d}r=-\dfrac{\lambda}{2\pi\varepsilon_0}\ln\dfrac{R_2}{R_1}$

8-21　外力所做的功为

$$W=\frac{Q^2}{8\pi\varepsilon_0 d}$$

8-22　(1) $V=\int_{R_1}^{R_2}\dfrac{\sigma r\,\mathrm{d}r}{2\varepsilon_0(x^2+r^2)^{1/2}}=\dfrac{\sigma}{2\varepsilon_0}[\sqrt{R_2^2+r^2}-\sqrt{R_1^2+r^2}]$

(2)质子欲穿过环心,其速率不能小于$\sqrt{\dfrac{e\sigma}{\varepsilon_0 m}(R_2-R_1)}$

8-23　(1)当 $r\leqslant R_1$ 时,有

$V_1=\dfrac{Q_1}{4\pi\varepsilon_0 R_1}+\dfrac{Q_2}{4\pi\varepsilon_0 R_2}$

当 $R_1\leqslant r\leqslant R_2$ 时,有

$$V_2=\frac{Q_1}{4\pi\varepsilon_0 r}+\frac{Q_2}{4\pi\varepsilon_0 R_2}$$

当 $r\geqslant R_2$ 时,有

$$V_3=\frac{Q_1+Q_2}{4\pi\varepsilon_0 R_2}r$$

(2)两个球面间的电势差为

$$U_{12}=\int_{R_1}^{R_2}\boldsymbol{E}_2\cdot\mathrm{d}\boldsymbol{l}=\frac{Q_1}{4\pi\varepsilon_0}\left(\frac{1}{R_1}-\frac{1}{R_2}\right)$$

8-24　取棒表面为电势零点,空间电势的分布有

当 $r \leqslant R$ 时，$V(r) = \int_r^R \frac{\rho r}{2\varepsilon_0} \mathrm{d}r = \frac{\rho}{4\varepsilon_0}(R^2 - r^2)$

当 $r \geqslant R$ 时，$V(r) = \int_r^R \frac{\rho R^2}{2\varepsilon_0 r} \mathrm{d}r = \frac{\rho R^2}{2\varepsilon_0} \ln \frac{R}{r}$

图 8-23 所示为电势 V 随空间位置 r 变化的分布曲线。

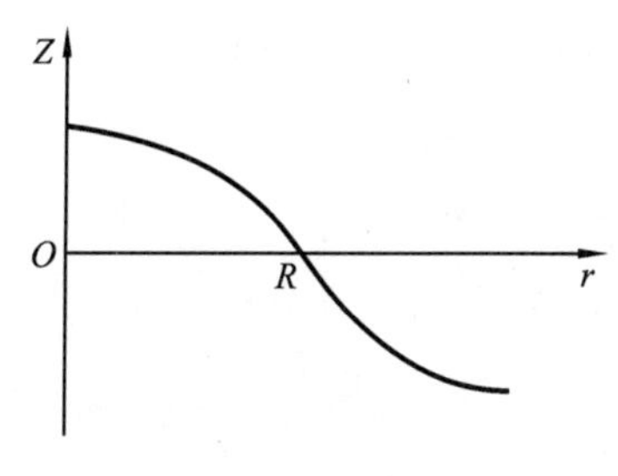

图 8-23　解题 8-24 图

8-25　$\lambda = 2\pi\varepsilon_0 U_{12} / \ln \frac{R_2}{R_1} = 2.1 \times 10^{-8}\ \mathrm{C \cdot m^{-1}}$

$E = \frac{\lambda}{2\pi\varepsilon_0 r} = 3.74 \times 10^2\ \frac{1}{r} V$

8-26　$m = \frac{\Delta E}{L} = \frac{qU}{l} = 8.98 \times 10^4\ \mathrm{kg}$

即可融化约 90 吨冰。

8-27　$U_{AB} = \frac{1}{2}(V'_R - V'_B) = \frac{\sigma R}{6\varepsilon_0}$

8-28　(1)把电子从原子中拉出来需要克服电场力做功

$W' = |E_P| = \frac{e^2}{4\pi\varepsilon_0 r} = 27.2\ \mathrm{eV}$

(2)电子的电离能等于外界把电子从原子中拉出来需要的最低能量

$E_0 = |E| = 13.6\ \mathrm{eV}$

第 9 章

9-1　略　　9-2　略　　9-3　略　　9-4　略　　9-5　C

9-6　C　　9-7　B　　9-8　C　　9-9　$U = 300\ \mathrm{V}$

9-10　$U_{AB} = \frac{Q}{2\varepsilon_0} \frac{d}{s}$；$U'_{AB} = \frac{Q}{\varepsilon_0} \frac{d}{s}$

9-11　600 V　　9-12　大于　　9-13　U_0

9-14　$E = \begin{cases} \frac{q}{4\pi\varepsilon_0 r^2} & (r < R_1) \\ 0 & (R_1 < r < R_2) \\ \frac{q}{4\pi\varepsilon_0 r^2} & (R_2 < r) \end{cases}$

$U = \begin{cases} \frac{q}{4\pi\varepsilon_0}\left(\frac{1}{r} - \frac{1}{R} + \frac{1}{R}\right) & (r \leqslant R_1) \\ \frac{q}{4\pi\varepsilon_0 R_2} & (R_1 \leqslant r \leqslant R_2) \\ \frac{q}{4\pi\varepsilon_0 r} & (r \geqslant R_2) \end{cases}$

9-15　(1) $U_1 = \frac{1}{4\pi\varepsilon_0}\left(\frac{q}{R_1} - \frac{q}{R_2} + \frac{q+Q}{R_3}\right)$，$U_2 = \frac{1}{4\pi\varepsilon_0} \frac{q+Q}{R_3}$

(2) $U_1 = \frac{1}{4\pi\varepsilon_0}\left(\frac{q}{R_1} - \frac{q}{R_2}\right)$，$U_2 = 0$

(3) $U_1 = 0$，$U_2 = \frac{Q}{4\pi\varepsilon_0} \cdot \frac{R_2 - R_1}{R_1 R_2 + R_2 R_3 - R_1 R_3}$

9-16　(1) $q_C = -2 \times 10^{-7}\ \mathrm{C}$

$q_B = -1\times10^{-7}$ C

(2) $U_A = 2.3\times10^3$ V

9-17 $\sqrt{2Fd/C}$

9-18 板间场强大小$\frac{q}{\varepsilon_0 S}$;电容$\frac{\varepsilon_0 S}{d-t}$;无影响

9-19 $q_1 = 1.28\times10^{-3}$ C

$q_2 = 1.92\times10^{-3}$ C

9-20 略

9-21 (1) $C=\varepsilon_r C_0$, $\sigma=\sigma_0$, $U=\frac{U_0}{\varepsilon_r}$, $E=\frac{E_0}{\varepsilon_r}$, $D=D_0$

(2) $C=\varepsilon_r C_0$, $\sigma=\varepsilon_r\sigma_0$, $U=U_0$, $E=E_0$, $D=\varepsilon_r D_0$

9-22 $\frac{\sigma_2}{\sigma_1}=\varepsilon_r$

9-23 (1) $0<r<R$: $\boldsymbol{D}=0$, $\boldsymbol{E}=0$

$R<r<a$: $\boldsymbol{D}=\frac{q}{4\pi r^2}\boldsymbol{r}_0$, $\boldsymbol{E}=\frac{q}{4\pi\varepsilon_0 r^2}\boldsymbol{r}_0$

$a<r<b$: $\boldsymbol{D}=\frac{q}{4\pi r^2}\boldsymbol{r}_0$, $\boldsymbol{E}=\frac{q}{4\pi\varepsilon_r\varepsilon_0 r^2}\boldsymbol{r}_0$

$b<r<\infty$: $\boldsymbol{D}=\frac{q}{4\pi r^2}\boldsymbol{r}_0$, $\boldsymbol{E}=\frac{q}{4\pi\varepsilon_0 r^2}\boldsymbol{r}_0$

(2) $r<R$: $U=\frac{q}{4\pi\varepsilon_0}\left[\frac{1}{R}-\left(1-\frac{1}{\varepsilon_r}\right)\left(\frac{1}{a}-\frac{1}{b}\right)\right]$

$R\leqslant r\leqslant a$: $U=\frac{q}{4\pi\varepsilon_0}\left[\frac{1}{r}-\left(1-\frac{1}{\varepsilon_r}\right)\left(\frac{1}{a}-\frac{1}{b}\right)\right]$

$a\leqslant r\leqslant b$: $U=\frac{q}{4\pi\varepsilon_r\varepsilon_0}\left(\frac{1}{r}+\frac{\varepsilon_r-1}{b}\right)$

$b\leqslant r<\infty$: $U=\frac{q}{4\pi\varepsilon_0 r}$

9-24 $C=\frac{\sigma S}{U}=\frac{\varepsilon_0\varepsilon_r S}{\varepsilon_r d+(1-\varepsilon_r)t}$

9-25 $W_e=q^2/8\pi\varepsilon_0 R$

9-26 $W_e=3q^2/20\pi\varepsilon_0 R$

9-27 (1) $w=\frac{Q^2}{8\pi^2\varepsilon r^2 l^2}$

(2) $W=\frac{Q^2}{4\pi\varepsilon l}\ln\frac{R_2}{R_1}$

(3) $C=\frac{Q^2}{2W}=\frac{2\pi\varepsilon l}{\ln(R_2/R_1)}$

9-28 (1) $w_1=1.11\times10^{-2}$ J · m^{-3}

$w_2=2.21\times10^{-2}$ J · m^{-3}

(2) $W_1=1.11\times10^{-7}$ J

$W_2=3.32\times10^{-7}$ J

(3) $W=4.43\times10^{-7}$ J

9-29 $\frac{1}{2}(\varepsilon_r-1)\varepsilon_0\frac{S}{d}U^2$

第10章

10-1 电流虽有大小和方向,但它的运算不符合平行四边形法则,而电流密度满足矢量的三个要素(有大小、有方向、运算符合平行四边形法则)。

10-2 实际电路中,因为电流表内阻很小,所以不容许将电流表直接接在电源两端,而电压表内阻比较大,可以直接接在电源两端。

10-3 (2) (4)

10-4 因为洛伦兹力的方向与运动电荷的速度方向及正(或负)电荷有关,所以定义磁感应强度 $\boldsymbol{B}$ 的方向时,不能将运动电荷受力的方向规定为 $\boldsymbol{B}$ 的方向。

10-5 由毕奥-萨伐尔定律导出的无限长载流直导线产生的磁感应强度公式 $B=\frac{\mu_0 I}{2\pi a}$成立的条件是:不仅直导线的长度并且其横向尺度均要远大于点到直导线的距离。所以在无限靠近导线时,不能套用该公式导出其磁感应强度为无限大。

10-6 安培环路定理不能够用于有限长载流直导线和其他非真实电流的磁场,但适用于任意形状的载流导线周围的磁场计算,但解答过程比较复杂。所以安培环路定理一般适应于具有几何对称形的载流导体的磁场分布。

10-7 电子仪器在使用时均会产生电磁场,会影响电子仪器使用的精确度及使用寿命,所以很多电子仪器都需要将电流大小相等、方向相反的导线扭在一起,尽量减小仪器使用时产生的电磁影响。

10-8 A　10-9 A　10-10 B　10-11 C　10-12 B

10-13 $\frac{\mu_0 I}{4\pi a}$;垂直纸面向里　10-14 $\frac{2\mu_0 I}{\pi a}$　10-15 $c\pi R^2$

10-16 $\mu_0 I$, 0, $2\mu_0 I$　10-17 $\frac{vh}{e\ln\frac{R_2}{R}}$　10-18 0　10-19 $y=2x$

10-20 $j,-i,0$　10-21 0　10-22 $-\pi CR_2$　10-23 略

10-24 0,0.08 Wb,0.08 Wb　10-25 0　10-26 5.64×10^{-6} T·m

10-27 6.4×10^{-5} T　10-28 $\frac{u_0 I}{2\pi a}\mathrm{arttan}\frac{g}{x}$　10-29 $\frac{\mu_0 I}{2\pi}\ln\frac{a+b}{b}$

10-30 略　10-31 略　10-32 $\frac{u_0 I}{2}$

第11章

11-1 在安培定律公式 $\mathrm{d}\boldsymbol{F}=I\mathrm{d}\boldsymbol{l}\times\boldsymbol{B}$ 中,$\mathrm{d}\boldsymbol{F}$ 与 $I\mathrm{d}\boldsymbol{l}$ 以及 $\mathrm{d}\boldsymbol{F}$ 与 $\boldsymbol{B}$ 是始终垂直的,$I\mathrm{d}\boldsymbol{l}$ 与 $\boldsymbol{B}$ 可以成任意角度。

11-2 磁流体发电机主体构造是一对平行金属板 A 和 B,两板之间存在有强磁场,将一束等离子体(高温下气体发生电离,产生的大量正、负带电粒子就叫做等离子体)喷入两板之间,由于磁场对运动电荷有洛伦兹力的作用,正、负电荷分别偏向不同的极板,并在极板 A 和 B 上积聚,使 A、B 两板间产生电场,当电场足够强时,等离子体受到的电场力与洛伦兹力平衡,A、

B 板电势差趋于稳定,若把这两极板与外电路相连,就可对外供电。磁流体发电机是一项新兴技术,它可以直接把物体内能转化成为电能,原理图略。

11-3　等离子体即高温下气体发生电离,产生的大量正、负带电粒子就叫做等离子体。常被视为是除固、液、气外的物质存在的第四态——“超气态”。它的特性:①具有很高的电导率,和电磁场的耦合作用也极强;②和一般气体不同,包含两到三种不同的组成粒子,且组成粒子间的相互作用力较大;③速率分布可能偏离麦克斯韦分布;④具有表面等离激元效应。

11-4　磁电式仪表工作时,载流线圈受到的磁力矩为 $M=BIS\sin\alpha$,为了让仪表指针偏转幅度与测量电流成正比,必须让载流线圈的法向始终与所处位置的磁场垂直,此时 M 正比于电流 I,所以磁电式仪表采用的都是辐式磁场。

11-5　用两个电流方向相同的线圈产生一个中央弱两端强的磁场结构,即为磁瓶。对其中热等离子体来说,相当于两端各有一面磁镜。

带电粒子受到指向磁场较弱方向的分力,此分力可使带电粒子沿磁场强的方向的运动被抑止而反回(纵向约束)。

当磁场增强到一定程度时,带电粒子开始返回。带电粒子的这种运动方式就好像光线遇到镜面发生反射一样。因此通常把这样由弱到强的磁场结构叫做磁镜。这种磁镜实现了对带电粒子纵向运动的约束。

目前在大多数受控热核反应的实验装置里是利用磁场来约束等离子体的。因为一旦聚变物质被加热到 10^9 K,在这样的高温下,若等离子体一旦与任何容器接触,器壁将立刻气化,从而使等离子体很快冷却。但磁瓶能够把高温等离子体约束起来。

11-6　范艾伦辐射带指在地球附近的近层宇宙空间中包围着地球的高能辐射层,由美国物理学家詹姆斯·范·艾伦发现并以他的名字命名。范艾伦辐射带分为内外两层,内外层之间存在范艾伦带缝,缝中辐射很少。范艾伦辐射带将地球包围在中间。

20 世纪初,挪威空间物理学家斯托默就从理论上证明,地球周围存在一个带电粒子捕获区。它是由地球磁场俘获太阳风中的带电粒子所形成的。一般来说,内辐射带里高能质子多,外辐射带里高能电子多。辐射带会对我们身体造成巨大伤害,所以范艾伦辐射带大大地缓解了太阳强磁爆对地球表面的影响。

11-7　在半导体材料硅或锗晶体中掺入三价元素杂质可构成 P 型半导体,掺入五价元素杂质即构成 N 型半导体。

11-8　当 P 型接正极,N 型接负极,N 型半导体中的电子和 P 型半导体中的空穴就会相互渗透移动,且阻挡层变薄,接触电位差变小,即电阻变小,可形成较大电流;反之当 P 型接负极,N 型接正极,结电场阻碍电子和空穴的渗透,且阻挡层变厚,接触电位差变大,电阻变大,形成较小电流,即具有单向通过电流属性。

11-9　一般金属中载流子密度很大,所以金属材料的霍尔系数很小,霍尔效应不明显;而半导体中的载流子的密度比金属要小得多,所以半导体的霍尔系数比金属大得多,能产生较大的霍尔效应,故霍尔元件不用金属材料而是用半导体。

11-10　A　　11-11　D　　11-12　B　　11-13　A

11-14　$|\boldsymbol{M}|=|\boldsymbol{P}_m\times B|=ISB=0.025\pi=0.079$,向上

11-15　$\dfrac{2\pi R}{v}=\dfrac{2\pi m}{qB}=1.14\pi\times10^{-7}\ \text{s}=3.6\times10^{-7}\ \text{s}$

11-16　略　　11-17　略　　11-18　略

11-19　3.2×10^{-3} N　　11-20　$\boldsymbol{F}=2.5\boldsymbol{i}-1.5\boldsymbol{k}$

11-21　$F=\int_a^{a+b}I_2B\mathrm{d}l=\int_a^{a+b}I_2\frac{\mu_0I_1}{2\pi r}\mathrm{d}r=\frac{\mu_0I_1I_2}{2\pi}\ln\frac{a+b}{a}$

11-22　略

11-23　(1) 0.254 T　(2) 28.4°

11-24　略

11-25　(1)0.157 $\mathrm{A\cdot m^2}$垂直直面向外，0.0785 N·m，垂直纸面向上　(2)0.0785 J

11-26　略

第12章

12-1　(3)正确　　12-2　略　　12-3　略　　12-4　略　　12-5　C

12-6　B　　12-7　A　　12-8　C　　12-9　C　　12-10　-8.88×10^{-6}，抗

12-11　$H=\frac{I}{2\pi r}$；$B=\mu H=\frac{\mu I}{2\pi r}$

12-12　(1)$B=\mu_0\mu_\mathrm{r}nI=4\pi\times10^{-7}\times600\times\frac{500}{0.5}\times0.3=0.226$ T

(2) $H=\frac{B}{\mu_0\mu_r}=nI=300$ A/m

12-13　矫顽力大，剩磁也大；永久磁铁

12-14　$\mu_r=3.98\times10^2$

12-15　(1) $B_0=2.51\times10^{-4}$ T　$H_0=200$ A/m

(2) $B=1.06$ T　$H=200$ A/m

12-16　$\chi_m=496$

12-17　$B=\frac{\mu_0\mu_rI_C}{2\pi r}$

12-18　当$r<R_1$时，$H_1=\frac{Ir}{2\pi R_1^2}$，$B_1=\mu_1H_1=\frac{\mu_1Ir}{2\pi R_1^2}$

当$R_1<r<R_2$时，$H_2=\frac{I}{2\pi r}$，$B_2=\mu_2H_2=\frac{\mu_2I}{2\pi r}$

当$r>R_2$时，$H_3=\frac{I}{2\pi r}$，$B_3=\mu_0H_3=\frac{\mu_0I}{2\pi r}$

12-19　$B=\mu_0\mu_rnI$

12-20　$B=0.4$ T

12-21　(1) $I=0.33$ A　(2) $\mu_r=2.65\times10^3$

第13章

13-1　略　　13-2　略　　13-3　略　　13-4　略　　13-5　略　　13-6　D

13-7　B　　13-8　C　　13-9　B　　13-10　B　　13-11　D　　13-12　B

13-13　在竖直放置的一根无限长载流直导线右侧有一与其共面的任意形状的平面线圈。直导线中的电流由下向上，当线圈平行于导线向下运动时，线圈中的感应电动势__=0__；当线圈以垂直于导线的速度靠近导线时，线圈中的感应电动势__<0__（填>0，<0或=0）（设顺时针方向的感应电动势为正）。

13-14　在直角坐标系中,沿 z 轴有一根无限长载流直导线,另有一与其共面的短导体棒,若只使导体棒沿某坐标轴方向平动而产生动生电动势,则

(1) 导体棒平行 x 轴放置时,其速度方向沿__z__轴;

(2) 导体棒平行 z 轴放置时,其速度方向沿__x__或__y__轴。

13-15　一根直导线在磁感强度为 $\boldsymbol{B}$ 的均匀磁场中以速度 $\boldsymbol{v}$ 运动切割磁力线。导线中对应于非静电力的场强(称为非静电场场强)$\boldsymbol{E}_K=$__$\boldsymbol{v}\times\boldsymbol{B}$__。

13-16　无限长密绕直螺线管通以电流 I,内部充满均匀、各向同性的磁介质,磁导率为 μ。管上单位长度绕有 n 匝导线,则管内部的磁感强度为__μnI__,内部的磁能密度为__$\mu n^2I^2/2$__。

13-17　最大感应电动势 $\varepsilon_m=NBS\omega$

$\varepsilon_m=4000\times0.5\times10^{-4}\times3.14\times0.12^2\times3.14\times60=1.7\text{ V}$

13-18　$\varepsilon=\dfrac{\mu_0Il_1}{2\pi}\dfrac{l_2}{(l_2+vt)t}=\dfrac{2\times10^{-7}\times5\times0.1\times0.2}{(0.1+0.1)/30}=3.0\times10^{-6}\text{ V}$

方向:顺时钟方向

13-19　$\varepsilon=-N\dfrac{\mathrm{d}\Phi}{\mathrm{d}t}=-\dfrac{N\mu I_0\omega l}{2\pi}\ln\dfrac{d+a}{d}\cos\omega t$

13-20　以向外磁通为正,则

(1) $\Phi_m=\displaystyle\int_b^{b+a}\frac{\mu_0I}{2\pi r}l\,\mathrm{d}r-\int_d^{d+a}\frac{\mu_0I}{2\pi r}l\,\mathrm{d}r=\frac{\mu_0Il}{2\pi}\left[\ln\frac{b+a}{b}-\ln\frac{d+a}{d}\right]$

(2) $\varepsilon=-\dfrac{\mathrm{d}\Phi}{\mathrm{d}t}=\dfrac{\mu_0l}{2\pi}\left[\ln\dfrac{d+a}{d}-\ln\dfrac{b+a}{b}\right]\dfrac{\mathrm{d}I}{\mathrm{d}t}$

13-21　$\varepsilon=-\dfrac{\mathrm{d}\Phi}{\mathrm{d}t}=-\dfrac{\pi Na^2B_0\omega}{3}\cos\omega t$

13-22　$I_{\max}=\dfrac{6\pi a^2B_0\omega}{R}=\dfrac{6\pi\times0.1^2\times2\times10^{-2}\times50}{10}=1.88\times10^{-2}\text{ A}$

13-23　$P=\displaystyle\int_0^R\frac{\pi h}{2\rho}\left(\frac{\mathrm{d}B}{\mathrm{d}t}\right)^2\cdot r^3\,\mathrm{d}r=\frac{\pi hk^2R^4}{8\rho}$

13-24　$M=Bp_m=\dfrac{B^2\omega\pi^2a^4}{R}=\dfrac{\mu_0^2I^2\omega\pi^2a^4}{4Rb^2}$

$W=\displaystyle\int i\pi a^2B\mathrm{d}\theta=\frac{B^2\omega\pi a^2}{R}\int_0^{\frac{\pi}{2}}\sin^2\theta d\theta=-\frac{B^2\omega\pi^2a^4}{R}=\frac{\mu_0^2I^2\omega\pi^3a^4}{16Rb^2}$

13-25　$\varepsilon_{ac}=\left[\dfrac{\sqrt{3}R^2}{4}+\dfrac{\pi R^2}{12}\right]\dfrac{\mathrm{d}B}{\mathrm{d}t}$,$\varepsilon_{ac}>0$ 即 ε 从 $a\to c$

13-26　$\varepsilon=\varepsilon_{dc}-\varepsilon_{ab}=NB_1lv-NB_2lv=\dfrac{\mu_0IN}{2\pi}\left(\dfrac{1}{d}-\dfrac{1}{d+a}\right)lv=\dfrac{\mu_0IalvN}{2\pi d(d+a)}=1.92\times10^{-4}$

13-27　$\varepsilon=\displaystyle\int_M^N(\boldsymbol{v}\times\boldsymbol{B})\cdot\mathrm{d}\boldsymbol{l}=\int_a^{a+L}v\frac{\mu_0I}{2\pi r}\mathrm{d}r=\frac{\mu_0Iv}{2\pi}\ln\frac{a+L}{a}$

13-28　$\varepsilon_{AB}=\varepsilon_{AO}+\varepsilon_{OB}=\dfrac{\mu_0Iv}{2\pi}\ln\dfrac{5}{2}$

13-29　(1) $\varepsilon_{ca}=0$,$\varepsilon_{ab}=-\varepsilon_{bc}=-\dfrac{1}{2}\omega B(bc)^2=-\dfrac{1}{2}\omega B(L\sin30^\circ)^2=-\dfrac{1}{8}\omega BL^2$

(2) $\varepsilon_{\text{total}}=0$

13-30　$1.875\times10^{-5}\text{ V}$

c 端高

13-31 (1) $\varepsilon_{ab}=\frac{1}{6}B\omega l^2$

(2) b 点电势高

13-32 实际上感应电动势方向从 $B\rightarrow A$

$$U_{AB}=\frac{\mu_0 Iv}{\pi}\ln\frac{a+b}{a-b}$$

13-33 整个闭合回路的电动势

$$\varepsilon=\varepsilon_{BC}-\varepsilon_{AD}=\left(\frac{\pi a^2}{6}-\frac{\sqrt{3}a^2}{4}\right)\frac{dB}{dt}$$

方向:逆时针方向

$$U_B-U_C=-\left(\frac{\pi+\sqrt{3}}{10}\right)a^2\frac{dB}{dt}$$

13-34 (1) $E_{涡}=\frac{0.05}{2}\times 1.0\times 10^{-2}=2.5\times 10^{-4}\ \text{V}\cdot\text{m}^{-1}$

方向:顺时针方向

(2) $a=\frac{eE_{涡}}{m}=\frac{1.6\times 10^{-19}\times 2.5\times 10^{-4}}{9.1\times 10^{-31}}=4.4\times 10^{7}\ \text{m}\cdot\text{s}^{-2}$

方向:逆时针方向

13-35 单位长度自感 $L=\frac{\mu_1}{8\pi}+\frac{\mu_2}{2\pi}\ln\frac{R_2}{R_1}$

13-36 取 $dS=l dr$

则
$$\Phi=\int_a^{d-a}\left(\frac{\mu_0 I}{2r\pi}+\frac{\mu_0 I}{2\pi(d-r)}\right)l dr=\frac{\mu_0 Il}{2\pi}\int_a^{d-a}\left(\frac{1}{r}-\frac{1}{r-d}\right)dr$$
$$=\frac{\mu_0 Il}{2\pi}\left(\ln\frac{d-a}{a}-\ln\frac{d}{d-a}\right)=\frac{\mu_0 Il}{\pi}\ln\frac{d-a}{a}$$

故 $L=\frac{\Phi}{I}=\frac{\mu_0 l}{\pi}\ln\frac{d-a}{a}$

13-37 $M=\frac{\Phi_{12}}{I}=\frac{\mu_0 a}{2\pi}\ln 2$

13-38 (1) $M=6.03\times 10^{-4}$ H

(2) $\varepsilon=3.02\times 10^{-2}$ V

13-39 (1) $L=\frac{\Psi}{I}=\frac{\mu_0 N^2 h}{2\pi}\ln\frac{b}{a}$

(2) $W_m=\frac{\mu_0 N^2 I^2 h}{4\pi}\ln\frac{b}{a}$

13-40 $L=\frac{\Psi}{I}=\frac{N^2}{l}(\mu_1 S_1+\mu_2 S_2)$

$$w_m=\frac{W_m}{l}=\frac{N^2 I^2}{2l^2}(\mu_1 S_1+\mu_2 S_2)$$

13-41 $w_m=\frac{1}{2}LI^2=\frac{\mu_0 I^2}{16\pi}$, $L=\frac{\mu_0}{8\pi}$

第 14 章

14-1 略　　14-2 略　　14-3 略　　14-4 略　　14-5 C

14-6 A　14-7 D　14-8 C　14-9 B　14-10 A

14-11 $I_{d\max}=1.74\pi\times10^{-5}=5.5\times10^{-5}$ A

14-12 $I_d=C\dfrac{\mathrm{d}U}{\mathrm{d}t}$

14-13 ②;③;①;④

14-14 $\boldsymbol{j}_d=\dfrac{q\omega}{4\pi R^2}(\sin\omega t\boldsymbol{i}-\omega\cos\omega t\boldsymbol{j})$

14-15 (1) $I_d=\pi R^2\varepsilon_0\dfrac{\mathrm{d}E}{\mathrm{d}t}$ (2) $B=\mu_0\varepsilon_0\dfrac{r}{2}\dfrac{\mathrm{d}E}{\mathrm{d}t}$

14-16 (1) $E_i=-\dfrac{1}{2}\mu_0 nr\dfrac{\mathrm{d}i}{\mathrm{d}t}$,$\boldsymbol{E}_i$ 线的方向为逆时针方向

(2) $S=\dfrac{1}{2}\mu_0 n^2 ri\dfrac{\mathrm{d}i}{\mathrm{d}t}$,$\boldsymbol{S}$ 的方向指向轴心

14-17 $j=\dfrac{\partial D}{\partial t}=\dfrac{\varepsilon k}{r\ln\dfrac{R_2}{R_1}}$

14-18 证明　因为

$$q=CU$$

$$D=\sigma_0=\frac{CU}{S}$$

所示

$$\Phi_D=DS=CU$$

$$I_D=\frac{\mathrm{d}\Phi_D}{\mathrm{d}t}=C\frac{\mathrm{d}U}{\mathrm{d}t}$$

不是平板电容器时 $D=\sigma_0$ 仍成立

所示 $I_D=C\dfrac{\mathrm{d}U}{\mathrm{d}t}$还适用

14-19 $I_D=\dfrac{\mathrm{d}\Phi_D}{\mathrm{d}t}=\dfrac{qa^2v}{2(x^2+a^2)^{\frac{3}{2}}}$

14-20 (1) $j_D=720\times10^5\pi\varepsilon_0\cos10^5\pi t$ A·m^{-2}

(2) $t=0$ 时,$H_P=\dfrac{r}{2}\times720\times10^5\pi\varepsilon_0=3.6\times10^5\pi\varepsilon_0$ A·m^{-1}

$t=\dfrac{1}{2}\times10^{-5}$ s 时,$H_P=0$

14-21 (1) $I_D=j_DS=j_D\pi R^2\approx2.8$ A

(2) 当 $r=R$ 时,$B_R=\dfrac{\mu_0\varepsilon_0R}{2}\dfrac{\mathrm{d}E}{\mathrm{d}t}=5.6\times10^{-6}$ T

14-22 (1) $H=\dfrac{I}{2\pi r}=4\times10^2$ A·m^{-1}

(2) $E=\dfrac{j}{\sigma}=\dfrac{I/S}{1/RS}=IR=7.53\times10^{-2}$ V·m^{-1}

(3) $\boldsymbol{S}$ 垂直导线侧面进入导线,大小:$S=EH=30.1$ W·m^{-2}

14-23 (1) $E=\dfrac{j_0}{\sigma}=\rho j_0=\rho\dfrac{I_0}{\pi a^2}$,方向与电流方向一致

(2) $H=\dfrac{I_0r}{2\pi a^2}$,方向与电流方向成右螺旋关系

(3) $S=EH=\frac{\rho I_0^2 r}{2\pi^2 a^4}$

(4) 长为 l,半径为 $r(r<a)$导体内单位时间消耗能量为

$$W_1 = I_0^2 R = \left(\frac{I_0 r^2}{a^2}\right)^2 \rho \frac{l}{\pi r^2} = \frac{I_0 \rho l r^2}{\pi a^4}$$

单位时间进入长为 l,半径为 r 导体内的能量

$$W_2 = S 2\pi r l = \frac{I_0^2 \rho l r^2}{\pi a^4}$$

$W_1=W_2$,说明这段导线消耗的能量正是电磁场进入导线的能量